"十二五"国家重点图书出版规划项目

市政与环境工程系列丛书

环境化学

Environmental Chemistry

李立欣　刘德钊　主编

李　明　魏少红　任广萌　王　冬　副主编

内容简介

全书共 8 章,主要包括大气环境化学、水环境化学、土壤环境化学、生物体内污染物质的运动过程及毒性、污染控制与受污染环境的修复和绿色化学的基本原理与应用等。以阐述化学物质在大气、水、土壤、生物各环境介质中迁移转化过程及其效应为主线,论述这些过程的机制和规律,并反映环境化学及环境工程领域最新研究成果和进展。适当列举了一些环境化学领域的新技术及新方法的研究进展,如"高级氧化技术""微生物修复技术""绿色化学"等,并对当今人们比较关注的环境化学问题进行了简要介绍,如"室内环境的污染""沙尘暴的成因及防治""水土流失"和"环境内分泌干扰物"等。本书的内容注重基础理论和应用实例相结合,与我们面临的全球性、区域性及局部地区的实际环境问题相结合。

本书可供高等学校环境科学、环境工程、化学等相关专业的本科生和研究生以及环境领域的研究人员选用和参考。

图书在版编目(CIP)数据

环境化学/李立欣,刘德钊主编. —哈尔滨:哈尔滨工业大学出版社,2017.8(2019.8 重印)
ISBN 978 - 7 - 5603 - 6584 - 8
Ⅰ.①环⋯ Ⅱ.①李⋯ ②刘⋯ Ⅲ.①环境化学 - 教材
Ⅳ.①X13

中国版本图书馆 CIP 数据核字(2017)第 088378 号

材料科学与工程
图书工作室

责任编辑　何波玲
封面设计　高永利
出版发行　哈尔滨工业大学出版社
社　　址　哈尔滨市南岗区复华四道街 10 号　邮编 150006
传　　真　0451 - 86414749
网　　址　http://hitpress.hit.edu.cn
印　　刷　哈尔滨市工大节能印刷厂
开　　本　787mm×1092mm　1/16　印张 21　字数 485 千字
版　　次　2017 年 8 月第 1 版　2019 年 8 月第 2 次印刷
书　　号　ISBN 978 - 7 - 5603 - 6584 - 8
定　　价　38.00 元

前　言

　　环境化学是在化学学科基本理论和方法学原理的基础上发展起来的,以有毒有害化学物质所引起的环境问题为研究对象,以解决环境问题为目标的一门新兴交叉学科。它是研究有害化学物质在环境介质中的存在、化学特性、行为和效应及其控制的化学原理和方法的科学。它既是化学科学的一个新的重要分支,也是环境科学的核心组成部分,在环境科学领域中占有十分重要的地位。随着当前环境问题的日益突出,环境化学无论是在控制或防治环境污染、生态恶化,还是在改善环境质量、保护人体健康、促进国民经济可持续发展方面都发挥着越来越重要的作用。

　　环境化学是高等院校环境科学与工程专业的一门重要专业基础课,也是一门发展迅速的基础理论课程。为适应当前工科专业培养人才的教育目标,本书力求理论联系实际,注重提高学生分析和解决环境问题的能力。本书以阐述化学物质在大气、水、土壤、生物各环境介质中迁移转化过程及其效应为主线,论述这些过程的机制和规律,并注重反映环境化学及环境工程领域最新研究成果和进展。书中适当列举了一些环境化学领域的新技术及新方法的研究进展,如"高级氧化技术""微生物修复技术""绿色化学""新型脱氮除磷技术"等,并对当今人们比较关注的环境化学问题进行了简要介绍,如"室内环境的污染""水土流失"等。本书的内容注重基础理论和应用实例相结合,与我们面临的全球性、区域性及局部地区的实际环境问题相结合。本书可供高等学校环境科学、环境工程、化学相关专业的本科生和研究生以及环境领域的研究人员选用和参考。

　　本书编写分工如下:第1章1.1节和第8章由安阳师范学院魏少红编写,第1章1.2节至第2章2.1节和第6章6.3节由浙江大学刘德钊编写,第2章2.2、2.3节、第3章3.3节至第4章4.1节和第5章至第6章6.1节由黑龙江科技大学李立欣编写,第2章2.4、2.5节和第4章4.2、4.3节由黑龙江东方学院李明编写,第3章3.1、3.2节由黑龙江科技大学任广萌编写,第6章6.2节、第7章和中英文关键词对照表及参考文献由黑龙江科技大学王冬编写。黑龙江东方学院单德臣参与了部分编写及校对工作,黑龙江科技大学邱龙、关君男、李笑甜、蔡王燕四位同学参与了文字整理及校对工作,在此表示感谢。全书由李立欣和刘德钊统稿。

　　本书的编写和出版得到了黑龙江科技大学青年才俊培养计划(No. Q20120201)、黑龙江省教育科学"十二五"规划课题(No. GJD1215038)、国家第十二批"青年千人"计划和浙江大学百人计划引进人才的资助,在此深表谢忱!

本书编写过程中,编者参考、借鉴了其他《环境化学》教材以及相关著作和文献,在此,向各位作者表示衷心的感谢。

由于时间仓促,作者水平有限,书中不妥及疏漏之处在所难免,敬请学者提出宝贵意见,以使本书得以完善。

作　者
2017 年 3 月

目　录

第1章 绪 论

工业革命使得生产力得以迅速发展,机械化生产在创造大量财富的同时,在生产过程中排出废弃物,从而造成环境污染。特别是对自然资源的不合理开发利用,造成了全球性的环境污染和生态破坏。目前,存在的主要环境问题有:温室效应、臭氧层破坏、气候变化、水资源的短缺和污染、有毒化学品和固体废弃物的危害、酸雨、土地沙漠化以及生物品种的减少等,这已对人类的生存和发展构成了威胁。

从七八百年前因人类开始用煤产生的空气污染,发展到21世纪各方面的全球环境问题,无不与化学科学密切相关。所以,如何阐明这些危害人类的环境问题的化学机制,并为解决这些问题提供科学依据,已成为化学科学工作者的一个重要职责。环境科学与化学交叉形成的环境化学学科在这方面负有特殊的使命。

1.1 环境和环境问题

1.1.1 地球环境

对某一生物体而言,环境原是与遗传相对的名称,指的是那些影响该主体生存、发展和演化的外来原因和后天因素。因此,我们将围绕着某一生命主体的外部世界称为环境。例如相对于人这一主体而言的外部世界,就是人类的生存环境。广而言之,人类生存环境指的是围绕着人群的充满各种生命和无生命物质的空间,是人类赖以生存并直接或间接影响人类生产以外的自然世界中的一切事物。目前环境科学所研究的环境范围局限于包括自然环境在内的地球环境系统。地球环境是人类活动的最基本范围,人和环境的交互作用也主要发生在这一范围内。

作为太阳系中九大行星之一的地球是目前唯一已知的可适合人类和各种生物生息繁衍的星球,其半径平均约为 6 371 km,质量约为 5.977×10^{24} kg,其中所构成物质皆由 92 种化学元素组成。地球环境在地球所占的空间范围包括地球大气圈(主要是对流层和平流层下部)、水圈、岩石圈(也可包含土壤圈)及生物圈中的元素组成,地球各圈层的质量见表 1.1。

作为环境化学主要研究对象的化学物质几乎遍布整个地球环境,所以也可以将地球环境全体看成是一个"化学圈",各种化学物质将在其中进行着不间断的物质循环。

表1.1　地球各圈层的质量

圈　名	估计质量/10^{20}kg	圈　名	估计质量/10^{20}kg
(1)大气圈		(3)岩石圈	
对流层的质量(至11 km处)	40	沉积圈	3 000
总质量	52	沉积岩	29 000
(2)水圈		变成岩	76 200
河、湖泊	2	火成岩	189 300
地下水	81	(4)土壤圈	16
两极冰帽、冰山、冰河	278	(5)生物圈	0.018(干物质)
海洋	13 480		

1.1.2　环境要素和太阳辐射

环境要素包括水、大气、岩石、土壤、生物、地磁、太阳辐射等,这些要素是组成环境的结构单元,即由此组成环境系统或环境整体。在这些要素间存在互相影响和互相作用的基本关系,而地球环境也正是通过这些要素来显示出它对环境主体的各种功能,显示出它对进入环境的各种污染物的影响,以推动它们发生迁移和转化。

太阳是太阳系的中心天体,其半径为70万km,平均密度为1.4 g/cm^3。太阳是一个炽热的气球体,中心温度约为1.5×10^7 K,表面温度约为6 000 K,距地球约1.496亿km,是地球上光和热的主要来源。太阳上最丰富的元素是氢和氦,它们分别占78.4%(质量分数)和19.8%(质量分数),此外还含有碳、氮、氧和各种金属元素。太阳中通过核聚变反应后产生光辐射能($h\nu$),氦核的质量约比4个氢核的质量之和少0.7%,这一质量亏损即转化为辐射能(太阳光能)。在太阳中每秒钟约5.96亿 t氢通过以上反应转化为氦,由此产生的累计辐射度为7.22×10^7 W/m^2,而地球的外层大气在日平均距离处每单位时间(秒)、每单位面积内从垂直方向接收到的太阳能平均值为1 360 W/m^2(此值称为太阳能常数)。太阳能发射光谱中约99%能量包含在0.15～4 μm的波长范围内。从地球看太阳犹如盘子般大,而从太阳看地球则像从运动场上百米跑道一端看另一端地面上的一枚硬币那么大,能到达地球的太阳能仅是太阳总能量的25亿分之一,但这仍相当于太阳每年向地球提供90×10^{12} t优质煤。按热力学第二定律,若无外界能量输入,则作为封闭体系的地球上的一切事物将随时间的推延而变成无序性,地球上的一切将变得毫无生机。

到达地面的太阳能总量的约19%被大气层中臭氧、水汽、二氧化碳所吸收;约34%被地面反射折回空间而被云层吸收;仅有约47%辐射能到达地球表面后被地表吸收,而其中约半数又消耗在地球表面水蒸气;用于发生光合作用的太阳辐射能仅约占总能量的0.1%。用于蒸发水分的太阳能又以动能和势能的形式重现。地表水经蒸发化为雨雪,再流入河海是太阳能转化为动能的表现。由于纬度不同的地面受太阳光直射或斜射的情况不同,致使各地区吸收辐射的程度有所差异。这种地区间的不平衡又可通过风流和水流来抵消,以使太阳能的吸收在全球范围内达到平衡,从而使地球平均温度大致恒定。

1.1.3　环境问题

环境问题是指由于环境受到破坏所引起的后果,或是引起环境破坏的原因。大多数环境问题是因果兼而有之的问题。例如温室效应既是由环境破坏产生的后果,而其本身又是引起环境进一步破坏的原因。

20世纪30~70年代发生的最著名的世界八大公害中,有五个公害是由于污染气体和浮尘引起的,另外三个公害是由于污染而引起食物中毒的事件。世界上发生过的八大公害事件为:

(1)比利时马斯(Meuse)河谷烟雾事件:发生在1932年12月,重工业排放的SO_2使数千人中毒,60余人死亡。

(2)美国洛杉矶光化学烟雾事件:发生在1943年5~10月,造成400余人死亡。

(3)多诺拉烟雾事件:1948年10月26~31日,美国宾夕法尼亚州多诺拉镇冶炼厂排放的SO_2和烟尘,使5 911人发病,17人丧生。

(4)伦敦烟雾事件:发生在1952年12月5~8日,四天内中毒死亡4 000多人。

(5)四日市哮喘事件:1955年以来日本四日市石油提炼和工业燃油产生的废气严重污染城市大气,哮喘病患者达817人,死亡36人。

(6)痛痛病事件:1955~1972年日本富山县内的锌、铅冶炼厂等排放的含镉废水污染神通川水体,两岸居民利用河水灌溉农田,使稻米含镉,居民食用含镉米和饮用含镉水而中毒,患者超过280人,死亡数十人。

(7)水俣事件:1953~1956年,日本熊本县水俣市,居民食用含有甲基汞的鱼,导致水俣湾和新县阿贺野川下游有机汞中毒者283人,其中60人死亡。

(8)米糠油事件:1968年3月,日本北九州市,爱知县一带生产米糠油时,混入多氯联苯,造成13 000人中毒,死亡16人。

20世纪70年代以来,所发生的许多公害的严重程度已远超过了八大公害事件。在印度,波帕尔农药厂化学品泄漏造成约3 000人死亡;在墨西哥城,液化气罐爆炸使千人遇难等。近年来,全世界平均每年约发生200起比较严重的公害事件。世界瞩目的有下面八起:

(1)意大利塞维索化学污染事故。1976年7月10日意大利北部塞维索地区的一家农药厂爆炸,导致剧毒化学品二噁英的污染,使许多人中毒,附近居民被迫迁走,几年内当地畸形儿的出生率大为增加。

(2)美国三里岛核电站泄漏事故。这次事故发生在1979年3月28日,直接经济损失达10多亿美元。

(3)墨西哥的液化气爆炸事故。1984年11月19日,墨西哥国家石油公司所属的液化气供应中心发生爆炸,死亡1 000多人,伤400多人,3万多人无家可归。

(4)印度博帕尔农药泄漏事故。1984年12月3日,美国联合碳化物公司设在博帕尔市的农药厂剧毒化学品异氰酸甲酯罐爆裂外泄,受害人数20万,死亡2 000人以上。

(5)原苏联切尔诺贝利核电站泄漏事故。1986年4月26日,位于基辅地区的切尔诺贝利核电站四号反应堆爆炸,造成重大放射性污染,周围十多万居民被疏散,伤数百人,死亡31人。

(6)莱茵河污染事故。1986年11月1日,瑞士巴塞赞德兹化学公司的仓库起火,使大量有毒化学品随灭火用水流进莱茵河,造成西欧10年来最大的污染事故。

(7)海湾战争造成的环境污染。1990年底爆发的海湾战争历时42天,期间油井大火昼夜燃烧,是迄今历史上最大的石油火灾及海洋石油污染事故,也是人类历史上最严重的一次环境污染,其污染程度超过切尔诺贝利核电站发生的核泄漏事故。这次战争所造成的环境污染是灾难性的,已给世界带来了影响。

(8)北约轰炸南联盟造成环境污染。1999年,北约军事集团连续78天轰炸南联盟国土,弹头中所含23 t贫铀产生严重的放射性污染。

更为严重的是,现在不是局部的污染,而是生态环境的恶化。空气污染,全球有11亿人口生活在空气污染的城市中,世界卫生组织于1998年公布的世界十大空气严重污染城市中,我国有七个,太原和北京分别名列第一和第三;臭氧层破坏,按1998年9月记录的南极上空臭氧空洞的面积已达到2 720万 km²,近南极大陆面积的一倍;酸雨来袭,世界各国皆不同程度地受其之害,当前我国酸雨覆盖率以国土面积计已近30%,并有近半数以上城市受酸雨之害;水之源污染,世界范围已经确定存在于饮水中的有机物达11 000余种,每年至少有1 500万人死于水污染引起的疾病;土地荒漠化,2.5亿人直接受害;绿色屏障锐减,世界深林每年约减少2 000 hm²;垃圾大量积留,全球年积留量达100亿t以上;人口激增,世界人口数由1960年的30亿(历经数百万年的累计数)增至2016年的近73亿,有10亿人口处于贫困生活线以下;温室效应,自1993年以来,北极冰盖体积逐年缩减,1998年成为有气象记录以来最炎热的一年。由以上列举的各种环境问题显示全球范围的环境污染问题已经达到了危险程度,资源枯竭和生态破坏也都达到了十分严重的程度。

我国的环境污染也相当严重。污染物排放量大而广,环境污染重。我国化学需氧量、二氧化硫等主要污染物排放量仍然处于2 000万t左右的高位,环境承载能力超过或接近上限。78.4%的城市空气质量未达标,公众反映强烈的重度及以上污染天数比例占3.2%,部分地区冬季空气重污染频发高发。饮用水水源安全保障水平亟须提升,排污布局与水环境承载能力不匹配,城市建成区黑臭水体大量存在,湖库富营养化问题依然突出,部分流域水体污染依然较重。全国土壤点位超标率16.1%,耕地土壤点位超标率19.4%,工矿废弃地土壤污染问题突出。城乡环境公共服务差距大,治理和改善任务艰巨。

山水林田湖缺乏统筹保护,生态损害大。中度以上生态脆弱区域占全国陆地国土面积的55%,荒漠化和石漠化土地占国土面积的近20%。森林系统低质化、森林结构纯林化、生态功能低效化、自然景观人工化趋势加剧,每年违法违规侵占林地约200万亩,全国森林单位面积蓄积量只有全球平均水平的78%。全国草原生态总体恶化局面尚未根本扭转,中度和重度退化草原面积仍占1/3以上,已恢复的草原生态系统较为脆弱。全国湿地面积近年来每年减少约510万亩,900多种脊椎动物、3 700多种高等植物生存受到威胁。资源过度开发利用导致生态破坏问题突出,生态空间不断被蚕食侵占,一些地区生态资源破坏严重,系统保护难度加大。我国是化学品生产和消费大国,有毒有害污染物种类不断增加,区域性、结构性、布局性环境风险日益凸显。环境风险企业数量庞大、危险化学品安全事故导致的环境污染事件频发。突发环境事件呈现原因复杂、污染物质多样、影响地域敏感、影响范围扩大的趋势。

1.1.4 环境问题的认识过程

20 世纪 60 年代,人们把环境问题只当成一个污染问题,没有把环境问题与自然生态、社会因素联系起来,低估了环境污染的危害性和复杂性,未能追根寻源。

1972 年,联合国在瑞典斯德哥尔摩召开了人类环境会议,第一次把环境问题与社会因素联系起来。这次会议是人们对环境问题的一个里程碑。但它没有从战略高度上指出防治环境问题的根本途径,没有明确环境问题的责任,没有强调需要全球的共同行动。

20 世纪 80 年代,人们对环境的认识有了新的突破性发展,提出了可持续发展的战略,指明了解决环境问题的根本途径。

1992 年,联合国在巴西里约热内卢召开了联合国环境与发展大会,有 183 个国家代表团和 70 个国际组织的代表出席,并有 102 位国家元首或政府首脑到场,大会高举可持续发展的旗帜,通过了《里约环境与发展宣言》《21 世纪议程》等重要文件。这是 20 世纪人类社会的又一重大转折点,树立了人类环境与发展关系史上新的里程碑。

1.2 环境化学的定义、内容和研究方法

环境化学能独树一帜,成为环境科学领域中一门重要分支学科大约始于 20 世纪 70 年代初。在此之前,大气化学、土壤化学、海洋化学、生物化学等早已有了长足的发展,它们也都是以环境中的化学现象为其主要研究内容。这些学科似乎都可归纳为环境化学范畴之内,但实际上这些学科的研究对象主要在于资源利用而不在于环境。而环境化学则主要着重于研究在资源利用过程中产生危及环境质量的诸多化学污染物的化学行为。由此看来,两方面所涉及的学科范围是不同的,但在它们之间无疑有着密切的联系。

有关环境化学的研究工作大多由非化学专业人员承担,他们是对生物学、生态学、湖泊学等进行研究的专业人员。生物学家首先发现和研究了施用农药后产生的种种不良生态效果;卫生工程技术人员发现和研究了污水处理工厂曝气池壁覆盖的厚层泡沫;也正是湖泊研究专家最早发现正常湖水突然萌生大量蓝绿藻并发生恶臭的现象,如此等等。由此看来,环境化学和环境生态、工程技术等方面也有密切的联系。

目前,对环境化学下一确切定义并明确划定其研究范围还是很困难的。一般可将其定义为是一门研究有害化学物质在环境介质中的存在、化学特性、行为和效应及其控制的化学原理和方法的科学。从实用观点来看,环境化学主要任务是研究环境质量、变化规律和改善环境质量的技术等方面的有关化学问题。由此,我们可将环境化学的研究内

容归纳为三个方面:环境分析化学、各圈层的环境污染化学和污染控制化学。在其研究领域中有时还涉及化学污染物对生物体产生毒性的化学原理。以上几个方面内容是相互联系而又互相沟通的。简而言之,环境化学是研究化学物质,特别是危及环境质量的化学污染物在环境中所发生各种化学反应的科学。环境化学是一门综合性很强的学科,它与众多的其他学科相邻、相关、相沟通。实际上,环境系统是一个有机整体,不是哪一门学科能够包容环境全体和单独地解决问题的,包括环境化学在内的有关环境的研究课题都需要各门基础自然学科的合作和密切配合才能完成。

另一方面,为了便于研究,通常将宏大的地球环境整体分为大气、水、土壤、生物四个圈层来研究它们各自的环境性质,同时又将这四个圈层的问题分解为若干个环境化学专题,逐一地进行研究。如大气环境化学专题有温室效应、臭氧层破坏、酸雨、光化学烟雾、居室空气污染等;水环境化学专题有水体富营养化、好氧有机物生物降解、污染物形态分析、无机污染物的迁移转化等;土壤环境化学专题有农药和重金属对生态系统的破坏等;生物圈的环境化学专题有污染物的生物迁移、转化和生物毒理等。

环境化学与许多理论性和实用性的化学学科及环境学科的其他分支科学有密切的联系。大多数环境化学的研究工作还是袭用那些老学科的研究方法,但应指出,环境化学还有如下与其研究对象特性相关联的独特的研究方法。环境化学的研究方法一般可以概括为以下四类:

(1)现场实测。在所研究区域直接布点采样、采集数据,了解污染物时空分布,同步检测污染物变化规律,有地面监测、航测数据支持等。

(2)实验室研究。包括环境物质分析、基础研究、环境物质基础物理化学性质测定等。

(3)实验室模拟系统研究。由于体系组成的复杂性,所发生的多种过程交互重叠,所以在研究问题时经常要用简化手段,以单体系、单组分、单过程作为研究问题的起点,尽可能地把影响环境质量的主要因素和次要因素分开,以便找出最本质的东西。在此基础上,进一步考虑环境整体性和相关性,使所得最后结果能与实际情况一致。实验室模拟系统研究是指试图把自然环境的某个局部置于可以控制、调节和模拟的系统内,对化学物质在诸多因子影响下的环境行为进行研究。在大气环境化学研究中,实验室模拟系统通常是"烟雾箱"。在水、土壤环境化学研究中,实验室模拟系统通常是微生态系统,也称微宇宙系统。

(4)计算机模拟计算研究。环境体系是宏大、多元的,对化学物质造成环境污染的现象做综合的宏观研究,还需借助于物理和数学的手段。一般是在掌握了体系的有关结构、功能和性能数据之后运用物理图像作为模型,运用数学关系式作为模式,在计算机上将化学污染物在环境中的种种宏观行为分别做出定性和定量的表述。在此基础上,再以模拟实验(实验室模拟、现场模拟、计算机模拟)来验证之前所提出的模型和模式。

综上所述,环境化学研究方法需运用多方法结合的手段,即多种学科结合、宏观和微观结合、动静结合、简繁结合、"软硬"结合等。

1.3 环境污染与环境污染物

1.3.1 环境污染

最初,人们将环境问题和环境污染联系起来。确实,从本质上来看,大多数环境问题是由环境污染,特别是化学物质的污染引起的。目前,从人们的认识水平来看,环境污染,是指由于人为因素使环境的构成或状态发生变化,环境素质下降,从而扰乱和破坏了生态系统和人们的正常生活和生产条件。环境污染的概念可以简要表述如下:

(自然因素或人为因素的冲击破坏)-(包括自净能力在内的自然界动态平衡恢复能力)=(环境污染造成的危害)

关于由物质(污染物)因素引起环境污染的概念如图1.1所示。

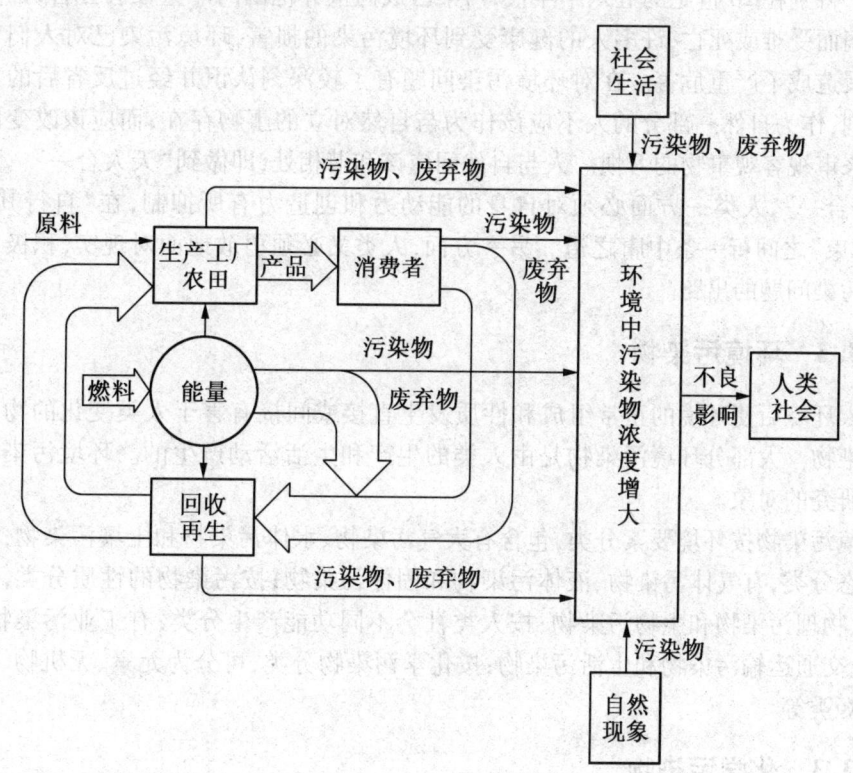

图 1.1 环境污染概念图

这里所说的自然原因是指火山爆发、森林火灾、地震、有机物的腐烂等。以火山爆发为例,火山喷发出的气体中含有大量硫化氢、二氧化硫、三氧化硫、硫酸盐等,严重污染了当地的区域环境;从一次大规模火山喷发中喷出的气溶胶(火山灰)其影响有可能波及全球。首先,大量火山灰将遮蔽日光,使太阳光(能)反射,转回到宇宙空间,从而影响了那些需要阳光的地球生物类生长。另一方面,火山灰在地球表层形成一层薄膜,使地面上各处洒满了火山灰,影响了土壤生态系统。另外空气中的火山灰易成为水滴的凝结核心,使雨云易于集结,造成某些地区降雨量"前所未有"地增多;由于地球表层进行循环的水量是大体恒定的,局部地区持久降雨,则必然造成一些地区发生严重的干旱;有的地方大雨,有的地方大旱,这扰乱了地球表层热能分布平衡状态,造成局部地区产生热流,另一些地区则产生寒潮。以上这些现象综合来看,会严重影响人们正常生活,破坏农业生产,导致农产品减产。许多环境污染问题如同上述火山爆发情况一样,对于环境的质量能引起"牵一发而动全身"的作用。

环境污染概念中所说的人为原因主要是人类的生产活动,包括矿石开采和冶炼、化石燃料燃烧、人工合成新物质(如农药化学药品)等。有关这方面的问题,将在后面的有关章节中阐述。

近年,随着人类社会进步、生产发展和人们生活水平的不断提高,同时也造成了严重的环境污染现象,如大气污染、水体污染、土壤污染、生物污染、噪声污染、农药污染和核污染等。特别在20世纪的五六十年代,污染已成为世界范围的严重社会公害,许多人因患公害病而受难或死亡,许多人的健康受到环境污染的损害,环境污染已对人们生活和经济发展造成了严重危害。在对环境污染问题有了较深刻认识并经过反省后的人们逐渐认识到,作为自然一部分的人不应该作为与自然对立的事物存在,而应该改变以自体为中心来审视客观事物的习惯。人与自然间应该和谐相处,即做到"天人合一"。而要达到这种"合一",人类一方面必须对自身的能动力和创造力有所抑制,在"自行其是"和"自我约束"之间行一条中庸之道。另一方面,人类又必须勇敢地面对现实,积极寻求解决环境污染问题的出路。

1.3.2　环境污染物

进入环境后使环境的正常组成和性质发生直接或间接有害于人类变化的物质称为环境污染物。大部分环境污染物是由人类的生产和生活活动产生的。环境污染物是环境化学研究的对象。

环境污染物按环境要素分类,包含有大气污染物、水体污染物和土壤污染物;按污染物的形态分类,有气体污染物、液体污染物和固体污染物;按污染物的性质分类,有化学污染物、物理污染物和生物污染物;按人类社会不同功能产生分类,有工业污染物、农业污染物、交通运输污染物和生活污染物;按化学污染物分类,可分为元素、无机物、有机化合物和烃类等。

1.3.3　化学污染物

1. 化学污染物

由于环境发生污染,当然会影响到环境的质量。自然环境的质量包括化学的、物理的和生物学的三个方面。这三个方面质量相应地受到三种环境污染因素的影响,即化学污染物、物理污染因素和生物污染体。物理污染因素主要是一些能量性因素,如放射性、噪声、振动、热能、电磁波等。生物污染体包括细菌、病毒、水体中有毒的或反常生长的藻类。至于化学污染物,其种类繁多,它们是环境化学研究的主要对象物。

水体中的主要化学污染物质有如下几类:

(1)有害金属,如 As、Cd、Cd、Cr、Cu、Hg、Pb、Zn 等。

(2)有害阴离子,如 CN^-、F^-、Cl^-、Br^-、S^{2-}、SO_4^{2-} 等。

(3)过量营养物质,如 NH_4^+、NO_2^-、NO_3^-、PO_4^{3-} 等。

(4)有机物,如酚、醛、农药、表面活性剂、多氯联苯、脂肪酸、有机卤化物等。1978 年美国环境保护局(EPA)曾提出水体中 129 种应予优先考虑的污染物,其中有机污染物占 114 种。

(5)放射性物质,如 ^3H、^{32}P、^{90}Sr、^{131}I、^{144}Ce、^{232}Th、^{238}U 等核素。

大气中的主要化学污染物来自于化石燃料的燃烧。燃烧的直接产物 CO_2 和 H_2O 是无害的。污染物产生于这样一些过程:

(1)燃料中含硫,燃烧后产生污染气体 SO_2。

(2)燃烧过程中,空气中 N_2 和 O_2 通过链接式反应等复杂过程产生各种氮氧化物(以 NO_x 表示)。

(3)燃料粉末或石油细粒未及燃烧而散逸。

(4)燃烧不完全,产生 CO 等中间产物。

(5)燃料使用过程中加入化学添加剂,如汽油中加入铅有机物,作为内燃机气缸的抗震剂,经燃烧后,铅化合物进入大气,进而污染空气。

土壤中的主要化学污染物是农药、化肥、重金属等。

化学工业在最近数十年来有了长足的发展,为人类文明和社会经济繁荣做出了贡献。目前已知化学物质总数超过 2 000 万种,且这个数字还在不断增长,其中 6 万~7 万种是人们日常使用的,而约 7 000 种是工业上大量生产的。目前为止,在环境中已经发现近 10 万不同种类的化合物。其中有很多对于各种生物具有一定危害性,或是立即发生作用,或是通过长期作用而在植物、动物和人的生活中引起这样或那样不良影响。

2. 化学污染物的环境行为及其危害

化学污染物的环境行为十分复杂,但可归结为以下两个方面:

(1)进入环境的化学物质通过溶解、挥发、迁移、扩散、吸附、沉降及生物摄取等多种过程,分配散布在各环境圈层(水体、大气、生物)之中。与此同时,又与各种环境要素(主要是水、空气、光辐射、微生物和别的化学物质等)交互作用,并发生各种化学的、生物的变化过程。经历了这些过程的化学物质,就发生了形态和行为的变化。

(2)这些化学物质在环境中行迹所到之处,也留下了它们的印记,使环境质量发生一定程度的变化,同时引起非常错综复杂的环境生态效应。

化学污染物的危害指的是它们对人、生物或其他有价值物质所产生的现实的或潜在的危险,其主要方面可列举如下:

(1)可燃性,如低闪点液态烃类等。

(2)腐蚀性,如强酸、强碱等。

(3)氧化反应性,如硝酸盐、铬酸盐等。

(4)耗氧性,如水体中的有机物等。

(5)富营养化,如水体中含氮、磷的化合物。

(6)破坏生态平衡,如农药等。

(7)致癌、致畸、致突变型,如有机卤化物、多环芳烃等。

(8)毒性,如氰化物、砷化物等。

对人体健康来说,环境污染物所引起的直接而又至关重要的危害是它们的毒性。某些化学污染物质对人体或生物有明显的急性毒害作用,如三氧化二砷、氰化钾等被称为毒物;还有一些化学污染物在一定条件下才显示毒性,被称为毒剂。这些条件包括剂量、形态、进入生物体的途径和个体抗毒能力等,如一般铁的化合物是无毒的,但作为多种维生素添加剂的 $Fe(SO_4)_3$ 对小儿的死亡剂量为 $4 \sim 10$ g。Cr 是人体的必需元素,但高价的 Cr 有很强的毒性;与此情况相反,高价的 As 毒性小于低价的 As;同样是三价砷,其氧化物 As_2O_3(砒霜)是剧毒的,其硫化物 As_2S_3(古代术士炼丹的主要原料)却是低毒的。以蒸汽形态进入人体呼吸道的汞是剧毒的,与此相反,进入人体消化道的液态汞可通过粪便很快地全部排出体外,因而是低毒或无毒的。

由人为原因引起化学有害物质污染环境而产生的突发事件通常称为公害。公害事件会在短时间内引起公众生活环境恶化,常表现为人群大量发病和死亡的案例。有的公害事件还具有事件延续性,其影响可及数十年之久。在 20 世纪 30 ~ 70 年代世界上曾发生过著名的八大公害事件,其中由硫氧化物或氮氧化物等空气污染物引发的有五起,由甲基汞、镉、多氯联苯引发的各有一起。可以看出肇事物都是化学污染物,而且具有显著的人为性、突发性和区域性。

思考题与习题

1.什么是环境地球?其所包含空间范围包含地球的哪些部分?什么是环境要素?化学物质释入环境后,与之相遇并发生作用的最主要的环境因素有哪些?可能发生作用又有哪些?

2.用文字简要描述到达地球表面的太阳辐射的状况。地球表面接收到的太阳能如何能在地表和生物圈内进一步流动?

3.由自然因素或人为因素引发的环境问题各有哪些特点?考虑到当前由人为因素引起的环境污染问题日益严重,是否应该在今后实施极端严厉的环境控制政策?为什么?

4.空气中乙烯体积分数达到 1×10^{-9} 时,对兰花的干萼有损害作用,但对大多数其他生物无害,也不触发人的嗅觉,当体积分数达到 0.1% 时,对水果有催熟作用;含 2.7%(体积分数)乙烯的混合空气有爆炸性。此外,处于天然成熟过程的水果能释放乙烯;内燃机排放气中也含乙烯。综合以上情况,是否可以判断乙烯是一种空气污染物?根据是什么?

5.二氧化碳在人体中是一种正常的代谢产物。如果因控制失当使潜水艇座舱中

CO_2浓度达到20%（体积分数），则会引起工作人员中毒身亡的后果。试问这种"毒性"缘何而起？另外，对植物来说，是否可认为超常高浓度的臭氧是一种污染物乃至是一种毒剂？

6.引起水体、大气、土壤污染的主要化学物质各有哪些？

7.怎样理解我们对环境化学学科所下的定义？从实用观点看，它的主要任务和内容有哪些？其研究方法有何特点？

第2章　大气环境化学

包围在地球最外面的一层气体构成大气圈,厚度从地面到高空 1 000 ~ 3 000 km,总质量约为 5.1×10^{15} t,它是地球上一切生命赖以生存的气体环境。它提供给人们呼吸所需的氧气和植物光合作用所需的二氧化碳,一个成年人每天要呼吸 10 ~ 12 m^3 空气;由于它的阻挡,保护所有生物免受致命的太阳紫外辐射线的伤害;它是水分循环的重要环节;它稀释各种排放的废气并通过降水过程不断净化空气环境。但是,大气中资源是有限的,逐日增强的人类活动对大气圈的不良影响已引起了人们的普遍关注。

2.1　大气的组成及其主要污染物

2.1.1　大气组分浓度表示法

与水环境相比,大气组分浓度的表示法比较复杂,原因如下:

(1)各组分物理形态各异(有气体、蒸汽、颗粒物、气溶胶等)且浓度相差悬殊,故有多种不同浓度单位。

(2)气体组分浓度随温度、压力变化,所以在表示浓度值同时,要附带表明温度和压力条件,又为了使计算出的浓度有可比性,通常要用理想气体方程式换算成标准状态下的浓度。

(3)不同国家制定的标准状态并不统一,如标准温度有取 0 ℃、18 ℃、20 ℃或 25 ℃的;至于 atm、mmHg 等压力单位,按照我国现行法定计量制度,已经被取消使用。

用于大气组分的浓度单位有:%(体积分数)、mol/L、g/L、mg/L、μg/m、个数/m。此外还有 10^{-6}(体积分数)、10^{-9}(体积分数)和 10^{-12}(体积分数),分别相应于原先常用现已废止的 ppm、ppb 和 ppt 单位。对微量组分,常用单位为 10^{-6}(体积分数)或 μg/m³;对超微量组分常用 10^{-12}(体积分数)作单位。

对大气中颗粒物成分来说,应用 μg/m 计量单位较为方便。对于飘尘,还可用单位质量飘尘中所含某成分的质量来表示,即用 μg/g 或 ng/g 单位。

2.1.2　大气的主要成分

直至几千米高空的干燥空气主要成分包括:氮气(78.08%)、氧气(20.95%)、氩气

(0.93%)和二氧化碳(0.032%),这里的百分比为体积分数。除了氩气外,还有几种稀有气体:氦气(体积分数为 5.24×10^{-4})、氖气(体积分数为 1.81×10^{-3})、氪气(体积分数为 1.14×10^{-4})和 氙气(体积分数为 8.7×10^{-6})的含量相对来说也是比较高的。上述气体约占空气总量的 99.9% 以上。而水蒸气在大气中的含量是一个变化的数值,其在不同的时间、不同的地点以及不同的气候条件下,水蒸气的含量也不同。其数值一般在 1% ~ 3%(体积分数)范围内发生变化。除此之外,大气中还包括很多痕量组分 H_2(体积分数为 5×10^{-5})、CH_4(体积分数为 1.3×10^{-5})、CO(体积分数为 1×10^{-5})、SO_2(体积分数为 2×10^{-7})、NH_3(体积分数为 1×10^{-6})、N_2O(体积分数为 2.5×10^{-5})、NO_2(体积分数为 1×10^{-7})、O_3(体积分数为 4×10^{-6})等。

稀有气体和微量气体在大气中的比例小于 0.005%(体积分数),然而它们在大气环境化学的研究中是很重要的。按照气体浓度以及化学组成可分为可变成分和不可变成分。可变性是指该组分具有浓度变化的倾向。组分的不变性是相对的,而可变性却是绝对的。大气中某组分的储量、反应性和滞留时间皆与其可变性有关。例如 CO_2 虽然有地方性发生源,但由于它在大气中储量大,化学性质又不甚活泼,地方性发生源不会使它的浓度发生很大变化,因此将 CO_2 归入大气中不可变成分。但这样的说法不是绝对的,从时间标尺看,大气中 CO_2 浓度实际上还是因一些人为因素而逐年缓慢增长。某些反应性很强的微量成分,如 SO_2、NH_3 和 NO_2,其在大气中浓度很低,且由于它们在大气中反应快,因而属可变成分。与此相关的是它们在大气中的滞留时间也相对较短。滞留时间很长的成分是永久气体,滞留时间一般从几月到几年,甚至几百年;而从几天到几星期的是可变气体。可变气体都是化学性质活泼的,而且它们的自然循环常与水的循环有关。

地表大气的平均压力为 101 300 Pa,相当于每平方厘米地球表面包围着 1 034 g 的空气。地球的总表面积为 510 100 934 km^2,所以大气总质量约为 5.3×10^{18} kg,相当于地球质量的 1×10^{-6} 倍。大气随高度的增加而逐渐稀薄,其质量的 99.9% 集中在 50 km 以下的范围内。海拔高度大于 100 km 的大气中,大气质量仅是整个大气圈质量的百万分之一。

2.1.3 大气层的结构

为了更好地理解大气的有关性质,人们常常将大气划分成不同的层次。比较早的方法是将大气简单地分成低层大气(低于 50 km)和高层大气(高于 50 km)。在高空探测火箭和人造卫星出现之前,人们对高空大气了解很少。随着科学的发展,人们对大气的了解不断深入。根据大气层在垂直方向上物理性质的差异,如温度、成分或电荷等物理性质以及大气层在垂直方向上的运动情况等来划分大气层。按照大气温度、化学组成及其他性质在垂直方向上的变化,大气圈可以分为对流层(troposphere)、平流层(stratosphere)、中间层(meosphere)和热层(therosphere),如图 2.1 所示。

1. 对流层

对流层(troposphere)是大气的最底层,其厚度随纬度和季节而变化。在赤道附近为 16 ~ 18 km,在中纬度地区为 10 ~ 12 km,两极附近为 8 ~ 9 km。夏季较厚,冬季较薄。原因在于热带的对流程度比寒带要强烈。对流层最显著的特点就是气温随着海拔高度的增加而降低,大约每上升100 m,温度降低0.6 ℃。这是由于地球表面从太阳吸收了能量,然后又以红外长波辐射的形式向大气散发热量,因此使地球表面附近的空气温度升高,贴近地面的空气吸收热量后会发生膨胀而上升,上面的冷空气则会下降,故在垂直方向上形成强烈的对流,对流层也正是因此而得名。对流层空气的对流运动的强 弱主要随着地理位置和季节发生变化,一般低纬度较强,高纬度较弱,夏季较强,冬季较弱。

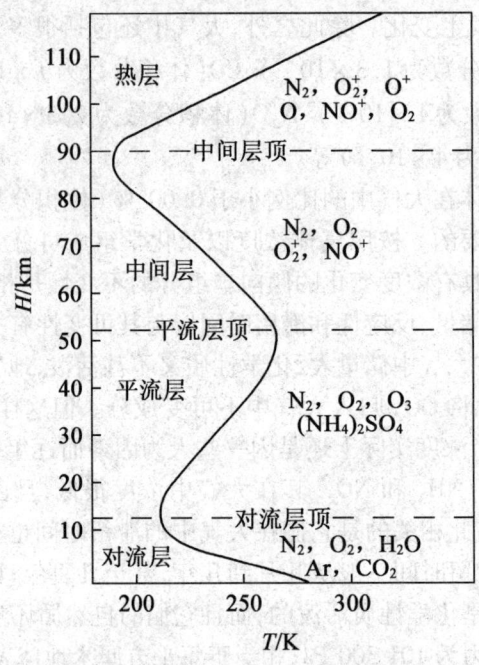

图 2.1 大气主要成分及温度分布

　　对流层的另一个特点是密度大,75%以上的大气总质量和90%的水蒸气在对流层;污染物的迁移转化过程及天气过程均发生在对流层。在对流层中,根据受地表各种活动的影响程度的大小,还可以将对流层分为两层。海拔高度低于1~2 km的大气称为摩擦层或边界层,亦称低层大气。这一层受地表的机械作用和热力作用影响强烈。一般排放进入大气的污染物绝大部分会停留在这一层。海拔高度在1~2 km以上的对流层大气,受地表活动影响较小,称为自由大气层。自然界主要的天气过程如雨、雪、雹等的形成均出现在此层。

　　在对流层的顶部还有一层称为对流层顶(tropopause)。由于这一层气体的温度很低,对流层顶的极冷层就像一道屏障,水分子到达这一层后会迅速凝结成冰,从而阻止了水分子由于密度差进入平流层。否则,水分子一旦进入平流层,在平流层紫外线的作用下,水分子会发生光解:

$$H_2O \longrightarrow H \cdot + HO \cdot$$

形成的 H · 会脱离大气层,从而造成大气氢的损失。因此,对流层顶层起到一个屏障的作用,阻挡了水分子进一步向上移动进入平流层,避免了大气氢遭到损失。

2. 平流层

平流层(stratosphere)是指从对流层顶到海拔高度约 50 km 的大气层。在平流层下部,即 12~20 km 范围,随海拔高度的降低,温度变化并不大,气温趋于稳定,因此,这部分大气又称同温层。在平流层下部以上,温度随海拔高度的升高而明显增加。

平流层具有以下特点:

(1)空气没有对流运动,平流运动占显著优势,这也是平流层名字的由来。

(2)空气比对流层稀薄得多,水汽、尘埃的含量甚微,很少出现天气现象。

(3)在高 20~60 km 范围有厚约 20 km 的一层臭氧层,臭氧的空间动力学分布主要受其生成和消除的过程所控制:

$$O_2 \longrightarrow O\cdot + O\cdot$$
$$O\cdot + O_2 \longrightarrow O_3$$
$$O_3 \longrightarrow O\cdot + O_2$$
$$O_3 + O\cdot \longrightarrow 2O_2$$

上述反应式是臭氧光解的过程。虽然这个反应并不能将臭氧真正从大气中消除,但是由于这个过程吸收了大量的太阳紫外线,并将其以热量的形式释放出来,从而导致平流层的温度升高。由于高层的臭氧可以优先吸收来自太阳的紫外辐射,因而使得平流层的温度随海拔高度的增加而增加。

3. 中间层

中间层(mesosphere)是指从平流层顶到 80 km 高度的大气层。这一层空气变得较稀薄,同时由于臭氧层的消失,缺少高浓度的吸收太阳辐射的物质,温度随海拔高度的增加而迅速降低,在 80 km 处温度下降到 −92 ℃。垂直温度分布与对流层相似,这一层空气的对流运动非常激烈。

4. 热层

热层(thermosphere)也称暖层,是指从 80 km 到约 700 km 的大气层。由于这一层的空气处于高度电离的状态,故该层又称电离层。热层空气更加稀薄,大气质量仅占大气总质量的 0.5%。在 80~90 km 的区域,气温基本不变,随后,温度随高度增加而迅速上升。这是由于太阳所发出的紫外线绝大部分都被这一层的物质所吸收,使得大气温度随海拔高度的增加而迅速增加。

热层以上的大气层称为逃逸层(exosphere),也称散逸层。这层空气在太阳紫外线和宇宙射线的作用下,大部分分子发生电离,使质子的含量大大超过中性氢原子的含量。逃逸层中的空气极为稀薄,其密度几乎与太空密度相同,故又常称为外大气层。由于空气受地心引力极小,气体及微粒可以从这层飞出地球重力场而进入太空。逃逸层是地球大气的最外层,关于该层的上界到哪里还没有一致的看法。实际上地球大气与星际空间并没有截然的界限。逃逸层的温度随高度增加而略有增加。

2.1.4　大气污染物的来源以及汇

1. 大气污染物的来源

（1）人为污染源。

人类的生产和生活活动是大气污染物的重要来源。通常所说的大气污染源一般是指由人类活动向大气输送污染物的发生源，主要包括以下几个方面：

①燃料燃烧：世界能源的主要来源是煤、石油、天然气等燃料。燃料的燃烧过程是向大气输送污染物的重要发生源。例如，煤的主要成分是碳、氢、氧及少量硫、氮等元素，此外还含有金属硫化物或硫酸盐等微量组分，煤燃烧时除产生大量尘埃外，还会产生一氧化碳、二氧化碳、硫氧化物（SO_2 及少量 SO_3）、氮氧化物（NO_x）、烃类有机物等有害物质。燃煤排放的 SO_2 占人为污染源的 70%，NO_2 和 CO_2 约占 50%，粉尘则占人为污染源排放总量的 40% 左右。可见，由燃煤排放到大气的污染物数量是相当可观的。另外，交通工具运行中所排放废气对城市大气的污染也是很严重的，汽车尾气排放已成为城市大气污染的主要来源，其废气中含有一氧化碳、氮氧化物、碳氢化合物、含氧有机物、硫氧化物和含铅化合物等多种有害物质。

②工业排放：工业生产过程中排放到大气中的污染物种类多、数量大，其组成与企业性质有关。例如，有色金属冶炼主要排放二氧化硫、氮氧化物以及重金属等；石油工业则主要排放硫化氢和各种碳氢化合物。

③固体废弃物焚烧：固体废弃物的处理方法有焚烧法、填埋法等。焚烧法是处理可燃性有机固体废弃物的一种有效方法。目前，焚烧法主要用于城市垃圾的处理。固体废弃物焚烧过程中有害成分（如二噁英等）排入大气，造成大气污染。生活垃圾等各类燃料燃烧过程产生污染物的比例见表2.1。

表2.1　生活垃圾等各类燃料燃烧过程产生污染物的比例　　%

污染物来源	烟尘	硫氧化物	NO_x	CO	HC
锅炉及窑炉的燃料燃烧	42	73.4	43.2	2	2.4
交通运输（内燃机）	5.5	1.3	49.2	68	60
工业过程	34.8	23	1.3	11.3	12
固体废弃物燃烧	4.5	0.3	5.1	8.1	5.2
其他	13.2	2	3.2	10.2	20.5

④农业排放：农业生产中施用农药及化肥在某种程度上也会造成大气污染。例如，施入土壤的氮肥，经一系列的变化过程会产生氮氧化物并释放到大气中。其中 N_2O 不易溶于水，化学活性差，可传输到平流层，与臭氧作用，使臭氧层遭到破坏。N_2O 也是重要的温室气体。对于化肥给环境带来的不利因素正逐渐被人们所认识。农药对大气的污染主要是在农药喷洒过程中，一部分农药以气溶胶的形式散逸到大气中，残留在作物上或黏附在作物表面的也可挥发到大气中。

（2）天然污染源。

大气污染物的天然污染源主要有自然尘（风砂、土壤粒子等），森林、草原火灾（排放 CO、CO_2、SO_2、NO_x、HC），火山活动（排放 SO_2、硫酸盐等颗粒物），森林排放（主要为萜烯类碳氢化合物），海浪飞沫（主要为硫酸盐与亚硫酸盐）。与人为污染源相比，天然污染源所排放的大气污染物种类少、浓度低，但从全球角度看，天然污染源是重要的，在某些情况下甚至比人为污染源危害更严重。例如，菲律宾的皮纳图博火山和日本的云仙岳火山喷发，造成了数百人死亡，并对附近地区乃至全球的大气环境等造成灾难性的危害。

2. 大气污染物的汇

去除或转化大气污染物的过程就是大气污染物的汇。这个过程受到许多因素影响，大气污染物可通过干沉降、湿沉降及化学反应过程而去除。

（1）干沉降。

大气中的物质通过重力沉降以及与植物、建筑物或地面（土壤）相碰撞而被捕获（被表面吸附或吸收）的过程，统称为干沉降。重力沉降仅对直径大于 10 μm 的颗粒物有效；与植物相碰撞可能是过小的粒子在近地面处较有效的去除过程；干沉降对气态污染物也是很重要的一种去除途径。

（2）湿沉降。

大气中的物质通过降水而落到地面的过程称为湿沉降。湿沉降对气体或颗粒物都是最有效的大气净化机制。湿沉降可分为雨除（rainout）和冲刷（washout），将在后面章节做具体介绍。

（3）化学反应去除。

污染物在大气中通过化学反应生成其他气体或粒子而使原污染物在大气中消失的过程，称为化学反应去除。对于某些气体污染物（如 SO_2），此过程是重要的汇机制，不过这种机制也可能产生新的污染物，因而又有新污染物的去除问题。

上述三种去除过程存在一定的联系，如排放到大气中的二氧化硫，经过一系列化学反应可转化成硫酸及硫酸盐气溶胶，其中一部分由干沉降去除，而大部分则通过湿沉降去除。除上述三种去除过程外，污染物也可向平流层输送，从而消除或减少某些污染气体。表 2.2 列出了一些气体污染物的汇。

表 2.2　一些气体污染物的汇

气体	汇
二氧化硫（SO_2）	降水清除：雨除、冲刷
	气相或液相氧化成硫酸盐
	土壤：微生物降解、物理和化学反应、吸收
	植被：表面吸收、消化摄取
硫化氢（H_2S）	氧化为二氧化碳
臭氧（O_3）	在植被、土壤、雪和海洋表面上的化学反应

续表2.2

气体	汇
氮氧化物（NO₂）	土壤：化学反应
	植被：吸收、消化摄取
一氧化碳（CO）	平流层：与 OH 自由基反应
	土壤：微生物活动
二氧化碳（CO₂）	植被：光和反应、吸收
	海洋：吸收
甲烷（CH₄）	土壤：微生物活动
	植被：化学反应、细菌活动
	对流层及平流层：化学反应
碳氢化合物（HC）	向颗粒物转化
	土壤：微生物活动
	植被：吸收、消化摄取

2.1.5　大气中的主要污染物

人类活动（包括生产活动和生活活动）及自然界都不断地向大气排放各种各样的物质，这些物质在大气中会存在一定的时间。当大气中某种物质的含量超过了正常水平而对人类和生态环境产生不良影响时，就构成了大气污染。

环境中的大气污染物种类很多，若按物理状态可分为气态污染物和颗粒物（气溶胶污染物）两大类。根据《环境影响评价技术导则——大气环境》（HJ 2.2—2008）规定，将粒径小于 15 μm 的污染物也可划为气态污染物，所以理论上来说，PM_{10} 和 $PM_{2.5}$ 都算作气态污染物。

若按形成过程则可分为一次污染物和二次污染物。一次污染物是指直接从污染源排放的污染物质，如 CO、NO 等。二次污染物是指由一次污染物经化学反应形成的污染物质，如臭氧（O_3）、硫酸盐颗粒物等。此外，大气污染物按照化学组成还可以分为含硫化合物、含氮化合物、含碳化合物和含卤素化合物等。下面主要按照化学组成简单介绍一下大气中主要污染物。

1. 含硫化合物

大气中的含硫化合物主要包括：氧硫化碳（COS）、二硫化碳（CS_2）、二甲基硫 [（CH_3）$_2$S]、硫化氢（H_2S）、二氧化硫（SO_2）、三氧化硫（SO_3）、硫酸（H_2SO_4）、亚硫酸盐（MSO_3）和硫酸盐（MSO_4）等。

（1）SO_2。

①SO_2 的危害。SO_2 是无色、存刺激性气味的气体。尽管大气中低浓度的 SO_2 对大部分人不会产生剧烈毒性，但也会对健康产生影响。大气中的 SO_2 对人体的呼吸道危害

很大,它能刺激呼吸道并增加呼吸阻力,尤其是对那些患有呼吸系统脆弱和过敏哮喘症的人,造成呼吸困难,SO_2 体积分数达到 500×10^{-6} 就会致人死亡。

在几次严重的急性空气污染事件中,SO_2 都至少部分涉入其中。如 1930 年 12 月,逆温使得许多工业源排放的废物停留在比利时狭窄的马斯(Meuse)河谷上空,SO_2 浓度较高,这次事件大约有 60 余人死亡,还有一些家畜被毒死。1948 年 10 月,一起类似的大气污染事件造成美国宾夕法尼亚州 Donora 市 40% 以上的人患病,近 20 人死亡。1952 年 12 月,伦敦连续 5 天发生逆温,被烟雾笼罩,造成超过正常的死亡水平的 3 500 ~ 4 000 人死亡。大气中 SO_2 及可吸入颗粒物浓度较高,尸检发现死者呼吸道受刺激,所以怀疑高浓度的 SO_2 和可吸入颗粒是造成死亡率过高的原因。

此外,SO_2 对植物也有危害。高含量的 SO_2 会损伤叶组织(叶坏死),严重损伤叶边缘和叶脉之间的叶面。植物长期与 SO_2 接触会造成缺绿病或黄萎。SO_2 对植物的损伤随湿度的增加而增加。当植物的气孔打开时,SO_2 最易给植物造成损伤。由于大多数植物都是在白天张开气孔,所以 SO_2 对植物的损伤在白天比较严重。

SO_2 污染产生的另一个影响是腐蚀建筑材料,造成很大的经济损失。石灰石、大理石和白云石是钙、镁的碳酸盐矿物,都会受大气 SO_2 的侵蚀,影响建筑的外观、建筑结构的完整性和建筑的寿命。

SO_2 在大气中(特别是在污染的大气中)易被氧化形成 SO_3,然后与水分子结合形成硫酸分子,经过均相或非均相成核作用,形成硫酸气溶胶,并同时发生化学反应生成硫酸盐。硫酸和硫酸盐可以形成硫酸烟雾和酸性降水,危害很大。实际上,SO_2 之所以成为重要的大气污染物,原因就在于它参与了硫酸烟雾和酸雨的形成。

②SO_2 的来源与消除。大气中的含硫化合物的来源、反应和归趋存在很多不确定性。就全球范围来说,由人为来源和天然来源排放到自然界的含硫化合物的数量是相当的,但就大城市及其周围地区来说,大气中的 SO_2 主要来源于含硫燃料的燃烧。由于煤和石油最初都是由有机质转化形成的,而有机生命体的组织和结构中是含有元素硫的,因此,在这种转化过程中元素硫也被结合进入矿物燃料中。硫在燃料中可以有机硫化物或无机硫化物(如 FeS_2)的形式存在,其含量大约各占一半。在燃烧过程中,燃料中的硫几乎能够全部转化形成 SO_2。通常我国煤的含硫量为 0.5% ~ 3.0%(质量分数),我国石油的含硫量为 1%(质量分数)以下。全世界每年由人为来源排入大气的 SO_2 约有 146×10^6 t,其中约有 60% 来自煤的燃烧,30% 左右来自石油燃烧和炼制过程。大气中的 SO_2 约有 50% 会转化形成硫酸或硫酸根,另外 50% 可以通过干、湿沉降从大气中消除。

硫循环中最大的不确定性来自非人为来源的硫,主要是火山喷发产生的 SO_2 和 H_2S,以及有机质生物腐烂和硫酸盐还原过程产生的 $(CH_3)_2S$ 和 H_2S。目前认为大气中的硫释放的最大单一天然源是来自海洋生物的二甲基硫。进入大气的 H_2S 通过以下过程迅速转化为 SO_2:

$$H_2S + 3/2O_2 \longrightarrow SO_2 + H_2O$$

起始反应是 $HO\cdot$ 的夺氢反应:

$$H_2S + HO\cdot \longrightarrow HS\cdot + H_2O$$

接着发生以下两个反应生成 SO_2:

$$HS \cdot + O_2 \longrightarrow SO \cdot + HO$$

$$SO \cdot + O_2 \longrightarrow SO_2 + O \cdot$$

人为产生的 SO_2 的主要来源是煤的燃烧,所以必须付出很大的代价去除煤中的硫,使 SO_2 的排放量达到可接受的水平。煤中一半的硫以黄铁矿的形式存在,另一半是有机硫。黄铁矿通过以下反应燃烧产生 SO_2:

$$FeS_2 + 11O_2 \longrightarrow 2Fe_2SO_4 + SO_2$$

所有的硫基本上都转化为 SO_2,只有 1% ~2%(质量分数)的硫转化为 SO_3。

(2)大气中的 H_2S。

许多天然来源都可以向环境中排放含硫化合物,如火山喷射、海水浪花和生物活动等。火山喷射的含硫化合物大部分以 SO_2 的形式存在,少量会以 H_2S 和 $(CH_3)_2S$ 的形式存在。海浪带出的含硫化合物主要是硫酸盐,即 SO_4^{2-}。而生物活动产生的含硫化合物主要是以 S、$(CH_3)_2S$ 形式存在,少量以 CS_2、CH_3SSCH_3(二甲基二硫)及 CH_3SH 形式存在。天然来源排放的硫主要是以低价态存在,主要包括 H_2S、$(CH_3)_2S$、COS 和 CS_2,而 CH_3SSCH_3 和 CH_3SH 次之。

人为来源造成的硫化氢污染不像二氧化硫污染那么广泛,然而,也发生过几起因硫化氢释放而导致的特别严重的事故,对人类健康造成伤害甚至导致死亡。其中最臭名昭著的一次发生在 1950 年,地点是墨西哥的 Poza Rica。一个从天然气中回收硫黄的工厂发生硫化氢的意外泄露,造成 22 人死亡,300 多人住院。2003 年 12 月,我国一起被硫化氢污染的天然气井喷事故造成 242 人死亡,2 000 多人严重受伤。作为应急措施,井喷气体被引燃,生成了大量的二氧化硫,虽然仍是空气污染物,但不像硫化氢那样有致命的危害。开采处于深层的天然气增加了硫化氢意外释放的危险。

当硫化氢远远超过周围环境的浓度时,会损伤未发育成熟的植物组织,这种类型的植物损伤很容易与由其他植物毒素造成的损伤区别。更加敏感的植物长期暴露在 3×10^{-6}(体积分数)硫化氢的环境中会导致死亡,而其他植物则会表现出生长迟缓、叶片损伤和脱落。

硫化氢污染对某些材料造成损坏,其损失是巨大的。油画上的含铅颜料遇硫化氢污染特别容易发黑,其接触 50×10^{-9}(体积分数)的硫化氢几个小时就会变黑。当除去硫化氢污染源时,含铅颜料和硫化氢最初反应生成的硫化铅最终可能被大气中的氧气氧化成白色的硫酸铅,这在一定程度上能逆转其所造成的损坏。

而大气中 H_2S 主要的去除反应为

$$HO \cdot + H_2S \longrightarrow H_2O + SH \cdot$$

大气中 H_2S 的本底值一般为 $(0.2 \sim 20) \times 10^{-9}$(体积分数),停留时间为 1 ~4 d。

2. 含氮化合物

大气中存在的含量比较高的氮的氧化物主要包括氧化亚氮(N_2O)、一氧化氮(NO)和二氧化氮(NO_2)。氮氧化物以及其他活泼的无机含氮物质的大气化学行为在一些地区的大气中非常重要,如发生光化学烟雾、酸雨和平流层臭氧损耗的地区。

N_2O(nitrous oxide)通常作为麻醉剂"笑气"被大家熟知,它在清洁大气(未被污染)中

的浓度约为 0.3×10^{-6}（体积分数），但仍是低层大气中含量最高的含氮化合物，主要来自于天然来源，即由土壤中硝酸盐（NO_3^-）经细菌的脱氮作用而产生：

$$NO_3 + 2H_2 + H^+ \longrightarrow \frac{1}{2}N_2O + \frac{5}{2}H_2O$$

N_2O 的人为来源主要是燃料燃烧和含氮化肥的施用。N_2O 的化学活性差，在低层大气中被认为是非污染性气体，但它能吸收地面辐射，是主要的温室气体之一。N_2O 难溶于水，寿命又长，可传输到平流层，发生光解作用。由于在低层大气中 N_2O 非常稳定，是停留时间最长的氮的氧化物，一般认为其没有明显的污染效应，对低层大气中重要的化学反应没有太大的影响。因而这里主要讨论 NO 和 NO_2，用通式 NO_x 表示。

（1）NO_x 的来源、消除及危害。

无色无味的 NO（nitric oxide）和有刺激性气味的红棕色 NO_2（nitrogen dioxide）是大气中主要的含氮污染物，在大气污染中非常重要。这些气体用通式 NO_x 表示，它们可以通过雷电和生物过程等自然源进入大气，也可以通过污染源进入大气。后者重要得多，因为局部高浓度的 NO_2 会导致空气质量严重下降。它们的人为来源主要是燃料的燃烧。燃烧源可分为流动燃烧源和固定燃烧源。城市大气中的 NO_x（NO 和 NO_2）一般有 2/3 来自汽车等流动燃烧源的排放，1/3 来自于固定燃烧源的排放。无论是流动燃烧源还是固定燃烧源，燃烧产生的 NO_x 主要是 NO，占 90% 以上；NO_2 的数量很少，占 0.5% ~ 10%。

大气中的 NO_x 主要来自天然过程，如生物源、闪电均可产生 NO_x。自然界的氮循环每年向大气释放 NO 约 4.30×10^8 t，约占总排放量的 90%，人类活动排放的 NO 仅占 10%。NO_2 是由 NO 氧化生成的，每年约产生 5.3×10^7 t。NO_x 的人为来源主要是燃料的燃烧或化工生产过程，其中以工业窑炉、氮肥生产和汽车排放的 NO_x 量最多。据估算，燃烧 1 t 天然气产生 6.35 kg NO_x，燃烧 1 t 石油或煤分别产生 9.1 ~ 12.3 kg 或 8 ~ 9 kg NO_x。城市大气中 2/3 的 NO_x 来自汽车尾气等的排放。一般条件下，大气中的氮和氧不能直接化合为氮的氧化物，只有在温度高于 1 200 ℃时，氮才能与氧结合生成 NO：

$$N_2 + O_2 \longrightarrow 2NO$$

上述反应的速率随温度增高而加快。

NO 除由高温导致外，还有一部分来自燃料中含氮化合物的热解和氧化。如石油中的吡啶（C_5H_5N）、哌啶（$C_5H_{11}N$）、喹啉（C_9H_7N）和煤中的链状、环状含氮化合物在燃烧过程中易被氧化成 NO。NO_2 是低层大气中最重要的光吸收分子，它吸收紫外线就被分解为 NO 和氧原子；由此反应可以引发一系列反应，导致光化学烟雾的形成。大气中的 NO_x 最终转化为硝酸和硝酸盐颗粒，并通过湿沉降和干沉降过程从大气中去除，其中湿沉降是最主要的消除方式。因此，大气中的光化学烟雾与酸雨之间存在密切的关系。

与 NO_2 相比，NO 的毒性相对较小，同 CO 一样，NO 也能与血红蛋白结合，降低血液的输氧效率。然而，在污染大气中，NO 的浓度远低于 CO 的浓度，因而对血红蛋白的影响很小。

在含高浓度 NO_2 环境的急性暴露会严重损害人体健康。在 NO_2 体积分数为 $(50 \sim 100) \times 10^{-6}$ 下暴露几分钟到 1 h，会引起肺炎，要经过 6 ~ 8 周后才可以恢复。如果 NO_2 体积分数为 $(150 \sim 200) \times 10^{-6}$，会引起纤维闭塞性毛细支气管炎，若不及时治疗，暴露

3~5周就会引起死亡。在NO_2体积分数为500×10^{-6}或更高的环境中，一般2~10 d内就会死亡。"青贮饲料病"是NO_2中毒特别突出的一个例子，它是由含硝酸盐的青贮饲料（用于喂家畜的湿碎玉米或高粱秸秆饲料）发酵产生的NO_2引起的。

（2）大气中的氨气（NH_3）。

NH_3是大气中含量丰富的含氮物质之一，自然的生物化学和化学过程，甚至在未受污染的大气中都有NH_3的存在。大气中的NH_3主要来自动物废弃物、土壤腐殖质的氨、土壤NH_3基肥料的损失以及工业排放，其生物来源主要是由细菌将废弃有机体中的氨基酸分解而产生的。燃煤也是NH_3的重要来源。氨在对流层中主要转化为气溶胶铵盐；另外，NH_3可被氧化生成NO_3^-，而NO_3^-则可转变成硝酸盐。铵盐或硝酸盐均可经湿沉降和干沉降去除。

3. 含碳化合物

大气中含碳化合物主要包括一氧化碳（CO）、二氧化碳（CO_2）以及有机的碳氢化合物和含氧烃类，如醛、酮、酸等。

（1）大气中的CO。

CO是一种毒性极强、无色、无味的气体，也是排放量最大的大气污染物之一。

①CO的人为来源。CO主要是在燃料不完全燃烧时产生的，如在氧气不足时：

$$C + 1/2O_2 \longrightarrow CO$$
$$C + CO_2 \longrightarrow 2CO$$

由于CO分子中碳氧以三键结合，因此CO氧化为CO_2的速率极慢。尤其在空气不足的燃烧过程中，只有少量的CO可氧化为CO_2，大量的CO将留在烟气中；另外，在高温时CO_2可分解产生CO和原子氧，所以燃料的燃烧过程是城市大气中CO的主要来源。据估计，在全球范围内，CO的人为来源约为$(600 \sim 1\,250) \times 10^6$ t/a，其中80%是由汽车排放出来的。虽然现在汽车都已经安装了尾气净化器，但由于汽车总数量增加了，因此汽车排放的CO并没有减少。家庭炉灶、工业燃煤锅炉、煤气加工等工业过程也排放大量的CO。

②CO的天然来源。

就全球环境来看，CO的天然来源也很重要。这些来源主要包括甲烷的转化、海水中CO的挥发、植物的排放、森林火灾及农业废弃物焚烧，其中以甲烷的转化最为重要。

CH_4经HO·自由基氧化可形成CO，其反应机制为

$$CH_4 + HO \cdot \longrightarrow CH_3 \cdot + H_2O$$
$$CH_3 \cdot + O_2 \longrightarrow HCHO + HO \cdot$$
$$HCHO + h\nu \longrightarrow CO + H_2$$

③CO的去除。

大气中的CO可由以下两种途径去除：

a. 土壤吸收。地球表层的土壤能有效地吸收大气中的CO。含有120 mg/L CO的空气，用2.8 kg土壤处理3 h后，其中的CO可被全部去除。这是由于土壤中生活的细菌能将CO代谢为CO_2和CH_4：

$$CO + 1/2O_2 \longrightarrow CO_2$$
$$CO + 3H_2 \longrightarrow CH_4 + H_2O$$

在上述实验中,已从土壤中分离出能去除 CO 的 16 种真菌。不同类型的土壤对 CO 的吸收量是有一定差别的。全球通过各种土壤的吸收而被去除的 CO 数量约为 450×10^6 t/a。

b. 与 HO·自由基的反应。与自由基的反应是大气中 CO 的主要消除途径。CO 可与 HO·自由基反应而被氧化为 CO_2:

$$CO + HO \cdot \longrightarrow CO_2 + H \cdot$$
$$H \cdot + O_2 + M \longrightarrow HO_2 \cdot + M$$
$$CO + HO_2 \cdot \longrightarrow CO_2 + HO \cdot$$

以上过程为链反应,其速率取决于大气中 HO·自由基的浓度,该途径可去除大气中约 50% 的 CO。

④CO 的危害。

CO 对人体的危害主要是阻碍体内氧气输送,使人体缺氧窒息。但 CO 排入空气中后,由于扩散和氧化,一般在大气中不会达到引起窒息的浓度。

作为大气污染物的 CO 的主要危害在于能参与光化学烟雾的形成。在光化学烟雾的形成过程中,如果存在 CO,则可以发生下面的反应:

$$CO + HO \cdot \longrightarrow CO_2 + H \cdot$$
$$H \cdot + O_2 + M \longrightarrow HO_2 \cdot + M$$
$$NO + HO_2 \cdot \longrightarrow NO_2 + HO \cdot$$

因此,适量 CO 的存在可以促进 NO 向 NO_2 的转化,从而促进了臭氧的积累。而且,空气中存在的 CO 也可以导致臭氧的积累:

$$CO + 2O_2 \longrightarrow CO_2 + O_3$$

此外,CO 本身也是一种温室气体,可以导致温室效应,由 CO 的消除途径可知,与 HO·自由基的反应是 CO 的重要消除途径。因此,大气中 CO 的增加,将导致大气中 HO·自由基减少,这使得可与 HO·自由基反应的物种(如甲烷)得以积聚。甲烷是一种温室气体,可吸收太阳光谱的红外部分。因此,CO 还可以通过消耗 HO·自由基使甲烷积累而间接导致温室效应的发生。

(2)空气中的 CO_2。

CO_2 是一种无毒、无味的气体,对人体没有显著的危害作用。在大气污染问题中,CO_2 之所以引起人们的普遍关注,原因在于 CO_2 是一种重要的温室气体,能够导致温室效应的发生,从而引发一系列的全球性的环境问题。

①CO_2 的来源。

大气中 CO_2 的来源也包括人为来源和天然来源两种。CO_2 的人为来源主要是来自于矿物燃料的燃烧过程。据估计,由矿物燃料燃烧排放到大气中 CO_2 的数量,20 世纪 60 年代平均每年约 5.4×10^6 t,20 世纪初为 41×10^6 t/a,到 1970 年增加到 154×10^6 t/a,1999 年则达到 242×10^6 t/a。CO_2 的天然来源主要包括海洋脱气、甲烷转化、动植物呼吸、腐败作用和燃烧作用。

②CO_2的环境浓度。

人类的许多活动都直接将大量的CO_2排放到大气中；同时，由于人类大量砍伐森林、毁灭草原，使地球表面的植被日趋减少，以致减少了整个植物界从大气中吸收CO_2的数量。上述两种作用共同作用的结果，使得大气中CO_2的含量急剧增加。据测定，19世纪大气中CO_2的环境浓度为290×10^{-6}，1958年为315×10^{-6}，1988年上升为350×10^{-6}，而1998年则达到367×10^{-6}，其增长速率惊人，年增加率由20世纪60年代的0.8×10^{-6}增加到20世纪80年代的1.6×10^{-6}。CO_2体积分数逐年上升的情况如图2.2所示。

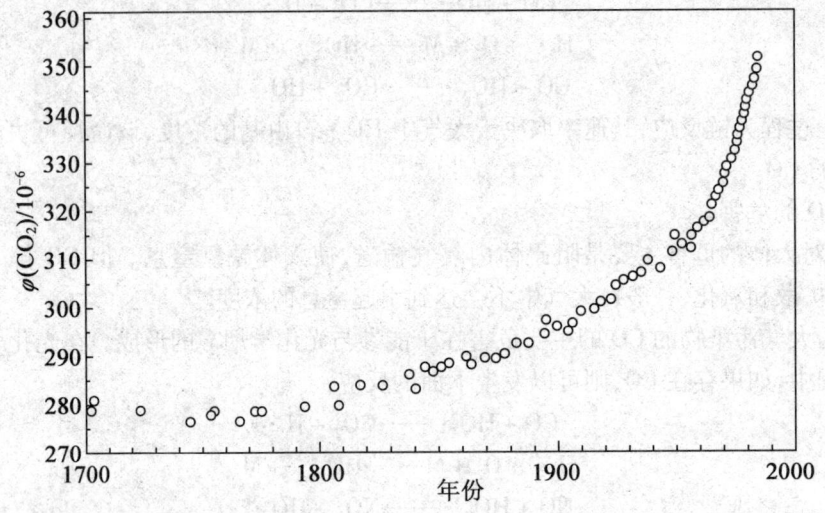

图2.2　过去250多年来大气中CO_2体积分数的变化

目前人们普遍认为，大气CO_2浓度的增加是全球温暖化的主要原因。因此，具有吸收和释放双重作用的陆地植被在大气CO_2浓度变化中所起的作用一直是科学家十分关注的问题。最近几十年的研究表明，陆地植被的作用，一方面表现为通过热带雨林地区土地利用方式的改变向大气释放CO_2，从而加速全球温暖化的进程；另一方面，北半球的植被，尤其是温带林和北方森林通过CO_2施肥效应吸收大气中的CO_2从而减缓全球温暖化的进程。这两方面的平衡决定着全球植被，尤其是森林对大气CO_2浓度变化的贡献。

在热带林土地利用方式的改变方面，主要是由于原始林的大面积采伐和烧荒耕作，使热带林大面积减少。热带林占全球森林面积的植被碳量的土壤碳量的11%。一旦它们遭到破坏，森林中所含的有机质将以CO_2的形式释放到大气中。目前，全球热带林面积每年减少$5 \times 10^6 \sim 2 \times 10^7 \ hm^2$，相当于每分钟减少$9.5 \sim 38 \ hm^2$。因此，热带林破坏与大气$CO_2$浓度的关系在20世纪70年代初就引起科学家们的关注。

另外，北半球冬季利用化石燃料取暖也是CO_2浓度增加的重要因素之一。南半球CO_2的浓度变化不显著的主要原因是由于南半球大部分为海洋所占据，陆地仅占11%，且其主体由荒漠和无植被的冰盖（南极大陆）组成，从而使植被的作用大为减弱。

③CO_2的危害。

大气 CO_2 浓度自 19 世纪至今有一个较为连续性的增长,每年体积分数增长为 $(0.5 \sim 1.5) \times 10^{-6}$,平均上升幅度约为 0.7×10^{-6}。由人类活动产生的额外的 CO_2 只有三条可能的出路:一是进入海洋,使海水变酸;二是进入生物圈;三是停留在大气圈,增加大气 CO_2 的含量。研究表明,人为产生的这部分 CO_2 对生物圈及海洋的 pH 影响都不大,影响最大的则是大气圈本身,主要表现为对全球气候的影响。CO_2 是温室气体,CO_2 分子对可见光几乎完全透过,但是对红外热辐射,特别是波长在 $12 \sim 18~\mu m$ 范围内的红外热辐射,则是一个很强的吸收体,因此低层大气中的 CO_2 能够有效地吸收地面发射的长波辐射,造成温室效应,使近地面大气变暖。

按照目前大气中 CO_2 浓度的增加速度,几十年之后,可能会使整个地球气候变暖,给人类带来严重的后果,如使旱灾地区面积扩大,影响农业生产,还将导致地球表面冰川和冰帽溶化,以致海平面上升 $60 \sim 70~cm$,使沿海城市被上涨的海水所淹没,后果不堪设想。当然大气中的颗粒物对温室效应有抑制作用。在第二届世界气候大会上(1990 年 11 月),英国科学家认为,大气中大量硫酸盐的存在对全球变暖过程有显著抑制作用,Wigleye 和 Raper 认为,硫酸盐可能已抵消温室效应对全球变暖贡献量的 1/3。目前对于气溶胶在气候变化中的作用尚有争议。

近年来,有许多模式预测温室气体排放的变化对全球气温造成的影响。图 2.3 为全球气温变化的一个预测结果。如果维持目前的排放量,就是如图中中间那条线所示,则每 10 年气温增长约 0.3 ℃。如果加速温室气体的排放,其后果如图中上面那条曲线所示,每 10 年增温 0.8 ℃。如果不再排放温室气体,结果仍会造成每 10 年增温 0.06 ℃。而实际的变化趋势很有可能介于高、低两种情况之间。

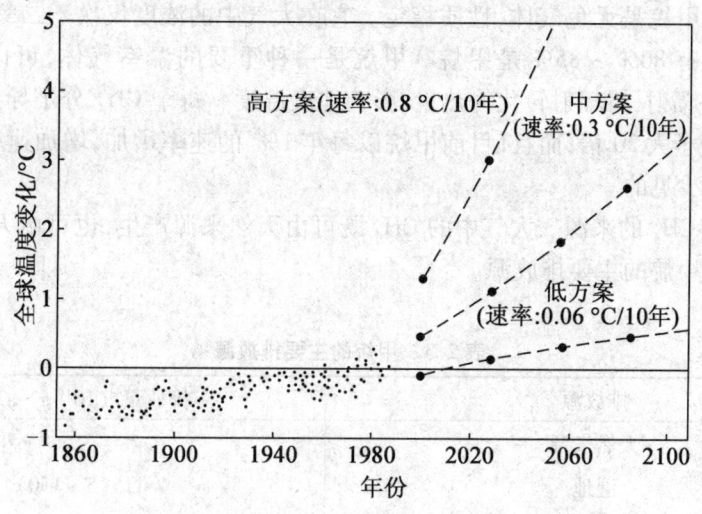

图 2.3 全球气温变化的一个预测结果

(3)大气中的碳氢化合物。

碳氢化合物是大气中的重要污染物。大气中以气态形式存在的碳氢化合物的碳原子数主要为 $1 \sim 10$,包括可挥发性的所有烃类,它们是形成光化学烟雾的主要参与者。其他碳氢化合物大部分以气溶胶形式存在于大气中。1968 年,全世界碳氢化合物(HC)的年排放

量为 1.858×10^9 t,其中绝大多数为甲烷,约占 1.600×10^9 t;人工排放的碳氢化合物约为 8.8×10^7 t/a,仅占总量的 4.7% ;城市大气中汽车尾气排放是碳氢化合物的主要来源。

目前,大气中已检出的烷烃有 100 多种,其中直链烷烃最多,其碳原子数目为 $1 \sim 37$ 个。带有支链的异构烷烃碳原子数目多在 6 以下。低于 6 个碳原子的烷烃有较高的蒸气压,在大气中多以气态形式存在。碳链长的烃类常形成气溶胶或吸附在其他颗粒物质上。

大气中也存在一定数量的烯烃,如乙烯、丙烯、苯乙烯和丁二烯等均为大气中常见的烯烃,所有这些化合物在大气中存在量都是比较少的。大气中的芳香烃主要有两类:单环芳烃和多环芳烃。多环芳烃通常以 PAH 表示。典型的芳香化合物如下:

苯　　　　　　　2,6 - 二甲萘　　　　　　　芘

芳香烃广泛地应用于工业生产过程中。它们除用来做溶剂外,也用作原料来生产化工制品,如聚合物中的单体和增塑剂等。苯乙烯常用来做塑料的单体和合成橡胶的原料。异丙苯可被氧化用来生产酚和丙酮。这些化合物是使用过程中的泄漏以及伴随着某些有机物燃烧过程而产生的。另外,联苯也是芳香烃的一种,可在柴油机烟气中测得。许多芳香烃在香烟的烟雾中存在,因此它们在室内含量要高于室外。

在大气污染研究中,人们常常根据烃类化合物在光化学反应过程中活性的大小,把烃类化合物分为甲烷(CH_4)和非甲烷烃(NMHC)两类。

①甲烷。甲烷是无色气体,性质稳定。它在大气中的浓度仅次于二氧化碳,大气中的碳氢化合物有 $80\% \sim 85\%$ 是甲烷。甲烷是一种重要的温室气体,可以吸收波长为 7.7 μm 的红外辐射,将辐射转化为热量,影响地表温度。每个 CH_4 分子导致温室效应的能力比 CO_2 分子大 20 倍;而且,目前甲烷以每年 1% 的速率增加,增加速率之快在其他温室气体中是少见的。

a. 大气中 CH_4 的来源。大气中的 CH_4 既可由天然来源产生,也可由人为来源产生。表 2.3 列出了甲烷的主要排放源。

表2.3　甲烷的主要排放源

排放源	排放量/(10^{12} g · a^{-1})
天然来源	
湿地	115(5～150)
白蚁	20(10～50)
海洋	10(5～50)
其他	15(10～40)
小计	160(110～210)

续表 2.3

排放源	排放量/$(10^{12} \text{ g} \cdot \text{a}^{-1})$
人为来源	
化石燃料(煤、石油、天然气)	100(70~120)
反刍类家畜	85(65~100)
水田	60(20~100)
生物质燃烧	40(20~80)
废弃物填埋	40(20~70)
动物排泄物	25(20~30)
下水道处理	25(15~80)
小计	375(300~450)

注:表中括号内数值表示范围,括号外的数值表示平均值

无论是天然来源,还是人为来源,除了燃烧过程和原油以及天然气的泄漏之外,实际上,产生甲烷的机制都是厌氧细菌的发酵过程,这时,有机物发生了厌氧分解:

$$2\{CH_2O\} \xrightarrow{\text{厌氧细菌}} CO_2 + CH_4$$

该过程可发生在沼泽、泥塘、湿冻土带和水稻田底部等环境;此外,反刍动物以及蚂蚁等的呼吸过程也可产生甲烷。

我国是一个农业大国,其水稻田面积约占全球水稻田面积的 1/3,因而水稻田成为中国大气中甲烷的最大的排放源。研究表明,水稻田排放的甲烷的数量受多种因素影响,如气温、土壤的性质和组成、耕作方式等。而且,在水稻不同的生长期,其排放甲烷的能力也不同。

b. 大气中 CH_4 的消除。甲烷在大气中主要是通过与 $HO \cdot$ 自由基反应而被消除;

$$CH_4 + HO \cdot \longrightarrow CH_3 \cdot + H_2O$$

由于该反应的存在,使得 CH_4 在大气中的寿命约为 11 年。目前排放到大气中的 CH_4 大部分被 $HO \cdot$ 氧化,每年留在大气中的 CH_4 约为 5×10^7 t/a,从而导致大气中 CH_4 浓度的上升。由于大气中 $HO \cdot$ 的减少会导致 CH_4 浓度的增加,因此,大气中 CO 等消耗 $HO \cdot$ 的物质的增加,会使 $HO \cdot$ 的浓度降低,从而造成大气中 CH_4 浓度的增加。据 Rasmussen 等估计,近 200 年来大气中甲烷浓度的增加,70% 是由于直接排放的结果,30% 则是由于大气中 $HO \cdot$ 自由基浓度的下降所造成的。

此外,少量的 CH_4(<15%)会扩散进入平流层,与氯原子发生反应:

$$CH_4 + Cl \cdot \longrightarrow CH_3 \cdot + HCl$$

形成的 HCl 可以通过扩散进入对流层后通过降水而被清除。

c. 大气中 CH_4 的浓度分布特征。根据对格陵兰岛和南极的冰芯的分析,古代大气中 CH_4 的体积分数只有 0.7×10^{-6} 左右(图 2.4),并且持续了很长时期,近 100 年来则上升了 1 倍多。据 1985 年报道,CH_4 在全球范围的体积分数已达 1.65×10^{-6},其增长是十分惊人的。

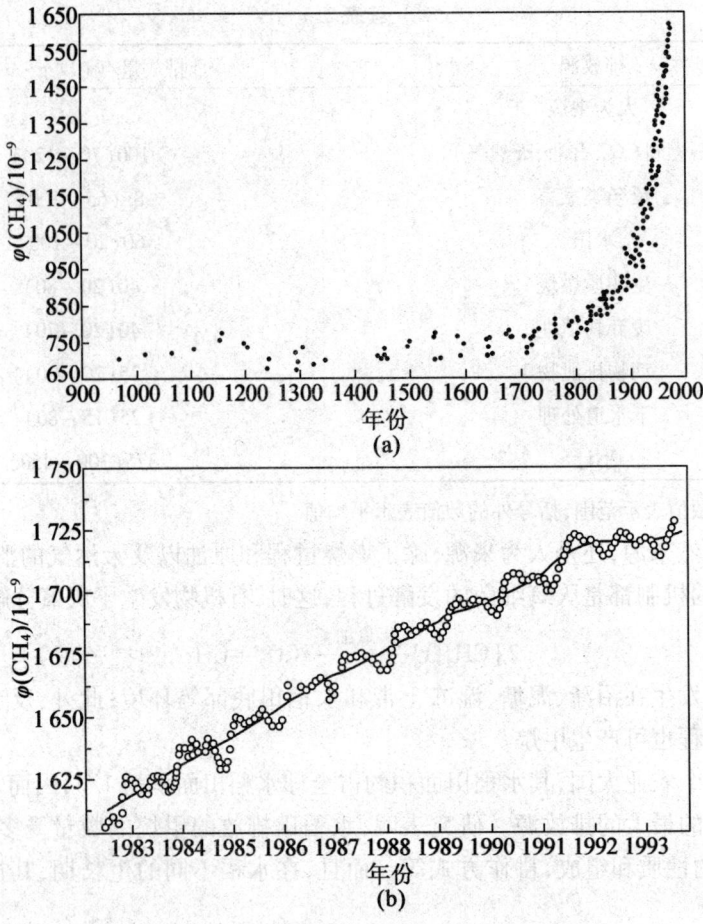

图 2.4　大气中 CH_4 含量的变化

CH_4 的排放源主要分布在北半球。因为排放源的季节变化随地区不同而异,因此在北半球 CH_4 浓度的季节变化也因地而异。在南半球,大多为自然释放,其浓度主要受 HO· 控制,因此它的季节变化十分有规律。同 CO_2 相似,大气中 CH_4 的浓度虽然有季节和若干年的周期性变化总体上逐年增加的趋势是十分明显的。

在自然条件下 CH_4 浓度的季节变化主要受 HO· 自由基的控制。HO· 自由基可以破坏 CH_4 分子,从而导致 CH_4 浓度降低。一般来说,HO· 自由基在夏季增加,冬季减少。因此,在自然释放的情况下,CH_4 浓度表现出夏低冬高的趋势。

②非甲烷烃。全球大气中非甲烷烃的来源包括煤、石油和植物等。非甲烷烃的种类很多,因来源而异。

a. 天然来源产生的非甲烷烃。大气中发现的来自天然来源的有机化合物数量大、种类多。在天然来源中,以植被最重要。对大气中的有机化合物进行统计表明,植物体向大气释放的化合物达 367 种。其他天然来源则包括微尘物、森林火灾、动物排泄物及火山喷发。

乙烯是植物散发的最简单有机化合物之一,许多植物都能产生乙烯,并释放进大气。乙烯具有双键,能够与大气中的 HO·自由基以及其他氧化性物质反应,有很高的反应性,是大气化学过程的积极参与者。

一般认为,植物散发的大多数烃类属于萜烯类化合物,是非甲烷烃中排放量最大的一类化合物,约占非甲烷烃总量的 65%。萜烯是构成香精油的一类有机化合物。将某些植物的有关部分进行水蒸气蒸馏,就可以得到萜烯。产生萜烯的植物,大多数属于松柏科、姚金娘科及柑橘属等。树木散发的最常见的萜烯是 α-蒎烯,它是松节油的主要成分。柑橘及松叶中存在的萜二烯也已在这些植物体附近的大气中发现。异戊二烯(2-甲基-1,3-丁二烯)是一种半萜烯化合物,已在黑杨类、桉树、栎树、枫香及白云杉的散发物中检出。已知树木散发的其他萜烯还有 β-蒎烯、月桂烯、罗勒烯及 α-萜品烯。α-蒎烯、异戊二烯及苧烯(1,8-萜二烯)的结构如下所示:

α-蒎烯　　　　　异戊二烯　　　　苧烯(1,8-萜二烯)

从以上结构可以看出,每个萜烯分子通常含有两个或两个以上双键,由于这一特点加上其他的结构特征,使萜烯成了大气中最活泼的化合物之一。由于萜烯类化合物主要是通过天然来源产生的,因此,萜烯类化合物的排放量往往与自然条件有关,例如异戊(间)二烯的排放量随温度和光强增加而增加,而 α-蒎烯则当相对湿度增加时排放量增加。

b. 人为来源产生的非甲烷烃。

非甲烷烃的人为来源主要包括汽油燃烧、焚烧、溶剂蒸发、石油蒸发和运输损耗、废弃物提炼等。

汽油燃烧:汽油燃烧排放的非甲烷烃的数量约占人为来源总量的 38.5%。汽油的典型成分为 CH_4、C_2H_6、C_3H_6 和 C_4 碳氢化合物,此外还有醛类化合物(如甲醛、乙醛、丙醛和丙烯醛、苯甲醛)。相比之下,不饱和烃较饱和烃的活性高,易于促进光化学反应,故它们是更重要的污染物,大多数污染源中包含的活性烃类约占 15%,而从汽车排放出来的活性烃可达 45%。在未经处理的汽车尾气中,链烷烃只占 1/3,其余皆为活性较高的烯烃和芳烃。

焚烧:焚烧过程排放的非甲烷烃的数量约占人为来源的 28.3%。但是,焚烧炉排出的气体成分是可变的,取决于被焚烧物质的组成。

溶剂蒸发:溶剂蒸发排放的非甲烷烃的数量约占人为来源的 11.3%。其成分由所使用的有机溶剂的种类所决定。

石油蒸发和运输损耗:石油蒸发和运输过程排放的非甲烷烃的数量约占人为来源的 8.8%。其成分主要是 C_3 以上的烃,如丙烷、异丁烷、烯、正丁烷、异戊烷、戊烯和正戊烷等。

废弃物提炼:废弃物提炼排放的非甲烷烃的数量约占人为来源的 7.1%。

以上 5 种来源产生的非甲烷烃的数量约占碳氢化合物人为来源的 94%。大气中的非甲烷烃可通过化学反应或转化生成有机气溶胶而去除。非甲烷烃在大气中最主要的化学反应是与 HO·自由基的反应。

4. 含卤素化合物

大气中的含卤素化合物主要是指有机的卤代烃和无机的氯化物、氟化物，其中以有机的卤代烃对环境影响最为严重。在环境和毒理学方面受到关注的有机卤化物展示出迥异的物理性质和化学性质。虽然对大多数的有机卤化物污染关注的是人为来源，但目前已知生物体可产生大量的这类化合物，特别是海洋环境中的生物体。大气中的卤代烃包括卤代脂肪烃和卤代芳香烃，其中高级的卤代烃，如有机氯农药 DDT、六六六和多氯联苯（PCB）等主要以气溶胶形式存在，含两个或两个以下碳原子的卤代烃主要以气态形式存在。

（1）简单的卤代烃。

大气中常见的卤代烃为甲烷的衍生物，如甲基氯（CH_3Cl）、甲基溴（CH_3Br）和甲基碘（CH_3I）。它们主要由天然过程产生，主要来自于海洋。CH_3Cl 和 CH_3Br 在对流层大气中，可以和 HO·自由基反应，寿命分别为 1.5 年和 1.6 年。因此，CH_3Cl 和 CH_3Br 寿命较长，可以扩散进入平流层。而 CH_3I 在对流层大气中，主要是在太阳光作用下发生光解，产生原子碘：

$$CH_3I + h\upsilon \longrightarrow CH_3 \cdot + I \cdot$$

该反应使得 CH_3I 在大气中的寿命仅约 8 d，浓度也很低，体积分数为 10^{-9} 级。

此外，由于许多卤代烃是重要的化学溶剂，也是有机合成工业重要的原料和中间体，因此，三氯甲烷（$CHCl_3$）、三氯乙烷（CH_3CCl_3）、四氯化碳（CCl_4）和氯乙烯（C_2H_3Cl）等可通过生产和使用过程挥发进入大气，成为大气中常见的污染物。它们主要是来自于人为来源。

在对流层中，三氯甲烷和氯乙烯等可通过与 HO·自由基反应，转化为 HCl 然后经降水而被去除。例如：

$$CHCl_3 + HO \cdot \longrightarrow \cdot CCl_3 + H_2O$$
$$\cdot CCl_3 + O_2 \longrightarrow COCl_2 + ClO \cdot$$
$$ClO \cdot + NO \longrightarrow Cl \cdot + NO_2$$
$$ClO \cdot + HO_2 \cdot \longrightarrow Cl \cdot + \cdot OH + O_2$$
$$Cl \cdot + CH_4 \longrightarrow HCl + CH_3 \cdot$$

（2）氟氯烃类。

对环境影响最大，需特别引起关注的卤代烃是氯氟烃类。含氯氟烃类（或称氟利昂类）化合物，包括 CFC-11、CFC-12、CFC-113、CFC-114、CFC-115 等，简称为 CFCs。CFC 是 Chloro、Flro、Carbon 的缩写，后面的数字依次代表了 CFC 中含 C、H、F 的原子数。分子中含溴的卤代烷烃，商业名称为 Halon（哈龙）。常用的特种消防灭火剂有 Halon 1211、Halon 1301、Halon 2401 等，4 位数字依次表示为碳、氟、氯、溴的原子数，如 Halon 1211 的分子式为 CF_2ClBr。

CFCs 主要被用作冰箱和空调的制冷剂，隔热用和家用泡沫塑料的发泡剂，电子元器件和精密零件的清洗剂等。目前，全世界每年 CFCs 的使用已超过 $10^6 t$。由于对 CFCs 的限制和管理,今后的排放水平会降低,但因其停留时间较长,至少到 20 世纪末,大气中 CFCs 浓度仍会很高。自 20 世纪 30 年代生产使用 CFCs 以来,迄今已有 1.5×10^7 t 排入大气。大气中 CFCs 浓度已达到 600 $\mu g/m^3$,每年仍以 4% ~5% 速度在上升。研究表明:由于氯氟烃类能透过波长大于 290 nm 的辐射,故在对流层不会发生光解反应;它们与·OH 自由基的反应为强吸热反应,故在对流层难以被·OH 氧化;由于氯氟烃类不溶于水,故不易被降水清除。CFCs 在对流层大气中十分稳定,寿命很长,有的化合物在大气中寿命甚至达到 300 年以上。科学家已经证实凡是被卤素全取代的氯氟烷烃具有很长的大气寿命,而在烷烃分子中尚有 H 未被完全取代的 CFCs,则寿命要短得多。目前,国际上正致力于寻找用来代替长寿命 CFCs 的物质,如用 HCFC - 123 代替 CFC - 11,以减少 CFCs 对大气臭氧层的破坏作用。

排入对流层的氯氟烃类化合物不易在对流层被去除,它们唯一的去除途径是扩散至平流层,在强紫外线作用下进行光解,其反应式可表示如下:

$$CCl_3F + h\nu \longrightarrow \cdot CCl_2F + \cdot Cl \tag{2.1}$$
$$\cdot Cl + O_3 \longrightarrow ClO\cdot + O_2 \tag{2.2}$$
$$ClO\cdot + O \longrightarrow \cdot Cl + O_2 \tag{2.3}$$

反应(2.2)、(2.3)是连锁反应,循环进行的结果是 1 个·Cl 原子可以消耗 10 万个 O_3 分子,结果使臭氧层遭到破坏。各种 CFCs 都能在光解时释放 Cl·,因此在大气中寿命越长的 CFCs,危害越大。

CFCs 类物质也是温室气体,尤其是 CFC - 11、CFC - 12,它们吸收红外线的能力比 CO_2 要强得多。CFCs 分子的主要吸收频谱为 800 ~2 000 cm^{-1},与 CO_2 的吸收频谱不相重合。每个 CFC - 12 分子产生的温室效应相当于 15 000 个 CO_2 分子。1984 年,美国科学家评估 CFCs 对环境影响的报告指出,目前大气中痕量气体(包括 CO_2、N_2O、CH_4、CFCs 等)造成的温室效应,CFCs 的作用约占 20%。美国航空航天局的 Goddard 航天飞机中心在 1989 年报告说,CFCs 对温室效应的作用已占 25%。

因此,CFCs 的浓度增加具有破坏平流层臭氧和影响对流层气候的双重效应。但也有研究表明,大气中 CO_2、N_2O、CH_4 等痕量气体浓度的增加,均能减轻全球臭氧的耗损程度,也可以抵消一部分由 CFCs 引起的平流层臭氧耗损。臭氧耗损与温室效应存在着较复杂的关系。

(3)氟化物。

氟污染物主要包括氟化氢和四氟化硅,来自铝的冶炼、磷矿石加工、磷肥生产、钢铁冶炼和煤炭燃烧等过程。氟化物主要以气体和含氟飘尘的形式污染大气。氟化氢气体能很快与大气中水汽结合,形成氢氟酸气溶胶;四氟化硅在大气中与水汽反应形成水合氟化硅和易溶于水的氟硅酸。降水可把大气中的氟化物带到地面。氟有高度的生物活性,对许多生物具有明显的毒性,如氟化物对蚕桑、柑橘等植物的生长有较大的危害。

5. 光化学氧化剂

污染大气中的光化学氧化剂,如臭氧、过氧乙酰硝酸酯(PAN)、醛类、过氧化氢等都是由天然来源和人为来源排放的氮氧化物和碳氢化合物,在太阳光照射下发生光化学反应而生成的二次污染物。在光化学氧化剂中,臭氧一般占90%以上,其次是PAN。

（1）臭氧。

臭氧是天然大气中重要的微量组分,平均体积浓度为$0.01\sim0.1$ mL/m³,大部分集中在$10\sim30$ km的平流层,对流层臭氧仅占10%左右。当发生光化学烟雾时,臭氧的体积浓度可高达$0.2\sim0.5$ mL/m³。O_3不仅能阻止$\lambda<290$ nm的紫外线到达地面,改变了透入对流层阳光的辐射分布。同时,O_3吸收光后的分解产物引发了大气中的热化学过程;尤为重要的是,分解产物中的电子激发态原子具有足够的能量与其他不能与基态氧反应的分子发生反应,从而导致·OH等重要自由基的生成,由此活跃了大气中的化学反应过程。故O_3在地球大气化学中起着十分重要的作用。

对流层大气中如果O_3浓度增高,就会造成一系列不利于人体健康的影响,如O_3对眼睛和呼吸道有刺激作用,对肺功能也有影响;O_3对动植物也是有害的,如可导致叶子损伤、影响植物生长、降低产量。对O_3敏感的植物如烟草、菠菜、燕麦等在O_3体积浓度为$0.05\sim0.15$ mL/m³的空气中接触$0.5\sim8$ h,就会出现伤害。对流层中O_3的天然来源最主要的有两个:一是由平流层输入;二是光化学反应产生O_3。自然界的光化学过程是O_3的重要来源,由CO产生O_3的光化学机制为

$$CO + \cdot OH \longrightarrow CO_2 + \cdot H$$
$$\cdot H + O_2 + M \longrightarrow HO_2 \cdot + M$$
$$HO_2 \cdot + NO \longrightarrow NO_2 + \cdot OH$$
$$NO_2 + h\nu \longrightarrow NO + O$$
$$O + O_2 + M \longrightarrow O_3 + M$$

也有人认为天然CH_4是O_3的前体物,即CH_4与·OH反应生成·CH_3,经一系列中间反应生成CO,最终经大气光化学反应生成O_3。此外,人们还发现植物排放的萜类碳氢化合物和NO经光化学反应也可产生O_3。

O_3的人为来源包括交通运输、石油化学工业及燃煤电厂。汽车尾气排放的大量CO和烯烃类碳氢化合物只要在阳光照射及合适的气象条件下就可以生成O_3,它是光化学烟雾的产物。石油工业及火力电厂等排放的NO_x和碳氢化合物对O_3的形成起重要作用。

（2）过氧乙酰基硝酸酯(PAN)。

过氧乙酰基硝酸酯系列$RCH_2C(O)OONO_2$是光化学烟雾污染产生危害的重要二次污染物,通常包括过氧乙酰基硝酸酯(PAN)、过氧丙酰基硝酸酯(PPN)和过氧丁酰基硝酸酯(PBN),其中PAN是该系列的代表。PAN全部是由污染产生的,大气中测出PAN即可作为发生光化学烟雾的依据。PAN的浓度通常随光化学氧化剂的总浓度而变化,其浓度是有明显的日变化和月变化现象,一天中最高值出现在正午前后,一年中夏季最高,冬季最低。PAN是由NO_2和乙醛作用产生的。因此,凡是能产生乙醛或乙酰基的物质都有可能产生PAN:

$$CH_3CHO + \cdot OH \longrightarrow CH_3C \cdot OO + H_2O$$
$$CH_3C \cdot O + O_2 \longrightarrow CH_3C(O)OO \cdot$$
$$CH_3C(O)OO \cdot + NO_2 \longrightarrow CH_3C(O)OONO_2(PAN)$$

PAN能刺激眼睛,还能对植物生长等产生不利的影响。PAN的去除主要是通过热分

解反应。在遇热情况下,PAN 分解成 NO_2 和 $CH_3C(O)OO\cdot$。因此,PAN 还能参与降水的酸化。

6. 颗粒物

大气颗粒物虽然不是大气的主要成分,但它是大气环境中普遍存在而无恒定化学组成的聚集体。它包含许多金属和非金属元素,可能成为有害物或有毒物的载体或反应床,因来源或形成条件不同,其化学组成和物理性质差异很大,并具有一定污染源的特征。

大气中颗粒物的粒径大小范围很广,其粒径大到 0.5 mm,小到分子大小。大气中稳定存在的粒子,其粒径为 0.1 ~ 10 μm,粒径大于 10 μm 的颗粒物(降尘)易受重力作用或撞击沉降到地面而被清除。粒径在 100 μm 以下的颗粒物,称为总悬浮物或称气溶胶,其中粒径在 10 μm 以下的又称飘尘。

自然界火山爆发喷出大量尘埃、海水浪花喷洒出含氯化物及硫酸盐等微细水滴。大风吹动极细尘土等均是大气颗粒物的自然来源。人工翻土、开发矿山、燃料燃烧及一些蒸气在大气中凝聚或被飘尘吸附等均是大气颗粒物的人为来源。一些物理过程及化学过程可形成气溶胶,有时两个过程同时发生。

大气中颗粒物含量随地区、气候等条件的不同而变化。干净大气中颗粒物平均质量浓度为 100 μg/m³,一般城市大气中为 200 ~ 600 μg/m³,污染严重区可达 2 000 μg/m³。气溶胶的组成各地也不同,它与污染源有关。

2.2 大气中污染物的迁移

污染物在大气中的迁移是指由污染源排放出来的污染物由于空气的运动使其传输和分散的过程,迁移过程可使污染物浓度降低。本节首先介绍大气温度层结及由于温度差异而引起的空气运动的规律,进而介绍污染物遵循这些规律在大气中的迁移过程。

2.2.1 辐射逆温层

在对流层中,气温一般随高度增加而降低,但在一定条件下会出现反常现象。这可由垂直递减率(R)的变化情况来判断。随高度升高,气温的降低率为大气垂直递减率,通常表示为

$$R = -dT/dz$$

式中 T——热力学温度,K;
z——高度。

此式可以表征大气的温度层结。在对流层中,一般而言,$R>0$,但在一定条件下会出现反常现象。当 $R=0$ 时,称为等温气层;当 $R<0$ 时,称为逆温气层。逆温现象经常发生在较低气层中,这时气层稳定性特强,对于大气中垂直运动的发展起着阻碍作用。逆温形成的过程是多种多样的。由于过程的不同,可分为近地面层的逆温和自由大气的逆温

两种。近地面层的逆温有辐射逆温、平流逆温、融雪逆温和地形逆温等;自由大气的逆温有乱流逆温、下沉逆温和锋面逆温等。

近地面层的逆温多由于热力条件而形成,以辐射逆温为主。辐射逆温是地面因强烈辐射而冷却所形成的。这种逆温多发生在距地面 100 ~ 150 m 高度内。最有利于辐射逆温发展的条件是平静而晴朗的夜晚,有云和有风都能减弱逆温。当白天地面受日照而升温时,近地面空气的温度随之而升高,夜晚地面由于向外辐射而冷却,便使近地面空气的温度自下而上逐渐降低。由于上面的空气比下面的空气冷却慢,结果就形成逆温现象,如图 2.5 所示。图中白天的层结曲线为 ABC,夜晚近地面空气冷却较快,层结曲线变为 FEC,其中 FE 段为逆温层。以后随着地面更加冷却,逆温层越加变厚,到清晨达到最厚,如图中 DB 段。于是层结曲线就变为 DBC。日出后地面温度上升,逆温层近地面处首先破坏,自下而上逐渐变薄,最后完全消失。

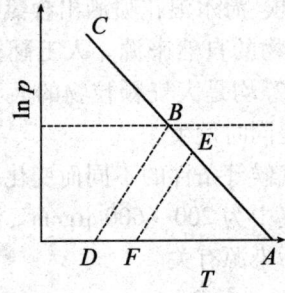

图 2.5　辐射逆温

2.2.2　气团及其干绝热减温率

污染气体由污染源排到大气中时,一般不会立即和周围大气混合均匀,这样污染性气体的理化性质有别于周围大气,可视作一个气团来进行研究。当然,气团只存在一定的时间,其界面也是相对的,当与周围大气混合均匀以后,气团的边界消失,气团本身也就不复存在。

当气团垂直上升时,随外界压力的减少必然膨胀做功,使气团的温度下降;相反,当气团下降时,由于外界压力加大,气团被压缩而增温即绝热增温。干空气和未饱和的湿空气在垂直上升时,每升高 100 m,其自身温度降低值称干绝热减温率(Γ_d),一般为 1 ℃/100 m;但含饱和水的湿空气的干绝热减温率要低于 1 ℃/100 m。

2.2.3　气团的稳定性

气团在大气中的稳定性与气温垂直递减率和干绝热减温率两个因素有关。如果上升气团未被水汽饱和,其干绝热减温率为 1 ℃/100 m,而它周围空气温度的垂直递减率小于 1 ℃/100 m,那么上升的气团在任一高度上都比周围空气冷、密度大,显然气团处于稳定状态。如果周围空气的温度垂直递减率大于 1 ℃/100 m,上升的未饱和气团到任意高度都比空气温度高、密度小,从而加速上升,气团处于不稳定状态,一直可以上升到任意高度。如果周围空气的温度递减率也是 1 ℃/100 m,则上升的未饱和气团可以保持平衡。具体可用气团的干绝热减温率(Γ_d)和气温垂直递减率(Γ)的大小判断:当 $\Gamma_d > \Gamma$ 时,气团稳定,不利于扩散;当 $\Gamma_d < \Gamma$ 时,气团不稳定,有利于扩散;当 $\Gamma_d = \Gamma$ 时,气团处于平衡状态。这些情形如图 2.6 所示。

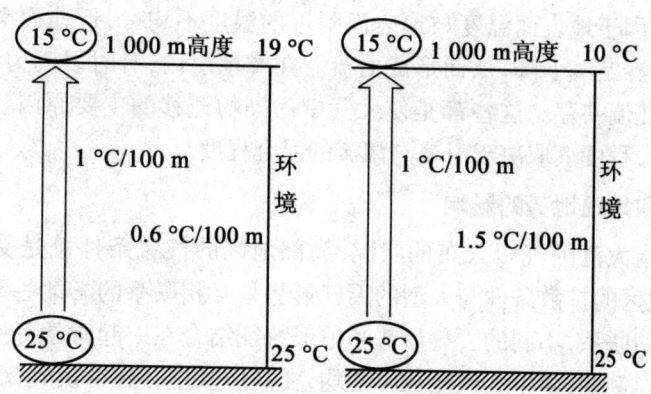

图 2.6　判断气团抬升的原理图

当然,气团的上升与否,除了考虑气团与环境的温度是否相同外,还要考虑气团的密度及外力情况。一般来说,大气温度垂直递减率越大,气团越不稳定;气温垂直递减率越小,气团越稳定。如果气温垂直递减率很小,甚至等温或逆温,气团也非常稳定。这对于大气的垂直对流运动形成巨大的障碍,阻碍地面气流的上升运动,使被污染的空气难于扩散稀释。如果污染物进入平流层,由于平流层的气温垂直递减率是负值,垂直混合很慢,以致污染物可在平流层维持数年之久。

2.2.4　影响大气污染物迁移的因素

由污染源排放到大气中的污染物在迁移过程中要受到各种因素的影响,主要有空气的机械运动,如风和湍流,由于天气形势和地理地势造成的逆温现象以及污染源本身的特性等。

1. 风和大气湍流的影响

大气受污染的程度,主要决定于污染源排放的特征、排放量和污染源的远近,还决定于大气对污染物的扩散能力。大气的扩散能力主要受风(风向、风速)和大气稳定度的影响。风向决定着大气污染物的扩散方向,风速决定着大气污染物的稀释速度。就一般情况而言,大气中污染物的浓度与总排放量成正比,与风速成反比。风可使污染物向下风向扩散,湍流可使污染物向各方向扩散,浓度梯度可使污染物发生质量扩散,其中风和湍流起主导作用。大气中任一气块,它既可做规则运动,也可做无规则运动,而且这两种不同性质的运动可以共存。具有乱流特征的气层称为摩擦层,因而摩擦层又称为乱流混合层。摩擦层的底部与地面相接触,厚为 1 000 ~ 1 500 m。由于地形、树木、湖泊、河流和山脉等使得地面粗糙不平,而且受热又不均匀,这就是使摩擦层具有乱流混合特征的原因。在摩擦层中大气稳定度较低,污染物可自排放源向下风向迁移,从而得到稀释,也可随空气的铅直对流运动使得污染物升到高空而扩散。

摩擦层顶以上的气层称为自由大气。在自由大气中的乱流及其效应通常极微弱,污染物很少到达这里。在摩擦层里,乱流的起因有两种:一种是动力乱流,也称为湍流,它起因于有规律水平运动的气流遇到起伏不平的地形扰动所产生的;另一种是热力乱流,也称为对流,它起因于地表面温度与地表面附近的温度不均一,近地面空气受热膨胀而上升,随之上面的冷空气下降,从而形成对流。在摩擦层内,有时以动力乱流为主,有时动力乱流与热力乱流共存。这些都是使大气中污染物迁移的主要原因。低层大气中污染物的分散在很大程度上取决于对流与湍流的混合程度。

2. 天气形势和地理地势的影响

天气形势是指大范围气压分布的状况,局部地区的气象条件总是受天气形势的影响。因此,局部地区的扩散条件与大型的天气形势是互相联系的。某些天气系统与区域性大气污染有密切联系,不利的天气形势和地形特征结合在一起常常可使某一地区的污染程度大大加重。例如,由于大气压分布不均,在高压区里存在下沉气流,由此使气温绝热上升,于是形成上热下冷的逆温现象。这种逆温称下沉逆温。它可持续很长时间,范围分布很广,厚度也较厚,这样就会使从污染源排放出来的污染物长时间地积累在逆温层中而不能扩散。世界上一些较大的污染事件大多是在这种天气形势下形成的。由于不同地形地面之间的物理性质存在很大差异,从而引起热状况在水平方向上分布不均匀,这种热力差异在弱的天气系统条件下就有可能产生局地环流,如海陆风、城郊风和山谷风等。

(1)海陆风。

海洋和大陆的物理性质有很大差别,海洋由于有大量水其表面温度变化缓慢,而大陆表面温度变化剧烈。白天陆地上空的气温增加得比海面上空快,在海陆之间形成指向大陆的气压梯度,较冷的空气从海洋流向大陆而生成海风。夜间却相反,由于海水温度降低得比较慢,海面的温度较陆地高,在海陆之间形成指向海洋的气压梯度,于是陆地上空的空气流向海洋而生成陆风。

海陆风对空气污染的影响有两种作用:一种是循环作用,如果污染源处在局地环流之中,污染物就可能循环积累达到较高的浓度,直接排入上层反向气流的污染物,有一部分也会随环流重新带回地面,提高了下层上风向的浓度;另一种是往返作用,在海陆风转换期间,原来随陆风输向海洋的污染物又会被发展起来的海风带回陆地。海风发展侵入陆地时,下层海风的温度低,陆地上层气流的温度高,在冷暖空气的交界面上,形成一层倾斜的逆温顶盖,阻碍了烟气向上扩散,造成封闭型和漫烟型污染。

(2)城郊风。

在城市中,工厂企业和居民要燃烧大量的燃料,燃烧过程中会有大量热能排放到大气中,于是便造成了市区的温度比郊区高,这个现象称为城市热岛效应。这样,城市暖而轻的空气上升,郊区的冷空气向城市流动,于是形成城郊环流。在这种环流作用下,城市本身排放的烟尘等污染物聚积在城市上空,形成烟幕,导致市区大气污染加剧。

(3)山谷风。

山区地形复杂,局地环流也很复杂,最常见的局地环流是山谷风。它是山坡和谷地受热不均而产生的一种局地环流。白天受热的山坡把热量传递给其上面的空气,这部分空气比同高度的谷中空气温度高,相对密度小,于是就产生上升气流。同时谷底中的冷空气沿坡爬升补充,形成由谷底流向山坡的气流,称为谷风。夜间山坡上的空气温度下降较谷底快,其相对密度也比谷底的大。在重力作用下,山坡上的冷空气沿坡下滑形成山风。山谷风转换时往往造成严重的空气污染。

山区辐射逆温因地形作用而增强。夜间冷空气沿坡下滑,在谷底聚积,逆温发展的速度比平原快,逆温层更厚,强度更大。并且因地形阻挡,河谷和凹地的风速很小,更有利于逆温的形成。因此山区全年逆温天数多,逆温层较厚,逆温强度大,持续时间也较长。

2.3 大气中污染物的转化

污染物的迁移过程只是使污染物在大气中的空间分布发生了变化,而它们的化学组成不变。污染物的转化是污染物在大气中经过化学反应,如光解、氧化还原、酸碱中和等过程成为无毒化合物,从而去除了污染;或者转化成为毒性更大的二次污染物,加重了污染。因此,研究污染物的转化对大气污染化学具有十分重要的意义。

2.3.1 自由基化学基础

自由基也称游离基,是指由于共价键均裂而生成的带有未成对电子的碎片。自由基反应是大气化学反应过程中的核心反应。光化学烟雾的形成、酸雨前体物的氧化、臭氧层的破坏等都与此有关;许多有机污染物在对流层中的破碎、降解也与此有关。1961年,Leighto首次提出在污染空气中有自由基产生,到20世纪60年代末,在光化学烟雾形成机理的实验中才确认自由基的存在。近10多年来对自由基的来源和反应特征有了较多的研究,开拓了大气化学研究的一个新领域。已经发现大气中存在各种自由基,如OH·、HO$_2$·、NO$_3$·、R·、RO$_2$·、RO·、RCO·、RCO$_2$·、RC(O)O$_2$·、RC(O)O·等,它们的存在时间很短,一般只有几分之一秒。其中·OH、HO$_2$·、RO·、RO$_2$·、RC(O)O$_2$·是大气中重要的自由基,而·OH自由基是迄今为止发现的氧化能力最强的化学物种,能使几乎所有的有机物氧化,它与有机物反应的速率常数比O$_3$大几个数量级。

1. 自由基的产生方法

自由基产生的方法很多,包括热裂解法、光解法、氧化还原法、电解法和诱导分解法等。在大气化学中,有机化合物的光解是产生自由基的最重要的方法。许多物质在波长适当的紫外线或可见光的照射下,都可以发生键的均裂,生成自由基。例如:

$$NO_2 \xrightarrow{h\nu} NO\cdot + O\cdot$$

$$HNO_2 \xrightarrow{h\nu} NO\cdot + HO\cdot$$

$$RCHO \xrightarrow{h\nu} RCO \cdot + H \cdot$$

2. 自由基的结构和性质的关系

自由基的稳定性是指自由基或多或少解离成较小碎片,或通过键断裂进行重排的倾向。自由基的活性是指一种自由基和其他作用物反应的难易程度。因此只说某一自由基活泼是没有意义的,一定要说出是和哪种物质反应,并应标明反应条件。因为一个自由基虽然在同一条件下,与某一反应物作用活泼,而与另一反应物作用却不活泼。

3. 自由基反应

自由基反应与热化学反应有较大区别。自由基反应无论在气相中发生或是在液相中发生,它们都是十分相似的(但自由基在溶液中的溶剂化会导致一些差别)。酸或碱的存在或溶剂极性的改变,对于自由基反应都没有影响(但非极性溶剂会抑制竞争的离子反应)。自由基反应由典型的自由基源(引发剂),如过氧化物或光所引发或加速。清除自由基的物质,例如 NO、O_2 或苯醌等会使自由基反应的速率减慢,或使自由基反应完全被抑制。这类物质称抑制剂。

(1)自由基反应的分类。

自由基反应分为单分子自由基反应、自由基 – 分子相互作用以及自由基 – 自由基相互作用三种类型。

单分子自由基反应是指不包括其他作用物的反应。这一类反应是由于开始生成的自由基不稳定的结果。实际反应过程中,这类自由基在反应以前,会全部碎裂或重排。

碎裂是指自由基碎裂生成一个稳定的分子和一个新的自由基。如过氧酰基自由基和 NO 反应生成酰氧基自由基,酰氧基自由基碎裂生成烷基自由基和二氧化碳:

$$RC(O)O_2 \cdot + NO \longrightarrow RC(O)O \cdot + NO_2$$
$$RC(O)O \cdot \longrightarrow R \cdot + CO_2$$

重排可以发生在环状体系中,通常是邻近氧的 C—C 键断裂生成羰基和一个异构的自由基;或者是 1,2 – 或 1,5 – 氢原子或氯原子的转移。如甲基自由基和四氢呋喃反应生成 α – 四氢呋喃自由基,后者发生重排反应生成 4 – 氧丁基自由基。

大气化学中比较重要的自由基反应是自由基 – 分子相互作用。这种相互作用主要有两种方式:一种是加成反应,另一种是取代反应。加成是指自由基对不饱和体系的加成,生成一个新的饱和的自由基。例如 HO · 自由基对乙烯的加成:

$$HO \cdot + CH_2 = CH_2 \longrightarrow HOCH_2 - CH_2 \cdot$$

取代是指自由基夺取其他分子中的氢原子或卤素原子生成稳定化合物的过程。例如:

$$RH + HO \cdot \longrightarrow R \cdot + H_2O$$
$$Ph \cdot + Br - CCl_3 \longrightarrow PhBr + \cdot CCl_3$$

自由基 – 自由基相互作用主要包括自由基二聚或偶联反应,此时生成稳定的物质:

$$HO \cdot + HO \cdot \xrightarrow{\text{二聚}} H_2O_2$$

$$2HO \cdot + 2HO_2 \cdot \xrightarrow{\text{偶联或化合}} 2H_2O_2 + O_2$$

(2)自由基链反应。

卤代反应是自由基取代反应中最重要的反应,它的反应历程如下:

引发: $$X_2 \xrightarrow{h\upsilon} 2X\cdot$$

增长: $$RH + X\cdot \longrightarrow R\cdot + HX$$
$$R\cdot + X_2 \longrightarrow RX + X\cdot$$

终止: $$R\cdot + R\cdot \longrightarrow R-R$$
$$R\cdot + X\cdot \longrightarrow R-X$$
$$X\cdot + X\cdot \longrightarrow X-X$$

自由基卤代反应是一个链反应。链反应是一个循环不止的过程,其中,从引发剂产生自由基是决定速率的一步。

链反应中的引发一步,是本体系中最弱共价键的断裂生成自由基。增长步骤中的第一步为产生新的自由基,第二步为新的自由基与卤化试剂作用,生成产物并生成原来的自由基。这个自由基又与原料作用,再生成新的自由基,如此循环往复。终止一步为生成的自由基通过化合(偶联),重新生成稳定的分子化合物,必须指出,链反应是自由基反应的典型性质。一般来说,从自由基的产生到自由基的破坏(终止)的时间,约为 1 s。

理论上,链反应可以一直进行下去,直到反应物中两者之一消耗殆尽。实际上,因为它会被与增长反应相竞争的自由基的双分子反应所终止,因此链反应不会无限制地继续进行。

2.3.2 光化学反应基础

1.光化学反应过程及光化学定律

分子、原子、自由基或离子吸收光子而发生的化学反应,称为光化学反应。化学物种吸收光量子后可产生光化学反应的初级过程和次级过程。

初级过程包括化学物种吸收光量子形成激发态物种,其基本步骤为

$$A + h\upsilon \longrightarrow A^*$$

式中　A^*——物种 A 的激发态;

$h\upsilon$——光量子。

随后,激发态 A^* 可能发生如下几种反应:

$$A^* \longrightarrow A + h\upsilon \tag{2.4}$$
$$A^* + M \longrightarrow A + M \tag{2.5}$$
$$A^* \longrightarrow B_1 + B_2 + K \tag{2.6}$$
$$A^* + C \longrightarrow D_1 + D_2 + K \tag{2.7}$$

式(2.4)为辐射跃迁,即激发态物种通过辐射荧光或磷光而失活。式(2.5)为无辐射跃迁,亦即碰撞失活过程。激发态物种通过与其他分子 M 碰撞,将能量传递给 M,本身又回到基态。以上两种过程均为光物理过程。式(2.6)为光解,即激发态物种解离成为两个或两个以上新物种。式(2.7)为 A^* 与其他分子反应生成新的物种。这两种过程均为光化学过程。对于环境化学而言,光化学过程更为重要。受激态物种会在什么条件下解离为新物种,以及与什么物种反应可产生新物种,这些对于描述大气污染物在光作用下的转化规律很有意义。次级过程是指在初级过程中反应物、生成物之间进一步发生的反

应。如大气中氯化氢的光化学反应过程：

$$HCl + h\upsilon \longrightarrow H\cdot + Cl\cdot \tag{2.8}$$

$$H\cdot + HCl \longrightarrow H_2 + Cl\cdot \tag{2.9}$$

$$Cl\cdot + Cl\cdot \xrightarrow{M} Cl_2 \tag{2.10}$$

式(2.8)为初级过程，式(2.9)为初级过程产生的 H· 与 HCl 反应，式(2.10)为初级过程所产生的 Cl· 之间的反应，该反应必须有其他物种如 O_2 或 N_2 等存在下才能发生，式中用 M 表示。式(2.9)和式(2.10)均属次级过程，这些过程大都是热反应。

大气中气体分子的光解往往可以引发许多大气化学反应。气态污染物通常可参与这些反应而发生转化。因而有必要对光解过程给予更多的注意。格鲁塞斯(Grotthus)与德雷伯(Drapper)提出了光化学第一定律(Grotthus - Drapper 定律)：首先，只有当激发态分子的能量足够使分子内的化学键断裂时，亦即光子的能量大于化学键能时，才能引起光解反应。其次，为使分子产生有效的光化学反应，光还必须被所作用的分子吸收，即分子对某特定波长的光要有特征吸收光谱，才能产生光化学反应。

1921 年，爱因斯坦(Einstein)提出了光化学第二定律(Stark - Einstein)：光化学第二定律是说明分子吸收光的过程是单光子过程。这个定律的基础是电子激发态分子的寿命很短($\leqslant 10^{-8}$ s)，在这样短的时间内，辐射强度比较弱的情况下，再吸收第二个光子的概率很小。当然若光很强，如高通量光子流的激光，即使在如此短的时间内，也可以产生多光子吸收现象，这时光化学第二定律就不适用了。对于大气污染化学而言，反应大多发生在对流层，只涉及太阳光，是符合光化学第二定律的。

下面讨论光量子能量与化学键之间的对应关系：

设光量子能量为 E，根据 Einstein 公式：

$$E = h\upsilon = hc/\lambda$$

式中　λ——光量子波长；

　　　h——普朗克常量，$h = 6.626 \times 10^{-34}$ J·s；

　　　c——光速，$c = 2.9979 \times 10^{10}$ cm/s。

如果一个分子吸收一个光量子，则 1 mol 分子吸收的总能量为

$$E = N_A h\upsilon = N_A hc/\lambda$$

式中　N_A——Avogadro 常数，$N_A = 6.022 \times 10^{23}$ mol^{-1}。

若 $\lambda = 400$ nm，$E = 299.1$ kJ/mol；$\lambda = 700$ nm，$E = 170.9$ kJ/mol。

由于通常化学键的键能大于 167.4 kJ/mol，所以波长大于 700 nm 的光就不能引起光化学解离。

2. 大气中重要吸光物质的光解

大气中的一些组分和某些污染物能够吸收不同波长的光，从而产生各种效应。下面介绍几种与大气污染有直接关系的重要的光化学过程。

(1)氧分子和氮分子的光解。

氧是空气的重要组分，氧分子的键能为 493.8 kJ/mol。图 2.7 为 O_2 在紫外波段的吸收光谱，图中 κ 为摩尔吸收系数。由图可见，氧分子刚好在与其化学键裂解能相应的波长(243 nm)时开始吸收，在 200 nm 处吸收依然微弱，但在这个波段上光谱是连续的。在

200 nm 以下吸收光谱变得很强,且呈带状。这些吸收带随波长的减小更紧密地集合在一起。在 176 nm 处吸收带转变成连续光谱。147 nm 左右吸收达到最大。通常认为 240 nm 以下的紫外光可引起 O_2 的光解:

$$O_2 + h\upsilon \longrightarrow O\cdot + O\cdot$$

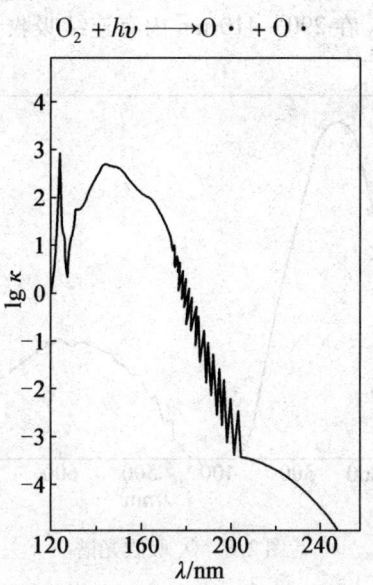

图 2.7　O_2 在紫外波段的吸收光谱

氮分子的键能较大,为 939.4 kJ/mol。对应的光波长为 127 nm,它的光解反应仅限于臭氧层以上。N_2 几乎不吸收 120 nm 以上任何波长的光,只对低于 120 nm 的光才有明显的吸收。在 60～100 nm,其吸收光谱呈现出强的带状结构,在 60 nm 以下呈连续谱。入射波长低于 79.6 nm(1 391 kJ/mol)时,N_2 将电离为 N_2^+。波长低于 120 nm 的紫外光在上层大气中被 N_2 吸收后,其解离的方式为

$$N_2 + h\upsilon \longrightarrow N\cdot + N\cdot$$

(2)臭氧的光解。

臭氧是一个弯曲的分子,键能为 101.2 kJ/mol,在低于 1 000 km 的大气中,由于气体分子密度比高空大得多,3 个粒子碰撞的概率较大,O_2 光解而产生的 $O\cdot$ 可与 O_2 发生如下反应:

$$O\cdot + O_2 + M \longrightarrow O_3 + M$$

其中 M 是第三种物质。这一反应是平流层 O_3 的主要来源,也是清除 $O\cdot$ 的主要过程。O_3 不仅吸收了来自太阳的紫外光而保护了地面的生物,同时也是上层大气能量的一个储存库。

O_3 的解离能较低,相对应的光波长为 1 180 nm。O_3 在紫外光和可见光范围内均有吸收带,如图 2.8 所示。O_3 对光的吸收光谱由 3 个带组成,紫外区有两个吸收带,即 200～300 nm 和 300～360 nm,最强吸收在 254 nm。O_2 吸收紫外光后发生如下解离反应:

$$O_3 + h\upsilon \longrightarrow O\cdot + O_2$$

应该注意的是,当波长大于 290 nm,O_3 对光的吸收就相当弱了。因此,O_3 主要吸收的是来自太阳波长小于 290 nm 的紫外光。而较长波长的紫外光则有可能透过臭氧层进入大气的对流层以至地面。

（3）NO$_2$ 的光解。

NO$_2$ 的键能为 300.5 kJ/mol,它在大气中很活泼,可参与许多光化学反应。NO$_2$ 是城市大气中重要的吸光物质。在低层大气中可以吸收全部来自太阳的紫外光和部分可见光。

从图 2.9 中可看出,NO$_2$ 在 290~410 nm 内有连续吸收光谱,它在对流层大气中具有实际意义。

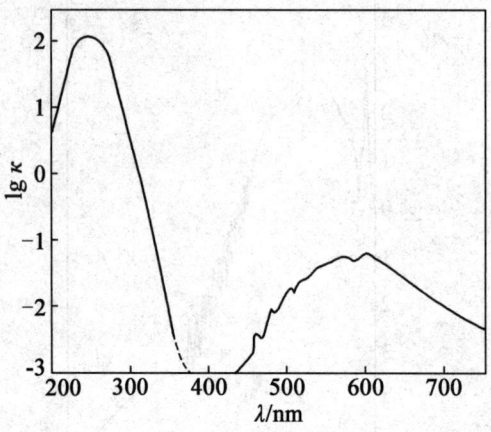

图 2.8　O$_3$ 吸收光谱

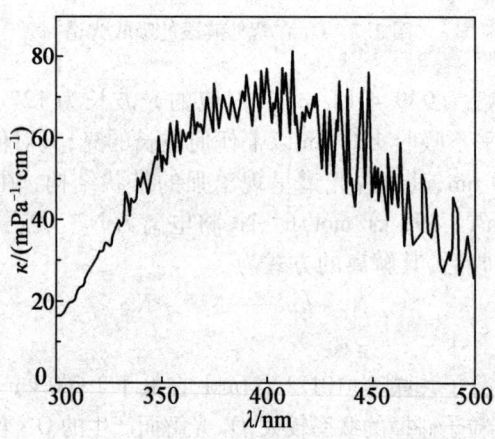

图 2.9　NO$_2$ 吸收光谱

NO$_2$ 吸收小于 420 nm 波长的光可发生解离,反应式如下:

$$NO_2 + h\upsilon \longrightarrow NO + O \cdot$$
$$O \cdot + O_2 + M \longrightarrow O_3 + M$$

据称这是大气中唯一已知 O$_3$ 的人为来源。

（4）亚硝酸和硝酸的光解。

亚硝酸 HO—NO 间的键能为 201.1 kJ/mol,H—ONO 间的键能为 324.0 kJ/mol。HNO$_2$ 对 200~400 nm 的光有吸收,吸光后发生光解,一个初级过程为

$$HNO_2 + h\upsilon \longrightarrow HO \cdot + NO$$

另一个初级过程为

$$HNO_2 + h\upsilon \longrightarrow H \cdot + NO_2$$

次级过程为

$$HO \cdot + NO \longrightarrow HNO_2$$

$$HO \cdot + HNO_2 \longrightarrow H_2O + NO_2$$

$$HO \cdot + NO_2 \longrightarrow HNO_3$$

由于 HNO_2 可以吸收 300 nm 以上的光而解离,因而认为 HNO_2 的光解可能是大气中 $HO \cdot$ 的重要来源之一。

HNO_3 的 $HO—NO_2$ 键能为 199.4 kJ/mol,它对于波长 120~335 nm 的辐射均有不同程度的吸收。光解机理为

$$HNO_3 + h\upsilon \longrightarrow HO \cdot + NO_2$$

若有 CO 存在,则为

$$HO \cdot + CO \longrightarrow CO_2 + H \cdot$$

$$H \cdot + O_2 + M \longrightarrow HO_2 \cdot + M$$

$$2HO_2 \cdot \longrightarrow H_2O_2 + O_2$$

(5)二氧化硫对光的吸收。

SO_2 的键能为 545.1 kJ/mol,在它的吸收光谱中呈现出 3 条吸收带。第一条为340~400 mm 于,370 nm 处有一最强的吸收,但它是一个极弱的吸收区。第二条为 240~330 nm,是一个较强的吸收区。第三条从 240 nm 开始,随波长下降吸收变得很强,它是个很强的吸收,如图 2.10 所示。

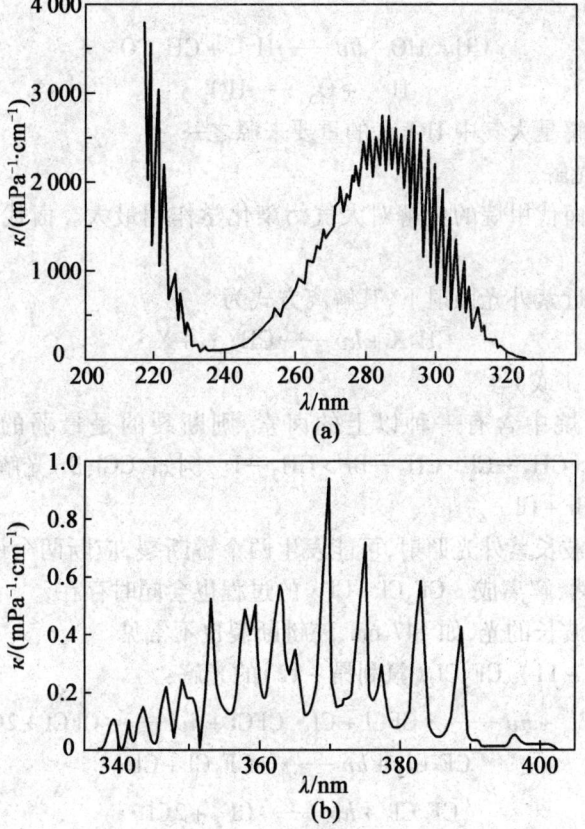

图 2.10 SO_2 吸收光谱

由于 SO_2 的键能较大, 240 ~ 400 nm 的光不能使其解离, 只能生成激发态:

$$SO_2 + h\upsilon \longrightarrow SO_2^*$$

SO_2^* 在污染大气中可参与许多光化学反应。

(6) 甲醛的光解。

H—CHO 的键能为 356.5 kJ/mol, 它对 240 ~ 360 nm 波长范围内的光有吸收。吸光后的初级过程有

$$H_2CO + h\upsilon \longrightarrow H \cdot + HCO \cdot$$
$$H_2CO + h\upsilon \longrightarrow H_2 + CO$$

次级过程有

$$H \cdot + HCO \cdot \longrightarrow H_2 + CO$$
$$2H \cdot + M \longrightarrow H_2 + M$$
$$2HCO_2 \longrightarrow 2CO + H_2$$

在对流层中, 由于 O_2 存在, 可发生如下反应:

$$H \cdot + O_2 \longrightarrow HO_2 \cdot$$
$$HCO \cdot + O_2 \longrightarrow HO_2 \cdot + CO$$

因此空气中甲醛光解可产生 $HO_2 \cdot$ 自由基。其他醛类的光解也可以同样方式生成 $HO_2 \cdot$, 如乙醛光解:

$$CH_3CHO + h\upsilon \longrightarrow H \cdot + CH_3CO \cdot$$
$$H \cdot + O_2 \longrightarrow HO_2 \cdot$$

所以醛类的光解是大气中 $HO_2 \cdot$ 的重要来源之一。

(7) 卤代烃的光解。

在卤代烃中以卤代甲烷的光解对大气污染化学作用最大。卤代甲烷光解的初级过程可概括如下。

① 卤代甲烷在近紫外光照射下, 其解离方式为

$$CH_3X + h\upsilon \longrightarrow CH_3 \cdot + X \cdot$$

式中 X——Cl、Br、I 或 F。

② 如果卤代甲烷中含有一种以上的卤素, 则断裂的是最弱的键, 其键强顺序为 $CH_3—F > CH_3—H > CH_3—Cl > CH_3—Br > CH_3—I$。例如, CCl_3Br 光解首先生成 $\cdot CCl_3 + Br \cdot$ 而不是 $\cdot CCl_2Br + Cl \cdot$。

③ 高能量的短波长紫外光照射, 可能发生两个键断裂, 应断两个最弱键。例如, 解离成 $CF_2 + 2Cl \cdot$, 当然, 解离成 $\cdot CF_2Cl + Cl \cdot$ 的过程也会同时存在,

④ 即使是最短波长的光, 如 147 nm, 三键断裂也不常见。

$CFCl_3$(氟利昂 – 11)、CF_2Cl_2(氟利昂 – 12)的光解:

$$CFCl_3 + h\upsilon \longrightarrow \cdot CFCl + Cl \cdot \quad CFCl + h\upsilon \longrightarrow :CFCl + 2Cl \cdot$$
$$CF_2Cl_2 + h\upsilon \longrightarrow \cdot CF_2Cl + Cl \cdot$$
$$CF_2Cl_2 + h\upsilon \longrightarrow :CF_2 + 2Cl \cdot$$

(8) 过氧化物的光解。

过氧化物在 300~700 nm 范围内有微弱吸收，发生如下光解：

$$ROOR' + h\upsilon \longrightarrow RO\cdot + R'O\cdot$$

大气中光化学反应的产物主要是自由基。由于这些自由基的存在，使大气中化学反应活跃，诱发或参与大量其他反应，使一次污染物转化为二次污染物。

2.3.3　大气中重要自由基的来源

自由基在其电子壳层的外层有一个不成对的电子，因而有很高的活性，具有强氧化作用。大气中存在的重要自由基有 HO·、HO$_2$·、R·（烷基）、RO·（烷氧基）和 RO$_2$·（过氧烷基）等，其中以 HO· 和 HO$_2$· 更为重要。

1. 大气中 HO· 和 HO$_2$· 自由基的含量

用数学模式模拟 HO· 的光化学过程可以计算出大气中 HO· 的含量随纬度和高度的分布，其全球平均值约为 7×10^5 个/cm^3（为 10^5~10^6）。自由基的日变化曲线显示，它们的光化学生产率白天高于夜间，峰值出现在阳光最强的时间，同时，夏季高于冬季。

2. 大气中 HO· 和 HO$_2$· 的来源

近十几年来的研究表明，·OH 自由基能与大气中各种微量气体反应，并几乎控制了这些气体的氧化和去除过程。如 ·OH 与 SO$_2$、NO$_2$ 的均相氧化生成 HOSO$_2$ 和 HONO$_2$ 是造成环境酸化的重要原因之一；·OH 与烷烃、醛类以及烯烃、芳烃和卤代烃的反应速率常数要比与 O$_3$ 的反应大几个数量级。由此可见，·OH 在大气化学反应过程中是十分活泼的氧化剂。·OH 自由基的来源主要有以下几个方面：

对于清洁大气而言，O$_3$ 的光离解是大气中 HO· 的重要来源：

$$O_3 + h\upsilon \longrightarrow O\cdot + O_2$$
$$O\cdot + H_2O \longrightarrow 2HO\cdot$$

对于污染大气，如有 HNO$_2$ 和 H$_2$O$_2$ 存在，它们的光解也可产生 HO·：

$$HNO_2 + h\upsilon \longrightarrow HO\cdot + NO$$
$$H_2O_2 + h\upsilon \longrightarrow 2HO\cdot$$

其中 HNO$_2$ 的光解是大气中 HO· 的重要来源。大气中 HO$_2$· 主要来源于醛的光解，尤其是甲醛的光解：

$$H_2CO + h\upsilon \longrightarrow H\cdot + HCO\cdot$$
$$H\cdot + O_2 + M \longrightarrow HO_2\cdot + M$$
$$HCO\cdot + O_2 \longrightarrow HO_2\cdot + CO$$

任何光解过程只要有 H· 或 HCO· 自由基生成，它们都可与空气中的 O$_2$ 结合而生成 HO$_2$·。其他醛类也有类似反应，但它们在大气中的含量远比甲醛低，因而不如甲醛重要。

另外，亚硝酸酯和 H$_2$O$_2$ 的光解也可导致生成 HO$_2$·：

$$CH_3ONO + h\upsilon \longrightarrow CH_3O\cdot + NO$$
$$CH_3O\cdot + O_2 \longrightarrow HO_2\cdot + H_2CO$$
$$H_2O_2 + h\upsilon \longrightarrow 2HO\cdot$$

$$HO \cdot + H_2O_2 \longrightarrow HO_2 \cdot$$

·OH 和 HO_2· 自由基在清洁大气中能相互转化。·OH 在清洁大气中的主要去除过程是与 CO 和 CH_4 起反应:

$$CO + \cdot OH \longrightarrow CO_2 + H \cdot$$

$$CH_4 + \cdot OH \longrightarrow \cdot CH_3 + H_2O$$

所产生的 H· 和 ·CH_3 自由基能很快地与大气中的 O_2 分子结合,生成 HO_2· 和 CH_3O_2·(RO_2·)自由基。而 HO_2· 自由基的一个重要去除反应是与大气中的 NO 或 O_3 反应,将 NO 转化成 NO_2,与此同时又产生 ·OH:

$$HO_2 \cdot + NO \longrightarrow NO_2 + \cdot OH$$

$$HO_2 \cdot + O_3 \longrightarrow 2O_2 + \cdot OH$$

此反应是 HO_2· 与 ·OH 基相互转化的关键反应。

自由基还会通过复合反应而去除,例如:

$$HO_2 \cdot + \cdot OH \longrightarrow H_2O + O_2$$

$$\cdot OH + \cdot OH \longrightarrow H_2O_2$$

$$HO_2 \cdot + HO_2 \cdot \longrightarrow H_2O_2 + O_2$$

生成的 H_2O_2 可以被雨水带走。

3. R·、RO· 和 RO_2· 等自由基的来源

大气中存在量最多的烷基是甲基,它的主要来源是乙醛和丙酮的光解:

$$CH_3CHO + h\nu \longrightarrow CH_3 \cdot + HCO \cdot$$

$$CH_3COCH_3 + h\nu \longrightarrow CH_3 \cdot + CH_3CO \cdot$$

这两个反应除生成 CH_3· 外,还生成两个羰基自由基 HCO· 和 CH_3CO·。

O· 和 HO· 与烃类发生 H· 摘除反应时也可生成烷基自由基:

$$RH + O \cdot \longrightarrow R \cdot + HO \cdot$$

$$RH + HO \cdot \longrightarrow R \cdot + H_2O$$

大气中甲氧基主要来源于甲基亚硝酸酯和甲基硝酸酯的光解:

$$CH_3ONO + h\nu \longrightarrow CH_3O \cdot + NO$$

$$CH_3ONO_2 + h\nu \longrightarrow CH_3O \cdot + NO_2$$

大气中的过氧烷基都是由烷基与空气中的 O_2 结合而形成的:

$$R \cdot + O_2 \longrightarrow RO_2 \cdot$$

大气中的自由基各有其形成的途径,同时又可以通过多种反应而消除。虽然它们寿命很短,由于形成反应和消除构成了循环,使它们作为中间体在大气中保持一定的浓度。尽管自由基的浓度很小(一般是 10^{-7} mL/m^3 数量级),然而却是大气中的高活性组分,在大气污染化学中占有重要地位。

2.3.4 氮氧化物的转化

氮氧化物是大气中主要的气态污染物之一,它们溶于水后可生成亚硝酸和硝酸。当氮氧化物与其他污染物共存时,在阳光照射下可发生光化学烟雾,氮氧化物在大气中的转化是大气污染化学的一个重要内容。

1. NO$_x$ 和空气混合体系中的光化学反应

NO$_x$ 在大气光化学过程中起很重要的作用。NO$_2$ 经光解而产生活泼的氧原子,氧原子与空气中的 O$_2$ 结合生成 O$_3$,O$_3$ 可把 NO 氧化成 NO$_2$,因而 NO、NO$_2$ 与 O$_3$ 之间存在的化学循环是大气光化学过程的基础。

当阳光照射到含有 NO 和 NO$_2$ 的空气时,便有如下基本反应发生:

$$NO_2 + h\upsilon \longrightarrow NO + O \cdot$$
$$O \cdot + O_2 + M \longrightarrow O_3 + M$$
$$O_3 + NO \longrightarrow NO_2 + O_2$$

2. NO$_x$ 的气相转化

(1)NO 的氧化。

NO 是燃烧过程中直接向大气排放的污染物,NO 可通过许多氧化过程氧化成 NO$_2$,如 O$_3$ 为氧化剂:

$$NO + O_3 \longrightarrow NO_2 + O_2$$

在 HO · 与烃反应时,HO · 可从烃中摘除一个 H · 而形成烷基自由基,该自由基与大气中的 O$_2$ 结合生成 RO$_2$ ·。RO$_2$ · 具有氧化性,可将 NO 氧化成 NO$_2$:

$$RH + HO \cdot \longrightarrow R \cdot + H_2O$$
$$R \cdot + O_2 \longrightarrow RO_2 \cdot$$
$$NO + RO_2 \cdot \longrightarrow NO_2 + RO \cdot$$

生成的 RO · 即可进一步与 O$_2$ 反应,O$_2$ 从 RO · 中靠近 O · 的次甲基中摘除两个 H ·,生成 HO$_2$ · 和相应的醛:

$$RO \cdot + O_2 \longrightarrow R'CHO + HO \cdot$$
$$HO_2 \cdot + NO \longrightarrow HO \cdot + NO_2$$

式中,R^1 比 R 少一个碳原子。在一个烃被 HO · 氧化的链循环中,往往有两个 NO 被氧化成 NO$_2$,同时 HO · 得到了复原。因而此反应甚为重要。这类反应速率很快,能与 O$_3$ 氧化反应竞争。在光化学烟雾形成过程中,由于 HO · 引发了烃类化合物的链式反应,而使得 RO$_2$ ·、HO$_2$ · 数量大增,从而迅速地将 NO 氧化成 NO$_2$,这就使得 O$_3$ 得以积累,以致成为光化学烟雾的重要产物。

HO · 和 RO · 也可与 NO 直接反应生成亚硝酸或亚硝酸酯:

$$HO \cdot + NO \longrightarrow HNO_2$$
$$RO \cdot + NO \longrightarrow RONO$$

HNO$_2$ 和 RONO 都极易发生光解。

(2)NO$_2$ 的转化。

前面已经讲过,NO$_2$ 的光解在大气污染化学中占有很重要的地位,它可以引发大气中生成 O$_3$ 的反应。此外,NO$_2$ 能与一系列自由基,如 HO ·、O ·、RO$_2$ · 和 RO · 等反应,也能与 O$_3$ 和 NO$_3$ 反应。其中比较重要的是与 HO ·、NO$_3$ 以及 O$_3$ 的反应。例如,NO$_2$ 与 HO · 反应可生成 HNO$_3$:

$$NO_2 + HO \cdot \longrightarrow HNO_3$$

此反应是大气中气态 HNO_3 的主要来源,同时也对酸雨和酸雾的形成起重要作用。白天大气中 $HO\cdot$ 浓度较夜间高,因而这一反应在白天会有效地进行。所产生的 HNO_3 与 HNO_2 不同,它在大气中光解得很慢,沉降是它在大气中的主要去除过程。

NO_2 也可与 O_3 与反应:

$$NO_2 + O_3 \longrightarrow NO_3 + O_2$$

此反应在对流层中也很重要,尤其是在 NO_2 和 O_3 浓度都较高时,它是大气中 NO_3 的主要来源,NO_3 可与 NO_2 进一步反应:

$$NO_2 + NO_3 \overset{M}{\rightleftharpoons} N_2O_5$$

这是一个可逆反应,生成的 N_2O_5 又可分解为 NO_2 和 NO_3。当夜间 $HO\cdot$ 和 NO 浓度不高,而 O_3 有一定浓度时,NO_2 会被 O_3 氧化生成 NO_3,随后进一步发生如上反应而生成 N_2O_5。

(3)过氧乙酰基硝酸酯(PAN)。

PAN 是由乙酰基与空气中的 O_2 结合而形成过氧乙酰基,然后再与 NO_2 化合生成的化合物:

$$CH_3CO\cdot + O_2 \longrightarrow CH_3C(O)OO\cdot$$
$$CH_3C(O)OO\cdot + NO_2 \longrightarrow CH_3C(O)OONO_2$$

反应的主要引发者乙酰基是由乙醛光解而产生的:

$$CH_3CHO + h\upsilon \longrightarrow CH_3CO\cdot + H\cdot$$

而大气中的乙醛主要来源于乙烷的氧化:

$$C_2H_6 + HO\cdot \longrightarrow C_2H_5\cdot + H_2O$$
$$C_2H_5\cdot + O_2 \overset{M}{\longrightarrow} C_2H_5O_2$$
$$C_2H_5O_2 + NO \longrightarrow C_2H_5O\cdot + NO_2$$
$$C_2H_5O\cdot + O_2 \longrightarrow CH_3CHO + HO_2$$

PAN 具有热不稳定性,遇热会分解而回到过氧乙酰基和 NO_2,因而 PAN 的分解和形成之间存在平衡。如果把 PAN 中的乙基由其他烷基替代,就会形成相应的过氧烷基硝酸酯,如过氧丙酰基硝酸酯(PPN)、过氧苯酰基硝酸酯等。

2.3.5 碳氢化合物的转化

1. 烷烃的反应

烷烃可与大气中的 $HO\cdot$ 和 $O\cdot$ 发生氢原子摘除反应:

$$RH + HO\cdot \longrightarrow R\cdot + H_2O$$
$$RH + O\cdot \longrightarrow R\cdot + HO\cdot$$

这两个反应的产物中都有烷基自由基,但另一个产物不同,前者是稳定的 H_2O,后者则是活泼的自由基 $HO\cdot$。前者反应速率常数比后者大两个数量级以上。上述烷烃所发生的两种氧化反应中,经氢原子摘除反应所产生的烷基 $R\cdot$ 与空气中的 O_2 结合生成 $RO_2\cdot$,它可将 NO 氧化成 NO_2,并产生 $RO\cdot$。O_2 还可从 $RO\cdot$ 中再摘除一个 $H\cdot$,最终生成 $HO_2\cdot$ 和一个相应的稳定产物醛或酮。

如甲烷的氧化反应：

$$CH_4 + HO\cdot \longrightarrow CH_3\cdot + H_2O$$
$$CH_4 + O\cdot \longrightarrow CH_3\cdot + HO\cdot$$

反应中生成的 $CH_3\cdot$ 与空气中的 O_2 结合：

$$CH_3\cdot + O_2 \longrightarrow CH_3O_2\cdot$$

由于大气中的 $O\cdot$ 主要来自 O_3 的光解，通过上述反应，CH_4 不断消耗 $O\cdot$，可导致臭氧层的损耗。同时，生成的 $CH_3O_2\cdot$ 是一种强氧化性的自由基，它可将 NO 氧化为 NO_2：

$$NO + CH_3O_2\cdot \longrightarrow NO_2 + CH_3O\cdot$$
$$CH_3O\cdot + NO_2 \longrightarrow CH_3ONO_2$$
$$CH_3O\cdot + O_2 \longrightarrow HO_2\cdot + H_2CO$$

如果 NO 浓度低，自由基间也可发生如下反应：

$$RO_2\cdot + HO_2\cdot \longrightarrow ROOH + O_2$$
$$ROOH + h\upsilon \longrightarrow RO\cdot + HO\cdot$$

O_3 一般不与烷烃发生反应。

烷烃亦可与 NO_3 发生反应。大气中的 NO_3 无天然来源，它的主要来源为

$$NO_2 + O_3 \longrightarrow NO_3 + O_2$$

NO_3 与烷烃反应速率很慢，不能与 $HO\cdot$ 相比。反应机制也是氢原子摘除反应：

$$RH + NO_3 \longrightarrow R\cdot + HNO_3$$

这是城市夜间 HNO_3 的主要来源。

2. 烯烃的反应

烯烃与 $HO\cdot$ 主要发生加成反应，如乙烯和丙烯：

$$CH_2{=}CH_2 + HO\cdot \longrightarrow \cdot CH_2CH_2OH$$

$$CH_3CH{=}CH_2 + HO\cdot \begin{array}{l} \overset{a}{\longrightarrow} CH_3\overset{\cdot}{C}HCH_2OH \\ \underset{b}{\longrightarrow} CH_3CHCH_2\cdot \\ \qquad\quad | \\ \qquad\;\; OH \end{array}$$

$$\cdot CH_2CH_2OH + O_2 \longrightarrow \cdot CH_2(O_2)CH_2OH$$
$$\cdot CH_2(O_2)CH_2OH + NO \longrightarrow \cdot CH_2(O)CH_2OH + NO_2$$
$$\cdot CH_2(O)CH_2OH \longrightarrow H_2CO + \cdot CH_2OH$$
$$\cdot CH_2(O)CH_2OH + O_2 \longrightarrow HCOCH_2OH + HO_2\cdot$$
$$\cdot CH_2OH + O_2 \longrightarrow H_2CO + HO_2\cdot$$

从上述一系列反应中可以看出，$HO\cdot$ 加成到烯烃上而形成带有羟基的自由基。该自由基又可与空气中的 O_2 结合形成相应的过氧自由基，过氧自由基具有强氧化性，可将 NO 氧化成 NO_2。新生成的带有羟基的烷氧自由基可分解为一个甲醛和一个 $\cdot CH_2OH$ 自由基。$\cdot CH_2OH$ 和 $\cdot CH_2(O)CH_2OH$ 都可被 O_2 摘除一个 $H\cdot$ 而生成相应的醛和 $HO_2\cdot$。

烯烃还可与 HO· 发生氢原子摘除反应,例如:

$$CH_3CH_2CH = CH_2 + HO· \longrightarrow CH_3\overset{·}{C}HCH = CH_2 + H_2O$$

烯烃与 O_3 反应的速率虽然远不如与 HO· 反应的速率大,但是 O_3 在大气中的浓度远高于 HO·,因而这个反应就显得很重要。它的反应机理是首先将 O_3 加成到烯烃的双键上,形成一个分子臭氧化物,然后迅速分解为一个羰基化合物和一个二元自由基:

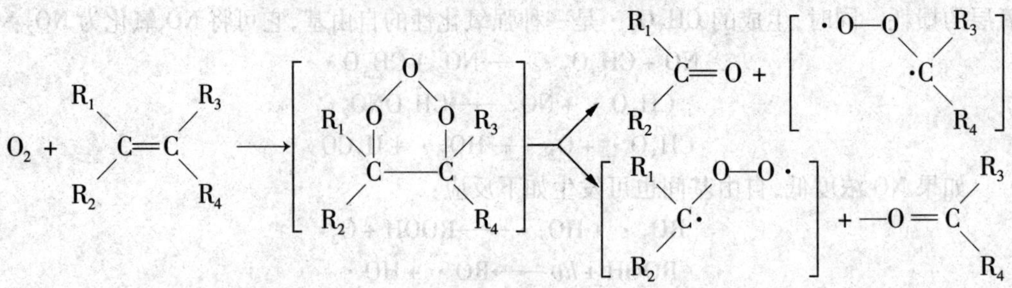

式中,方括号中的是二元自由基,它的能量很高,可进一步分解。如乙烯与 O_3 反应:

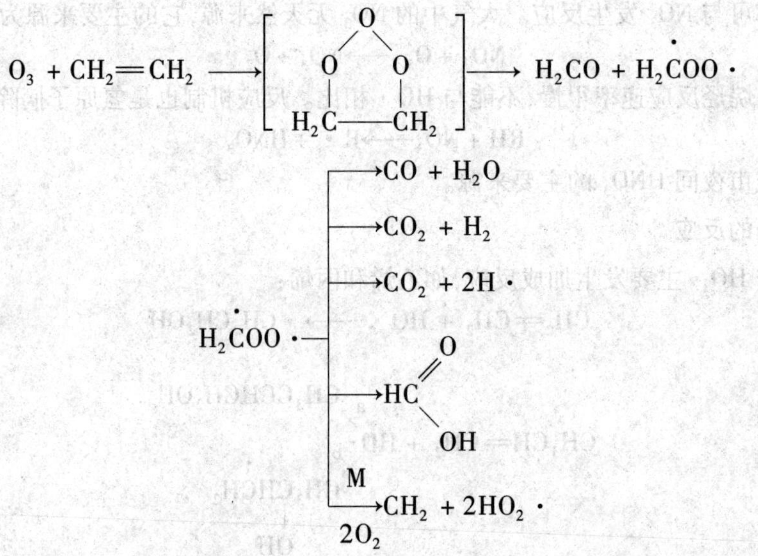

可见,二元自由基分解后可生成两个自由基以及一些稳定产物。另外,这种二元自由基氧化性也很强,可氧化 NO 和 SO_2 等。

$$R_1R_2\overset{·}{C}OO· + NO \longrightarrow R_1R_2CO + NO_2$$

$$R_1R_2\overset{·}{C}OO· + NO_2 \longrightarrow R_1R_2CO + NO_3$$

$$R_1R_2\overset{·}{C}OO· + SO_2 \longrightarrow R_1R_2CO + SO_3$$

氧化后自由基转化为相应的酮或醛。在大气中多数情况下,短碳链烯烃的主要去除过程是与 HO· 反应。而较长碳链烯烃在 NO_3 浓度低时主要与 O_3 反应而去除,NO_3 浓度高时,则主要与 NO_3 反应而去除。

3. 环烃的氧化

大气中已检测到的环烃大多以气态形式存在,它们主要都是在燃料燃烧过程中生成的。城市中的环烃浓度高于其他地区。环烃在大气中的反应以氢原子摘除反应为主,如环己烷:

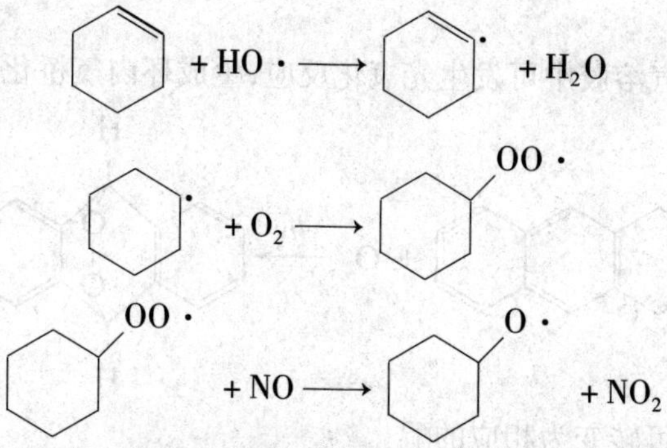

如果是环己烯,HO · 和 O_3 可加成到它的双键上,大气中已测到这些产物。O_3 可与环烯烃迅速反应,首先 O_3 加成到双键上,之后开环,生成带有双官能团的脂肪族化合物,最后转变成小分子化合物和自由基。

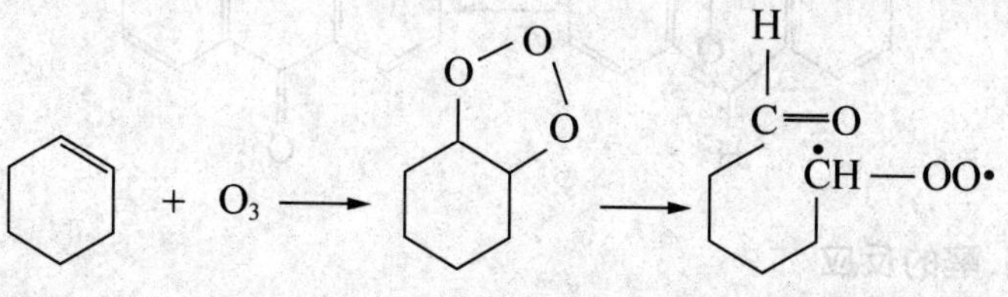

上述反应生成的是二元自由基,它可以分解为 CO、CO_2 和其他化合物或自由基。

4. 单环芳烃的反应

大气中已检测到的单环芳烃如苯、甲苯以及其他化合物,它们主要来源于矿物燃料的燃烧以及一些工业生产过程。人们对芳烃在大气中的反应远不如对烷烃和烯烃了解得那么多。能与芳烃反应的主要是 HO · ,其反应机制主要是加成反应和氢原子摘除反应。

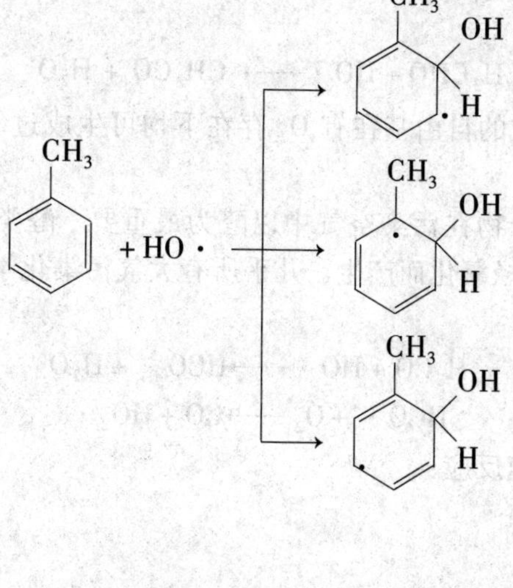

5. 多环芳烃的反应

大气中已检出的多环芳烃有 200 多种,其中一小部分以气体形式存在,大部分则在气溶胶中。人们对多环芳烃在大气中的反应了解得更少。HO· 可与多环芳烃发生氢原子摘除反应。HO· 和 NO_3 都可以加成到多环芳烃的双键上去,形成包括有羟基、羰基的化合物以及硝酸酯等。

多环芳烃在湿的气溶胶中可发生光氧化反应,生成环内氧桥化合物。如蒽的氧化:

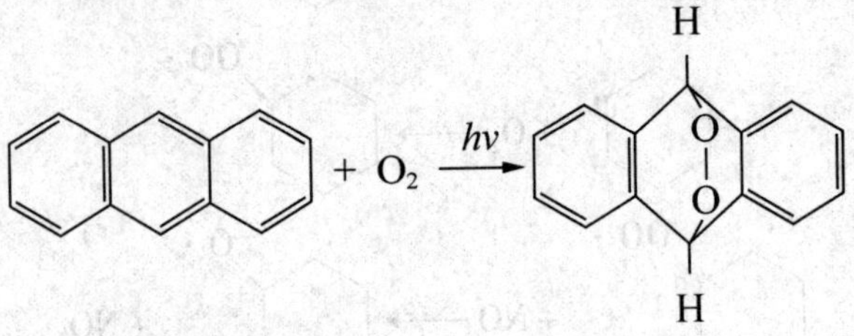

环内氧桥化合物可转变为相应的醌:

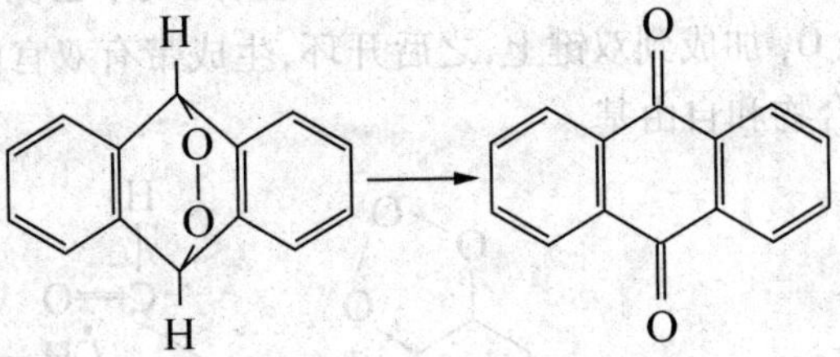

6. 醚、醇、酮、醛的反应

大气中已检出的醚、醇、酮和醛等其数量在十几种到几十种不等。饱和烃的衍生物,如乙醚、乙醇、丙酮、乙醛等,它们在大气中的反应主要是与 HO· 发生氢原子摘除反应:

$$CH_2OCH_3 + HO· \longrightarrow CH_3O\overset{·}{C}H_2 + H_2O$$

$$CH_3CH_2OH + HO· \longrightarrow CH_3\overset{·}{C}HOH + H_2O$$

$$CH_3COCH_3 + HO· \longrightarrow CH_3CO\overset{·}{C}H_2 + H_2O$$

$$CH_3CHO + HO· \longrightarrow CH_3\overset{·}{C}O + H_2O$$

上述 4 种反应所生成的自由基在有 O_2 存在下均可生成过氧自由基,与 RO_2· 有类似的氧化作用。

上述各含氧有机化合物在污染空气中以醛为最重要。醛类,尤其是甲醛,既是一次污染物,又可由大气中的烃氧化而产生。几乎所有大气污染化学反应都有甲醛参与。大气中的主要反应有

$$H_2CO + HO· \longrightarrow HCO· + H_2O$$

$$HCO· + O_2 \longrightarrow CO + HO_2·$$

甲醛能与 HO_2· 迅速反应:

$$H_2CO + HO_2 \cdot \longrightarrow (HO)H_2COO \cdot$$

所生成的 $(HO)H_2COO \cdot$ 是一个过氧自由基,它比较稳定,可氧化大气中的 NO,然后与 O_2 反应生成甲酸:

$$(HO)H_2COO \cdot + NO \longrightarrow (HO)H_2CO \cdot + NO_2$$

$$(HO)H_2CO \cdot + O_2 \longrightarrow HCOOH + HO_2 \cdot$$

生成的甲酸会对酸雨有贡献。

醛也能与 NO_3 反应:

$$RHCO + NO_3 \longrightarrow RCO \cdot + HNO_3$$

对于甲醛,反应为:

$$H_2CO + NO_3 \longrightarrow HCO \cdot + HNO_3$$

$$HCO \cdot + O_2 \longrightarrow CO + HO_2 \cdot$$

不饱和烃和芳烃的衍生物,如烯醚、烯醇、烯酮、烯醛等,以及相应的芳环化合物,在大气中主要发生与 HO· 的加成反应,其反应类似于烯烃与 HO· 的加成反应机制。

2.3.6 光化学烟雾

1. 光化学烟雾现象

含有氮氧化物和碳氢化合物等一次污染物的大气,在阳光照射下发生光化学反应而产生二次污染物,这种由一次污染物和二次污染物的混合物所形成的烟雾污染现象,称为光化学烟雾。

1943 年,在美国洛杉矶首次出现了这种污染现象。因此,光化学烟雾也称为洛杉矶型烟雾。它的特征是烟雾呈蓝色,具有强氧化性,属氧化性烟雾,能使橡胶开裂,刺激人的眼睛,伤害植物的叶子,并使大气能见度降低。世界上许多交通发达的大城市都发生了程度不同的光化学污染,如日本的东京 1970 年发生的光化学污染时期,有 20 000 人得了红眼病;美国加利福尼亚州 1959 年由于光化学污染引起的农作物减产损失已达 800 万美元,使大片树木枯死,葡萄减产 60% 以上,柑橘也严重减产;大阪、英国的伦敦以及澳大利亚、德国等的大城市也已相继发生光化学污染。光化学烟雾气溶胶引起大气浑浊,能见度降低,因此妨碍了汽车、飞机的正常运行,使交通事故猛增。

其刺激物浓度的高峰在中午和午后,污染区域往往在污染源的下风向几十到几百公里处。光化学烟雾的形成条件是大气中有氮氧化物和碳氢化合物存在,大气温度较低,而且有强的阳光照射。这样在大气中就会发生一系列复杂的反应,生成一些二次污染物,如 O_3、醛、PAN、H_2O_2 等。这便形成了光化学污染,也称为光化学烟雾。因而从 20 世纪 50 年代至今,对光化学烟雾的研究,在发生源、发生条件、反应机制及模型、对生态系统的毒害、监测和控制等方面都开展了大量的研究工作,并取得了许多成果。

(1)光化学烟雾的日变化曲线。

光化学烟雾在白天生成,傍晚消失。污染高峰出现在中午或稍后。图 2.11 显示污染地区大气中 NO、NO_2、烃、醛及 O_3 从早至晚的日变化曲线。

由图 2.11 可以看出,烃和 NO 的体积分数最大值发生在早晨交通繁忙时刻,这时 NO_2 的浓度很低。随着太阳辐射的增强,NO_2、O_3 和醛的浓度迅速增大,中午时已达到较高的浓度,它们的峰值通常比 NO 峰值晚出现几个小时。由此可以推断 NO_2、O_3 和醛是在日光照射下由大气光化学反应而产生的,属于二次污染物。早晨由汽车排放出来的尾气是产生这些光化学反应的直接原因。傍晚交通繁忙时刻,虽然仍有较多汽车尾气排放,但由于日光已较弱,不足以引起光化学反应,因而不能产生光化学烟雾现象。所以光化学烟雾往往白天生成,傍晚消失。

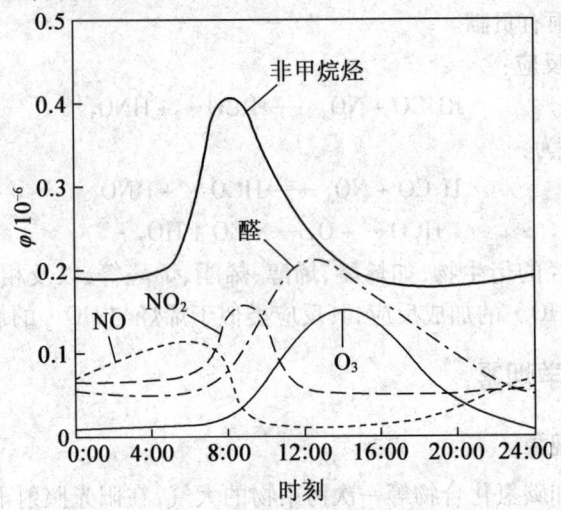

图 2.11　光化学烟雾日变化曲线

(2)烟雾箱模拟曲线。

为了研究光化学烟雾中各物种的含量随时间变化的机理,有关学者进行了烟雾箱实验研究。即向一个大的封闭容器中通入反应气体,在模拟太阳光的人工光源照射下进行模拟大气光化学反应。

在被照射的体系中,起始物质是丙烯、NO_x 和空气的混合物。研究结果如图 2.12 所示。从图中可看出如下三点:随着实验时间的增长,NO 向 NO_2 转化;由于氧化过程而使丙烯消耗;臭氧及其他二次污染物,如 PAN、HCHO 等生成。

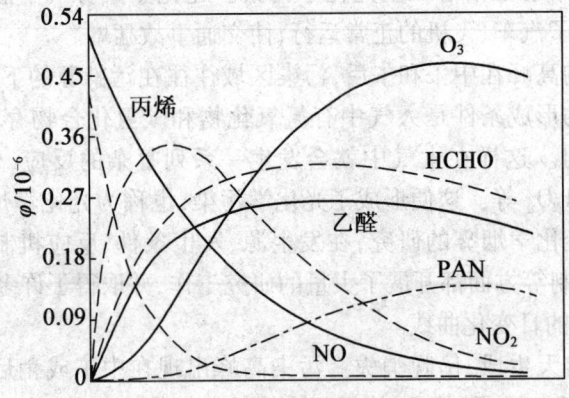

图 2.12　丙烯－NO_x 反应物与产物的浓度变化

其中关键性反应是:①NO_2 的光解导致 O_3 的生成;②丙烯氧化生成了具有活性的自

由基,如 $HO\cdot$、$HO_2\cdot$、$RO_2\cdot$ 等;③$HO_2\cdot$ 和 $RO_2\cdot$ 等促进了 NO 向 NO_2 转化,提供了更多的生成 O_3 的 NO_2 源。

光化学烟雾是一个链反应,链引发反应主要是 NO_2 光解。另外,还有其他化合物,如甲醛在光的照射下生成的自由基,这些化合物均可引起链引发反应。在光化学反应中,自由基反应占很重要的地位,自由基的引发反应主要是由 NO_2 和醛光解而引起的:

$$NO_2 + h\nu \longrightarrow NO + O\cdot$$
$$RHCO + h\nu \longrightarrow RCO\cdot + H\cdot$$

碳氢化合物的存在是自由基转化和增殖的根本原因:

$$RH + O\cdot \longrightarrow R\cdot + HO_2\cdot$$
$$RH + HO\cdot \longrightarrow R\cdot + H_2O$$
$$H\cdot + O_2 \longrightarrow HO_2\cdot$$
$$R\cdot + O_2 \longrightarrow RO_2\cdot$$
$$RCO\cdot + O_2 \longrightarrow RC(O)OO\cdot$$

通过如上途径生成的 $HO_2\cdot$、$RO_2\cdot$ 和 $RC(O)O_2\cdot$ 均可将 NO 氧化成 NO_2:

$$NO + HO_2\cdot \longrightarrow NO_2 + HO\cdot$$
$$NO + RO_2\cdot \longrightarrow NO_2 + RO\cdot$$
$$RO\cdot + O_2 \longrightarrow HO_2\cdot + R'CHO$$
$$NO + RC(O)O_2\cdot \longrightarrow NO_2 + RC(O)O\cdot$$
$$RC(O)O\cdot \longrightarrow R\cdot + CO_2$$

其中,$RO\cdot$ 为烷氧基,$R'CHO$ 为醛,R' 为比 R 少一个 C 原子的烷基。$RC(O)O\cdot$ 很不稳定,生成后很快分解成 $R\cdot$ 和 CO_2。

将上述反应综合起来如图 2.13 所示。

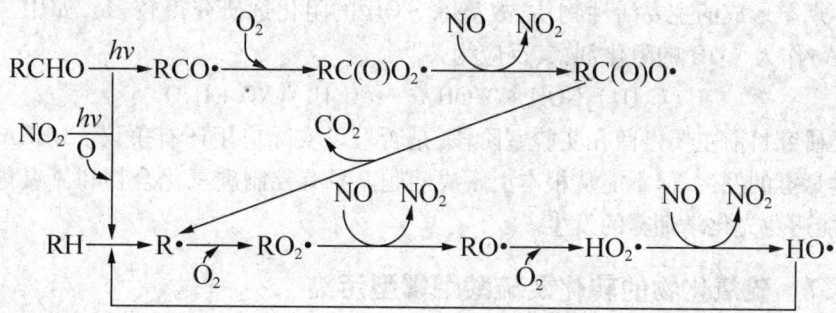

图 2.13　光化学烟雾中自由基传递示意图

可见,在 $R\cdot$ 及 $RCO\cdot$ 寿命期内可以使多个 NO 转化成 NO_2。也就是说,一个自由基自形成之后一直到它猝灭之前可以参加许多个自由基传递反应,这种自由基传递过程提供了使 NO 向 NO_2 转化的条件。而 NO_2 既起链引发作用,又起链终止作用,最终生成 PAN、HNO_3 和硝酸酯等稳定产物。

2. 光化学烟雾形成的简化机制

光化学烟雾形成的反应机制可概括为如下 12 个反应来描述:

引发反应：

$$NO_2 + h\nu \longrightarrow NO + HO\cdot$$
$$O\cdot + O_2 + M \longrightarrow O_3 + M$$
$$NO + O_3 \longrightarrow NO_2 + O_2$$

自由基传递反应：

$$RH + HO\cdot \xrightarrow{O_2} RO_2\cdot + H_2O$$
$$RCHO + HO\cdot \xrightarrow{O_2} RC(O)O_2\cdot + H_2O$$
$$RCHO + h\nu \xrightarrow{2O_2} RO_2\cdot + HO_2\cdot + CO$$
$$HO_2\cdot + NO \longrightarrow NO_2 + HO\cdot$$
$$RO_2\cdot + NO \xrightarrow{O_2} NO_2 + R'CHO + HO_2\cdot$$
$$RC(O)O_2\cdot + NO \xrightarrow{O_2} NO_2 + RO_2\cdot + CO_2$$

终止反应：

$$HO\cdot + NO_2 \longrightarrow HNO_3$$
$$RC(O)O_2\cdot + NO_2 \longrightarrow RC(O)O_2NO_2$$
$$RC(O)O_2NO_2 \longrightarrow RC(O)O_2\cdot + NO_2$$

3. 光化学烟雾的控制对策

由于光化学烟雾的频繁发生及其所造成的危害，如何控制其形成已成为引人注目的研究课题。最好的方案当然是控制碳氢化合物和氮氧化物的排放；另一方案是在大气中散发控制自由基形成的阻化剂，以清除自由基，使链式反应终止。由于·OH被认为是促成光化学烟雾形成的主要活性物质，故清除·OH的阻化剂研究得较多。如用二乙基羟胺（DEHA）作为·OH的阻化剂，其反应为

$$(C_2H_5)_2NOH + \cdot OH \longrightarrow (C_2H_5)_2NO + H_2O$$

这类研究目前主要停留在实验室阶段，是否可以实际应用还有争议。DEHA仅能延缓光化学烟雾的发生，但不能从根本上解决问题。只有控制碳氢化合物和氮氧化物的排放量，才能避免光化学烟雾的发生。

2.3.7 硫氧化物的转化及硫酸烟雾型污染

1952年，轰动世界的伦敦烟雾事件造成4 000人死亡，促使人们对SO_2的污染问题进行广泛研究。对大气环境中SO_2影响最大的是煤烟型污染，我国目前及未来相当长时期内，燃料构成仍以煤为主。因此对煤烟型污染物二氧化硫和颗粒物环境化学行为的研究具有重要的意义。

二氧化硫在大气中的主要化学演变过程是SO_2被氧化成SO_3，SO_3被水吸收形成H_2SO_4，再与NH_4^+形成$(NH_4)_2SO_4$或其他硫酸盐，然后以微粒（气溶胶）形式参与循环。在二氧化硫向硫酸及硫酸盐转化过程中，$SO_2 \rightarrow SO_3$转化是关键一步。由于氧化转化反应可以在气体中、液滴里和固体微粒表面上进行，涉及一般反应、催化反应及光化学反应等

多种复杂反应;氧化途径受反应条件(如反应物组成、光强、温度和催化剂等)影响较大,使大气中 SO_2 的化学反应变得十分复杂,其反应途径有光化学氧化、气相氧化、液相氧化及颗粒物表面上的氧化。已经证实,对陆地及水生生态系统、人体健康、能见度和气候等产生不利影响的主要物质不是 SO_2 本身,而是其氧化产物。

1. 二氧化硫的气相氧化

大气中 SO_2 的转化首先是 SO_2 氧化成 SO_3,随后 SO_3 被水吸收而生成硫酸,从而形成酸雨或硫酸烟雾。硫酸也可以与大气中的 NH_4^+ 等阳离子结合生成硫酸盐气溶胶。

(1)SO_2 的直接光氧化。

在介绍二氧化硫对光的吸收特性时已讲到,在低层大气中 SO_2 主要光化学反应过程是形成激发态 SO_2 分子,而不是直接解离。它吸收来自太阳的紫外光后进行两种电子允许跃迁,产生强弱吸收带,但不发生光解:

$$SO_2 + hv(290 \sim 340 \text{ nm}) \rightleftharpoons {}^1SO_2(单重态)$$

$$SO_2 + hv(340 \sim 400 \text{ nm}) \rightleftharpoons {}^2SO_2(二重态)$$

能量较高的单重态分子可按以下过程跃迁到三重态或基态:

$$ {}^1SO_2 + M \longrightarrow {}^3SO_2(三重态) + M$$

$$ {}^1SO_2 + M \longrightarrow SO_2 + M$$

在环境大气条件下,激发态的 SO_2 主要以三重态的形式存在,单重态不稳定,很快按上述方式转变为三重态。

大气中 SO_2 直接氧化成 SO_3 的机制为

$$ {}^3SO_2 + O_2 \longrightarrow SO_4 \longrightarrow O_3 + O \cdot $$

或

$$ SO_2 + SO_4 \longrightarrow 2SO_3$$

(2)SO_2 被自由基氧化。

在污染大气中,由于各类有机污染物的光解及化学反应可生成各种自由基,如 $HO \cdot$、$HO_2 \cdot$、$RO_2 \cdot$ 和 $RC(O)O_2 \cdot$ 等。这些自由基主要来源于大气中一次污染物 NO_x 的光解,以及光解产物与活性碳氢化合物相互作用的过程。也来自光化学反应产物的光解过程,如醛、亚硝酸和过氧化氢等的光解均可产生自由基。这些自由基大多数都有较强的氧化作用。在这种光化学反应十分活跃的大气中,SO_2 很容易被这些自由基氧化,其中与 $HO \cdot$ 自由基的反应是大气中 SO_2 转化的重要反应。

①SO_2 与 $HO \cdot$ 的反应。

$HO \cdot$ 与 SO_2 的氧化反应是大气中 SO_2 转化的重要反应,首先 $HO \cdot$ 与 SO_2 结合形成一个活性自由基:

$$ HO \cdot + SO_2 \xrightarrow{M} HOSO_2 \cdot $$

此自由基进一步与空气中 O_2 作用:

$$ HOSO_2 \cdot + O_2 \cdot \xrightarrow{M} HO_2 \cdot + SO_2$$

$$ SO_3 + H_2O \longrightarrow H_2SO_4$$

反应过程中所生成的 $HO_2 \cdot$ 通过反应:

$$ HO_2 \cdot + SO \longrightarrow HO \cdot + SO_2$$

使得 SO_2 又再生,于是上述氧化过程又循环进行。这个循环过程的速率决定步骤是 SO_2 与 $HO \cdot$ 的反应。

②SO_2 与其他自由基的反应。

在大气中 SO_2 氧化的另一个重要反应是 SO_2 与二元活性自由基的反应。O_3 和烯烃反应可生成二元活性自由基。由于它的结构中含有两个活性中心,易与大气中的物质反应。例如:

$$\overset{\bullet}{CH_3CHOO} \cdot + SO_2 \longrightarrow CH_3CHO + SO_3$$

另外,$HO_2 \cdot$、$CH_3O_2 \cdot$ 以及 $CH_3(O)O_2 \cdot$ 也易与 SO_2 反应,而将其氧化成 SO_3:

$$HO_2 \cdot + SO_2 \longrightarrow HO \cdot + SO_3$$
$$CH_3O_2 \cdot + SO_2 \longrightarrow CH_3O \cdot + SO_3$$
$$CH_3C(O)O_2 \cdot + SO_2 \longrightarrow CH_3C(O)O \cdot + SO_3$$

2. 二氧化硫的液相氧化

SO_2 溶于云、雾中,可被其中的 O_3、H_2O 所氧化,这里 SO_2 溶于水是发生液相氧化的先决条件:

$$SO_2(g) + H_2O(l) \longrightarrow (H_2O \cdot SO_2)$$
$$(H_2O \cdot SO_2) \longrightarrow HSO_3^- + H^+$$
$$HSO_3^- \longrightarrow SO_3^{2-} + H^+$$

SO_2 溶于水后的氧化途径可简述如下:

(1)被 O_3 氧化。

在污染空气中 O_3 的含量比清洁空气中要高,这是由于 NO_2 光解而致。O_3 可溶于大气的水中,将 SO_2 氧化:

$$SO_2 \cdot H_2O + O_3 \xrightarrow{k_0} 2H^+ + SO_4^{2-} + O_2$$
$$HSO_3^- + O_3 \xrightarrow{k_1} HSO_4^{2-} + O_2$$
$$SO_3^{2-} + O_3 \xrightarrow{k_2} SO_4^{2-} + O_2$$
$$k_0/(L \cdot (mol \cdot s)^{-1}) = 2.4 \times 10^4$$
$$k_1/(L \cdot (mol \cdot s)^{-1}) = 3.7 \times 10^5$$
$$k_2/(L \cdot (mol \cdot s)^{-1}) = 1.5 \times 10^9$$

从 O_3 与 3 种不同形态 $S(IV)$ 的反应速率常数可以判断,O_3 与 SO_3^{2-} 反应最快,其次是 HSO_3^-,最慢的是 $SO_2 \cdot H_2O$。这 3 个反应的重要性随 pH 的变化而不同,pH 较低时,$SO_2 \cdot H_2O$ 与 O_3 的反应较为重要;pH 较高时,SO_3^{2-} 与 O_3 的反应占优势。以上 3 个反应反应速率常数在一定范围内均随 pH 的增大而增大。

(2)被 H_2O_2 氧化。

目前,H_2O_2 对 $S(IV)$ 氧化的研究工作进行得较深入,报道资料也相对较多,在 pH 为 $0 \sim 8$ 均发生氧化反应,通常氧化反应式可表示为

$$HSO_3^- + H_2O_2 \longrightarrow SO_2OOH^- + H_2O$$

$$SO_2OOH^- + H^+ \longrightarrow H_2SO_4$$

过氧化亚硫酸生成硫酸要与一个质子结合,因而介质酸性越强,反应就越快。

(3)在金属离子存在下的催化氧化。

在某种过渡金属离子存在下,二氧化硫的液相氧化反应速率可能会增大,但这种催化氧化过程比较复杂,步骤较多,反应速率表达式多为经验式。

SO_2 的催化氧化可表示为

$$2SO_2 + 2H_2O + O_2 \xrightarrow{M} 2H_2SO_4$$

催化剂可以是 MSO_4,也可以是 MCl,而 $FeCl_3$、$MgCl_2$、$Fe_3(SO_4)_3$ 及 $MgSO_4$ 是经常悬浮在大气中的。在高湿度时,这些颗粒起凝聚中心的作用,从而易形成水溶液小珠,随后过程是 SO_2 的吸收及 O_2 穿过气溶胶的氧化。实验表明,液滴的 pH 能影响催化反应的速率;反应在碱性及中性条件下较快,而在酸性条件下较慢,另外相对湿度也能影响氧化过程,湿度降低,氧化速率减慢。一般认为 SO_2 的催化氧化为一级反应,反应速率常数随催化剂类型及相对湿度而改变。

综上所述,大气中 SO_2 的氧化有多种途径,其主要途径是 SO_2 的均相气相氧化和液相氧化。SO_2 氧化转化机制视具体环境条件而异。例如,白天低湿度条件下,以光氧化为主;而在高湿度条件下,催化氧化则可能是主要的,往往生成 H_2SO_4(气溶胶),若有 NH_3 吸收,在液滴中就会生成硫酸铵。

2. 硫酸烟雾型污染

硫酸烟雾也称为伦敦型烟雾,最早发生在英国伦敦。它主要是由于燃煤而排放出来的 SO_2、颗粒物以及由 SO_2 氧化所形成的硫酸盐颗粒物所造成的大气污染现象。这种污染多发生在冬季、气温较低、湿度较高和日光较弱的气象条件下。如1952年12月在伦敦发生的一次硫酸烟雾型污染事件。当时伦敦上空受冷高压控制,高空中的云阻挡了来自太阳的光。地面温度迅速降低,相对湿度高达80%,于是就形成了雾。由于地面温度低,上空又形成了逆温层。大量居民家排放的烟和工厂所排放出来的烟就积聚在低层大气中,难以扩散,这样在低层大气中就形成了很浓的黄色烟雾。硫酸型烟雾在冬季气温较低、湿度较高和日光较弱的气象条件下,易于形成。在硫酸烟雾的形成过程中,SO_2 转变为 SO_3 的氧化反应主要靠雾滴中锰、铁及氨的催化作用而加速完成。当然,SO_2 的氧化速率还会受到其他污染物、温度以及光强等的影响。

硫酸烟雾型污染物,从化学上看是属于还原性混合物,故称此烟雾为还原烟雾。而光化学烟雾是高浓度氧化剂的混合物,因此也称为氧化烟雾。这两种烟雾在许多方面具有相反的化学反应。它们发生污染的根源各有不同,硫酸烟雾主要由燃煤引起的,光化学烟雾则主要是由汽车排气引起的。表2.4给出了两种类型烟雾的区别。目前已发现两种类型烟雾污染可交替发生。

表2.4　硫酸烟雾与光化学烟雾的比较

项目	硫酸烟雾	光化学烟雾
概况	发生较早(1873 年),至今已多次出现	发生较晚(1943 年),发生光化学反应
污染物	颗粒物、SO_2、硫酸雾等	碳氢化合物、NO_x、O_3、PAN、醛类

续表2.4

项目		硫酸烟雾	光化学烟雾
燃料		煤	汽油、煤气、石油
气象条件	季节	冬	夏
	气温	低(4 ℃以下)	高(24 ℃以上)
	湿度	高	低
	日光	弱	强
	臭氧浓度	低	高
	出现时间	白天夜间连续	白天
毒性		对呼吸道有刺激作用,严重时导致死亡	对眼和呼吸道有强刺激作用。O_3 等氧化剂有强氧化破坏作用,严重时可导致死亡

2.4　全球大气环境问题

2.4.1　全球气候变化

1. 温室气体和温室效应

气候和地球上各种自然现象是不断变化的。人类出现以前的气候变化是自然因素造成的。人类出现以后的气候变化既有自然因素的影响,又有人为因素的影响。20 世纪 70 年代,科学家把"全球变暖"作为一个全球性环境问题提出来,主要强调由于人类活动(主要是农业和矿物燃料燃烧)改变了大气的化学组分,如 CO_2 和 CH_4 等气体吸收地表面红外辐射能力强,而且它们在大气中的存留时间长达上百年,从而增强了地球的辐射平衡。科学家们估算出全球平均表面温度每 10 年可能升高 0.2 ℃。近 100 年来(1906～2005),全球平均地表温度升高了 0.75 ℃。近 150 年最暖的 12 年中有 11 年出现在 1995～2006 年间。据估计,全球平均地表温度到 2100 年将增加 1.8～6.4 ℃。由于气候变暖,可能造成海洋热膨胀以及冰川和冰盖的融化,到 2100 年海平面预计升高 15～95 cm。当然上述估计只是对全球平均而言,各个地区之间的变化趋势和程度会有很大的不同。尽管当前国际上对全球气温变暖问题尚未有一致的看法,但有关这方面的国际活动相当活跃,对全球气候变化的机制正在广泛地研究之中。

来自太阳各种波长的辐射,一部分在到达地面之前被大气反射回外空间或者被大气吸收之后再辐射而返回外空间;一部分直接到达地面或者通过大气而散射到地面。到达地面的辐射有少量短波长的紫外光、大量的可见光和长波红外光。这些辐射在被地面吸收之后,最终都以长波辐射的形式又返回外空间,从而维持地球的热平衡。大气中许多组分对不同波长的辐射都有其特征吸收光谱,其中能够吸收长波长的主要有 CO_2 和水蒸气分子。水分子只能吸收波长为 700 ~ 850 nm 和 1 100 ~ 1 400 nm 的红外辐射,且吸收极弱,而对 850 ~ 1 100 nm 的辐射全无吸收。就是说水分子只能吸收一部分红外辐射,而且较弱。因而当地面吸收了来自太阳的辐射,转变成为热能,再以红外光向外辐射时,大气中的水分子只能截留一小部分红外光。大气中的 CO_2 虽然含量比水分子低得多,但它可强烈地吸收波长为 1 200 ~ 1 630 nm 的红外辐射,因而它在大气中的存在对截留红外辐射能量影响较大。对于维持地球热平衡有重要的影响。

CO_2 如温室的玻璃一样,它允许来自太阳的可见光射到地面,也能阻止地面重新辐射出来的红外光返回外空间。大气中的 CO_2 吸收了地面辐射出来的红外光,把能量截留于大气之中,从而使大气温度升高,这种现象称为温室效应。能够引起温室效应的气体,称为温室气体。典型的温室气体包括二氧化碳(CO_2)、甲烷(CH_4)、氧化亚氮(N_2O)、臭氧(O_3)、水汽(H_2O)等。温室气体像单向过滤器一样,对太阳光几乎是透明的,但却能强烈地吸收地面向外发射的红外热辐射,它们在大气中的存在减小了地球表面向外空释放的能量,即把能量截留在大气中,从而使大气低层和地球表面温度升高。研究发现,能产生温室效应的气体有 30 多种,其中 CO_2 是最重要的一种,它对温室效应的贡献率达 50% ~ 60%。除了 CO_2,还包括 CH_4、N_2O、CFCs、H_2O 等,它们对温室效应也起重要作用。如果大气中温室气体增多,便可有过多的能量保留在大气中而不能正常地向外空间辐射,这样就会使地表面和大气的平衡温度升高,对整个地球的生态平衡会有巨大的影响。

矿物燃料的燃烧是大气中 CO_2 的主要来源。一方面,由于人们对能源利用量逐年增加,因而使大气中 CO_2 的浓度逐渐增高。另一方面,由于人类大量砍伐森林、毁坏草原,使地球表面的植被日趋减少,以致降低了植物对 CO_2 的吸收作用。目前,全球 CO_2 的浓度逐年上升,图 2.14 是大气中 CO_2 的浓度升高的例子。图中 CO_2 在一年内的周期变化呈现出夏季低而冬季高的结果。这是因为夏季植物对 CO_2 吸收,而冬季 CO_2 排放量增大。

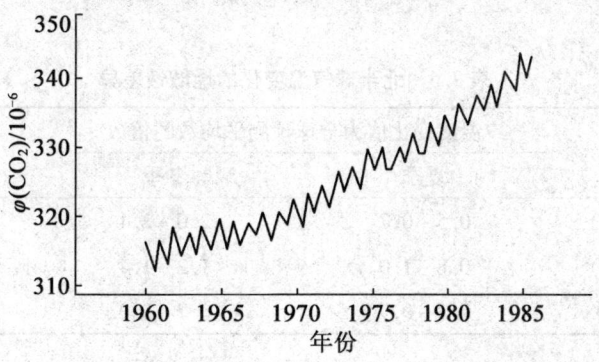

图 2.14 Mauns Loa 岛本底站测定的大气中 CO_2 的浓度变化

有学者预计到 2030 年左右,大气中温室气体的含量相当于 CO_2 含量增加 1 倍。因此,全球变暖问题除 CO_2 外,还应考虑具有温室效应的其他气体及颗粒物的作用。图 2.15 显示了几十年来各种温室气体对气温上升的影响。

目前研究还表明,气候变暖在全球不同地域有明显的差异。例如,若全球平均气温升高2℃,赤道地区至多上升1.5℃,而高纬度和极地地区竟能上升6℃以上。这样高纬度和低纬度之间的温差将明显减小,使由温差而产生的大气环流运动状态发生变化。一般认为,温室效应对北半球影响更为严重。有人预测按现在发展趋势,35年后北极平均温度可上升2℃,而南极需65年才会产生这种结果。50年后,欧洲和北美国家的平均温度要比目前提高2℃,而南半球可能提高不到1℃。表2.5给出了北半球气温变化的地域性差异,由此可以看出,由温室效应而导致的气候变暖,在北半球高纬度地带的冬季变化幅度最大。

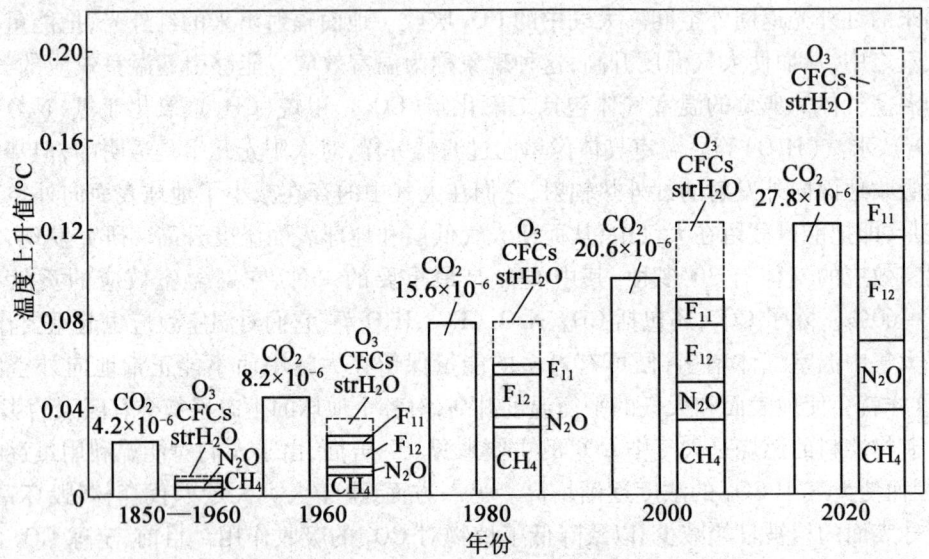

图2.15　各种温室气体对气温上升的影响

CFCs—除氟利昂-11,氟利昂-I2之外的氟利昂气体;strH₂O—同温层水蒸气;

F_{11}—氟利昂-11;F_{12}—氟利昂-12

表2.5　北半球气温变化的地域性差异

地域	温度变化值为全球预测平均数的倍数		降水变化
	夏季	冬季	
高纬度(60°~90°)	0.5~0.7	2.0~2.4	冬季多雨
中纬度(30°~60°)	0.8~1.0	1.2~1.4	夏季少雨
低纬度(0°~30°)	0.7~0.9	0.7~0.9	某些地域暴雨

2. 温室效应对人类的影响

1988年11月汉堡"全球气候变化会议"指出:如果"温室气体"剧增造成的"温室效应"不被阻止,世界将在劫难逃。温室效应对人类的影响主要表现为:

(1)气候变暖,雪盖和冰川面积减少,海平面上升,沿海地区的海岸线变化。

海平面上升这种渐进性的自然灾害使沿海地区的居民及生态系统受到威胁：

①沿海低地将被淹没,如"水城"威尼斯、低地之国荷兰等。

②海滩和海岸遭受侵蚀冲刷,海岸线后退。

③土地恶化,地下水位上升,导致土壤盐渍化。

④海水倒灌与洪水加剧,风暴潮频度增加。

⑤损坏港口设备和海岸建筑物,影响航运。

⑥影响沿海水产养殖业和旅游业。

⑦破坏水的管理系统等。

（2）气温上升导致气候带（温度带和降水带）的移动,降水格局发生改变。

一般来说,低纬度地区现有雨带的降水量会增加,高纬度地区冬季降雪也会增多,而中纬度地区夏季降水将会减少。气温上升导致原本温度较低的地区气温升高,相当于原来处于较低纬度的气候带往高纬度地区推移。全球气温略有上升,就有可能带来频繁的自然灾害,如过多的降雨就会面临着洪涝威胁,大范围的干旱和持续的高温造成供水紧张,严重威胁这些地区的工农业生产和人们的日常生活,进而造成大规模的灾害损失。气候带移动引起的生态系统改变也是不容忽视的:据估计,一方面,气候变暖将使森林所占土地面积从现在的 58% 减到 47%,荒漠将从 21% 扩展到 24%;另一方面,草原将从 18% 增加到 29%,苔原将从 3% 减到 0,又使人类增加了可利用的土地。

气候变暖对农业的影响可以说有利有弊。虽然变暖会使高纬度地区生长季节延长,有些干旱、半干旱地区降雨可能增多,CO_2 的增多能促进作物生长,但是,作物分布区向高纬度移动,有时可能移到现在土壤贫瘠的地区。由于气候变暖地表水蒸发量大,则有可能使干旱加剧。另外,高温闷热天气也会使病虫害变得更严重。

（3）气温上升,热带传染病发病区将扩大。

全球变暖增加人类乃至动植物发病的可能性。与疾病有关的病毒、细菌、真菌在气温稍升高一点就加快繁殖速度,并通过极端天气和气候事件（厄尔尼诺现象、干旱、洪涝等）扩大疫情的流行。而气温低则妨碍细菌的生长,可临时性地阻止寄生虫的活动。

（4）对农业和生态系统产生难以预料的变化。

气温上升,影响土壤状况和季节变化,加剧粮食短缺。

（5）气温上升,加速物种灭绝速度。

地球上 1/3 的物种到 21 世纪末将不复存在。

（6）影响人类健康。

高温天气给人群带来心脏病发作、中风和其他疾病的风险,还可以将热带疾病向较冷的地区传播,并使传染病传播更加广泛,疾病和死亡率增加。

3. 控制全球变暖的对策

发达国家是温室气体的主要排放国,这些国家应采取有力措施限制温室气体的排放,同时减少向发展中国家提供资金和转让有利环境的技术的障碍,以帮助发展中国家减少 CO_2 排放。发展中国家也有责任避免重复工业化国家所走过的道路,选择持续发展所需要的、与环境相协调的技术。

控制温室气体剧增的基本对策有：

（1）调整能源战略。

当今世界各国一次能源消费结构均以矿物燃料为主，全球矿物燃料消费量占一次能源消费总量的 89.8%，燃烧矿物燃料每年排入大气中的 CO_2 多达 50 亿 t，并以每年平均 0.4% 的速度递增。因此，在保持经济增长的情况下，若想抑制 CO_2 排放量，必须大幅度地引进清洁能源并大力推行节能措施。调整能源战略可以从提高现有能源利用率及向清洁能源转化等着手。

①提高现有能源利用率，减少 CO_2 的排放可以采取以下几个措施：采用高效能转化设备，如电热共生产系统，可调速电动机；采用低耗能工艺，如新法炼钢可节能 1/2；改进运输，降低油耗；推出新型高效家电；改进建筑保温；利用废热、余热集中供暖，可节能 30%；加强废旧物资回收利用。

②能源消耗转化是指从使用含碳量高的燃料（如煤），转向含碳量低的燃料（如天然气），或转向不含碳的能源，如太阳能、风能、核能、地热能、水力、海洋能发电等。这些选择将使我们向减少 CO_2 排放的方向迈进。

（2）绿化对策。

目前热带雨林年损失 1 400 万公顷，每年从空气中就少吸收 4 亿 t CO_2，为了抑制 CO_2 增长，应大面积植树造林。林地可以净化大气，调节气候，吸收 CO_2，每公顷森林年净产氧量为：落叶林 16 t，针叶林 30 t，常绿阔叶林 20～25 t，而消耗 CO_2 为上述值的 1.375 倍。因此，造林 10 hm^2，即每年世界净增林地 5 000 万 hm^2，20 年后新增林地将可以吸收 CO_2 约 200 亿 t，达到阻滞 CO_2 增长的目的。

（3）控制人口，提高粮食产量，限制毁林。

近年来人口的剧增是导致全球变暖的主要因素之一。同时，这也严重地威胁着自然生态环境间的平衡，因此要在全球推行控制人口数量，提高人口素质，使人口发展与环境和经济相适应。解决第三世界的粮食问题，应依靠农业技术进步，发展生态农业，走提高单产之路，摒弃毁林从耕的落后农业生产方式。

（4）加强环境意识教育，促进全球合作。

缺乏环境意识是环境灾害发生的重要原因，为此，应通过各种渠道和宣传工具，进行危机感、紧迫感和责任感的教育。使越来越多的人认识到温室灾害已经开始，气候有可能日益变暖，人类应为自身和全球负责，建立长远规划，防止气候恶化。

上述环境污染是没有国界的，必须把地球环境作为整体统一考虑、合作治理，认真对待地球变暖问题，否则各国的发展进步都是无法实现的。

2.4.2　酸性降水

酸性降水是指通过降水，如雨、雪、雾、冰雹等将大气中的酸性物质迁移到地面的过程。最常见的就是酸雨。酸性降水的研究始于酸雨问题出现之后。20 世纪 50 年代，英国的 Smith 最早观察到酸雨，并提出"酸雨"这个名词。之后发现降水酸性有增强的趋势，尤其当欧洲以及北美洲均发现酸雨对地表水、土壤、森林、植被等有严重的危害之后，酸雨问题受到了普遍重视,进而成为目前全球性的环境问题。

我国酸雨研究工作始于20世纪70年代末期,在北京、上海、南京、重庆和贵阳等城市开展了局部研究,发现这些地区不同程度上存在酸雨污染,以西南地区最为严重。20世纪末国家环保部门调查结果表明,降水年平均pH小于5.6的地区主要分布在秦岭淮河以南,而秦岭淮河以北仅有个别地区。降水年平均pH小于5.0的地区主要在西南、华南以及东南沿海一带。

1. 酸雨的危害

(1)对土壤生态的危害。

酸性物质不仅通过降雨湿性沉降,也可通过干性沉降于土壤。一方面土壤中的钙、镁、钾等养分被淋溶,导致土壤日益酸化、贫瘠化,影响植物的生长;另一方面酸化的土壤影响微生物的活性。

(2)对水生生态的危害。

酸雨可使湖泊、河流等地表水酸化,污染饮用水源。当水体pH<5时,鱼类的生长繁殖即会受到严重影响;流域土壤和湖、河底泥中的有毒金属,如铝等则会溶解在水中,毒害鱼类。水质变酸还会引起水生生态结构上的变化;酸化后的湖泊与河流中鱼类会减少甚至绝迹。

(3)对植物的危害。

受到酸雨侵蚀的叶子,其叶绿素含量降低,由于光合作用受阻,使农作物产量降低,也可使森林生长速度降低。

(4)对材料和古迹的影响。

酸雨加速了许多用于建筑结构、桥梁、水坝、工业装备、供水管网及通信电缆等材料的腐蚀,还能严重损害古迹、历史建筑以及其他重要文化设施。

(5)对人体健康的影响。

酸雨不仅可造成很大的经济损失,也可危害人体的健康,这种危害可以是间接的,也可以是直接的。

2. 降水的pH

在未被污染的大气中,可溶于水且含量比较高的酸性气体是CO_2。如果只把CO_2作为影响天然降水pH的因素,根据CO_2的全球大气体积分数,由CO_2与纯水的平衡:

$$CO_2(g) + H_2O \overset{K_H}{\rightleftharpoons} CO_2 \cdot H_2O$$

$$CO_2 \cdot H_2O \overset{K_1}{\rightleftharpoons} H^+ + HCO_3^-$$

$$HCO_3^- \overset{K_2}{\rightleftharpoons} H^+ + CO_3^{2-}$$

式中　K_H——CO_2水合平衡常数,即Henry常数;

K_1、K_2——二元酸$CO_2 \cdot H_2O$的一级、二级电离常数。

它们的表达式为

$$K_H = \frac{[CO_2 \cdot H_2O]}{p_{CO_2}}$$

$$K_1 = \frac{[H^+][HCO_3^-]}{[CO_2 \cdot H_2O]}$$

$$K_2 = \frac{[H^+][CO_3^{2-}]}{[HCO_3^-]}$$

各组分在溶液中的浓度为

$$[CO_2 \cdot H_2O] = K_H p_{CO_2}$$

$$[HCO_3^-] = \frac{K_2[CO_2 \cdot H_2O]}{[H^+]} = \frac{K_1 K_H p_{CO_2}}{[H^+]}$$

$$[CO_3^{2-}] = \frac{K_2[HCO_3^-]}{[H^+]} = \frac{K_1 K_2 K_H p_{CO_2}}{[H^+]^2}$$

按电中性原理有

$$[H^+] = [OH^-] + [HCO_3^-] + 2[CO_3^{2-}]$$

将$[H^+]$、$[HCO_3^-]$和$[CO_3^{2-}]$代入上式,得

$$[H^+] = \frac{K_W}{[H^+]} + \frac{K_1 K_H p_{CO_2}}{[H^+]} + \frac{2K_1 K_2 K_H p_{CO_2}}{[H^+]^2}$$

$$[H^+]^3 - (K_W + K_H K_1 p_{CO_2})[H^+] - 2K_H K_1 K_2 p_{CO_2} = 0$$

式中　　p_{CO_2}——CO_2在大气中的分压;

　　　　K_W——水的离子积。

在一定温度下,K_W、K_H、K_1、K_2、p_{CO_2}都有固定值,并可测得。将这些已知数值代入上式,计算结果得 pH = 5.6。多年来国际上一直将此值看作未受污染的大气水 pH 的背景值。把 pH 为 5.6 作为判断酸雨的界限,pH 小于 5.6 的降雨称为酸雨,这只考虑了大气中 CO_2 对 pH 的影响。

近年来通过对降水的多年观测,已经对 pH 为 5.6 能否作为酸性降水的界限以及判别人为污染的界限提出异议。因为,实际上大气中除 CO_2 外,还存在着各种酸、碱性气态和气溶胶物质。它们的量虽少,但对降水的 pH 也有贡献,即未被污染的大气降水的 pH 不一定正好是 5.6。同时,作为对降水 pH 影响较大的强酸,如硫酸和硝酸,并不都来自人为来源,因而对雨水的 pH 也有贡献。此外,有些地域大气中碱性尘粒或其他碱性气体,如 NH_3 含量较高,也会导致降水 pH 上升。其他离子污染严重的降水并不一定表现强酸性,因为离子的相关性不同。

因此,pH 为 5.6 不是一个判别降水是否受到酸化和人为污染的合理界限,于是有人提出了降水 pH 背景值问题。

3. 降水 pH 的背景值

由于世界各地区自然条件不同,如地质、气象、水文等的差异会造成各地区降水 pH 的不同。表 2.6 列出了世界某些地区降水背景点的 pH,从中发现降水 pH 均小于或等于 5.0。究其原因发现,海洋区域由于海洋生物排放的二甲基硫会进一步转化成 SO_2,而陆地森林地区有些树木排放的有机酸(主要是甲酸、乙酸),它们对降水酸性的贡献也不可以忽视。因而有人认为把 5.0 作为酸雨 pH 的界限更符合实际情况。如果雨水 pH 小于

5.0,就可以确信人为影响是存在的,所以提出以 5.0 作为酸雨 pH 的界限更为确切。

表 2.6　世界某些地区降水背景点的 pH

地点	样本数	pH 平均值
中国丽江	280	5.00
AmHlertlan(印度洋)	26	4.92
Purkflot(阿拉斯加)	16	4.94
Katherine(澳大利亚)	40	4.78
Sanrarlos(委内瑞拉)	14	4.81
St. Georges(大西洋百慕大群岛)	67	4.79

4. 降水的化学组成

(1)降水的组成。

降水的组成通常包括以下几类。

①大气中固定气体成分:O_2、N_2、CO_2、H_2 及稀有气体。

②无机物:土壤衍生矿物离子 Al^{3+}、Ca^{2+}、Mg^{2+}、Fe^{3+} 和硅酸盐等;海洋盐类离子 Na^+、Cl^-、Br^-、SO_4^{2-}、HCO_3^- 及少量 K^+、Mg^{2+}、Ca^{2+}、I^- 和 PO_4^{3-};气体转化产物 SO_4^{2-}、NO_3^-、NH_4^+、Cl^- 和 H^+;人为排放源 As、Cd、Cr、Co、Cu、Pb、Mn、Mo、Ni、V、Zn、Ag、Sn 和 Hg 等的化合物。

③有机物:有机酸、醛类、烷烃、烯烃和芳烃。

④光化学反应产物:H_2O_2、O_3 和 PAN 等。

⑤不溶物:雨水中的不溶物来自土壤粒子和燃料燃烧排放尘粒中的不能溶于雨水部分。

(2)降水中的离子成分。

降水中主要阴离子是 SO_4^{2-},其次是 NO_3^- 和 Cl^-,主要的阳离子是 NH_4^+、Ca^{2+} 和 H^+,因为这些离子参与了地表土壤的平衡,对陆地和水生生态系统有很大影响。在国外,硫酸和硝酸是降水酸度的主要贡献者,两者的比例大致是 2:1,这可能与汽车尾气污染有关。在我国,酸雨一般是硫酸型的。SO_4^{2-} 含量约为 NO_3^- 的 3~10 倍。有迹象表明,在南方部分地区 SO_4^{2-} 与 NO_3^- 之比要比人们预料得小,说明 HNO_3 对降水的酸性贡献相对要大一些。降水中 SO_4^{2-} 含量各地区有很大差别,大致为 1~20 mg。降水中 SO_4^{2-} 除来自岩石矿物风化作用,土壤中有机物、动植物和废弃物的分解外,更多的是来自燃料燃烧排放出的颗粒物和 SO_2,因此在工业区和城市的降水中 SO_4^{2-} 含量一般较高,且冬季高于夏季。我国城市降水中 SO_4^{2-} 含量高于外国,这与我国燃煤污染严重有关。

降水中的含氮化合物存在形式有多种,主要是 NO_3^-、NO_2^- 和 NH_4^+,质量浓度小于 1~3 mg/L,其中 NH_4^+ 的含量高于 NO_3^-。NO_3^- 一部分来自人为污染源排放的 NO_x 和尘粒,另有相当一部分可能来自空气放电产生的 NO_x。NH_4^+ 的主要来源是生物腐败及土壤和海洋挥发等天然来源排放的 NH_3。NH_4^+ 的分布与土壤类型有较明显的关系,碱性土壤地区降水中 NH_4^+ 含量相对较高。我国城市雨水中 NH_4^+ 含量很高,可能与人为来源有关。

此外,降水中 Ca^{2+} 也是一种不可忽视的离子,虽然国外降水中浓度较小,但在我国,降水中 Ca^{2+} 却提供了相当大的中和能力。

5. 酸雨的化学组成

酸雨现象是大气化学过程和大气物理过程的综合效应。酸雨中含有多种无机酸和有机酸,其中绝大部分是硫酸和硝酸,多数情况下以硫酸为主。从污染源排放出来的 SO_2 和 NO_x 是形成酸雨的主要起始物,其形成过程为

$$SO_2 + [O] \longrightarrow SO_3$$
$$SO_3 + H_2O \longrightarrow H_2SO_4$$
$$SO_2 + H_2O \longrightarrow H_2SO_4$$
$$H_2SO_3 + [O] \longrightarrow H_2SO_4$$
$$NO + [O] \longrightarrow NO_2$$
$$2NO_2 + H_2O \longrightarrow HNO_3 + HNO_2$$

式中　$[O]$——各种氧化剂。

大气中的 SO_2 和 NO_x 经氧化后溶于水形成硫酸、硝酸和亚硝酸,这是造成降水 pH 降低的主要原因。除此之外,还有许多气态或固态物质进入大气对降水的 pH 也会有影响。大气颗粒物中 Mn、Cu、V 等是酸性气体氧化的催化剂。大气光化学反应生成的 O_3 和 $HO_2 \cdot$ 等又是使 SO_2 氧化的氧化剂。飞灰中的氧化钙,土壤中的碳酸钙,天然来源和人为来源的 NH_3 以及其他碱性物质都可使降水中的酸中和,对酸性降水起"缓冲作用"。当大气中酸性气体浓度高时,如果中和酸的碱性物质很多,即缓冲能力很强,降水就不会有很高的酸性,甚至可能成为碱性。相反,即使大气中 SO_2 和 NO_x 浓度不高,而碱性物质相对较少,则降水仍然会有较高的酸性。

因此,降水的酸度是酸和碱平衡的结果。如降水中酸量大于碱量,就会形成酸雨。所以,研究酸雨必须进行雨水样品的化学分析,通常分析测定的化学组分有如下几种离子:

阳离子:H^+、Ca^{2+}、NH_4^+、Na^+、K^+、Mg^{2+};

阴离子:SO_4^{2-}、NO_3^-、Cl^-、HCO_3^-。

由于降水要维持电中性,如果对降水中化学组分做全面测定,最后阳离子总量必然等于阴离子总量。

上述各种离子在酸雨中并非都起同样重要作用。下面根据我国实际测定的数据以及从酸雨和非酸雨的比较来探讨具有关键性影响的离子组分。表 2.7 中列出了我国部分地区的一些降水酸度和主要离子逍度。

表2.7　我国部分地区降水酸度和主要离子浓度

项目		重庆	贵阳市区	贵阳郊区	北京市区
pH		4.1	4.0	4.7	6.8
主要离子浓度/ $(\mu mol \cdot L^{-1})$	H^+	73	94.9	I8.6	0.16
	SO_4^{2-}	142	173	41.7	137
	NO_3^-	21.5	9.5	15.6	50.3
	Cl^-	15.3	8.9	5.1	157
	NH_4^+	81.4	63.3	26.1	141
	Ca^{2+}	50.5	74.5	22.5	92
	Na^+	17.1	9.8	8.2	141
	K^+	14.8	9.5	4.9	40
	Mg^{2+}	15.5	21.7	6.7	—

　　首先,根据 Cl^- 和 Na^+ 的浓度相近等情况,可以认为这两种离子主要来自海洋,对降水酸度不产生影响。在阴离子总量中 SO_4^{2-} 占绝对优势,在阳离子总量中 H^+ 、Ca^{2+} 、NH_4^+ 占优势,这表明降水酸度主要是 SO_4^{2-} 、Ca^{2+} 、NH_4^+ 三种离子相互作用而决定的。

　　综上所述,我国酸雨中关键性离子组分是 SO_4^{2-} 、Ca^{2+} 和 NH_4^+ 。作为酸的指标 SO_4^{2-} ,其来源主要是燃煤排放的 SO_2 。作为碱的指标 Ca^{2+} 和 NH_4^+ 的来源较为复杂,既有人为来源也有天然来源,而且可能天然来源是主要的。如果天然来源为主,就会与各地的自然条件,尤其是土壤性质有很大关系。据此也可以在一定程度上解释我国酸雨分布的区域性原因。

6. 降水的酸化过程

　　大气降水的酸度与其中的酸、碱物质的性质及相对比例有关,下面简要介绍这些物质进入降水,造成降水酸化的过程。

　　酸雨的形成过程包括雨除和冲刷。在自由大气里,由于存在 $0.1 \sim 10\ \mu m$ 范围的凝结核而造成水蒸气的凝结,然后通过碰并和聚结等过程进一步生长从而形成云滴和雨滴。在云内,云滴相互碰并或与气溶胶粒子碰并,同时吸收大气气体污染物,在云内部发生化学反应,这个过程称污染物的云内清除或雨除(in-cloud scavenging or rain out)。在雨滴下落过程中,雨滴冲刷着所经过空气中的气体和气溶胶,雨滴内部也会发生化学反应,这个过程称污染物的云下清除或冲刷(below-cloud scavenging or washout)。这些过程就是降水对大气中气态物质和颗粒物的清除过程,酸化就是在这些清除过程中发生的,如图2.16所示。

　　(1)云内清除过程(雨除)。

　　大气中硫酸盐和硝酸盐等气溶胶可作为活性凝结核参与成云过程,此外,水蒸气过饱和时也能产生成核作用。由于水蒸气凝结在云滴上和云滴间的碰撞,使云滴不断生长,与此同时,各种污染气体溶于云滴中并发生各种化学反应,当云滴成熟后即变成雨从云基下落。大气污染物的云内清除(雨除)过程包括气溶胶粒子的雨除和微量气体的雨除。

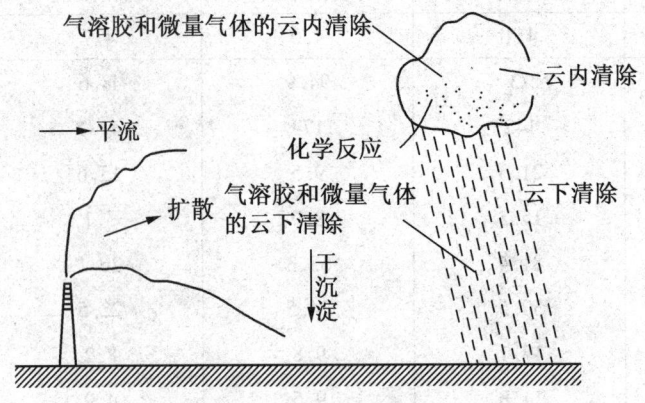

图 2.16   降水的酸化过程示意

气溶胶粒子可通过以下三种机制进入云滴：

①气溶胶粒子作为水蒸气的活性凝结核进入云滴。

②气溶胶粒子和云滴的碰撞。气溶胶粒子通过布朗运动和湍流运动与云滴碰撞,粒径小于 $0.01~\mu m$ 的气溶胶粒子几乎都经该机制进入云滴。

③气溶胶粒子受力运动,并沿着蒸气压梯度方向移动而进入云滴。在对流层大气中,若气溶胶浓度小于 $200 \sim 300~\mu g \cdot m^3$,几乎全部粒子在成云过程中被清除。污染气体的雨除对云水组成的影响与气溶胶的雨除同样重要。微量气体的雨除取决于气体分子的传质过程和在溶液中的反应性,同时还与云的类型和云滴谱有关。在污染气体的云内清除过程中,其中的一些物质被氧化,如 S(Ⅳ)被氧化成 S(Ⅵ)。液相氧化反应的速率取决于氧化剂的类型和浓度,而污染气体在云滴中的溶解度取决于气相浓度和云滴的 pH。

(2)云下清除过程(冲刷)。

雨滴离开云基,在其下落过程中有可能继续吸收和捕获大气中的污染气体和气溶胶,这就是污染物的云下清除或降水的冲刷作用。它包括微量气体及气溶胶的云下清除。

①微量气体的云下清除:云下清除过程与气体分子同液相的交换速率、气体在水中的溶解度和液相氧化速率以及雨滴在大气中的停留时间等因素有关。雨滴进入大气后会产生污染气体从气相向液相的传质过程或从液相向气相的传质过程,传质系数随雨滴粒径增加而减小。至于雨滴内的化学反应,由于雨滴在大气中的停留时间较短,所以一些快反应(如离子反应)、强氧化剂(H_2O_2、O_3)、自由基($\cdot OH$、$HO_2 \cdot$)及金属离子(Mn^{2+})、(Fe^{3+})等对 S(Ⅳ)的氧化反应,才会对雨滴的化学组成产生影响,而大多数的慢反应对雨滴的影响较小。在污染气体的云下清除过程中,气液间传质速率和液相反应速率共同决定污染气体在液相的反应速率。气液传质速率控制了大雨滴中的液相反应速率,化学反应速率则控制了小雨滴的液相反应速率。在水中溶解度极大或在溶液中仅参加快速离子反应使溶解度增大的微量气体,它们的云下清除是不可逆的,其去除率与已进入液相的浓度无关,仅与气相浓度有关。

②气溶胶的云下清除:雨滴在下落过程中捕获气溶胶粒子。气溶胶被捕获后,其中的可溶部分如 SO_4^{2-}、NO_3^-、NH_4^+、Ca^{2+}、Mg^{2+}、MN_2^+、Fe^{2+}、H^+ 及 OH^- 等会释放出来,从而影响雨滴的化学组成和酸度。

云内清除和云下清除过程受大气污染程度和许多环境参数的影响。云内清除和云下清除对酸雨形成的相对重要性在不同地理区域、不同源排放和不同气象条件等情况是不同的。观测结果表明,在我国一些重污染地区,云下清除过程是很重要的。如对重庆和北京地区云下清除过程的数值模拟结果表明,重庆雨水中的 H^+ 来源以云下 SO_2 氧化为主,气溶胶起碱化作用;北京雨水中的 H^+ 来源以云内清除过程为主,云下气体 NH_3 和气溶胶起碱化作用。可见,北京地区 NH_3 浓度高是雨水不酸的首要原因,同时也使雨水中 SO_4^{2-} 浓度偏高。

如前所述,导致降水酸性的主要物质是硫酸,其次是硝酸,还有有机酸等其他酸类。现以 SO_2、NO_x 造成降水酸化为例,概述酸雨的形成过程。

①由源排放的气态 SO_2、NO_x 经气相反应生成 H_2SO_4、HNO_3 或硫酸盐、硝酸盐气溶胶。

②云形成时,含 SO_4^{2-} 和 NO_3^- 的气溶胶粒子以凝结核的形式进入降水。

③云滴吸收了 SO_2、NO_x 气体,在水相氧化形成 SO_4^{2-}、NO_3^-。

④云滴成为雨滴,降落时清除了含有 SO_4^{2-}、NO_3^- 的气溶胶。

⑤雨滴下降时吸收 SO_2、NO_x,再在水相中转化成 SO_4^{2-}、NO_3^-。

途径②、③为雨除,④、⑤为冲刷(云下清除过程);在雨除和冲刷过程中同时进行着 SO_2、NO_x 的吸收及其液相氧化;H_2O_2、O_3 及 $·OH$、$HO_2·$ 对 SO_2、NO_x 液相氧化起了重要作用。

大气中的其他气态物质和 NH_3、H_2O_2、O_3 和碳氢化合物等也会被清除进入降水,其中的一些物质(如碳氢化合物)可发生氧化转化,从而对降水起酸化作用。因此,酸雨的形成是酸化的化学过程与清除的物理过程交织在一起的。

7. 影响酸雨形成的因素

(1)酸性污染物的排放及其转化条件。

从现有的监测数据来看,降水酸度的时空分布与大气中 SO_2 和降水中 SO_4^{2-} 浓度的时空分布存在着一定的相关性。这就是说,某地 SO_2 污染严重,降水中 SO_4^{2-} 浓度就高,降水的 pH 就低。如我国西南地区煤中含硫量高,并且很少经脱硫处理,就直接用作燃料燃烧,SO_2 排放量很高,再加上这个地区气温高、湿度大,有利于 SO_2 的变化,因此造成了大面积强酸性降雨区。

(2)大气中的 NH_3。

大气中的 NH_3 对酸雨形成是非常重要的。已有研究表明,降水 pH 取决于硫酸、硝酸与 NH_3 以及碱性尘粒的相互关系。NH_3 是大气中唯一的常见气态碱。由于它易溶于水,能与酸性气溶胶或雨水中的酸起中和作用,从而降低了雨水的酸度。在大气中,NH_3 与硫酸气溶胶形成中性 $(NH_4)_2SO_4$ 的或 NH_4HSO_4。SO_2 也可由于与 NH_3 反应而减少,从而避免了进一步转化成硫酸。美国有人根据雨水的分布提出酸雨严重的地区正是酸性气体排放量大并且大气中 NH_3 含量少的地区。

表2.8 为在重庆、贵阳和成都市的不同功能区及京津地区气态 NH_3 的测定结果。

表2.8 气态 NH_3 的测定结果

地区	地点	日期	NH_3 的体积分数/10^{-9}	样品数
	贵阳	1984.9	1.7	16
酸雨区	重庆	1984.9	5.1	12
	成都	1985.9	4.8	2
非酸雨区	北京	1984.7	440	10
	天津	1984.7	22.8	4

由表2.8可看出,酸雨区与非酸雨区 NH_3 含量的区别是很明显的。前者比后者普遍低一个数量级,这说明气态 NH_3 在酸雨形成中的重要作用。

大气中 NH_3 的来源主要是有机物分解和农田施用的含氮肥料的挥发。土壤中的 NH_3 挥发量随着土壤 pH 的上升而增大,我国京津地区土壤 pH 为 7~8,而重庆、贵阳地区一般为 5~6,这是大气中 NH_3 含量北高南低的重要原因之一。北方土壤偏碱,主要属含 $CaCO_3$ 的钙质基岩;南方土壤偏酸,主要属含硅基岩、花岗岩或石英等。土壤偏酸性的地方,风沙扬尘的缓冲能力低。这两个因素合在一起,至少目前可以解释我国酸雨多发生在南方的分布状况。

(3)颗粒物酸度及其缓冲能力。

酸雨不仅与大气的酸性和碱性气体有关,同时也与大气中颗粒物的性质有关。大气中颗粒物的组成很复杂,主要来源于土地飞起的扬尘。扬尘的化学组成与土壤组成基本相同,因而颗粒物的酸碱性取决于土壤的性质,除土壤粒子外,还有矿物燃料燃烧形成的飞灰等,它们的酸碱性都会对酸雨有一定的影响。

颗粒物对酸雨的形成有两方面的作用,一是所含的金属可催化 SO_2 氧化成硫酸;二是对酸起中和作用。但如果颗粒物本身是酸性的,就不能起中和作用,而且还会成为酸的来源之一。目前我国大气颗粒物浓度普遍很高,为国外的几倍至几十倍,在酸雨研究中自然是不能忽视的。

(4)天气形势的影响。

如果气象条件和地形有利于污染物的扩散,则大气中污染物浓度降低,酸雨就减弱,反之则加重。重庆煤耗量只相当于北京的1/3,但每年排放 SO_2 量却为北京的2倍。而且重庆和贵阳的气象条件和多山的地形不利于污染物的扩散,所以成为强酸性降雨区。

2.4.3 平流层臭氧耗损

离地面15~50 km 范围的大气层,称为平流层。臭氧(O_3)是平流层大气的最关键组成,它主要集中在离地面15~35 km 的范围内,形成大约20 km 厚的臭氧层,它保存了大气中约90%的臭氧。臭氧对太阳紫外辐射具有选择性吸收。因为来自太阳的紫外辐射按照波长的大小一般分为3个区:波长在315~400 nm 之间的紫外光称为 UV-A 区,该区的紫外线不能被臭氧有效吸收,但也不会对地表生物圈造成损害,相反,这一波段少量的紫外线是地表生物所必需的,它可促进人体的固醇类转化成维生素 D。波长为 280~315 nm 的紫外光称为 UV-B 区,这一波段的紫外辐射是可能到达地表并对人类和生态系统造成最大危害的部分,该波段也有 90% 被 O_3 分子吸收,从而大大减弱了它到达地面的强度。如果平流层 O_3 的含量减少,则地面受到的 UV-B 段紫外辐射的强度将会增加,给人类健康和生态环境带来多方面的危害。波长为 200~280 nm 的紫外光称为 UV-C 区,该区紫外线波长短、能量高,但是这一波段的紫外辐射能被大气中的氧气和臭氧完全吸收,即使是平流层的臭氧损耗,该波段的紫外线也不会到达地表造成不良影响。综上所述,平流层中 O_3 的存在对于地球生命物质至关重要,这是因为它阻挡了高能量的太阳紫外辐射到达地球表面,有效地保护了人类免受紫外辐射所造成的危害,所以说臭氧层已成为地球生命系统的保护伞。然而,随着科学和技术的不断发展,人类的许多活动已经影响到平流层的大气化学过程,使臭氧层遭到破坏。

1. 臭氧层破坏的化学机理

平流层中的臭氧来源于平流层中 O_2 的光解:

$$O_2 + h\upsilon(\lambda \leqslant 243 \text{ nm}) \longrightarrow O\cdot + O\cdot$$

$$O\cdot + O_2 + M \longrightarrow O_3 + M$$

平流层中臭氧的消除途径有两种。一种是臭氧光解的过程:

$$O_3 + h\upsilon \longrightarrow O_2 + O\cdot$$

该过程是臭氧层能够吸收来自太阳的紫外辐射的根本原因。由于形成的 $O\cdot$ 很快就会与 O_2 反应,重新形成 O_3,因此,这种消除途径并不能使 O_3 真正被清除。能够使平流层的 O_3 真正被清除的反应为 O_3 与 $O\cdot$ 的反应:

$$O_3 + O\cdot \longrightarrow 2O_2$$

上述 O_3 生成和消除的过程同时存在,正常情况下它们处于动态平衡,因而臭氧的浓度保持恒定。然而,由于人类活动的影响,水蒸气、氮氧化物、氟氯烃等污染物进入了平流层,在平流层形成了 HO_x、NO_x 和 ClO_x 等活性基团,从而加速了臭氧的消除过程,破坏了臭氧层的稳定状态。这些活性基团在加速臭氧层破坏的过程中可以起到催化剂的作用。

(1)平流层中 NO_x 对臭氧层破坏的影响。

平流层中 NO_x 主要存在于 25 km 以上的大气中,在 25 km 以下的平流层大气中所存在的含氮化合物主要是 HNO_3。

①NO_x 清除 O_3 的催化循环反应。

$$NO + O_3 \longrightarrow NO_2 + O_2$$

$$\frac{NO_2 + O\cdot \longrightarrow NO + O_2}{O_3 + O\cdot \longrightarrow 2O_2}$$

该反应主要发生在平流层的中上部。如果是在较低的平流层,由于 $O\cdot$ 的浓度低,形成的 NO_2 更容易发生光解,然后与 $O\cdot$ 作用,进一步形成 O_3:

$$NO_2 \longrightarrow NO + O\cdot$$

$$O \cdot + O_2 + M \longrightarrow O_3$$

因此,在平流层底部 NO 并不会促使 O_3 减少。

②NO_x 的消除。

a. 由于 NO 和 NO_2 都易溶于水,当它们被下沉的气流带到对流层时,就可以随着对流层的降水被消除,这是在 NO_x 平流层大气中的主要消除方式。

b. 在平流层层顶紫外线的作用下,NO 可以发生光解:

$$NO \xrightarrow[\lambda \leqslant 192 \text{ nm}]{hv} N \cdot + O \cdot$$

光解产生的 $N \cdot$ 可以进一步与 NO_x 发生反应:

$$N \cdot + NO \longrightarrow N_2 + O \cdot$$
$$N \cdot + NO_2 \longrightarrow N_2O + O \cdot$$

这种消除方式所起的作用较小。

(2)平流层中 $HO_x \cdot$ 对臭氧层破坏的影响。

平流层中 $HO_x \cdot$ 主要是指 $H \cdot$ 和 $HO \cdot$。它们主要存在于 40 km 以上的大气中,在 40 km 以下的平流层大气中 $HO_x \cdot$ 会以 $HO_2 \cdot$ 的形式存在。

①$HO_x \cdot$ 清除 O_3 的催化循环反应。在较高的平流层,由于 $O \cdot$ 的浓度相对较大,此时 O_3 可通过以下两种途径被消除:

$$\cdot H + O_3 \longrightarrow \cdot OH + O_2$$
$$\cdot OH + O \cdot \longrightarrow \cdot H + O_2$$
$$\overline{\text{总反应}:O_3 + O \cdot \longrightarrow 2O_2}$$

$$\cdot OH + O_3 \longrightarrow HO_2 \cdot + O_2$$
$$HO_2 \cdot + O \cdot \longrightarrow \cdot OH + O_2$$
$$\overline{\text{总反应}:O_3 + O \cdot \longrightarrow 2O_2}$$

在较低的平流层,由 $O \cdot$ 的浓度较小,O_3 可通过如下反应被消除:

$$\cdot OH + O_3 \longrightarrow HO_2 \cdot + O_2$$
$$HO_2 \cdot + O_3 \longrightarrow \cdot OH + 2O_2$$
$$\overline{\text{总反应}:2O_3 \longrightarrow 3O_2}$$

无论哪种途径,与氧原子的反应是决定整个消除速率的步骤。

②平流层中 $HO_x \cdot$ 的消除。

a. 自由基复合反应。

自由基之间的复合反应是 $HO_x \cdot$ 消除的一个重要途径:

$$HO_2 \cdot + HO_2 \cdot \longrightarrow H_2O_2 + O_2$$
$$\cdot OH + \cdot OH \longrightarrow H_2O_2$$
$$\cdot OH + HO_2 \cdot \longrightarrow H_2O + O_2$$

b. 与 NO_x 的反应。

$HO_x \cdot$ 与 NO_x 的反应也是 $HO_x \cdot$ 消除的一个途径:

$$\cdot OH + NO_2 + M \longrightarrow HONO_2 + M$$
$$\cdot OH + HNO_3 \longrightarrow H_2O + NO_3$$
$$\overline{\text{总反应}:2 \cdot OH + NO_2 \longrightarrow H_2O + NO_3}$$

形成的硝酸会有部分进入对流层然后随降水而被清除。

（3）平流层中 $ClO_x\cdot$ 对臭氧层破坏的影响。

①$ClO_x\cdot$ 清除 O_3 的催化循环反应。$ClO_x\cdot$ 破坏 O_3 层的过程可通过如下循环反应进行：

$$Cl\cdot + O_3 \longrightarrow ClO\cdot + O_2$$

$$\underline{ClO\cdot + O\cdot \longrightarrow Cl\cdot + O_2}$$

$$总反应：O_3 + O\cdot \longrightarrow 2O_2$$

与氧原子的反应是决定整个消除速率的步骤。

②$ClO_x\cdot$ 的消除。平流层中的 $ClO_x\cdot$ 可以形成 HCl：

$$Cl\cdot + CH_4 \longrightarrow HCl + \cdot CH_3$$

$$Cl\cdot + HO_2\cdot \longrightarrow HCl + O_2$$

HCl 是平流层中含氯化合物的主要存在形式。部分 HCl 可以通过扩散进入对流层，然后随降水而被清除。

（4）平流层中 $NO_x\cdot$、$HO_x\cdot$ 与 $ClO_x\cdot$ 的重要反应。

$NO_x\cdot$、$HO_x\cdot$ 与 $ClO_x\cdot$ 在平流层中可以相互反应，也可以与平流层中的其他组分发生反应，所形成的产物相当于将这些活性基团暂时储存起来，在一定条件下再重新释放。

①形成 $HONO_2$：

$$\cdot OH + NO_2 \longrightarrow HONO_2$$

$$HONO_2 \xrightarrow[\lambda\leqslant345\ nm]{hv} \cdot OH + NO_2$$

$$HONO_2 + \cdot OH \longrightarrow H_2O + NO_3$$

②形成 HO_2NO_2：

$$HO_2\cdot + NO_2 + M \longrightarrow HO_2NO_2 + M$$

$$HO_2NO_2 + hv \longrightarrow \cdot OH + NO_3$$

$$HO_2NO_2 + \cdot OH \longrightarrow H_2O + O_2 + NO_2$$

③形成 $ClONO_2$：

$$ClO\cdot + NO_2 + M \longrightarrow ClONO_2 + M$$

$$ClONO_2 + hv \longrightarrow Cl\cdot + NO_3$$

④形成 N_2O_5：

$$NO_2 + O_3 \longrightarrow NO_3 + O_2$$

⑤形成 $HOCl$：

$$NO_3 + NO_2 + M \longrightarrow N_2O_5 + M$$

$$N_2O_5 \xrightarrow[\lambda\leqslant400\ nm]{hv} 2NO_2 + O\cdot$$

⑥形成 H_2O_2：

$$HO_2\cdot + HO_2\cdot \longrightarrow H_2O_2 + O_2$$

$$H_2O_2 \xrightarrow[\lambda\leqslant300\ nm]{hv} 2\cdot OH$$

$$H_2O_2 + \cdot OH \longrightarrow H_2O_2 + HO_2\cdot$$

⑦形成 HCl：

$$C\cdot + CH_4 \longrightarrow HCl + CH_3\cdot$$
$$C\cdot + HO_2\cdot \longrightarrow HCl + O_2$$

上述活性基团和一些原子($O\cdot$)或分子化合物如 $HO\cdot$、$HO_2\cdot$、NO、NO_2、$Cl\cdot$、$ClO\cdot$、$ClONO_2$、N_2O_5 和 HO_2NO_2 都已在平流层观测到,这进一步证实了人们所提出的臭氧层的破坏机理。

综上所述,平流层中 $NO_x\cdot$、$HO_x\cdot$ 与 $ClO_x\cdot$ 之间有着紧密的联系,它们在平流层所发生的一系列反应影响着平流层 O_3 的浓度和分布。

2. 南极"臭氧洞"的形成机理

1985 年,英国南极探险家 J. C. Farman 等人首先提出南极出现了"臭氧空洞"。他发表了 1957 年以来哈雷湾考察站(南纬 76°,西经 27°)臭氧总量测定数据,说明自 1957 年以来每年冬末春初臭氧异乎寻常地减少。随后美国宇航局从人造卫星雨云 7 号的监测数据进一步证实了这一点。图 2.17 是南极的投影图,列出了自 1979 年到 1985 年每年 10 月份南极地区总臭氧月均值的变化。图中"+"字处为极地,虚线外周为南纬 30°,格林尼治子午线朝向此圆的顶部,等浓度线的浓度间隔为 30 D. U.①。10 月份南极的臭氧月均值从 1979 年的约 290 D. U. 减少到 1985 年的 170 D. U.,南极上空的臭氧已是极其稀薄,与周围相比,好像是形成了一个"洞"。于是,南极春季(9、10 月份)期间,一个"臭氧洞"正覆盖着南极大陆的大部分地区的现象得到了承认,也引起了全世界的高度关注,1986 年,1987 年在南极地区的观测说明了"臭氧洞"依然存在,且总臭氧量仍在继续减少。

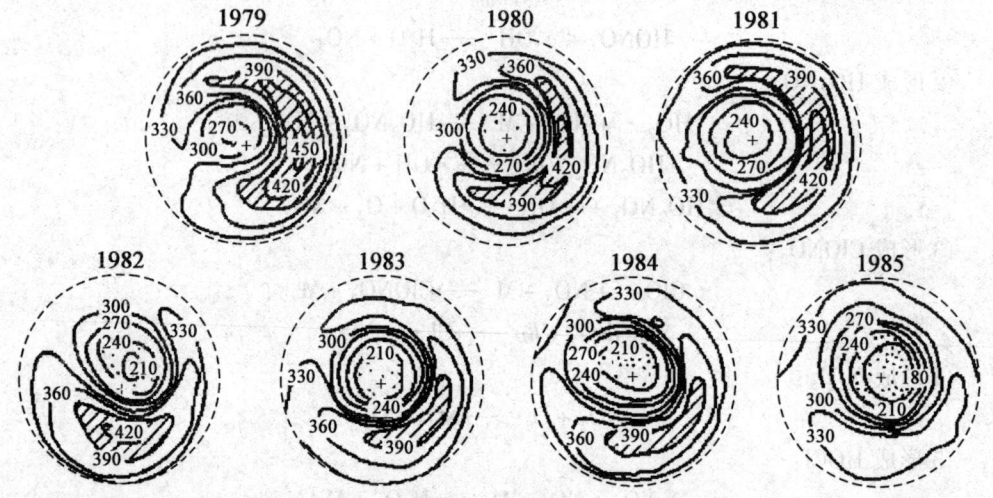

图 2.17 1979~1985 年南极地区每年 10 月份总臭氧的月均值变化(以投影图表示)

---

① 全球大气中臭氧总量约有 30 亿 t,如果在 0 ℃的温度下,沿着垂直于地表的方向将大气中的臭氧全部压缩到一个标准大气压,那么臭氧层的总厚度只有 3 mm 左右。这种用从地面到高空垂直柱中臭氧的总层厚来反映大气中臭氧含量的方法称柱浓度法,采用多布森单位(Dobson Unit, D. U.)来表示,正常大气中臭氧的柱浓度约为 300 D. U.。臭氧洞被定义为臭氧的柱浓度小于 200 D. U.,也即臭氧的浓度较臭氧洞发生前减少超过 30%的区域。

关于南极"臭氧洞"成因近年来曾有过几种论点。美国宇航局弗吉尼亚州汉普顿芝利中心 Callis 等人提出南极臭氧层的破坏与强烈的太阳活动有关的太阳活动学说。麻省理工学院 Tung 等人认为是南极存在独特的大气环境造成冬末春初臭氧耗竭,提出了大气动力学学说。此外,人们普遍认为大量氟氯烃化合物的使用和排放,是造成臭氧层破坏的主要原因。

2.5 大气中的颗粒物

大气是由各种固体或液体微粒均匀地分散在空气中形成的一个庞大的分散体系。它也可称为气溶胶体系。气溶胶体系中分散的各种粒子称为大气颗粒物。它们可以是无机物,也可以是有机物,或由两者共同组成;可以是无生命的,也可以是有生命的;可以是固态,也可以是液态。

大气颗粒物是大气的一个组分。饱和水蒸气以大气颗粒物为核心而形成云、雾、雨、雪等,它参与了大气降水过程。同时,大气中的一些有毒物质绝大部分都存在于颗粒物中,并可通过人的呼吸过程吸入体内而危害人体健康。它也是大气中一些污染物的载体或反应床,因而对大气中污染物的迁移转化过程有明显的影响。许多全球性的环境问题如臭氧层破坏、酸雨形成和烟雾事件的发生都与大气颗粒物的环境作用有关。此外,大气颗粒物对于人体健康、生物效应以及气候变化也有独特的作用。因此,自20世纪90年代以来大气颗粒物已成为大气化学研究的最前沿的领域。

2.5.1 大气颗粒物的来源与消除

1. 大气颗粒物的来源

大气颗粒物的来源可分为天然来源和人为来源两种。天然来源如地面扬尘,海浪溅出的浪沫,火山爆发所释放出来的火山灰,森林火灾的燃烧物,宇宙陨星尘以及植物的花粉、孢子等。人为来源主要是燃料燃烧过程中形成的煤烟、飞灰等,各种工业生产过程所排放出来的原料或产品微粒,汽车排放出来的含铅化合物,以及矿物燃料燃烧所排放出来的 SO_2 在一定条件下转化为硫酸盐粒子等。大气颗粒物有很多种类,按其大小和形成原因,常见的可分为粉尘、烟、灰、雾、霭、烟尘和烟雾等。

直接由污染源排放出来的颗粒物称为一次颗粒物,如土壤粒子、海盐粒子、燃烧烟尘等,大部分粒径在 2 μm 以上。大气中某些污染组分之间,或这些组分与大气成分之间发生反应而产生的颗粒物,称为二次颗粒物。如二氧化硫转化成硫酸盐。二次颗粒物粒径一般在 0.01~1 μm 范围。

随着工业的不断发展,人类的各种活动越来越占主导地位,以致在大气颗粒物的来源中,人为来源所占比例逐年增加。另一方面,由天然来源和人为来源排出的 H_2、NH_3、SO_2、NO_x、HC 等气体污染物转化成二次气溶胶粒子每年达 $5.2~14.35×10^8$ t,约占全球每年排放大气颗粒物总量的 54%~71%。其中细颗粒的 80%~90% 都是二次颗粒物,对大气质量的影响甚大。

2. 大气颗粒物的消除

大气颗粒物的消除与颗粒物的粒度、化学性质密切相关。通常有两种消除方式：干沉降和湿沉降。

(1)干沉降。

干沉降是指颗粒物在重力作用下沉降，或与其他物体碰撞后发生的沉降。这种沉降存在着两种机制：一种是通过重力对颗粒物的作用，使其降落在土壤、水体的表面或植物、建筑物等物体上。沉降速率与颗粒物的粒径、密度、空气运动黏滞系数等有关。一般来说，粒径越大，沉降速率也越大。

另一种沉降机制是粒径小于 0.1 μm 的颗粒，即 Aitken 粒子，它们靠 Brown 运动扩散，相互碰撞而凝聚成较大的颗粒，通过大气湍流扩散到地面或碰撞而去除。

(2)湿沉降。

湿沉降是指通过降雨、降雪等使颗粒物从大气中去除的过程。它是去除大气颗粒物和痕量气态污染物的有效方法，湿沉降也可分雨除和冲刷两种机制。雨除对半径小于 1 μm 的颗粒物的去除效率较高，特别是具有吸湿性和可溶性的颗粒物更明显。冲刷对半径为 4 μm 以上的颗粒物的去除效率较高。

一般通过湿沉降过程去除大气中颗粒物的量约占总量的 80%～90%，而干沉降只有 10%～20%。但是，不论雨除或冲刷，对半径为 2 μm 左右的颗粒物都没有明显的去除作用。因而它们可随气流被输送到几百公里甚至上千公里以外的地方去，造成大范围的污染。

2.5.2　大气颗粒物的粒径分布

1. 大气颗粒物的粒径

粒径通常是指颗粒物的直径，这就意味着把它看成球体。但是，实际上大气中粒子的形状极不规则，把粒子看成球体是不确切的。因而对不规则形状的粒子，实际工作中往往用诸如有效直径等来表示。对于大气粒子，目前普遍采用有效直径来表示。最常用的是空气动力学直径(D_P)。其定义为与所研究粒子有相同终端降落速度的、密度为 1 g/cm³ 的球体直径。D_P 可由下式求得：

$$D_P = D_g K (\rho_P/\rho_0)^{1/2}$$

式中　D_g——几何直径；

　　　ρ_P——忽略了浮力效应的粒密度；

　　　ρ_0——参考密度，$\rho_0 = 1$ g/cm³；

　　　K——形状系数，当粒子为球状时，$K = 1.0$。

从上式可见。对于球状粒子，ρ_P 对 D_P 是有影响的。当 ρ_P 较大时，D_P 会比 D_g 大。由于大多数大气粒子满足 $\rho_P < 10$ g/cm³，因此 D_P 和 D_g 的差值因子必定小于 3。

大气颗粒物按其粒径大小可分为如下几类：

(1)总悬浮颗粒物。

用标准大容量颗粒采样器在滤膜上所收集到的颗粒物的总质量，通常称为总悬浮颗粒物。用 TSP 表示，其粒径多在 100 μm 以下，尤其以 10 μm 以下的为最多。

（2）飘尘。

可在大气中长期飘浮的悬浮物称为飘尘。其粒径主要是小于 10 μm 的颗粒物。

（3）降尘。

能用采样罐采集到的大气颗粒物。在总悬浮颗粒物中一般直径大于 10 μm 的粒子由于自身的重力作用会很快沉降下来，这部分颗粒物称为降尘。

（4）可吸入粒子。

易于通过呼吸过程而进入呼吸道的粒子。目前国际标准化组织（ISO）建议将其定为 $D_p < 10$ μm。我国科学工作者已采用了这个建议。

2. 大气颗粒物的表面性质

大气颗粒物有三种重要的表面性质，即成核作用、黏合和吸着。成核作用是指过饱和蒸气在颗粒物表面上形成液滴的现象。雨滴的形成就属成核作用。在被水蒸气饱和的大气中，虽然存在着阻止水分子简单聚集而形成微粒或液滴的强势垒，但是，如果已经存在凝聚物质，那么水蒸气分子就很容易在已有的微粒上凝聚。即使已有的微粒不是由水蒸气凝结的液滴，而是由覆盖了水蒸气吸附层的物质所组成的，凝结也同样会发生。

粒子可以彼此相互紧紧地黏合或在固体表面上黏合。黏合或凝聚是小颗粒形成较大的凝聚体并最终达到很快沉降粒径的过程。相同组成的液滴在它们相互碰撞时可能凝聚，固体粒子相互黏合的可能性随粒径的降低而增加，颗粒物的黏合程度与颗粒物及表面的组成、电荷、表面膜组成（水膜或油膜）及表面的粗糙度有关。如果气体或蒸气溶解在微粒中，这种现象称为吸收。若吸附在颗粒物表面上，则称为吸着。涉及特殊的化学相互作用的吸着，称为化学吸附作用。如大气中 CO_2 与 $Ca(OH)_2$ 的颗粒反应：

$$Ca(OH)_2(s) + CO_2 \longrightarrow CaCO_3 + H_2O$$

化学吸着的其他例子如 SO_2 与氧化铝或氧化铁气溶胶的反应，硫酸气溶胶与 NH_3 的反应等。当离子在颗粒物表面上黏合时，可获得负电荷或正电荷，因此，在大气颗粒物上的电荷可以是正的，也可以是负的。基于颗粒物带有电荷这一性质，可利用静电除尘法去除烟道气中的颗粒物。

2.5.3　大气颗粒物的化学组成

大气颗粒物的化学组成十分复杂，其中与人类活动密切相关的成分主要包括离子成分（以硫酸及硫酸盐颗粒物和硝酸及硝酸盐颗粒物为代表）、痕量元素成分（包括重金属和稀有金属等）和有机成分。按照组成，可以将大气颗粒物划分为两大类。一般将只含有无机成分的颗粒物称无机颗粒物，而将含有有机成分的颗粒物称有机颗粒物。有机颗粒物可以是由有机物质凝聚而形成的颗粒物，也可以是由有机物质吸附在其他颗粒物上所形成的颗粒物。

1. 无机颗粒物

无机颗粒物的成分是由颗粒物形成过程决定的。天然来源的无机颗粒物，如扬尘的成分主要是该地区的土壤粒子。火山爆发所喷出的火山灰，除主要由硅和氧组成的岩石粉末外，还含有一些如锌、锑、硒、锰和铁等金属元素的化合物。海盐溅沫所释放出来的颗粒物，其成分主要有氯化钠粒子、硫酸盐粒子，还会含有一些镁化合物。

人为来源释放出来的无机颗粒物,如动力发电厂由于燃煤及石油而排放出来的颗粒物,其成分除大量的烟尘外,还含有铍、镍、钒等的化合物。市政焚烧炉会排放出砷、铍、镉、铬、铜、铁、汞、镁、锰、镍、铅、锑、钛、钒和锌等的化合物。

不同粒径的颗粒物其化学组成差异很大。如硫酸盐粒子,为细粒子,主要是二次污染物。土壤粒子大多属于粗粒子,其成分与地壳组成元素十分相近。

2. 有机颗粒物

有机颗粒物是指大气中的有机物质凝聚而形成的颗粒物,或有机物质吸附在其他颗粒物上而形成的颗粒物。大气颗粒污染物主要是这些有毒或有害的有机颗粒物。

有机颗粒物种类繁多,结构也极其复杂。已检测到的主要有烷烃、烯烃、芳烃和多环芳烃等各种烃类。另外还有少量的亚硝胺、氮杂环类、环酮、酮类、酚类和有机酸等。这些有机颗粒物主要是由矿物燃料燃烧、废弃物焚化等各类高温燃烧过程所形成的。在各类燃烧过程中已鉴定出来的化合物有 300 多种。按类别分为多环芳香族化合物,芳香族化合物,含氮、氧、硫、磷类化合物,羟基化合物,脂肪族化合物,羰基化合物和卤化物等。

有机颗粒物多数是由气态一次污染物通过凝聚过程转化而来的。一次污染物转化为二次污染物时,通常都含有—COOH、—CHO、—CH_2ONO、—$C(O)SO_2$、—$C(O)OSO_2$等基团,这是由于转化反应过程中有 HO·、HO_2· 和 CH_3O· 自由基参与的结果。有机颗粒物的粒径一般都比较小。

3. 有机颗粒物中的多环芳烃(PAH)

在有机颗粒物所包含的各种有机化合物中,毒性较大的是 PAH。PAH 是由若干个苯环彼此稠合在一起或是若干个苯环和戊二烯稠合在一起的化物。它们的蒸气压由分子中环的多少决定,环多的蒸气压低,环少的蒸气压高。因而环少的易于以气态形式存在,环多的则在固相颗粒物中。大气颗粒物中含量较多,并已证实有较强致癌性的 PAH 为苯并[a]芘(BaP)。其他活化致癌的 PAH 有苯并[a]蒽,苯并[e]芘,苯并[e]芘,苯并[j]荧蒽和苊并[1,2,3 - cd]芘等。

PAH 大多出现在城市大气中,其中代表性的致癌 PAH 含量大约为 20 μg/m³,有些特殊的大气和废气中 PAH 含量更高。煤炉排放废气中 PAH 可超过 1 000 μg/m³,香烟的烟气中也可达 100 μg/m³。

大气中的 PAH 是由存在于燃料或植物中较高级的烷烃在高温下分解而形成的。有机颗粒污染物能同大气中的臭氧、氮氧化物等相互作用而形成二次污染物。近年来,遗传病理学进一步证明了这些二次污染物有直接致癌和致突变作用。因此,对 PAH 的研究日益受到人们的重视。

2.5.4　大气颗粒物中的 PM$_{2.5}$

从城市化过程开始后,大气颗粒物就成为城市空气污染的重要原因。但过去人们一直着重于研究直接排放的一次颗粒物,20 世纪 50 年代后,人们逐渐从研究总悬浮颗粒物(TSP)转向可吸入颗粒(PM_{10},$D_p < 10$ μm)。而在 20 世纪 90 年代后期,则开始重视二次颗粒物的问题。目前人们对大气颗粒物的研究更侧重于 $PM_{2.5}$($D_p < 2.5$ μm)甚至超细颗粒(纳米)的研究,并从总体颗粒的研究过渡到单个颗粒的研究。

1. 大气中 $PM_{2.5}$ 来源

通过对不同排放源、不同尺度细粒子的监测(见表2.9),确定了各类排放源对细粒子 TSP、$PM_{2\sim10}$ 和 PM_2 的贡献百分率。

表2.9　各类排放源对细粒子(TSP、$PM_{2\sim10}$ 和 PM_2)的贡献百分率

排放源	TSP 的贡献百分率/%	$PM_{2\sim10}$ 的贡献百分率/%	PM_2 的贡献百分率/%
土壤扬尘	63 ±2	21 ±2	14 ±3
生物质燃烧		6 ±1	8 ±2
海洋气溶胶		18 ±2	
矿山飞灰		13 ±2	
二次颗粒物			25 ±1
公路灰尘	13 ±2	12 ±1	13 ±2
车辆尾气	6 ±1	17 ±2	17 ±2
燃煤	11 ±2	10 ±3	10 ±2
工业	4 ±1	2 ±2	13 ±2
水泥	1 ±1		

由此可见,各种排放源对大气细粒子的含量都有所贡献。其中以土壤扬尘、海洋气溶胶和车辆尾气最为重要。车辆排气管排放的主要是细小的颗粒物即 $PM_{2.5}$。美国的资料表明,按的排放源划分,上路车辆占总排放量的10%,非上路活动排放源占18%,固定源占72%。可以看出,机动车辆是城市 $PM_{2.5}$ 污染的一个重要来源。

近年来,上海市 $PM_{2.5}$ 监测点源的解析结果认为:

①电厂锅炉、燃煤中小锅炉等仍是上海市城区大气中富集元素的主要来源之一。

②在靠近长江口或者海边的地带,海盐对含量及成分的影响十分明显。

③在市中心交通繁忙地带,机动车尾气的排放成为相当重要的污染源。上海市是滨海城市,又属于季风性气候,从各固定污染源排出的大气污染物对各个监测点的影响大小有时呈现出较明显的季节差异。

2. 影响大气中 $PM_{2.5}$ 含量的因素

受污染排放和气象条件等多种因素的影响,不同的月份之间存在着明显的差异。由表2.10可知,PM_{10} 和 $PM_{2.5}$ 的月均质量浓度的高低顺序为:4月份 > 2月份和3月份 > 1月份。1月份 PM_{10} 和 $PM_{2.5}$ 的月均质量浓度最低,超标日数所占比例也比整个实验的平均值低,分别为37.5%和56.3%。这是因为在1月份有几次大范围降雪和大风,使得天气条件有利于颗粒物扩散,而且北京冬季经常受外来冷空气的影响,很容易将逆温层破坏,所以这时候的颗粒物污染水平往往较低。2月份和3月份 PM_{10} 和 $PM_{2.5}$ 的污染水平基本相当,与整个实验的平均质量浓度值(176.6 $\mu g/m^3$ 和 100.0 $\mu g/m^3$)也很接近。4月份 PM_{10} 和 $PM_{2.5}$ 的质量浓度相对较高。这主要是由于3、4月份天气干燥、多风、地面植被少

等原因引起的。4 月份 PM_{10} 和 $PM_{2.5}$ 的超标日数占本月样本数的比例并不是最高,介于 2、3 月份之间。但是,4 月份 PM_{10} 和 $PM_{2.5}$ 的质量浓度却较高,说明春季干燥的气候条件易导致颗粒物的污染加重。

表 2.10　2003 年北京市 PM_{10} 和 $PM_{2.5}$ 统计对照表

月份	各月样本数/d	质量浓度平均值/($\mu g \cdot m^{-3}$)	质量浓度范围/($\mu g \cdot m^{-3}$)	超标日数/d	超标日数占本月样本数比例/%
			PM_{10}		
1 月份	16	131.7	51.4~282.0	6	37.5
2 月份	28	175.1	41.0~344.0	18	64.3
3 月份	31	174.8	18.3~452.6	17	54.8
4 月份	26	207.2	50.0~426.8	16	61.5
			$PM_{2.5}$		
1 月份	16	78.9	12.7~171.5	9	56.3
2 月份	28	101.0	5.0~235.6	19	67.9
3 月份	31	101.7	5.0~300.4	23	74.2
4 月份	26	110.2	18.3~253.0	18	69.2

图 2.18 为北京地区 PM_{10} 和 $PM_{2.5}$ 质量浓度日变化曲线。从图中可以看出,PM_{10} 和 $PM_{2.5}$ 质量浓度的日变化都呈双峰现象,一个峰出现在夜间,另一个峰出现在上午,这既与污染物排放有关,又与气象条件有关.PM_{10} 的日变化较大,两个峰都较明显,而对于 $PM_{2.5}$ 来说,它的上午峰不太明显。PM_{10} 和 $PM_{2.5}$ 的质量浓度在下午都变得相对很低,一般来说,下午是一天中扩散条件最好的时候,这个时间段的多数污染物都呈现较低值。而它们在夜间都有高值出现,主要是由于夜间易发生逆温,使地面产生的颗粒物不易扩散而积累所致。对于从午夜到凌晨的时段,PM_{10} 下降较明显,可能与路上大卡车的数量减少导致道路扬尘减少有关。而该时段 $PM_{2.5}$ 的变化则很平缓,说明 $PM_{2.5}$ 分布比较均匀,呈区域性变化。

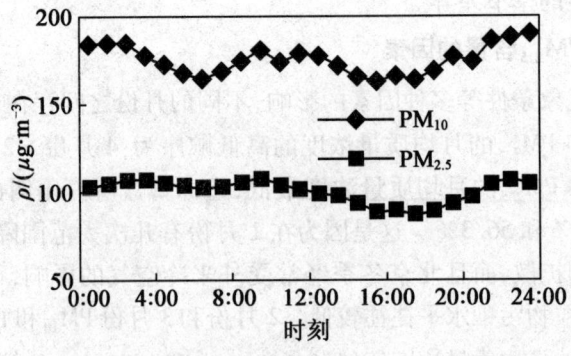

图 2.18　PM_{10} 和 $PM_{2.5}$ 质量浓度日变化曲线

3. PM$_{2.5}$的危害

研究表明,PM$_{2.5}$是人类活动所释放污染物的主要载体,携带有大量的重金属和有机污染物。表2.11为不同粒径大气颗粒物中苯并[a]芘和Pb的含量。从表2.11可以看出,粒径越小吸附苯并[a]芘的量越多,其中以PM$_{2.5}$最多,PM$_{10}$次之,TSP最少。同时TSP,PM$_{10}$和PM$_{2.5}$上,苯并[a]芘和Pb的质量浓度太原采样点均分别高于北京采样点。

表2.11 北京、太原不同粒径大气颗粒物中苯并[a]芘和Pb的含量

颗粒物来源	苯并[a]芘质量浓度/($\mu g \cdot mg^{-1}$)	Pb质量浓度/($\mu g \cdot mg^{-1}$)
太原PM$_{2.5}$	0.156	1.137
太原PM$_{10}$	0.092	1.054
太原TSP	0.077	1.037
北京PM$_{2.5}$	0.104	1.094
北京PM$_{10}$	0.072	0.948
北京TSP	0.046	0.606

空气污染对健康影响的焦点是可吸入颗粒物。PM$_{2.5}$在呼吸过程中能深入到细胞而长期存留在人体中。被吸入人体后,约有5%的PM$_{2.5}$吸附在肺壁上,并能渗透到肺部组织的深处,甚至进入到血液中。引起气管炎、肺炎、哮喘、肺气肿和肺癌等疾病,导致心肺功能减退甚至衰竭,甚至能够引起心血管疾病,因此PM$_{2.5}$对人类健康有着重要影响。同时,由于颗粒物与气态污染物的联合作用,还会使空气污染的危害进一步加剧,使得呼吸道疾病患者增多、心肺病死亡人数日增。细粒子污染不但对人体健康造成了严重影响,同时PM$_{2.5}$对大气能见度也起着最主要的作用。细粒子的增加会造成大气能见度大幅度降低。

由于细粒子的污染问题极为复杂,所以应运用科学合理的方法研究和解决细粒子污染问题,对细粒子污染实现有效的控制。

2.5.5 大气颗粒物研究的前沿问题

20世纪90年代以来,由于颗粒物的气候效应问题,使它再次成为国际学术界的研究热点之一,大气颗粒物是当今大气化学研究中前沿的领域。国际大气化学研究计划(IGAC)科学指导委员会于1994年将国际全球大气化学研究计划和国际气溶胶(颗粒物)计划(ICAP)合并重组,大气颗粒物研究被列为三大研究方向之一。大气颗粒物的研究内容,发展到包括物理和化学的性状、来源和形成、时空分布、对气候变化和环境质量的影响以及对大气化学过程的影响等多方面、多层次的综合研究,也涉及大气科学的各个领域,具有很强的综合性。

现从大气颗粒物研究的4个主要方面:颗粒物的基本特性、颗粒物的气候效应、沙尘颗粒物、颗粒物对环境和人体健康的影响等,论述大气颗粒物的研究进展。

1. 颗粒物的基本特性研究

颗粒物的基本特性研究是研究它对气候和环境影响的基础。为制订合理的空气质量标准、解析污染源、研究颗粒物对大气化学过程的影响和健康效应,也需要对颗粒物的特性进行深入的研究。自从城市化开始后,大气颗粒物就成为城市空气污染的重要因素。因此,颗粒物特性研究一直是大气环境研究的重要的课题,但其研究内容不断发生变化。过去着重于一次颗粒物,20世纪50年代后,逐渐从总悬浮颗粒物(TSP)转向可吸入颗粒物 PM_{10},20世纪90年代后期,重视二次颗粒物的问题。现今则更侧重于 $PM_{2.5}$、亚微米(10^{-7}m),甚至超细的颗粒(nm)。以前较多地针对人为源,现今生物源、天然源都作为重要排放源来探讨。近年来,城市和区域环境的颗粒物特性的研究得到进一步重视和加强。对颗粒物颗粒的成分除一般无机元素外,还开始重视元素碳、有机碳、有机化合物,尤其是挥发性有机物 VOCs、多环芳烃 PAHs 和有毒物。有些研究还对生物颗粒物(细菌、病菌、霉菌等)、元素存在形态进行分析鉴定,大大丰富了颗粒物特性研究的内容。

发现在颗粒物表面上的非均相化学过程对大气化学过程的影响是近年来的事。大气颗粒物涉及的化学过程主要有两种:一种是颗粒物形成的化学过程,光化学烟雾是城市大气颗粒物的重要来源,它是在城市污染大气中特定天气条件下发生的一种特殊现象,是气相物质经过光化学反应急剧地向颗粒态物质转化的结果;另一种是气相物质与颗粒物之间的化学过程,包括气体分子与固体颗粒表面上的气/固非均相反应以及气体分子扩散到液滴内发生的气液固多相反应。它们是对流层中较为广泛而重要的化学过程,但迄今对这方面的研究还很少。

2. 颗粒物的气候效应

气候变化是当前各国政府和科学界关注的重大问题。颗粒物是影响气候变化的一个重要因子,还与其他环境问题如臭氧层的破坏、酸雨的形成、烟雾事件的发生等密切相关。

颗粒物对气候的影响通过两种方式:一种是通过散射和吸收太阳辐射,使大气的能见度降低,进而改变植物生长的速率和环境温度,直接影响气候;另一种以云凝结核的形式改变云的光学特性和云的分布而间接影响气候。在现代地球大气的温湿条件下,如果没有颗粒物粒子,将永远不会形成云。因此,颗粒物粒子增加的一个最直接的影响是使云滴数量增加,从而导致地表降温,并引起降水增加,进而影响地表湿度和植被,从而改变地表反照率以进一步影响气候。这一连串的间接影响至今尚无定量计算,这是研究颗粒物对气候影响的一个重要的也是极为困难的课题。

因此,大气颗粒物的气候效应比温室气体复杂得多。应当强调指出,尽管颗粒物对气候的影响与温室效应气体的影响是反向的,但二者不能简单抵消。从二者的寿命来看,对流层颗粒物的寿命只有几天到几周,它对辐射的影响集中在排放源附近,而且基本只影响北半球,而温室气体的寿命是10年和100年的尺度,已经在全球范围内产生影响。从影响的时间看,颗粒物的影响主要是对白天的太阳辐射,而且夏季低纬度影响较大,而温室气体则昼夜都有影响,冬季和中高纬度影响大。

3. 沙尘颗粒物

沙尘颗粒物又称沙尘暴,是对流层颗粒物的主要成分。据估计,全球每年进入大气的沙尘颗粒物达 10 亿~20 亿 t,约占对流层颗粒物总量的一半。全球沙尘颗粒物主要来自撒哈拉沙漠地区,美国西南部沙漠区和亚洲地区。亚洲沙尘源区的地理位置及其形成沙尘暴的天气系统与其他沙尘源区不同,同时,亚洲源区位于高原,起沙后更容易被输送到很远的地区。

沙尘暴是一种灾害性天气现象,当沙尘暴发生时,大量沙尘粒子悬浮于空中并随风移动,对人畜及环境造成极大危害。沙尘暴属于大气颗粒物的一种极端情况,由于它的突发性强,危害巨大,在后续章节中单独论述。

4. 颗粒物对环境和人体健康的影响

大气颗粒物对人体有很大的危害性。飘浮在空中的颗粒物小粒子很容易被人吸入并沉积在支气管和肺部,粒子越小,越容易通过呼吸道进入肺部,特别是粒径小于 1 μm 的粒子可直达肺泡内。一般来说,大于 10 μm 粒子大部分被阻留在鼻腔或口腔内;穿过气管的粒径小于 10 μm 的颗粒物中有 10% ~60% 可沉积在肺部而造成危害。沉积在肺部的粒子能存留数周至数年;可吸入颗粒物在鼻腔内的大量沉积可导致上呼吸道疾病如鼻窦炎、过敏症等。进入肺部的粒子,由于其本身的毒性(如 H_2SO_4、PbO、$PAHs$ 等)或携带有毒物质(如吸附 SO_2、NO_x 等多种有毒气体)造成对人体的危害。现在普遍认为,粒径小于 2.5 μm 的细粒子对人体的危害最大,因此,许多发达国家开始对细粒子制定大气质量标准并进行控制。我国的空气质量标准以前只限制颗粒物粒子总量(TSP),现在也开始制定细颗粒物的控制指标。由于小粒子含有的有毒物质比大粒子多,因此,它对健康的损害也将更大。

总之,大气颗粒物的研究已进入一个崭新的阶段,就颗粒物研究的发展趋势来看,已从人为来源逐渐向人为来源、天然来源和生物地球化学源综合源发展;从总体颗粒物的特性向单个颗粒物,由微米级向亚微米,甚至纳米级的粒度发展;从一般无机元素成分向元素碳、有机碳、离子、有机物分子发展。

思考题与习题

1. 大气的主要层次是如何划分的? 每个层次具有哪些特点?
2. 逆温现象对大气中污染物的迁移有什么影响?
3. 大气中有哪些重要污染物? 说明其主要来源和消除途径。
4. 影响大气中污染物迁移的主要因素是什么?
5. 大气中有哪些重要的吸光物质? 其吸光特征是什么?
6. 太阳的发射光谱和地面测得的太阳光谱有何不同? 为什么?
7. 大气中有哪些重要自由基? 其来源如何?
8. 大气中有哪些重要含氮化合物? 说明它们的天然来源和人为来源及对环境的污染。
9. 叙述大气中 NO 转化为 NO_2 的各种途径。

10. 大气中有哪些重要的碳氢化合物？它们可发生哪些重要的光化学反应？

11. 碳氢化合物参与的光化学反应对各种自由基的形成有什么贡献？

12. 说明烃类在光化学烟雾形成过程中的重要作用。

13. 何为有机物的反应活性？如何将有机物按反应活性分类？

14. 简述大气中 SO_2 氧化的几种途径。

15. 说明酸雨形成的原因。

16. 确定酸雨 pH 界限的依据是什么？

17. 论述影响酸雨形成的因素。

18. 说明大气颗粒物的化学组成以及污染物对大气颗粒物组成的影响。

19. 大气颗粒物中多环芳烃的种类、存在状态以及危害性如何？

20. 何谓温室效应和温室气体？

21. 说明臭氧层破坏的原因和机理。

第3章 水环境化学

水是地球上分布最广的物质之一,整个地球上的水量约为 13.86 亿 km^3,主要来自海洋、降水、地表水、地下水和植物蒸发等,其中海洋水占总量的 97% 左右,淡水约占 2.53%。淡水中近 80% 的水量被冰盖和冰川固定,可供人类利用的淡水资源占地球总水量的 0.2% 左右。尽管淡水资源非常少,但人类活动排放的大量污染物进入水体,造成水体污染,使得水质下降,因此开展水污染控制和水资源保护显得尤为重要。

水环境化学的主要内容是在了解天然水的基本组成和性质的基础上,从化学过程和原理方面阐述天然水中的各种化学平衡问题和无机污染物,尤其是重金属离子,有机污染物在天然水体中的分布、迁移、转化和归宿规律,从而为水污染控制和水资源保护提供科学依据。

3.1 天然水的特征及水中污染物

3.1.1 水资源的利用以及循环

1. 水资源和利用

地球上水的总量是固定的,约 13.86 亿 km^3,但可利用的淡水只占水总量的 0.3%。虽然淡水资源有限,但如果时空分布得当,并保持恰当水质,还是可以满足全球目前和将来的淡水需要。遗憾的是,地球上淡水资源的时空分布极其不均匀,加上水污染日益严重以及工农业和生活用水量的增加,许多国家和地区出现了水资源严重短缺的局面。水的短缺和污染不仅影响了生物生存,而且直接或间接地给人类生存带来威胁和危害,同时也造成重大的经济损失。当前主要的缺水类型有资源型缺水、工程型缺水和水质型缺水。由于缺水,危害了农作物生长、并影响着工业生产、威胁着人体健康和生态、国家安全。

2. 地球上水的分布

地球表面约有 70% 以上被水所覆盖,所以地球素有"水的行星"之称。地球上的水分布在海洋、湖泊、沼泽、河流、冰川、雪地、大气、生物体、土壤和地层。水的总量约为 13.86 亿 km^3,其中海水占 97.4%,淡水为 0.35 亿 km^3,占总水量的 2.53%。由于开发困难或技术、经济的限制,到目前为止,海水、深层地下淡水、冰雪固态淡水、盐湖水等很少被直接利用。比较容易开发利用的,与人类生活和生产关系密切的淡水储量为 400 多万 km³,仅占淡水的 11%,总水量的 0.26%。

我国地表水径流总量约 2.8 万亿 m³,地下水资源约 8 000 亿 m³,冰川年平均融水量约 500 亿 m³,近海海水约 500 万 km³。我国目前可供利用的水资源量每年约有 11 000 亿 m³,平均每人占有地表水资源约 2 700 m³,居世界第 88 位,仅为世界人均占有量的 1/4。每亩土地占有地表水 1 755 m³,只相当于世界平均水平的 1/2。总的说来,我国淡水资源并不丰富,处于缺水状态,而且水资源的时空分布非常不均衡,东南多,西北少,耕地面积只占全国 33% 的长江流域和长江以南地区,水资源占全国的 70%。我国许多地方缺水或严重缺水,水污染比较严重。另一方面,由于人口的剧增,工农业生产的迅速发展,我国和西方国家一样,也面临水质下降,水源不足的威胁。因此,控制水体污染,保护水资源已成为刻不容缓的任务。

3. 水循环

自然界的水不仅受地球引力作用沿着地壳倾斜方向流动,而且由于水在太阳能和地球表面热能的作用下发生形态变化,蒸发的水分随着气流运行而转移,遇冷凝结成云或以降水形式到达地面,到达地表的水又重新蒸发、凝结、降落,这个周而复始的过程,称为水循环。自海洋蒸发的部分水汽,随气流转移至陆地上空,并以降水形式达到地面后,经过江河湖泊或渗入地下,再归入海洋,这种海洋和陆地之间水的往复运动过程,称为水的大循环。环境中水的循环是大、小循环交织在一起的,并在全球范围内和地球上各个地区内不停地进行着。影响水循环的作用有三个基本因素:

①水的物理性质决定了水的循环成为可能。

②太阳辐射是水循环的原动力。

③循环路线的结构和性质,特别是地表循环途径的结构和性质,如地质地貌、土壤和生物等的类型和性质,它不但影响降水的分布和输送,而且还影响下渗及输水通道的特性。

这些因素相互作用决定了天然水的循环方向和强度,造成了自然界错综复杂的水文现象。蒸发、降水、径流是水循环的基本要素。

3.1.2　天然水的组成

天然水中一般含有可溶性物质和悬浮物质,其中可溶性物质的成分非常复杂,主要是在岩石的风化过程中,经水溶解迁移的地壳矿物质。悬浮物质主要包括悬浮物、颗粒物、水生生物等。

1. 主要离子组成

天然水中的离子主要是源于岩石的风化过程,是经水溶解迁移的地壳矿物质。

(1)天然水中的主要阳离子。

天然水中的主要阳离子有 Ca^{2+}、Mg^{2+}、Na^+、K^+、Fe^{3+}、Al^{3+} 和 Mn^{2+} 等。Ca^{2+} 在天然水中的质量浓度一般为 25~636 mg/L,多以水合离子的形式存在,是淡水中的主要阳离子。Mg^{2+}存在于所有天然水中,其质量浓度一般为 8.5～242 mg/L,多以水合离子的形式存在。水中含钙、镁离子的总量称为水的总硬度,其中钙离子是硬水的主要成分。Na^+在天然水中的质量浓度为 1.0～124 mg/L,淡水中都含有 Na^+,但其含量远小于 Ca^{2+} 和 Mg^{2+}。Na^+极易溶解,在环境中很难沉淀,但可被黏土矿物等吸附。K^+在天然水中的质量浓度为 0.8～2.8 mg/L,主要以离子形式存在,和 Na^+一样,K^+在环境中难于沉淀。Fe^{3+}、Al^{3+} 和 Mn^{2+} 在水体中的分布很广,其质量浓度一般小于 1 mg/L。Fe^{3+}、Al^{3+}多以 $Fe(OH)_3$、$Al(OH)Cl_2$、$Al(OH)_2Cl$ $Al(OH)_3$ 等胶体形式存在。Mn^{2+}容易氧化形成水合 MnO_2。天然水中还含有种类繁多但含量非常低的其他阳离子。

(2)天然水中的主要阴离子。

天然水中的主要阴离子有 SO_4^{2-}、Cl^-、HCO_3^- 和 CO_3^{2-} 等。SO_4^{2+} 在天然水中的质量浓度一般为 5.6～817 mg/L,在湿润地区的地表水中含量较低,可低至几 mg/L,干旱地区地表水和地下水则可达到几千 mg/L。SO_4^{2-} 常以离子、水合离子和络合物等形式存在。

在未受污染的水体中,Cl^-是一种微量元素,在天然淡水中的含量通常为几 mg/L 至几十 mg/L,但每升盐湖水中 Cl^- 的含量可高达一百多克。Cl^- 的地球化学行为比较简单,一般不参加氧化反应,在水中多以离子形式存在。

HCO_3^- 和 CO_3^{2-} 是天然水中的主要阴离子。HCO_3^- 和 CO_3^{2-} 离子质量浓度的变化幅度为 17～622 mg/L,在河水和湖水中的质量浓度一般不超过 250 mg/L,CO_3^{2-} 的含量仅为几 mg/L,地下水中二者的含量略高些。在天然水中 Ca^{2+}、CO_3^{2-}、HCO_3^- 和 CO_2 之间存在如下平衡关系:

$$CaCO_3 \downarrow + CO_2 + H_2O \rightleftharpoons Ca^{2+} + 2HCO_3^- \tag{3.1}$$

当水中存在 CO_2 时,推动平衡向右移动,碳酸钙溶解。在水分蒸发或温度升高时,CO_2 逸出,平衡向左移动,碳酸钙又沉淀出来。

Ca^{2+}、Mg^{2+}、Na^+、K^+、SO_4^{2+}、Cl^-、HCO_3^- 和 CO_3^{2-} 8 种离子是天然水体中构成矿化度的主要物质,在一般情况下,这几种离子占水全部化学组成的 95%～99%。水中的这些主要离子的分类,常用来作为表征水体主要化学特征的指标,见表 3.1。

表 3.1　水中的主要离子组成

硬度	酸	碱金属	
Ca^{2+}、Mg^{2+}	H^+	Na^+、K^+	阳离子
HCO_3^-、CO_3^{2-}、OH^-		SO_4^-、Cl^-、NO_3^-	阴离子
碱度		酸根	

天然水中常见的主要离子总量可以粗略地作为水中的总含盐量(TDS):

$$TDS = [Ca^{2+} + Mg^{2+} + Na^+ + K^+] + [HCO_3^- + SO_4^- + Cl^-] \tag{3.2}$$

2. 水中溶解的气体

溶解在水中的气体主要为 O_2 和 CO_2。

大气中的气体分子与水中同种气体分子间存在如下平衡:

$$X(g) \rightleftharpoons X(aq) \tag{3.3}$$

它服从亨利定律：

$$[G_{aq}] = K_H p_g \tag{3.4}$$

式中　$[G_{aq}]$——气体在水中的溶解度；

　　　K_H——气体在一定温度下的亨利系数，$mol \cdot (L \cdot Pa)$，见表3.2；

　　　p_g——气体的气相分压。

即气体在水中的溶解度正比于与水所接触的该种气体的分压。但在应用亨利定律计算气体在水中的溶解度时，一定要注意，亨利定律不能说明气体在水中的进一步化学反应。因此，气体在水中的实际溶解量往往大于亨利定律的计算量。

表3.2　25 ℃时部分气体在水中的亨利系数

气体	K_H	气体	$K_H/(mol \cdot (L \cdot Pa)^{-1})$
O_2	1.26×10^{-8}	HNO_2	4.84×10^{-4}
CO_2	3.34×10^{-7}	HNO_3	2.07
SO_2	1.22×10^{-5}	NH_3	6.12×10^{-4}
NO_2	9.87×10^{-8}	HCl	2.47×10^{-2}
NO	1.88×10^{-8}	N_2O	2.47×10^{-7}
H_2O_2	0.70	H_2S	1.00×10^{-6}

在计算气体溶解度时，需要对水蒸气的分压进行校正，表3.3给出了水在不同温度下的分压值。根据这些数值，就可以应用亨利定律计算气体在水中的溶解度。

表3.3　不同温度下水的分压

温度/℃	分压/10^5Pa	温度/℃	分压/10^5Pa
0	0.006 11	30	0.042 41
5	0.008 72	35	0.056 21
10	0.012 28	40	0.073 74
15	0.017 05	45	0.095 81
20	0.023 37	50	0.123 30
25	0.031 67	100	1.013 0

(1)O_2 在水中的溶解度。

O_2 在水中的溶解度与水温、O_2 的分压和水中的含盐量等因素有关。在101.325 kPa，25 ℃水中，O_2 的溶解度可以按如下步骤进行计算。首先查表3.3得25 ℃时水的蒸气压为 $0.031\ 67 \times 10^5$ Pa，在干空气中 O_2 的体积分数为20.95%，所以 O_2 的分压为

$$p_{O_2} = (1.013\ 0 - 0.031\ 67) \times 10^5 \times 0.209\ 5\ Pa = 0.205\ 6 \times 10^5\ Pa$$

带入亨利定律,已知 25 ℃时 O_2 的亨利系数为 1.26×10^{-8} mol/(L·Pa),即可求出 O_2 的溶解度:

$$[O_{2\,aq}] = K_H P_g = 1.26 \times 10^{-8} \times 0.205\ 6 \times 10^5 \text{ mol/L} = 2.6 \times 10^{-4} \text{ mol/L}$$

O_2 的摩尔质量为 32 g/mol,所以其溶解度为

$$[O_{2\,aq}] = 2.6 \times 10^{-4} \times 32 \text{ g/L} = 0.008\ 32 \text{ g/L} = 8.32 \text{ mg/L}$$

气体的溶解度通常随温度上升而降低,这种影响可以用克劳休斯－克拉配龙方程来描述:

$$\lg \frac{C_1}{C_2} = \frac{\Delta H}{2.303R}\left(\frac{1}{T_1} - \frac{1}{T_2}\right) \tag{3.5}$$

式中 C_1、C_2——热力学温度 T_1 和 T_2 时气体在水中的浓度;

   ΔH——熔解热,J/mol;

   R——摩尔气体常数,$R = 8.314$ J/(mol·K)。

因此,若温度从 0 ℃上升到 35 ℃时,氧在水中的溶解度将从 14.74 mg/L 降低到 7.03 mg/L,可以看出一旦温度提高,溶解氧水平会迅速的下降。

(2)CO_2 的溶解度。

25 ℃时水中 CO_2 的溶解度可以用亨利定律来计算。干空气中 CO_2 的体积分数为 0.031 4% ,25 ℃时 CO_2 的亨利系数是 3.34×10^{-7} mol·(L·Pa),则 CO_2 在水中的溶解度为

$$P_{co_2} = (1.013\ 0 - 0.031\ 67) \times 10^5 \times 3.14 \times 10^{-4} \text{Pa} = 30.8 \text{ Pa}$$

$$[CO_{2\,aq}] = 3.34 \times 10^{-7} \times 30.8 \text{ mol/L} = 1.03 \times 10^{-5} \text{ mol/L}$$

CO_2 在水中会发生电离,可产生等浓度的 H^+ 和 HCO_3^-。H^+ 和 HCO_3^- 的浓度可以通过 CO_2 的解离常数计算:

$$[H^+] = [HCO_3^-]$$

$$[H^+]^2 / [CO_2] = K_1 = 4.45 \times 10^{-7}$$

$$[H^+] = \sqrt{1.028 \times 10^{-5} \times 4.45 \times 10^{-7}} \text{ mol/L} = 2.14 \times 10^{-6} \text{ mol/L}$$

$$pH = 5.67$$

则在水中的溶解度应该为 $[CO_2] + [HCO_3^-] = 1.24 \times 10^{-5}$ mol/L。

3. 水中的腐殖质

未受污染的天然水中有机物的含量很低,但有机物的种类却非常丰富。天然水中有机物大体可以分为两大类:腐殖质和非腐殖质。非腐殖质主要是碳水化合物、脂肪酸、蛋白质、氨基酸、色素、纤维以及其他低相对分子质量有机物,它们都能被生物降解为简单无机物,因此水体中大部分的天然有机物主要是腐殖质。腐殖质是植物残体中不易被微生物分解的部分,如油类、腊、树脂及木质素等残余物与微生物的分泌物相结合形成的一种褐色或黑色的无定形胶态复合物。腐殖质分布很广,它大量存在于土壤、底泥、湖泊、河流以及海洋中。腐殖质的组成和结构目前还不是十分清楚,其分类和命名也不尽统一。按照腐殖物质在碱和酸中的溶解情况,把它们分为 3 个主要级分。一是富里酸(富里酸的结构如图 3.1 所示),它又称黄腐酸,是既可溶于碱,又可溶于酸的部分,相对分子

质量在几百到几千;二是腐殖酸,又称棕腐酸,它只能溶于稀碱中,其碱萃取液酸化后就沉淀,相对分子质量由几千到几万;三是胡敏酸,又称腐黑物,它是既不溶于碱,也不溶于酸的腐殖质部分。

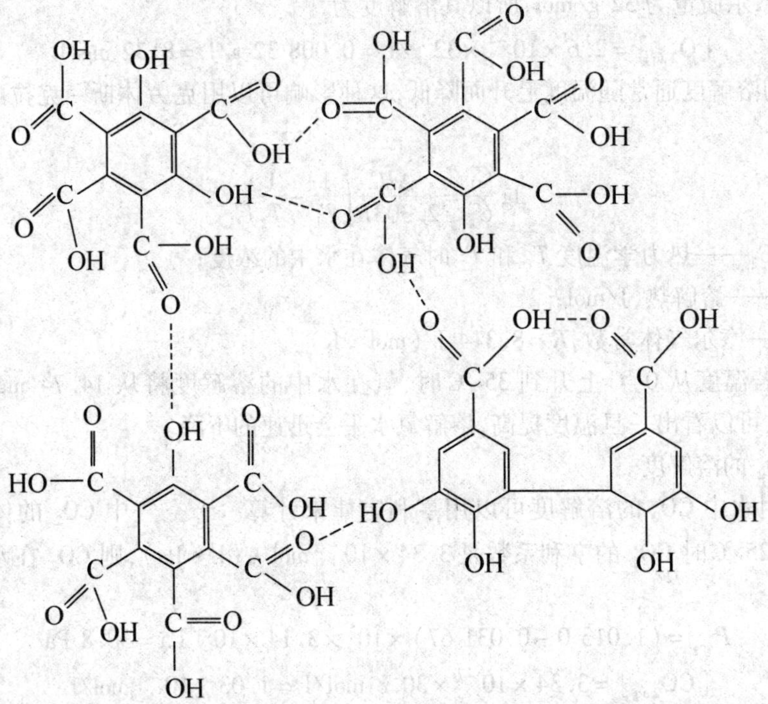

图 3.1　富里酸的结构图

腐殖质与其他天然大分子物质不同,它没有完整的结构和固定的化学构型。它们可以被认为是那些在土壤底泥等特殊环境里瞬时可得的酚类单元随机聚集的芳香多聚物,因此很多不同来源的腐殖质,其性质在总体上都是相似的。腐殖质的分子具有收缩性和膨胀性,是很好的吸附剂,能与金属离子、金属水合物及有机物产生广泛的作用,如吸附、络合、增容等,与金属和有机物在水环境中的迁移、转化行为密切相关。众多研究表明腐殖质有如下共性:

①抗微生物降解性。这是水体经常产生污泥淤积的重要原因。

②络合能力强。腐殖质易与金属离子、金属水合氧化物和有机物形成络合物或螯合物。

③具有凝聚性。腐殖质可以被看作是大离子的真溶液或带负电荷的亲水胶体,能被电解质所凝聚。

④具有弱酸性。

⑤性质相似性。不同来源的腐殖质在总体上性质相似,但会随区域和自然环境的具体条件不同而在组成和性质上有细微差别。

4. 水生生物

水生生物通过代谢、摄取、转化、存储和释放等作用直接影响水体中许多物质的迁移、转化与归宿。水生生物可以分为自养生物和异养生物。自养生物利用太阳能或化学能,把无机元素转化为有机物质,组成生命体,CO_2、NO_3^- 和 PO_4^{3-} 是常见的自养生物的 C、N、P 源。异养生物利用自养生物合成的有机物作为能源及合成其自身生命的原始物质。

水生生物受水体理化性质影响明显。温度、透光度和水体的搅动是影响水生生物的 3 种主要物理性质。低温,生物过程缓慢,高温则对大多数水生生物都是毁灭性的,仅仅几度的温差会使水生生物的种类发生很大的变化。水的透光度决定着藻类的生长。搅动对水的迁移及混合过程是一个重要因素,通常适当的搅动对水生生物是有利的,它有助于把营养物质输送给生物,并把生物产生的废物带走。

CO_2 由水中及沉积物中的呼吸作用产生,也可从大气进入水体。CO_2 是藻类光合作用的原料,水体中有机物降解产生的高浓度的 CO_2 能引起藻类的过量生长和水体的超生产率,在这种情况下 CO_2 是一个限制因素。

水体产生生物体的能力称为生产率。水的生产率通常由水中营养物质决定,水生植物需要供给适量的 C、N、P 元素及痕量元素,在许多情况下,P 是限制性营养物。一般,饮用水需要低生产率,鱼类则需要较高的生产率。在高生产率的水中藻类生长旺盛,死藻的分解引起水中溶解氧浓度降低,这种现象常称为富营养化。

3.1.3 天然水的性质

1. 碳酸平衡

大气中的 CO_2 在水中形成酸,可与岩石中的碱性物质发生反应,水中的 CO_2 也可以通过沉淀反应变为沉积物从水中失去。在水与生物体之间的生物化学交换中,CO_2 占有独特地位,溶解的碳酸盐化合态与岩石圈和大气圈进行均相、多相的酸碱反应和交换反应,在调节天然水体的 pH 和组成方面起着重要作用。

无机碳在水体中通常存在着 CO_2、H_2CO_3、HCO_3^- 和 CO_3^{2-} 4 种化合态。常把 CO_2 和 H_2CO_3 合并为 $H_2CO_3^*$,实际上 H_2CO_3 的含量极低,主要是溶解性气体 CO_2,因此,在水中 $H_2CO_3^* - HCO_3^- - CO_3^{2-}$ 体系可以用下面的反应平衡常数表示:

$$CO_2 + H_2O \Longleftrightarrow H_2CO_3^*, pK_0 = 1.46 \tag{3.6}$$

$$H_2CO_3^* \Longleftrightarrow HCO_3^- + H^+, pK_1 = 6.36 \tag{3.7}$$

$$HCO_3^- \Longleftrightarrow CO_3^{2-} + H^+, pK_2 = 10.33 \tag{3.8}$$

已知 K_1、K_2 值,就可以制作以 pH 为主要变量的 $H_2CO_3^* - HCO_3^- - CO_3^{2-}$ 体系形态分布图(图 3.2)。

以上讨论没有考虑溶解性 CO_2 与大气的交换过程,因而属于封闭体系的情况。实际上,根据气体交换动力学,CO_2 在气-液界面的平衡时间需要数天。因此,若所考虑的溶液反应在数小时内完成,就可以应用封闭体系固定碳酸化合态总量的模式进行计算。如果所研究的过程历时较长,则认为 CO_2 与水是处于平衡状态,可以更接近实际情况。

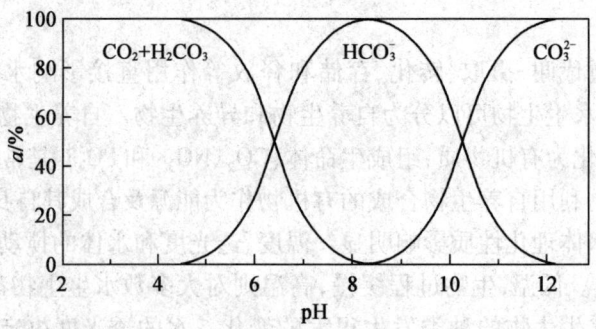

图 3.2　封闭体系碳酸化合态分布图

比较封闭体系和开放体系可以发现,在封闭体系中,$[H_2CO_3^*]$、$[HCO_3^-]$ 和 $[CO_3^{2-}]$ 等可随 pH 的变化而变化,但总的碳酸量 C_T 不变。而对于开放体系而言,$[H_2CO_3^*]$、$[HCO_3^-]$、$[CO_3^{2-}]$ 和 C_T 均随 pH 的改变而改变,但 $[H_2CO_3^*]$ 总保持与大气相平衡的固定数值。因此,在天然条件下开放体系是实际存在的,而封闭体系是计算短时间水体组成的一种方法,即把其看作是开放体系趋向平衡过程的一个微小阶段,在实用上认为是相对稳定而加以计算。

2. 酸度和碱度

(1) 酸度。

酸度是指水中能与强碱发生中和作用的全部物质。组成水中酸度的物质主要是强酸(如 HCl、H_2SO_4、HNO_3 等)、弱酸(如 H_2CO_3、H_2S、蛋白质及各种有机酸等)和强酸弱碱盐(如 $FeCl_3$、$Al_2(SO_4)_3$ 等)。

用强碱滴定含碳酸水溶液测定其酸度时,其反应过程如下:

$$H^+ + OH^- \rightleftharpoons H_2O \tag{3.9}$$

$$OH^- + HCO_3^- \rightleftharpoons CO_3^{2-} + H_2O \tag{3.10}$$

$$OH^- + H_2CO_3 \rightleftharpoons HCO_3^- + H_2O \tag{3.11}$$

以甲基橙作为指示剂滴定至 pH = 4.3,以酚酞作为指示剂滴定至 pH = 8.3,分别得到无机酸度和游离 CO_2 酸度。总酸度在 pH = 10.8 处得到,但此时滴定曲线无明显突跃,难以找到合适的指示剂,所以一般以 CO_2 酸度作为主要的酸度指标。根据溶液质子平衡条件,可以得到酸度的表达式:

$$总酸度 = [H^+] + [HCO_3^-] + 2[H_2CO_3^*] - [OH^-] \tag{3.12}$$

$$CO_2 酸度 = [H^+] + [H_2CO_3^*] - [CO_3^{2-}] - [OH^-] \tag{3.13}$$

$$无机酸度 = [H^+] - [HCO_3^-] - 2[CO_3^{2-}] - [OH^-] \tag{3.14}$$

(2) 碱度。

碱度是指水中能与强酸发生中和作用的全部物质。组成水中碱度的物质主要是强碱(如 NaOH、$Ca(OH)_2$、KOH 等)、弱碱(如 NH_3、苯胺等)、强碱弱酸盐(如碳酸盐、重碳酸盐、磷酸盐和腐殖酸盐等)。弱碱和强碱弱酸盐在与强酸的中和作用过程中,可以不断产生 OH^-,直至全部被中和。

在测定碱度的过程中,中和作用进行的程度不同,所得碱度亦不同。当用一个强酸标准溶液滴定,用甲基橙作为指示剂,滴定至溶液由黄色变为橙红色时(pH 约为 4.3),停止滴定,此时所得的结果称为总碱度,也称甲基橙碱度,其化学反应计量关系如下:

$$H^+ + OH^- \rightleftharpoons H_2O \tag{3.15}$$

$$H^+ + CO_3^{2-} \rightleftharpoons HCO_3^- \tag{3.16}$$

$$H^+ + HCO_3^- \rightleftharpoons H_2CO_3 \tag{3.17}$$

由此可见,总碱度是水中各种碱度成分的总和,即加酸至 HCO_3^- 和 CO_3^{2-} 转化为 CO_2。根据溶液质子平衡条件,可以得到总碱度的表达式:

$$总碱度 = [HCO_3^-] + 2[CO_3^{2-}] + [OH^-] - [H^+] \tag{3.18}$$

如果用酚酞作为指示剂,当溶液的 pH 降至 8.3 时,表示 OH^- 被中和,CO_3^{2-} 全部转化为 HCO_3^-,作为碳酸盐只中和了一半,此时得到的是酚酞碱度,其表达式为

$$酚酞碱度 = [CO_3^{2-}] + [OH^-] - [H^+] - [H_2CO_3^*] \tag{3.19}$$

达到 $pH_{CO_3^{2-}}$ 所需酸量时的碱度称为苛性碱度。因为滴定终点不明显,苛性碱度在实验室不容易迅速测得,但若已知总碱度和酚酞碱度则可以通过计算确定,其表达式为

$$苛性碱度 = [OH^-] - [HCO_3^-] - 2[H_2CO_3^*] - [H^+] \tag{3.20}$$

用总碳酸量 C_T 和相应的分布系数 σ 来表示各种碱度,有

$$总碱度 = C_T(\sigma_1 + 2\sigma_2) + \frac{K_W}{[H^+]} - [H^+] \tag{3.21}$$

$$酚酞碱度 = C_T(\sigma_2 - \sigma_0) + \frac{K_W}{[H^+]} - [H^+] \tag{3.22}$$

$$苛性碱度 = -C_T(\sigma_1 + 2\sigma_0) + \frac{K_W}{[H^+]} - [H^+] \tag{3.23}$$

式中 K_W——水的解离常数。

如果已知水体的 pH、碱度和相应的平衡常数,就可以计算出 CO_3^{2-}、HCO_3^-、$H_2CO_3^*$ 及 OH^- 在水中的浓度(假设其他各种形态对碱度的贡献可以忽略)。

例如,某水体的 pH 为 8.00,碱度为 1.00×10^{-3} mol/L 时,计算上述各种形态物质的浓度。

当 pH = 8.00 时,水中的 CO_3^{2-} 浓度与 HCO_3^- 浓度相比可以忽略,此时碱度全部由 HCO_3^- 贡献,则有

$$[HCO_3^-] = 碱度 = 1.00 \times 10^{-3} \text{ mol/L}$$

$$[OH^-] = 1.00 \times 10^{-6} \text{ mol/L}$$

带入酸离解常数 K_1,可以计算出 $H_2CO_3^*$ 的浓度:

$$[H_2CO_3^*] = \frac{[H^+][HCO_3^-]}{K_1} = \frac{1.00 \times 10^{-8} \times 1.00 \times 10^{-3}}{4.45 \times 10^{-7}} \text{ mol/L}$$

$$= 2.25 \times 10^{-5} \text{ mol/L}$$

带入离解常数 K_2,可以计算出 HCO_3^- 的浓度:

$$[CO_3^{2-}] = \frac{[HCO_3^-]K_2}{[H^+]} = \frac{4.69 \times 10^{-11} \times 1.00 \times 10^{-3}}{1.00 \times 10^{-8}} \text{ mol/L}$$

$$= 4.69 \times 10^{-6}\ \text{mol/L}$$

需要注意的是,在封闭体系中加入强酸或强碱,总碳酸量不变;而加入 CO_2 时,总碱度值不变,此时溶液的 pH 及各种碳酸化合态浓度虽然发生变化,但它们的代数综合值不变。因此,总碳酸量和总碱度在一定条件下具有守恒性。

在环境水化学和水处理工艺过程中,常会遇到向碳酸体系加入酸或碱,调整 pH 的问题。

例如,某天然水体的 pH 为 7.00,碱度为 1.4 mmol/L,求需要加入多少酸才能把水体的 pH 降低至 6.00?

从表达式(3.21)可知:总碱度 $= C_T(\sigma_1 + 2\sigma_2) + \dfrac{K_W}{[H^+]} - [H^+]$,则有

$$C_T = \frac{1}{\sigma_1 + 2\sigma_2}(\text{总碱度} + [H^+] - [OH^-])$$

当 pH 在 5~9 的范围内、碱度 $\geqslant 10^{-3}$ mol/L,或 pH 在 6~8 的范围内、碱度 $\geqslant 10^{-4}$ mol/L 时,$[H^+]$ 和 $[OH^-]$ 项可以忽略不计,则上式可以简化为

$$C_T = \frac{1}{\sigma_1 + 2\sigma_2} \cdot \text{总碱度}$$

当 pH = 7.00 时,查表 3.4 得 $\sigma_1 = 0.816\,2$,$\sigma_2 = 3.828 \times 10^{-4}$,则有

$$C_T = \frac{1}{0.816\,2 + 2 \times 3.828 \times 10^{-4}} \times 1.4 \times 10^{-3}\ \text{mol/L} = 1.71 \times 10^{-3}\ \text{mol/L}$$

若加入强酸降低水体的 pH 至 6.00,其 C_T 不变,但 $\sigma_1 = 0.308\,0$,$\sigma_2 = 1.444 \times 10^{-5}$,此时有

$$\text{碱度} = \frac{C_T}{\dfrac{1}{\sigma_1 + 2\sigma_2}} = C_T \cdot (\sigma_1 + 2\sigma_2)$$

$$= 1.71 \times 10^{-3} \times (0.308\,0 + 2 \times 1.444 \times 10^{-5})\ \text{mol/L}$$

$$= 0.527 \times 10^{-3}\ \text{mol/L}$$

碱度降低的量就是加入酸的量:

$$\Delta = (1.4 - 0.527) \times 10^{-3}\ \text{mol/L} = 0.873 \times 10^{-3}\ \text{mol/L}$$

表 3.4 碳酸平衡常数

pH	α_0	α_1	α_2	α
4.6	0.982 6	0.017 41	3.250×10^{-8}	57.447
4.8	0.972 7	0.027 31	8.082×10^{-8}	36.615
5.0	0.957 4	0.042 60	1.998×10^{-7}	23.472
5.2	0.934 1	0.065 88	4.897×10^{-7}	15.179
5.4	0.899 5	0.100 5	1.184×10^{-6}	9.946
5.6	0.849 5	0.150 5	2.810×10^{-6}	6.644
5.8	0.780 8	0.219 2	6.487×10^{-6}	4.561

续表3.4

pH	α_0	α_1	α_2	α
6.0	0.692 0	0.308 0	1.444×10^{-5}	3.247
6.2	0.586 4	0.413 6	3.074×10^{-5}	2.418
6.4	0.472 2	0.527 8	6.218×10^{-5}	1.894
6.6	0.360 8	0.639 1	1.193×10^{-4}	1.564
6.8	0.262 6	0.737 2	2.182×10^{-4}	1.356
7.0	0.183 4	0.816 2	3.828×10^{-4}	1.224
7.2	0.124 1	0.875 2	6.506×10^{-4}	1.141
7.4	0.082 03	0.916 9	1.080×10^{-3}	1.088
7.6	0.053 34	0.944 9	1.764×10^{-3}	1.054
7.8	0.034 29	0.962 9	2.849×10^{-3}	1.032
8.0	0.021 88	0.973 6	4.566×10^{-3}	1.018
8.2	0.013 88	0.978 8	7.276×10^{-3}	1.007
8.4	$0.874 6 \times 10^{-2}$	0.979 7	1.154×10^{-2}	0.997 2
8.6	$0.551 1 \times 10^{-2}$	0.976 3	1.823×10^{-2}	0.987 4
8.8	$0.344 7 \times 10^{-2}$	0.967 9	2.864×10^{-2}	0.975 4
9.0	$0.214 2 \times 10^{-2}$	0.953 2	4.470×10^{-2}	0.959 2
9.2	$0.131 8 \times 10^{-2}$	0.929 5	6.910×10^{-2}	0.936 5
9.4	$0.799 7 \times 10^{-3}$	0.893 9	0.105 3	0.905 4
9.6	$0.475 4 \times 10^{-3}$	0.842 3	0.157 3	0.864 5
9.8	$0.274 8 \times 10^{-3}$	0.771 4	0.228 3	0.814 3
10.0	$0.153 0 \times 10^{-3}$	0.680 6	0.319 2	0.758 1
10.2	$0.813 3 \times 10^{-4}$	0.573 5	0.426 3	0.701 1
10.4	$0.410 7 \times 10^{-4}$	0.459 1	0.540 9	0.649 0
10.6	$0.196 9 \times 10^{-4}$	0.348 8	0.651 2	0.605 6
10.8	$0.899 6 \times 10^{-5}$	0.252 6	0.747 4	0.573 2
11.0	$0.394 9 \times 10^{-5}$	0.175 7	0.824 2	0.548 2

3. 水的硬度

水中所含钙、镁离子的总量称为水的总硬度。由于钙、镁离子容易生成难溶性盐,若水中钙、镁离子浓度过高,即硬度大,就会给工业用水和人们的生活带来危害,同时也会危害水生生物。因此,硬度也作为衡量水质的一项指标。

雨水属于软水,钙、镁离子含量很低,地表水的硬度一般也不大,地下水的硬度往往比较高。硬度的单位为"度",规定 10 mg/L 的 CaO 称为 1 德国度;10 mg/L 的 CaCO₃ 称为 1 法国度,若未作说明,通常默认为德国度。水的硬度分级见表 3.5。

表 3.5　水的硬度分级

总硬度	水质
0～4 度	很软水
4～8 度	软水
8～16 度	中等硬水
16～30 度	硬水
30 度以上	很硬水

4. 缓冲能力

天然水体的 pH 一般在 6~9 之间,且对于某一水体,其 pH 几乎保持不变,这表明天然水体有一定的缓冲能力,是一个缓冲体系。一般认为,水中含有的各种碳酸化合物控制着水的 pH 并具有缓冲作用,但近期研究表明,水体和周围环境之间有多种物理、化学和生物化学作用,它们对水体的缓冲能力也有重要影响。但碳酸化合物仍是水体缓冲作用的重要因素,人们时常根据它的存在情况来估算水体的缓冲能力。

对于碳酸水体系,在 pH < 8.3 时,可以只考虑一级碳酸平衡,其 pH 可以通过下面的式子来确定:

$$pH = pK_1 - \lg \frac{[H_2CO_3^*]}{[HCO_3^-]} \tag{3.24}$$

如果向水体投加 ΔB 量的碱性废水,水中 ΔB 量的 $H_2CO_3^*$ 变为 HCO_3^-,水体的 pH 升高为 pH′,则有

$$pH' = pK_1 - \lg \frac{[H_2CO_3^*] - \Delta B}{[HCO_3^-] + \Delta B} \tag{3.25}$$

水体的 pH 变化为

$$\Delta pH = pH' - pH$$

即

$$\Delta pH = -\lg \frac{[H_2CO_3^*] - \Delta B}{[HCO_3^-] + \Delta B} + \lg \frac{[H_2CO_3^*]}{[HCO_3^-]} \tag{3.26}$$

若把 $[HCO_3^-]$ 作为水的碱度,$[H_2CO_3^*]$ 作为水的游离碳酸 $[CO_2]$,可以推出

$$\Delta B = \frac{碱度 \times (10^{\Delta pH} - 1)}{1 + K_1 \times 10^{(pH + \Delta pH)}} \tag{3.27}$$

ΔpH 即为相应改变的 pH。在投加酸量 ΔA 时,只要把 ΔpH 作为负值,$\Delta A = -\Delta B$,也可以进行类似的计算。

3.1.4　水中的污染物

水体中的污染物种类繁多,成分复杂,分类方法也很多。20 世纪 60 年代美国学者曾

把水体中的污染物大体划分为 8 类,即耗氧污染物(一些能够较快被微生物降解成为二氧化碳和水的有机物)、致病污染物(一些可使人类和动物患病的病原微生物与细菌)、合成有机物、植物营养物、无机物及矿物质、沉积物(由土壤、岩石等冲刷下来的)、放射性物质、热污染。这些污染物进入水体后通常以可溶态或悬浮态存在,其在水体中的迁移转化及生物可利用性均直接与污染物存在形态相关。

目前,水体中污染物更多的是以化学品污染物进行分类,大致可分为四大类型,即无机无毒污染物、无机有毒污染物、有机无毒污染物和有机有毒污染物。无机无毒污染物包括酸、碱,一般无机盐类以及氮、磷等植物营养物质。无机有毒污染物指各类重金属,如汞、铜、铅、铬以及砷化物、氰化物、氟化物、放射性物质等。在环境化学领域中,所谓重金属污染物主要是指汞、铅、铬、镉等以及类金属砷等具有明显生物毒性的元素,其他一般重金属不在此列。有机无毒污染物主要是指比较容易生物降解的有机物,如碳水化合物、脂肪、蛋白质等。有机有毒污染物包括酚、多环芳烃等和各种人工合成的具有积累性的难降解有机化合物,如多氯联苯、有机农药等。

1. 无毒污染物

水中的无毒污染物包括无毒的无机污染物和有机污染物,它们本身无毒性,但通过生物活动消耗水中的溶解氧,导致水体缺氧,甚至会引起水体"富营养化"现象。目前研究最多的是一些好氧有机物和氮磷等植物营养素。

(1)耗氧有机物。

生活污水、食品、造纸、制革、印染、化工等工业废水中,含有大量的碳水化合物、蛋白质、脂肪、木质素等有机物。这些污染物进入水体后,将在微生物的作用下进行好氧分解,在分解过程中需要消耗大量的溶解氧,因而被称为耗氧污染物。

如果进入水体有机物不多,耗氧量没有超过水体中氧的补充量,溶解氧始终保持在一定的水平上,表明水体有自净能力,经过一段时间有机物分解后,水体可恢复至原有状态。如果进入水体的耗氧有机物很多,溶解氧来不及补充,水体中溶解氧将迅速下降,甚至导致缺氧或无氧,有机物将变成缺氧分解。对于前者,有氧分解产物为 H_2O、CO_2、NO_3^- 和 SO_4^{2-} 等,不会造成水质恶化;而对于后者,缺氧分解产物为 NH_3、H_2S、CH_4 等,将会使水质进一步恶化。

一般的,耗氧有机物进入天然水体后,将引起水体溶解氧发生变化,可得到一条氧下垂曲线,如图 3.3 所示。

根据溶解氧的变化把河流分成相应的几个区段:

清洁区:表明未被污染,氧及时得到补充;

分解区:细菌对排入的有机物进行分解,消耗溶解氧,而通过大气补充的氧不能弥补消耗的氧。因此,水体中溶解氧下降,此时细菌个数增加;

腐败区:溶解氧消耗殆尽,水体进行缺氧分解,当有机物被分解完后,腐败区即告结束,溶解氧开始恢复上升;

恢复区:有机物分解已完成,耗氧过程几乎停止,溶解氧逐渐上升,并接近饱和;

清洁区:水体环境改善,又恢复至原始状态。

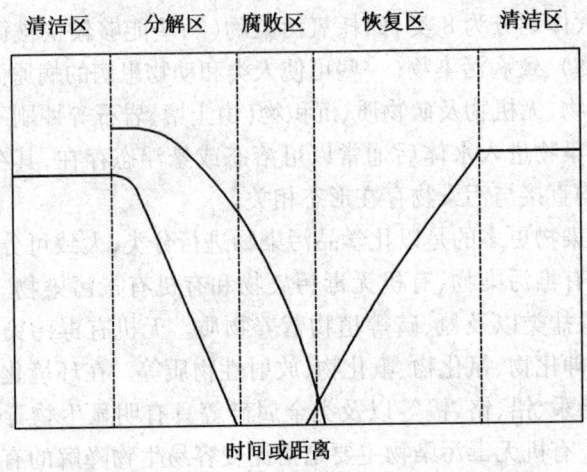

图 3.3　河流的氧下垂曲线

（2）水中营养物质与水体富营养化。

①水中的营养物质。水中的 N、P、C、O 和微量元素,如 Fe、Mn、Zn 等,是湖泊等水体中生物的必需元素。营养元素丰富的水体通过光合作用,产生大量的植物生命体和少量的动物生命体。近年来的研究表明,湖泊水质恶化和富营养化的发展,与湖体内积累营养物有着非常直接的关系。以太湖为例,总磷（TP）、总氮（TN）、Fe、Mn 和 Zn 是进入太湖污染物中总量较大的一类,年入湖量为 32 751.8 t,其中 TN 占 85.8%,TP 和 Fe 各约占 6% 和 2.1%,Mn 占 0.3%。近 30 年来,营养元素特别是 TN、TP 的含量都有明显的增加。

通常用 $n(N)/n(P)$ 值的大小来判断湖泊的富营养化状况。当 $n(N)/n(P)$ 值大于 100 时,属于贫营养湖泊状况;当 $n(N)/n(P)$ 值小于 10 时,则认为属富营养状况。如果假定 $n(N)/n(P)$ 值超过 15,生物生长率不受氮限制的话,那么有 70% 的湖泊受磷限制。随着研究工作的深入,人们已逐渐认识到,湖泊的营养类型,除了营养物质的量度外,还应包括某些化学、生物,甚至物理感官等多个项目综合反映的结果。

②水体富营养化。富营养化是指生物所需的氮、磷等营养物质大量进入湖泊、河口、海湾等缓流水体,引起藻类及其他浮游生物迅速繁殖,水体溶解氧量下降,鱼类及其他生物大量死亡的现象。在受影响的湖泊、缓流河段或某些水域增加了营养物,由于光合作用使藻的个数迅速增加,种类逐渐减少,水体中原是以硅藻和绿藻为主的藻类,变成以蓝藻为主,蓝藻暴发性繁殖。在自然状况下,这一过程是很缓慢地发生,但在人类活动作用下,可加速这一过程的进行。

目前我国主要湖泊受氮、磷污染严重,富营养化问题突出,已有 75% 的湖泊出现不同程度的富营养化,五大淡水湖泊水体中营养盐浓度远远超过富营养化发生浓度,中型湖泊大部分均已处于富营养化状态。城市湖泊大多处于极富和重富营养化状况,一些水库也进入富营养化状况。污染物大量进入湖泊、人为活动对湖泊生态环境的严重破坏、湖泊内源污染严重是我国湖泊富营养化发生的主要原因。

2. 有毒污染物

有毒污染物是指进入生物体后积累到一定数量的具有生物毒性的污染物,如有机农药、多环芳烃等有机毒物,重金属、氰化物等无机毒物,以及放射性污染物等。

(1)有毒有机污染物。

有机有毒污染物主要是有机氯化物、酚类、多环芳烃、芳香胺类、油类和有机重金属化合物等。随着石油化工的发展,产生了许多原来自然界没有的、难分解的、有剧毒的有机物,如合成洗涤剂、有机氯农药、有机磷农药、多氯联苯、多环芳烃等。这些化合物在水中很难被微生物降解,它们通过食物链逐步被浓缩从而造成危害。

其中多环芳烃、多氯联苯和有机氯农药等均属于持久性有机污染物(POPs),其对生物的危害性是持续并深远的。它们在环境中难以降解,蓄积性强,能长距离迁移到达偏远的极地地区,并通过食物链对人类健康和生态环境造成危害,因而引起各国政府、学术界、工业界及公众的广泛重视。这些有机物往往含量低、毒性大、异构体多、毒性大小差别很大。此外,有机污染物本身的物理化学性质如溶解度、分子的极性、蒸气压、电子效应、空间效应等同样影响有毒有机污染物在水环境中的归趋及生物可利用性。下面对这类污染物在水环境中的分布和存在形态作以简要叙述。

①农药。水中常见的农药概括起来,主要为有机氯和有机磷农药,此外还有氨基甲酸酯类农药。它们通过喷施农药、地表径流及农药工厂的废水排入水体中。其中有机氯农药由于难以被化学降解和生物降解,因此,在环境中的滞留时间很长,由于其具有较低的水溶性和高的辛醇水分配系数,故很大一部分被分配到沉积物有机质和生物脂肪中。在世界各地区土壤、沉积物和水生生物中都已发现这类污染物,并有相当高的含量。与沉积物和生物体中的含量相比,水中农药的含量是很低的。目前,有机氯农药(如滴滴涕(DDT))由于它的持久性和通过食物链的累积性,已被许多国家禁用。一些污染较为严重的地区,淡水体系中有机氯农药的污染已经得到一定程度的遏制。

有机磷农药和氨基甲酸酯农药与有机氯农药相比,较易被生物降解,它们在环境中的滞留时间较短。在土壤和地表水中降解速率较快,杀虫力较高,常用来消灭那些不能被有机氯杀虫剂有效控制的害虫。对于大多数氨基甲酸酯类和有机磷杀虫剂来说,由于它们的溶解度较大,其沉积物吸附和生物累积过程是次要的,然而当它们在水中含量较高时,有机质含量高的沉积物和脂类含量高的水生生物也会吸收相当量的该类污染物。目前在地表水中能检出的不多,污染范围较小。

此外,近年来除草剂的使用量逐渐增加,它们具有较高的水溶解度和低的蒸气压,通常不易发生生物富集、沉积物吸附和从溶液中挥发等反应。根据它们的结构性质,主要分为有机氯除草剂、氮取代物、脲基取代物和二硝基苯胺除草剂4个类型。这类化合物的残留物通常存在于地表水体中,除草剂及其中间产物是污染土壤、地下水以及周围环境的主要污染物。

②多氯联苯(PCBs)。PCBs是联苯经氯化而成。氯原子在联苯的不同位置取代1~10个氢原子,可以合成210种化合物,通常获得的是混合物。由于它的化学稳定性和热稳定性较好,被广泛用作变压器和电容器的冷却剂、绝缘材料、耐腐蚀的涂料等。PCBs极难溶于水,不易分解,但易溶于有机溶剂和脂肪,具有高的辛醇-水分配系数,能强烈地分配到沉积物有机质和生物脂肪中,因此,即使它在水中含量很低时,在水生生物体内和沉积物中的含量仍然可以很高。表3.6列出我国部分地区沉积物中PCBs的污染水平。

由于 PCBs 在环境中的持久性及对人体健康的危害,1973 年以后,各国陆续开始减少或停止生产。

表 3.6 我国部分地区沉积物中 PCBs 的污染水平

表层沉积物来源	监测时间	总 PCBs 含量/$(ng \cdot g^{-1})$
第二松花江	1982	25.4 ~ 337 3
浙江受污染河流	1994	691
珠江广州段	1999	12.88 ~ 65.31
淮河信阳段和淮南段		6.34 ~ 8.24
大连湾	1999	0.85 ~ 27.37
闽江口	1999.11	15.14 ~ 57.93
北京通惠河	2002	1.58 ~ 344.9

③多环芳烃类(PAH)。多环芳烃在水中溶解度很小,辛醇 – 水分配系数高,是地表水中滞留性污染物,主要累积在沉积物、生物体内和溶解的有机质中。已有证据表明多环芳烃化合物可以发生光解反应,其最终归趋可能是吸附到沉积物中,然后进行缓慢的生物降解。多环芳烃的挥发过程与水解过程均不是重要的迁移转化过程,显然,沉积物是多环芳烃的蓄积库,在地表水体中其浓度通常较低。

(2)重金属污染物。

污染水体的重金属有汞、铬、铜、锌、铅、镉等,其中以汞毒性最大。此外还有砷,因其毒性与重金属相似,故经常与重金属放在一起讨论。

①汞。天然水体中汞的含量很低,一般不超过 1.0 μg/L。水体汞的污染主要来自生产汞的厂矿、有色金属冶炼以及使用汞的生产部门排出的工业废水。尤以化工生产中汞的排放为主要污染源。

水体中汞以 Hg^{2+}、$Hg(OH)_2$、CH_3Hg^+、$CH_3Hg(OH)$、CH_3HgCl、$C_6H_5Hg^+$ 为主要存在形态。在悬浮物和沉积物中主要以 Hg^{2+}、HgO、HgS、CH_3Hg(SR)、$(CH_3Hg)_2S$ 为主要形态。在生物相中,汞以 Hg^{2+}、CH_3HgCH_3 为主要形态。汞与其他元素等形成配合物是汞能随水流迁移的主要因素之一。水体中的悬浮物和底质对汞有强烈的吸附作用。水中悬浮物能大量摄取溶解性汞,使其最终沉降到沉积物中。水体中汞的生物迁移在数量上是有限的,但由于微生物的作用,沉积物中的无机汞能转变成剧毒的甲基汞而不断释放至水体中,甲基汞有很强的亲脂性,极易被水生生物吸收,通过食物链逐级富集最终对人类造成严重威胁,它与无机汞的迁移不同,是一种危害人体健康与威胁人类安全的生物地球化学迁移。日本著名的水俣病就是食用含有甲基汞的鱼造成的。

②铬。天然水中铬的质量浓度一般为 1 ~ 40 μg/L,水体铬污染主要源于冶炼、电镀、制革、印染等工业排放的含铬废水。水中的铬主要以 Cr^{3+}、CrO_2^-、CrO_4^{2-}、$Cr_2O_7^{2-}$ 4 种离子形态存在,水体中铬以三价和六价铬的化合物为主。铬存在形态决定着其在水体的迁移能力,三价铬大多数被底泥吸附转入固相,少量溶于水,迁移能力弱。六价铬毒性比三价

铬大,它在碱性水体中较为稳定并以溶解状态存在,迁移能力强。因此,水体中若三价铬占优势,可在中性或弱碱性水体中水解,生成不溶的氢氧化铬和水解产物或被悬浮颗粒物强烈吸附,主要存在于沉积物中。若六价铬占优势则多溶于水中。水中六价铬可以被还原为三价铬,然后被悬浮物强烈吸附而沉降至底部颗粒物中。这也是六价铬在水体中的主要净化机制之一。

③铜。铜在淡水中的质量浓度平均为 3 $\mu g/L$,水生生物对铜特别敏感,渔业用水铜的容许质量浓度为 0.01 mg/L,是饮用水容许含量的百分之一。水体铜污染主要源于冶炼、金属加工、机器制造、有机合成及其他工业排放的含铜废水。水体中铜的含量与形态都明显与 OH^-、CO_3^{2-} 和 Cl^- 等离子含量有关,同时受 pH 的影响。如在 pH 为 5~7 的酸性环境中,二价铜离子存在较多;当 pH > 8 时,则 $Cu(OH)_2$、$Cu_2(OH)_3^-$、$CuCO_3$ 及 $Cu(CO_3)_2^{2-}$ 等形态逐渐增多。水体中大量无机和有机颗粒物,能强烈地吸附或螯合铜离子,使铜最终进入底部沉积物中,河流对铜有明显的自净能力。

④锌。天然水中锌质量浓度一般为 2~330 $\mu g/L$,但不同地区和不同水源的水体,锌含量有很大差异。各种工业废水的排放是引起水体锌污染的主要原因。天然水中锌以二价离子形式存在,并能水解成多核羟基配合物 $Zn(OH)_n^{n-2}$,还可与水中的 Cl^-、有机酸和氨基酸等形成可溶性配合物。锌可被水体中悬浮颗粒物吸附或生成化学沉积物向底部沉积物迁移,沉积物中锌含量为水中的 1 万倍。水生生物对锌有很强的吸收能力,因而可使锌向生物体内迁移,富集倍数为 10^3~10^5 倍。

⑤铅。淡水中铅的质量浓度一般为 0.06~120 $\mu g/L$。矿山开采、金属冶炼、汽车废车、燃煤、油漆、涂料等都是水体中铅的主要来源,人类的生产、生活活动使得地球上几乎每个角落都能检测出铅。天然水体中铅主要以 Pb^{2+} 状态存在,其含量和形态地受 CO_3^{2-}、SO_4^{2-}、OH^- 和 Cl^- 等含量的影响,铅可以 $PbOH^+$、$Pb(OH)_2$、$Pb(OH)_3^-$、$PbCl^+$、$PbCl_2$ 等多种形态存在。在中性和弱碱性的水中,铅的含量受氢氧化铅所限制。水中铅含量取决于 $Pb(OH)_2$ 的溶度积。在偏酸性天然水中,水中 Pb^{2+} 含量被硫化铅浓度所限制。水体中悬浮颗粒物和沉积物对铅有强烈的吸附作用,因此铅化合物的溶解度和水中固体物质对铅的吸附作用是导致天然水中铅含量低、迁移能力小的重要因素。

⑥镉。天然水中镉含量很低,水体镉污染主要源于工业含镉废水的排放,大气镉尘的沉降和雨水对地面的冲刷。镉是水迁移性元素,除了硫化镉外,其他镉的化合物均能溶于水。在水体中镉主要是以 Cd^{2+} 形式存在。进入水体的镉还可与无机和有机配体生成多种可溶性配合物。天然水中镉的溶解度受碳酸根或羟基浓度所制约。水体中悬浮物和沉积物对镉有较强的吸附能力。已有研究表明,悬浮物和沉积物中镉的含量占水体总镉量的 90% 以上。水生生物对镉有很强的富集能力。据 Fassett 报道,对 32 种淡水植物的测定表明,所含镉的平均浓度可高出邻接水相 1 000 多倍。因此,水生生物吸附富集是水体中重金属迁移转化的一种形式,通过食物链的作用可对人类造成严重威胁。众所周知,日本的痛痛病就是由于长期食用含镉量高的稻米所引起的中毒。

⑦砷。淡水中砷质量浓度一般为 0.2~230 $\mu g/L$,平均为 1.0 $\mu g/L$。岩石风化、土壤侵蚀、火山作用以及人类生产活动都能使砷进入天然水中。天然水中砷可以 H_3AsO_3、$H_2AsO_3^-$、H_3AsO_4、$H_2AsO_4^-$、$HAsO_4^{2-}$ 和 AsO_4^- 等形态存在。在适中的氧化还原电位(E_h)

值和 pH 呈中性的水中,砷主要以 H_3AsO_3 为主,但在中性或弱酸性富氧水体环境中则以 $H_2AsO_4^-$ 和 $HAsO_4^{2-}$ 为主。

(3)放射性污染物。

放射性污染物分为两大类:第一类为天然放射性物质,又称放射性本底(背景值);第二类为人工放射性物质,又称放射性污染物,由它们引起的污染称为放射性污染。核动力工厂排放的放射性废水、核爆炸降落到水体的散落物、核动力船舶事故泄漏的燃料都可污染水体;开采、提炼和使用放射性物质时,如果处理不当,也会造成污染。水体遭受放射性污染后,影响饮用水水质,并且污染水生生物和土壤,通过食物链对人体产生内照射。废水中的人工放射性元素主要有 ^{90}Sr、^{137}Cs、^{131}I 等,对人体健康有重要影响。

目前世界上化学品销售已达 7 万~8 万种,且以每年产生 1 000~1 600 种新化学品的速度进入消费市场。除少数品种外,人们对其中的绝大部分化学物质,特别是有毒有机化学物质在环境中的行为及其潜在危害至今尚无所知或知之甚微。但由于有毒物质品种繁多,不可能对每种污染物都制定控制标准,因而提出在众多污染物中筛选出潜在危险大的作为优先研究和控制对象,该种污染物称为优先污染物。美国是最早开展优先污染物监测的国家,早在 20 世纪 70 年代中期,就在"清洁水法"中明确规定了 129 种优先污染物,其中有 114 种是有毒有机污染物。日本于 1986 年底,由环境厅公布了 1974~1985 年间对 600 种优先有毒化学品环境安全性综合调查,其中检出率高的有毒污染物有 189 种。欧洲经济共同体在"关于水质项目的排放标准"的技术报告中,也列出了"黑名单"和"灰名单"。由于持久性有机污染物对全球环境及人类健康的巨大危害,经过国际社会的共同努力,127 个国家的政府代表于 2001 年签署了《关于持久性有机污染物(POPs)的斯德哥尔摩公约》(《POPs 公约》),该公约提出艾氏剂、狄试剂、异狄试剂、DDT、氯丹、六氯苯、灭蚁灵、毒杀芬、七氯、多氯联苯、多氯代二苯并二噁英和多氯代二苯并呋喃 12 种化学物质为首批采取国际行动的物质。我国对有毒化学物质的污染问题也越来越重视和关注。近年来我国也开展了水中优先污染物筛选工作,提出初筛名单 249 种,通过多次专家研讨会,初步提出我国的水中优先控制污染物黑名单 68 种(见表 3.7),为我国优先污染物控制和监测提供了依据。

表 3.7 我国水中优先控制污染物黑名单

挥发性卤代烃类	二氯甲烷、三氯甲烷、四氯化碳、1,2-二氯乙烷、1,1,1-二氯乙烷、1,1,2-三氯乙烷、1,1,2,2-四氯乙烷、三氯乙烯、四氯乙烯、三溴甲烷(溴仿),计 10 个
苯系物	苯、甲苯、乙苯、邻二甲苯、间二甲苯、对二甲苯,计 6 个
氯代苯类	氯苯、邻二氯苯、对二氯苯、六氯苯,计 4 个
多氯联苯	1 个
酚类	苯酚、间甲酚、2,4-二氯酚、2,4,6-三氯酚、五氯酚、对硝基酚,计 6 个
硝基苯类	硝基苯、对硝基甲苯、2,4-二硝基甲苯、三硝基甲苯、对硝基氯苯、2,4-二硝基氯苯,计 6 个
苯胺类	苯胺、二硝基苯胺、对硝基苯胺、2,6-二氯硝基苯胺,计 4 个

续表 3.7

多环芳烃类	萘、萤蒽、苯并[b]萤蒽、苯并[k]萤蒽、苯并[a]芘、茚并[1,2,3-c,d]芘、茚并[ghi]芘,计 7 个
酞酸酯类	钛酸二甲酯、钛酸二丁酯、钛酸二辛酯,计 3 个
农药	六六六、滴滴涕、敌敌畏、乐果、对硫磷、甲基对硫磷、除草醚、敌百虫,计 8 个
丙烯腈	1 个
亚硝铵类	N-亚硝基二甲胺、N-亚硝基二正丙胺,计 2 个
氰化物	1 个
重金属及其化合物	砷及其化合物、铍及其化合物、镉及其化合物、铬及其化合物、汞及其化合物、镍及其化合物、铊及其化合物、铜及其化合物、铅及其化合物,计 9 类

3.2　无机污染物的迁移转化

无机污染物,尤其是重金属类污染物,在水环境中不能被生物降解,主要通过吸附-解吸作用、溶解-沉淀作用、配合作用、氧化还原、生物甲基化作用等物理化学过程进行迁移转化,参与和干扰各种环境化学过程和物质循环过程,最终以一种或多种形态长期存在于环境中,造成永久性的潜在危害。本节将对重金属和部分无机非金属化合物的迁移转化过程进行介绍。

3.2.1　金属化合物的迁移转化

1. 吸附作用

天然水体中具有吸附作用的物质主要是水中的颗粒物,它包括各种矿物微粒和黏土矿物、金属水合氧化物、腐殖质等有机高分子物质、生物胶体和表面活性剂等半胶体。此外,包含大量颗粒物组分的悬浮沉积物也是一个吸附剂的组合体,它既可以发生聚集沉降进入水体底部,又可以在一定条件下重新悬浮进入水体。颗粒物可以吸附水中的金属化合物,明显影响金属化合物在水体中的存在状态和迁移转化规律。

(1)吸附作用。

水环境中胶体颗粒的吸附作用大体可分为表面吸附、离子交换吸附和专属吸附等。首先,由于胶体具有巨大的比表面和表面能,因此固-液界面存在表面吸附作用,胶体表面积越大,所产生的表面吸附能也越大,胶体的吸附作用也就越强,它属于物理吸附。其次,由于环境中大部分胶体带负电荷,容易吸附各种阳离子,在吸附过程中,胶体每吸附一部分阳离子,同时也放出等量的其他阳离子,因此把这种吸附称为离子交换吸附,它属于物理化学吸附。这种吸附是一种可逆反应,而且能够迅速地达到可逆平衡。该反应不受温度影响,在酸碱条件下均可进行,其交换吸附能力与溶质的性质、浓度及吸附剂性质等有关。对于那些具有可变电荷表面的胶体,当体系 pH 高时,也带负电荷并能进行交换吸附。离子交换吸附对于从概念上解释胶体颗粒表面对水合金属离子的吸附是有用的,但是对于那些在吸附过程中表面电荷改变符号,甚至可使离子化合物吸附在同号电荷的表面上的现象无法解释。因此,近年来有学者提出了专属吸附作用。

所谓专属吸附是指吸附过程中,除了化学键的作用外,尚有加强的憎水键和范德瓦耳斯力或氢键在起作用。专属吸附作用不但可使表面电荷改变符号,而且可使离子化合物吸附在同号电荷的表面上。在水环境中,配合离子、有机离子、有机高分子和无机高分子的专属吸附作用特别强烈。例如,简单的 Al^{3+}、Fe^{3+} 等高价离子并不能使胶体电荷因吸附而变号,但其水解产物却可达到这点,这就是发生专属吸附的结果。

水合氧化物胶体对重金属离子有较强的专属吸附作用,这种吸附作用发生在胶体双电层的 Stern 层中,被吸附的金属离子进入 Stern 层后,不能被通常提取交换性阳离子的提取剂提取,只能被亲和力更强的金属离子取代,或在强酸性条件下解吸。专属吸附的另一特点是它在中性表面甚至在与吸附离子带相同电荷符号的表面也能进行吸附作用。例如水锰矿对碱金属(K、Na)及过渡金属(Co、Cu、Ni)离子的吸附特性就很不相同。对于碱金属离子,在低浓度时,当体系 pH 在水锰矿零电位点(ZPC)以上时,发生吸附作用。这表明该吸附作用属于离子交换吸附。而对于 Co、Cu、Ni 等离子的吸附则不相同,当体系 pH 在 ZPC 处或小于 ZPC 时,都能进行吸附作用,这表明水锰矿不带电荷或带正电荷均能吸附过渡金属元素。表 3.8 列出水合氧化物对金属离子的专属吸附与非专属吸附的区别。

表 3.8 水合氧化物对金属离子的专属吸附与非专属吸附的区别

项目	非专属吸附	专属吸附
发生吸附的表面净电荷的符号	−	−,0,+
金属离子所起的作用	反离子	配位离子
吸附时所发生的反应	阳离子交换	配体交换
发生吸附时要求体系的 pH	大于零电位点	任意值
吸附发生的位置	扩散层	内层
对表面电荷的影响	无	负电荷减少,正电荷增加

(2)吸附模型。

水中颗粒物对溶质的吸附过程是一个动态平衡过程,在一定的温度下,当吸附达到平衡时,颗粒物表面的吸附量 G 和水中溶质的平衡浓度 c 之间的关系,可以用吸附等温线来表达。常见的吸附等温线有三种,即 Henry 型、Freundlich 型和 Langmuir 型。

Henry 型的表达式为

$$G = kc \tag{3.28}$$

式中 k——分配系数。

Henry 型等温线为直线型,表明溶质在颗粒物和水之间按固定比值分配。

Freundlich 型的表达式为

$$G = kc^{\frac{1}{n}} \tag{3.29}$$

该等温线为指数型,它不能给出饱和吸附量。

Langmuir 型的表达式为

$$G = \frac{G_0 c}{A + c} \tag{3.30}$$

式中　G_0——单位表面达到饱和时的最大吸附量;

　　　　A——常数,是吸附量达到最大吸附量 G_0 一半时溶液的平衡浓度。

Langmuir 型的等温线是一条双曲线,其渐近线为 $G = G_0$。

吸附等温线在一定程度上反映了吸附剂与吸附质的特性,其形式在许多情况下与实验所用溶质的浓度区间有关。在初始浓度区间,当溶质浓度很低时,吸附等温线可能呈现 Henry 型,当浓度升高时,吸附等温线可能会呈现 Freundlich 型,但统一起来仍属于 Langmuir 型的不同区间。

(3)吸附作用与金属化合物的迁移转化。

颗粒物的吸附作用在很大程度上控制着金属在水环境中的分布与富集状态。吸附在颗粒物上的金属化合物将随着颗粒物在水中的存在状态的不同,有着不同的归宿。如果颗粒物长期稳定地分散在水中,则金属化合物也将长期存在于水体中;如果颗粒物相互作用聚集形成更大的颗粒,以致发生沉降,则金属化合物将随其沉积到水底,进入底泥。水体中几乎所有含胶体的沉淀物由于吸附作用都明显富集铜、镍、钴、钡、铅等金属。沉积物和悬浮物对镉的吸附作用是控制河水中镉浓度的主要因素。有机物对二价金属离子的吸附力较高,其对重金属离子的吸附顺序为

$$Pb^{2+} > Cu^{2+} > Ni^{2+} > Cd^{2+} > Zn^{2+} > Mn^{2+}$$

蒙脱石对二价金属离子的吸附力顺序为

$$Pb^{2+} > Cu^{2+} > Cd^{2+} > Zn^{2+}$$

胡敏酸对重金属离子的吸附力顺序为

$$Hg^{2+} > Cu^{2+} > Pb^{2+} > Zn^{2+} > Ni^{2+} > Co^{2+}$$

金属离子水解产物的吸附亲和力大于简单离子,如 $CuOH^+ > Cu^{2+}$,$FeOH^+ > Fe^{2+}$ 等。

吸附在颗粒物和沉积物中的重金属在一定条件下可以解吸下来,重新释放到水中,对水生生态系统造成很大危害,可以导致重金属解吸的原因主要有如下几种:

①pH 变化。一般情况下,沉积物中重金属的释放量随体系 pH 的降低而升高。因为随着 pH 的降低,水中的碳酸盐和氢氧化物会溶解,氢离子的竞争吸附作用会增加金属离子的解吸量;另外,在低 pH 下,金属难溶性盐和金属配合物也会发生溶解,释放出金属离子。这也是受酸性废水污染的水体,其水中金属的浓度往往会很高的原因。

②氧化还原条件。对于某些含大量耗氧物质的沉积物,一定深度以下沉积物中的氧化还原电位急剧降低,形成强还原性环境,使铁、锰氧化物部分或全部溶解,那么被其吸附或与之共沉淀的重金属离子同时被释放出来。

③碱金属和碱土金属含量。碱金属和碱土金属阳离子可以把吸附在颗粒物上的重金属离子交换下来,这是金属从沉积物中释放出来的主要途径之一。如水体中的钙、镁离子和钠离子对悬浮物中铜、铅和锌的交换释放作用。在 0.5 mol/L 的钙离子的作用下,

铜、铅和锌可以被解吸下来。

④配合剂含量。一般的，配合剂含量增加后，能与重金属形成可溶性配合物，该配合物稳定度较大，能以溶解态形式存在，使重金属从颗粒物上解吸下来。

⑤吸附温度。吸附作用多是放热过程，温度升高有利于金属从颗粒物上解吸。当然，吸附作用受温度的影响还与吸附剂和吸附质的作用机制有关。如蒙脱石具有较大的内表面，当温度升高时，蒙脱石层间膨胀，其内表面外露，反而增强其对吸附质的吸附能力。

2. 水体中胶体微粒(颗粒物)的聚沉

水体中胶体粒子可在长时间内较稳定存在，但由于胶体微粒带电，故在适宜条件下可很快聚沉。

(1)胶体微粒电荷的来源。

以下几个方面可造成胶体微粒带电：

①某些黏土矿物在其形成过程中，出现同晶替代及晶格缺陷的现象使胶体粒子带电。例如，硅氧四面体中的硅原子被铝原子替代后，产生一个负电荷。

②胶体颗粒物的表面结合氢或氢氧离子而造成表面带电。某些黏土矿物及铁、铝等水合氧化物属此类情况。

③高分子有机物的官能团解离也能使其带电，蛋白质、腐殖酸等的离解可表示为

$$
\underset{NH_3^+}{\overset{COOH}{R}} \underset{+H^+}{\overset{-H^+}{\rightleftharpoons}} \underset{NH_2}{\overset{COOH}{R}} \underset{+H^+}{\overset{-H^+}{\rightleftharpoons}} \underset{NH_2}{\overset{COO^-}{R}}
$$

显然后两种电荷的来源，都与水体 pH 变化密切相关。在某一 pH 时，出现零电位，该点称为零电位点，简称零电点，相应的 pH 简称 pH_{zpc}(见表 3.9)。因此水体 pH 对胶体吸附有较大的影响。一方面，pH 决定着胶体的性质；另一方面，重金属的存在形态也与水体 pH 有关。

表 3.9　水体中常见物质的 pH_{zpc}

物质	pH_{zpc}	物质	pH_{zpc}
$\alpha - Al_2O_3$	9.1	MgO	12.4
$\alpha - Al(OH)_3$	5.0	$\alpha - MnO_2$	2.8
$\alpha AlO(OH)$	8.2	$\beta - MnO_2$	2.7
CuO	9.5	SiO_2	2.0
Fe_3O_4	6.5	长石	0.3~2.4
$\alpha - FeO(OH)$	7.8	高岭石	4.6
$\alpha - Fe_2O_3$	6.7	蒙脱石	2.5
$Fe(OH)_3$(无定形)	8.5	钠长石	2.0

④胶体微粒表面结合或吸附水中某些离子、配离子或有机离子等，使颗粒表面带电：

$$FeO(OH)(s) + HPO_4^{2-} \Longrightarrow FeOHPO_4^-(s) + OH^-$$

（2）水体中胶体微粒的双电层特征。

现以黏土矿物微粒的双电层结构为例说明胶体的结构。黏土矿物微粒的表面带负电荷，它吸附溶液中正离子（称为反离子）。由于离子的热运动，正离子将扩散分布在微粒界面的周围。图 3.4 中，界面 NM 是黏土矿物微粒表面的一部分，符号"+"表示被吸附的正离子。实际界面周围的溶液中有正离子，也有负离子；因微粒负电场作用，正离子过剩，显然与界面 NM 距离越远的液面，由于微粒电场力不断减弱，正离子过剩趋势也越小，直至为零。这样由界面 NM 和同它距离为 d 正离子过剩刚刚为零的液面 CD，构成了微粒扩散双电层。实验证明，与微粒界面紧靠的 NM 至 AB 液层，将随微粒一起运动，称为不流动层（固定层）；其厚度为 δ，约与离子大小相近。而离界面稍远的 AB 至 CD 液层，不跟微粒一起运动，称为流动液层（扩散层），其厚度为 $d-\delta$。曲线 NC 表示相对界面不同距离的液面电位，液面 CD 呈电中性，设其电位为零，并作为衡量其他液面电位的基准。界面 NM 电位为 E，称为胶体微粒总电位。不流动层与流动层交界液面 AB 的电位为 ξ，称为胶体微粒的 ξ 电位或电动电位。不流动液层中总有一部分与微粒电性相反的离子，所以 ξ 电位的绝对值小于总电位 E 的绝对值。由于同种胶体微粒具有相同的 ξ 电位，当它们彼此接近时，在静电斥力作用下分开，故胶体微粒可长时间稳定存在而不发生聚沉。

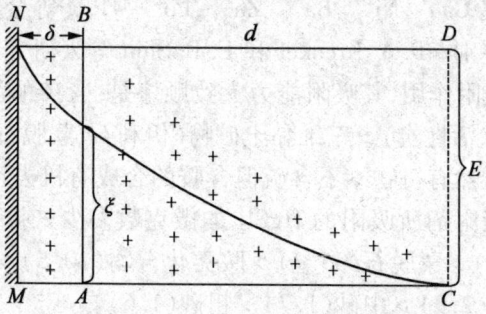

图 3.4 黏土矿物微粒双电层及其反离子扩散分布示意图

高分子电解质如腐殖酸、蛋白质等，其电荷是由官能团的离解产生的，离解度即电荷值由水体 pH 决定，其表面电位还与官能团的数量和分布特征有关。双电层的结构也与固体表面的双电层结构不同。

铁、铝、锰、硅等的水合氧化物或固体氧化物，其表面电荷由于结合氢离子或氢氧离子产生的，因而表面电荷强烈地依赖于溶液的 pH。在天然水体中时常呈电负性，在低 pH 时可呈正电性，在固定 pH 时，表面上有恒定的电位，这种双电层有明显的两性性质，因此零电点是其主要参数。

（3）胶体微粒的聚沉。

胶体微粒的聚沉是指胶体颗粒通过碰撞结合成聚集体而发生沉淀现象，这现象也称凝聚。影响胶体微粒聚沉的因素是多种多样的，包括电解质的浓度、微粒的浓度、水体温度、pH 及流动状况、带相反电荷微粒间相互作用等，其中主要因素是电解质浓度。从微粒本身结构看，微粒带同号电荷及微粒周围有水化膜是使其稳定的两个主要原因。若消除这两个因素,微粒便可聚沉。

某些胶体微粒(如有机高分子胶体微粒)本身具有一定的亲水性,直接吸附水分子形成水化膜。对于这类胶体的聚沉来说,虽要降低 ζ 电位,但更重要的是要去除水化膜,否则带有水化膜的有机胶体微粒相互距离较大,分子间作用力很弱,难以聚沉。一般在有大量电解质存在时,可以满足上述两个方面的需要,使有机胶体微粒在水中聚沉。

胶体粒子除能聚集成沉淀外,还能形成松散状絮状物,该过程称为胶体微粒的絮凝,絮状物称凝絮物。例如,腐殖质分子中的羧基和酚羟基可与水合氧化铁胶体微粒表面的铁螯合,而腐殖质分子中可供螯合的成分很多,这样有可能形成胶体微粒-腐殖质-胶体微粒的庞大聚集体,从而絮凝沉降。

实际水体中微粒间可出现多种方式的聚沉和絮凝作用。影响胶体凝聚的因素是复杂的。除电解质外,还有胶体微粒的浓度、水体的温度、pH 及流动状况、带相反电性的胶体微粒的相互作用、光的作用等因素。

(4)胶体微粒的吸附和聚沉对污染物的影响。

吸附作用可控制水体中金属离子的浓度。胶体的吸附作用是使许多微量金属从饱和的天然水中转入固相的最重要的途径。胶体的吸附作用在很大程度上控制着微量金属在水环境中的分布和富集状况。大量资料表明,在水环境中所有富含胶体的沉积物由于吸附作用几乎都富集 Cu^{2+}、Ni^{2+}、Ba^{2+}、Zn^{2+}、Pb^{2+}、Tl、U 等金属。不同吸附剂对金属离子的吸附有较大的差别。P. A. Krenkel 和 E. B. Shin 等人研究了各种天然和人工合成的吸附剂对 $HgCl_2$ 的吸附作用,其吸附能力大致顺序是:含硫的沉积物(还原态的) > 商业去污剂(硅的混合物、活性炭) > 三维黏土矿物(伊利石、蒙脱石) > 含蛋白去污剂 > 铁、锰氧化物及不含硫的天然有机物 > 不含硫但含胺的合成有机去污剂、二维黏土矿物和细砂。若以每分钟每克吸附剂所吸附的 $HgCl_2$ 的微克数多少来排列,则吸附顺序为:硫醇(84.2) > 伊利石(65.3) > 蒙脱石(35.7) > 胺类化合物(10.5) > 高岭石(9.7) > 含碳基的有机物(7.3) > 细砂(2.9) > 中砂(1.7) > 粗砂(1.6)。

高广生等人研究了我国主要河流(珠江广州段、长江南京段、黄河花园口段、松花江和黑龙江同江段)悬浮物的地球化学性质与对镉离子吸附作用的相关性和地域分布规律,认为我国主要河流悬浮物的有效载体阳离子交换量与其黏土矿物组成有很好的相关性,并且与相应流域代表性土壤的黏土矿物类型、硅铝分子比率和胡敏酸/富里酸之比值也有较好的相关性。

水体 pH 对吸附剂吸附重金属离子有一定的影响。王晓蓉等人研究了金沙江颗粒物对 Cu^{2+}、Zn^{2+}、Cd^{2+}、Co^{2+}、Ni^{2+} 的吸附作用。结果表明,江水 pH 是控制金属离子向固相迁移的主要原因。颗粒物的吸附作用使水中金属离子在较低的 pH 下向固相迁移。总吸附量随 pH 增加而增大。各元素均有一临界 pH,超过了该值,离子的水解、沉淀则起主要作用。颗粒物的粒度和浓度及几种离子共存时对吸附有影响。

沉积物(底泥)是水体中污染物的源和汇,严重影响污染物特别是有机污染物在水环境中的归宿和迁移过程,也是水体中重金属、有机物二次污染的成因。因此对沉积物与水间相互作用的研究在水污染化学及防治中具有特殊的重要性。目前,在沉积物/水间污染物的传输作用,污染物在沉积物里的吸附等界面行为,各种与沉积物相关的水质和人类健康问题等诸方面,已做了不少研究工作。

3. 溶解 – 沉淀作用

天然水在循环过程中,不断地与岩石中的矿物进行作用,矿物可以溶解在水中或与水进行反应,也可以聚集在水底沉积物中。溶解和沉淀是污染物在水环境中进行迁移的重要途径。通常金属化合物在水中的迁移能力可以直观地用溶解度来表示。溶解度小的金属化合物,容易沉淀到水底,沉积在底泥中,其迁移能力就小;反之,溶解度大的金属化合物,其迁移能力大。

通常,水体沉积物中所含的难溶性盐大多是碳酸盐、氢氧化物和硫化物,它们的溶解度依次减小。当水体的 pH 升高时,水中的碳酸氢盐向碳酸盐转化,氢氧根离子的浓度也升高,许多金属离子很快会生成碳酸盐和氢氧化物沉积到水底。如果遇到氧化还原电位很低的强还原性环境,硫离子浓度较高,则这些金属的碳酸盐或氢氧化物就会进一步转化为更难溶的硫化物。而当水体酸化、盐浓度升高或氧化性增强时,水底沉积物中的金属离子就会重新释放出来。

下面以碳酸盐、氢氧化物和硫化物为例介绍水中的溶解 – 沉淀作用。

(1)碳酸盐。

二价金属离子的碳酸盐通常是些难溶性的化合物。由于碳酸盐在不同的 pH 条件下,它的溶解度不同,加上空气中二氧化碳的分压对水中碳酸形态也有影响,所以碳酸盐沉淀实际上是二元酸在气 – 液 – 固三相中的平衡分布问题。由于 $CaCO_3$ 的天然产物方解石在天然水体系中具有很重要的作用,因此,下面就以 $CaCO_3$ 为例介绍封闭体系碳酸盐的溶解度与水体 pH 的关系。封闭体系不考虑溶解性 CO_2 与大气的交换过程,只考虑水相碳酸形态和固相碳酸盐形态,把 $H_2CO_3^*$ 当作不挥发酸处理。

在封闭体系中,C_T = 常数,当水体 pH 不是太低时,有

$$[CO_3^{2-}] = C_T\sigma_2 \tag{3.31}$$

即 $[CO_3^{2-}]$ 取决于碳酸平衡。

根据溶解 – 沉淀平衡,有

$$CaCO_3(S) \Longrightarrow Ca^{2+} + CO_3^{2-}, K_{sp} = [Ca^{2+}][CO_3^{2-}]$$

则

$$[Ca^{2+}] = \frac{K_{sp}}{[CO_3^{2-}]} = \frac{K_{sp}}{C_T\sigma_2} \tag{3.32}$$

这就是在封闭体系中计算水中钙离子浓度的公式,对于其他二价金属离子 Me^{2+} 有

$$[Me^{2+}] = \frac{K_{sp}}{C_T\sigma_2} \tag{3.33}$$

由于 σ_2 是 pH 的函数,则上式说明 $CaCO_3$ 或 $MeCO_3$ 的溶解与 pH 有关。

(2)氢氧化物。

金属氢氧化物沉淀有多种形态,它们在水环境中的行为差别很大。金属氢氧化物的溶解 – 沉淀过程涉及水解和羟基配合物等平衡,往往复杂多变,对于强电解质金属氢氧化物的溶解 – 沉淀平衡表示为

$$Me(OH)_n(s) \Longrightarrow Me^{n+} + nOH^- \tag{3.34}$$

根据难溶化合物的溶度积(部分金属氢氧化物的溶度积见表 3.10)

$$K_{sp} = \left[Me^{n+} \right] \left[OH^- \right]^n \tag{3.35}$$

有

$$-lg\left[Me^{n+} \right] = -lg K_{sp} - nlg\left[H^+ \right] + nlg K_W \tag{3.36}$$

即

$$pc = pK_{sp} - npK_W + npH \tag{3.37}$$

根据上式可以看出,水中金属离子饱和浓度对数值与 pH 的关系,二者呈直线关系,直线的斜率为 n,即金属的离子价。直线的截距是 $-lg\left[Me^{n+} \right] = 0$ 时的 pH:

$$pH = 14 - \frac{1}{n}pK_{sp} \tag{3.38}$$

但式(3.37)所描述的关系并不能充分反映出氢氧化物的溶解度,还应该考虑这些固体还与羟基金属离子配合物 $Me(OH)_n^{z-n}$ 处于平衡,此时,可以把金属氢氧化物的溶解度 Me_T 表示为

$$Me_T = \left[Me^{n+} \right] + \sum_1^n \left[Me(OH)_n^{z-n} \right] \tag{3.39}$$

表 3.10 部分金属氢氧化物的溶度积

氢氧化物	K_{sp}	pK_{sp}	氢氧化物	K_{sp}	pK_{sp}
AgOH	1.6×10^{-8}	7.80	$Fe(OH)_3$	3.2×10^{-38}	37.50
$Ba(OH)_2$	5.0×10^{-3}	2.3	$Mg(OH)_2$	1.8×10^{-11}	10.74
$Ca(OH)_2$	5.5×10^{-6}	5.26	$Mn(OH)_2$	1.1×10^{-13}	12.96
$Al(OH)_3$	1.3×10^{-33}	32.9	$Hg(OH)_2$	4.8×10^{-26}	25.32
$Cd(OH)_2$	2.2×10^{-14}	13.66	$Ni(OH)_2$	2.0×10^{-15}	14.70
$Co(OH)_2$	1.6×10^{-15}	14.80	$Pb(OH)_2$	1.2×10^{-15}	14.93
$Cr(OH)_3$	6.3×10^{-31}	30.20	$Th(OH)_4$	4.0×10^{-45}	44.40
$Cu(OH)_2$	5.0×10^{-20}	19.30	$Ti(OH)_4$	1.0×10^{-40}	40.00
$Fe(OH)_2$	1.0×10^{-15}	15.00	$Zn(OH)_2$	7.1×10^{-18}	17.15

(3)硫化物。

金属硫化物的溶解度比氢氧化物更小,水中的重金属硫化物在中性条件下实际上是不溶的。Fe、Mn 和 Cd 的硫化物能溶于盐酸,Ni 和 Co 的硫化物不溶于盐酸,Cu、Hg 和 Pb 的硫化物只溶于硝酸。表 3.11 列出了部分重金属硫化物的溶度积。

表 3.11 部分重金属硫化物的溶度积

金属硫化物	K_{sp}	金属硫化物	K_{sp}
硫化银	6.3×10^{-50}	硫化镍	3.2×10^{-19}
硫化镉	7.9×10^{-27}	硫化铅	8.0×10^{-28}
硫化钴	4.0×10^{-21}	硫化锌	1.6×10^{-24}
硫化铜	6.3×10^{-36}	硫化汞	4.0×10^{-53}
硫化亚铁	3.3×10^{-18}	硫化锰	2.5×10^{-13}

因此,只要水中存在硫离子,几乎所有的重金属都可以从水中沉淀去除。当水中有硫化氢气体存在时,溶于水中气体呈二元酸状态,其分级电离为

$$H_2S \rightleftharpoons H^+ + HS^-, K_1 = 8.9 \times 10^{-8} \tag{3.40}$$

$$HS^- \rightleftharpoons H^+ + S^{2-}, K_2 = 1.3 \times 10^{-15} \tag{3.41}$$

二者相加有

$$H_2S \rightleftharpoons 2H^+ + S^{2-}, K_{12} = \frac{[H^+]^2[S^{2-}]}{[H_2S]} = K_1K_2 = 1.16 \times 10^{-22} \tag{3.42}$$

在饱和水溶液中,硫化氢浓度总是保持在 0.1 mol/L,因此可以认为,饱和溶液中硫化氢分子浓度也保持在 0.1 mol/L,带入上式有

$$[H^+]^2[S^{2-}] = 1.16 \times 10^{-22} \times 0.1 = 1.16 \times 10^{-23} = K'_{sp}$$

因此,可以把 1.16×10^{-23} 看成一个溶度积,K'_{sp} 在任何 pH 和硫化氢饱和溶液中必须保持的一个常数。由于硫化氢在纯水溶液中的二级电离很微弱,所以可以根据一级电离,近似认为 $[H^+] = [HS^-]$,可求得此溶液中的 $[S^{2-}]$:

$$[S^{2-}] = \frac{K'_{sp}}{[H^+]^2} = \frac{1.16 \times 10^{-23}}{8.9 \times 10^{-9}} \text{ mol/L} = 1.3 \times 10^{-15} \text{ mol/L}$$

在任一 pH 的水体中:$[S^{2-}] = \dfrac{K'_{sp}}{[H^+]^2}$,溶液中促成硫化物沉淀的是硫离子,若溶液中存在二价金属离子 Me^{2+},则有 $[Me^{2+}][S^{2-}] = K_{sp}$。因此,在硫化氢和硫化物均达到饱和的溶液中,可以算出溶液中金属离子的饱和浓度为

$$[Me^{2+}] = \frac{K_{sp}}{[S^{2-}]} = \frac{K_{sp}[H^+]^2}{K'_{sp}} = \frac{K_{sp}[H^+]^2}{0.1K_1K_2} \tag{3.43}$$

4. 配合作用

重金属污染物大部分以配合物形态存在于水体,其迁移、转化及毒性等均与配合作用有密切关系。

天然水体中重要的配位体有 OH^-、Cl^-、CO_3^{2-}、HCO_3^-、F^-、S^{2-} 等。以上离子除 S^{2-} 外,均属于 Lewis 硬碱,它们易与硬酸进行配合。如 OH^- 在水溶液中将优先与某些作为中心离子的硬酸结合,如 Fe^{3+} 和 Mn^{3+} 等,形成羧基配合离子或氢氧化物沉淀,而 S^{2-} 则更易和重金属(如 Hg^{2+}、Ag^+ 等)形成多硫配合离子或硫化物沉淀。

有机配位体情况比较复杂,天然水体中包括动植物组织的天然降解产物,如氨基酸、糖、腐殖酸,以及生活污水中的洗涤剂、清洁剂、EDTA、农药和大分子环状化合物等。这些有机物相当一部分具有配合能力。

(1)配合物的稳定性。

配合物在溶液中的稳定性是指配合物在溶液中离解成中心离子(原子)配位体,当离解达到平衡时离解程度的大小。这是配合物特有的重要性质。水中的金属离子,可以与电子供给体结合,形成一个配位化合物(或离子),如 Cd^{2+} 和一个配位体 CN^- 结合形成 $CdCN^+$ 配合离子:

$$Cd^{2+} + CN^- \rightleftharpoons CdCN^+$$

$CdCN^+$ 还可继续与 CN^- 结合,逐渐形成稳定性变弱的配合物 $Cd(CN)_2$、$Cd(CN)_3^-$ 和

$Cd(CN)_4^{2-}$。在这个例子中，CN^-是一个单齿配体，仅有一个位置与Cd^{2+}成键，所形成的单齿配合物对于天然水的重要性不大。更重要的是多齿配体，具有不止一个配位原子的配体，如甘氨酸、乙二胺是二齿配体，二乙基三胺是三齿配体，乙二胺四乙酸根是六齿配体，它们与中心原子形成环状配合物称为螯合物。螯合物比单齿配体所形成的配合物稳定性要大得多。

配合物的稳定性用稳定常数来描述，如可以用下面的反应来表示$ZnNH_3^{2+}$的生成反应：

$$Zn^{2+} + NH_3 \rightleftharpoons ZnNH_3^{2+}$$

式中生成常数K_1为

$$K_1 = \frac{[ZnNH_3^{2+}]}{[Zn^{2+}][NH_3]} = 3.9 \times 10^2$$

在上述反应中为了简便起见，把水合水省略了，然后$ZnNH_3^{2+}$继续与NH_3反应生成$Zn(NH_3)_2^{2+}$。生成常数为

$$K_2 = \frac{[(ZnNH_3)_2^{2+}]}{[ZnNH_3^{2+}][NH_3]} = 2.1 \times 10^2$$

K_1、K_2称为逐级生成常数或逐级稳定常数，表示NH_3加至中性离子上是个逐步进行的过程。多个配位体加到中心金属离子上的过程常用积累稳定常数β来表示，如$(ZnNH_3)_2^{2+}$的生成反应式为

$$Zn^{2+} + 2NH_3 \rightleftharpoons Zn(NH_3)_2^{2+}$$

其积累稳定常数β_2为

$$\beta_2 = \frac{[(ZnNH_3)_2^{2+}]}{[Zn^{2+}][NH_3]^2} = K_1K_2 = 8.2 \times 10^4$$

同样的，对于$Zn(NH_3)_3^{2+}$的$\beta_3 = K_1K_2K_3$，$Zn(NH_3)_4^{2+}$的$\beta_4 = K_1K_2K_3K_4$。

（2）羟基对重金属离子的配位作用。

在水环境化学的研究中，人们特别重视羟基对重金属的配合作用。这是由于大多数重金属离子均能水解，其水解过程实际上就是羟基配合过程，它是影响一些重金属盐溶解度的主要因素，并且对某些金属离子的光化学活性有影响。

（3）腐殖质的配合作用。

天然水中含有大量有机质，它们是动植物组织的降解产物，如腐殖质、氨基酸、糖、生物碱等。它们具有各种含氧、氮等原子的官能团，是良好的配体。

天然水中对水质影响最大的有机物是腐殖质，腐殖质在结构上的显著特点是除含有大量苯环外，还含有大量羧基、羟基和酚基。研究表明，在腐殖质中含有O、N、S原子的基团具有能提供孤对电子的能力，因此能够与金属离子形成配合物、螯合物。

许多研究表明，重金属元素在天然水体中主要以腐殖质配合物的形式存在。Matson等人指出Cd、Pb等在美洲的五大湖水中不存在游离离子，而是以腐殖质配合物形式存在。Mantoura等人发现，90%以上Hg和大部分Cu与腐殖质形成配合物，而其他金属元素只有小于11%的与腐殖质配合。

重金属离子与水体中的腐殖质所形成配合物的稳定性，由于水体腐殖质的来源和组

分不同而有差别。在低 pH 时,它们的稳定性次序为:$Fe^{3+} > Al^{3+} > Cu^{2+} > Co^{2+} > Pb^{2+} > Ca^{2+} > Mn^{2+}$。腐殖质与重金属配合作用对重金属在环境中的迁移转化有重要影响,特别表现在颗粒物吸附和难溶化合物溶解度方面。腐殖酸对水体中重金属的配合作用还影响重金属对水生生物的毒性。

此外,从 1970 年以来,由于发现供水中存在三卤甲烷,由此人们对腐殖质给予了特别的注意。一般认为,在用氯化作用消毒原始饮用水过程中,由于腐殖质的存在,可以形成可疑的致癌物质——三卤甲烷(THMS)。因此,在早期氯化作用中,用尽可能除去腐殖质的方法,可以减少 THMS 生成。

腐殖质与阴离子的配合也引起了学者的关注,腐殖质可以和水体中的 NO_3^-、SO_4^{2-}、PO_4^{3-} 和氨基三乙酸(NTA)等反应,这构成了水体中各种阳离子、阴离子反应的复杂性。另外,腐殖质对有机污染物的作用,诸如对其活性、行为和残留速率等均有影响。腐殖质能键合水体中的有机物,如 PCB、DDT 和 PAH,从而影响它们的迁移和分布。环境中的芳香胺能与腐殖质共价键合,而另一类有机污染物如邻苯二甲酸二烷基酯能与腐殖质形成水溶性配合物。

5. 氧化还原作用

水体中氧化还原类型、速率和平衡,在很大程度上决定了水中主要溶质的性质。如在厌氧性湖泊中,湖水下层的元素都将以还原态存在,C 被还原形成 CH_4、N 被还原形成 NH_4^+,S 被还原为 S^{2-},Fe^{3+} 被还原为 Fe^{2+};而表层水由于可以和大气交换氧,所以形成相对氧化性环境,如果达到热力学平衡,上述元素将以氧化态存在,如 C 形成 CO_2,N 形成 NO_3^-,S 形成 SO_4^{2-},Fe 形成 $Fe(OH)_3$。显然,各种元素的这种变化对水生生物和水质影响很大。

在实际的天然水体中,往往是几种不同的氧化还原反应的混合行为,而且通常反应进行得非常缓慢,很少能达到平衡状态。但我们可以通过假设体系处于平衡状态,利用平衡计算,了解体系发展必然趋势的边界条件,这对于认识污染物在水体中发生化学变化趋势会有很大帮助。下面介绍的内容均是在假设体系处于热力学平衡状态的基础上进行的。

(1)电子活度与 pE。

酸碱反应和氧化还原反应之间存在着概念上的相似性,酸和碱是用质子给予体和接收体来解释的,pH 的定义为

$$pH = -\lg a_{H^+} \tag{3.44}$$

式中 a_{H^+}——氢离子在水溶液中的活度,它衡量溶液接受或迁移质子的相对趋势。

与此相似,还原剂和氧化剂可以定义为电子给予体和电子接收体,pE 的定义为

$$pE = -\lg a_e \tag{3.45}$$

式中 a_e——水溶液中电子的活度。

一个稳定水体的电子活度可以在 20 个数量级范围内变化,所以可以很方便地用 pE 来表示 a_e。pE 是假设平衡状态下的电子活度,它衡量溶液接受或迁移电子的相对趋势,在还原性很强的溶液中,其趋势是给出电子。从概念可知,pE 越小,电子浓度越高,体系提供电子的倾向就越强;反之,pE 越大,电子浓度越低,体系接受电子的倾向就越强。

（2）天然水体的 pE 与 pH 的关系。

在氧化还原体系中，往往有氢离子和氢氧根离子参加反应，所以，影响 pE 的因素除了氧化还原物质浓度外，还有体系的 pH。pE 与 pH 的关系可以用 pE–pH 图来描述。在绘制图时，需要考虑水的氧化还原限度，选择 $1.013\ 0 \times 10^5$ Pa 的氧分压作为水氧化限度的边界条件，$1.013\ 0 \times 10^5$ Pa 的氢分压作为水还原限度的边界条件，由边界条件可以得到水的 pE 与 pH 的关系。

水的氧化限度：

$$\frac{1}{4}O_2 + H^+ + e^- \Longrightarrow \frac{1}{2}H_2O \qquad (3.46)$$

$$pE = pE^0 + \lg p_{O_2}^{\frac{1}{4}}[H^+] \qquad (3.47)$$

$$pE = 20.75 - pH \qquad (3.48)$$

水的还原限度：

$$H^+ + e^- \Longrightarrow \frac{1}{2}H_2 \qquad (3.49)$$

$$pE = pE^0 + \lg[H^+] \qquad (3.50)$$

$$pE = -pH \qquad (3.51)$$

上式表明，水的氧化限度以上的区域为 O_2 稳定区，还原限度以下为 H_2 稳定区，在这两个限度之间是 H_2O 的稳定区，也是水中各化合态物质分布的区域。经过调查，各类天然水的 pE 及 pH 情况如图 3.5 所示。

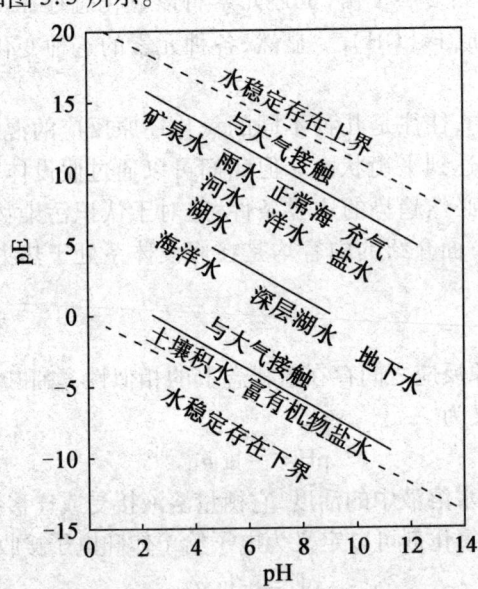

图 3.5　不同天然水在 pE–pH 图中的近似位置

图 3.5 反映了不同水质区域的氧化还原特性：氧化性最强的是上面同大气接触的富氧区，这个区域代表大多数河流、湖泊和海洋水的表层情况；还原性强的是下方富含有机物的缺氧区，这个区域代表富含有机物的水体底泥和湖、海底层水情况。在这两个区域

之间的是基本上不含氧,有机物含量比较丰富的沼泽水等。

(3)天然水的 pE 和决定电位。

天然水体中含有许多无机或有机氧化剂和还原剂,进行着大量的氧化还原反应,是一个复杂的氧化还原混合体系。例如,水生植物光合作用产生的大量有机物,排入水体的耗氧有机分解均属有机物的氧化还原反应;水体中的无机物也能发生氧化还原反应,如 Cr(Ⅵ)可被有机物等还原剂还原成 Cr(Ⅲ),从而对 Cr 的迁移产生影响。同一元素可以不同的价态存在,这主要取决于水体的氧化还原条件。水体中常见的氧化剂有溶解氧、Fe(Ⅲ)、Mn(Ⅳ)、S(Ⅵ)、Cr(Ⅵ)、As(Ⅴ)等,常见的还原剂有种类繁多的有机物质、Fe(Ⅱ)、Mn(Ⅱ)和 S^{2-}。这些氧化剂和还原剂的种类和数量决定了水体的氧化还原性质,其中最重要的氧化还原物质为溶解氧、有机化合物、铁、锰。事实上,氧参与绝大多数的氧化还原反应。根据水中是否存在游离氧可把水环境分为氧化环境和还原环境。

一般情况下,水体中起决定电位作用的物质是溶解氧。在有机物较多的缺氧情况下,有机物起着决定电位的作用。如果水体处于上述两种状况之间,决定电位应是溶解氧体系和有机物体系电位的综合。除氧和有机物外,铁和锰是环境中分布相当普遍的变价元素,它们是水体中氧化还原反应的主要参与者。在特殊条件下,甚至起着决定电位的作用。至于其他微量的变价元素如 Cu、Hg、Cr、V、As 等,由于含量甚微,对水体电位不起作用。相反,水体电位对它们的迁移转化有着决定性的影响。

由于天然水体是一个复杂的氧化还原混合体系,其 pE 应是介于其中各个单体系的电位之间,而且接近于含量较高的单体系的电位。若某个单体系的含量比其他体系高得多,则此时该体系电位几乎等于混合复杂体系的 pE,称为"决定电位"。在一般天然水环境中,溶解氧是"决定电位"物质,而在有机物含量丰富的厌氧环境中,有机物是"决定电位"物质,介于二者之间的,则其"决定电位"为溶解氧体系和有机物体系的结合。

(4)水体氧化还原条件对重金属迁移转化的影响。

水体氧化还原条件对重金属的存在形态及其迁移能力有很大的影响。一些元素如铬、钒、硫等在氧化环境中形成易溶的化合物(铬酸盐、钒酸盐、硫酸盐),迁移能力较强。相反,在还原环境中形成难溶的化合物,如铬在还原性环境中形成 $Cr(OH)_3$,不易迁移。另一些元素如铁、锰等在氧化环境中形成溶解度很小的高价化合物而很难迁移,在还原性环境中形成相对易溶的低价化合物;若无硫化氢存在时,它具有较大的迁移能力。但若水体中有硫化氢存在,由于形成难溶性金属硫化物,使其迁移能力大大降低。硫化氢的产生是因水体缺氧,且有大量有机质和 SO_4^{2-} 存在,微生物利用 SO_4^{2-} 中的氧以氧化有机质,结果使 SO_4^{2-} 被还原为 H_2S。反应式如下:

$$C_6H_{12}O_6 + 3Na_2SO_4 \longrightarrow 3CO_2 + 3Na_2CO_3 + 3H_2S + 3H_2O + Q$$

这一过程释放的能量可供微生物利用。在水体中 H_2S 的含量有时可达 2 g/L,甚至更多。

在自然界中,氧化环境与还原环境的交界线具有重要的地球化学意义,可以成为许多元素的富集地。例如,在还原条件占优势的地下水中含有丰富的 Fe^{2+},当其流入湖沼时,由于那是强氧化区(水生植物光合作用放出大量游离氧),二价铁即变为三价铁化合物($Fe_2O_3 \cdot nH_2O$)自溶液中沉淀出来,有时可以大量地富集成"湖铁矿"。

事实上,影响重金属存在形态及迁移能力的因素是多方面的,水体的 pH 及介质中其他物质可以对其产生影响。Hem(1972)绘制了 $Zn^{2+} - S - CO_2 - H_2O$ 体系的 pE - pH 图(图3.6)。体系中溶解的总无机碳量和总无机硫均为 1×10^{-3} mol/L,溶解锌为 1×10^{-5} mol/L。在此情况下,可能出现的固体物质是硫化锌、碳酸锌和氢氧化锌。图中可看出,当 pH < 8.3 时,碳酸锌是稳定态;pH > 8.3 时,生成 $Zn(OH)_2$ 沉淀;在 pE 较低时,在很宽的 pH 范围内,硫化锌是稳定的。大多数重金属 pE - pH 图与上述锌的 pE - pH 图有相似之处。在有游离氧存在(pE 较高)、pH 较低的条件下,金属离子(Me^{2+})是稳定的;随 pH 增加,首先生成 $MeCO_3(s)$,再生成 $Me(OH)_2(s)$,pE 较低时,在很宽的 pH 范围内,易形成 $MeS(s)$。

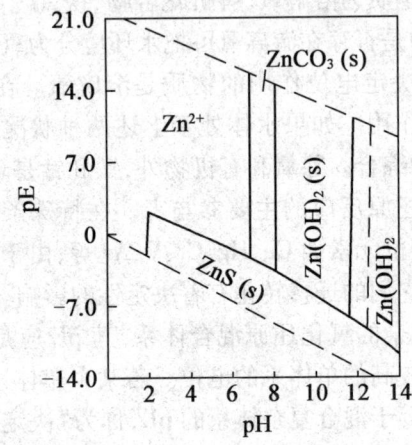

图3.6 $Zn^{2+} - S - CO_2 - H_2O$ 体系的 pE - pH 图

6. 甲基化作用

金属甲基化对金属元素生物地球化学循环和人类健康都有重要影响。水环境中的金属甲基化途径有两条,一是生物途径,即通过水中微生物的作用实现甲基化;另一个是非生物途径,金属的甲基化过程没有微生物的参与。通过甲基化作用,无机金属及其化合物转化为有机金属化合物,其理化特性均发生了明显变化,如甲基汞的生物毒性比无机汞要大得多,甲基化作用无疑使金属在环境中的污染进一步加深。下面以金属汞为例介绍金属的非生物甲基化作用,其生物甲基化作用将在后续章节中进行介绍。

水中的甲基化供体有醋酸根、碘甲烷、氨基酸等。在光的作用下,汞与上述甲基化供体发生甲基化反应:

$$Hg(CH_3CO_2) \longrightarrow CH_3Hg^+$$

$$Hg + CH_3I \longrightarrow CH_3HgI$$

$$D,L - RCH(NH_2)CO_2H + HgCl_2 \longrightarrow CH_3HgCl$$

式中,R 可以是—CH_3、—C_3H_7、—C_4H_9 等。

此外,水中的腐殖质也可以使 Hg 甲基化,有研究表明,富里酸的甲基化作用比腐黑酸强,而相对分子质量小于 200 的富里酸是最活泼的甲基化试剂。

3.2.2　水中氮和磷的迁移转化

氮和磷是与水体富营养化密切相关的两种元素。在贫营养到中营养的水体中,氮和磷的浓度都比较低,是限制藻类繁殖的重要因素。通常认为,水体中氮质量浓度达到 1 500 $\mu g \cdot L^{-1}$,磷质量浓度达到 100 $\mu g/L$ 时,是能促进藻类大量繁殖的一个浓度水平,氮和磷超过此浓度的水体,即属于富营养化水体。下面简要介绍氮和磷在水中的迁移转化。

1. 水中氮的迁移转化

水体中氮的存在形态主要有三种:一是有机氮,如蛋白质、氨基酸、尿素、腈类、胺类和硝基类;二是氨态氮,如 NH_3 和 NH_4^+;三是硝酸盐氮,如 NO_2^- 和 NO_3^- 等。这些含 N 化合物的水溶性一般都比较好,可以随水进行迁移,也可以被水中颗粒物吸附,沉降至水底;涉及含氮化合物转化的过程主要有生物作用和氧化还原作用等,本节重点介绍生物作用的氮化合物转化。

水中氮转化过程的生物作用主要是氨化、硝化和反硝化。生物残体或其他途径进入水体的有机氮化合物,经微生物的作用分解成氨态氮的过程,称为氨化作用。下面以蛋白质为例,简单介绍微生物降解蛋白质的氨化过程。

第一步,蛋白质在微生物分泌的水解酶的作用下肽键断裂,水解成氨基酸;第二步,氨基酸脱氨脱羧成脂肪酸:在有氧条件下,氨基酸经水解脱氨或氧化脱氨;而在无氧条件下,则氨基酸进行无氧加氢还原脱氨。如:

$$RCH(NH_2)COOH + H_2O \rightleftharpoons RCH(OH)COOH + NH_3$$
$$RCH(NH_2)COOH + O_2 \rightleftharpoons RCOOH + CO_2 + NH_3$$
$$RCH(NH_2)COOH + [H] \rightleftharpoons RCH_2 + NH_3$$

通过氨化作用有机氮转化为无机氮。氨在有氧条件下,通过微生物的作用,氧化生成硝酸根的过程称为硝化作用,该过程分两个阶段进行:

$$3NH_3 + 2O_2 \xrightarrow{\text{亚硝化细菌}} 2H^+ + 2NO_2^- + 2H_2O + \text{能量}$$
$$2NO_2^- + O_2 \xrightarrow{\text{硝化细菌}} 2NO_3^- + \text{能量}$$

上述硝化作用对环境条件的要求很高,如严格要求在充足氧的供给条件下才能很好进行;需要中性至微碱性条件,当 pH > 9.5 时,硝化细菌受到抑制,而在 pH < 6.0 时,亚硝化细菌被抑制;最适宜温度为 30 ℃,低于 5 ℃或高于 40 ℃细菌便不能活动。

硝酸盐在通气不良的情况下,通过反硝化细菌的作用而被还原的过程称为反硝化作用,还原产物因微生物种类不同而不同。硝酸盐在细菌、真菌和放线菌作用下,被还原为亚硝酸盐;在兼性厌氧假单胞菌属、色杆菌属作用下,被还原为氧化二氮或氮气,从水体逸出进入大气,城市生活污水处理中的脱氮过程就属于此种情况。

反硝化细菌进行反硝化作用的重要条件是厌氧环境,环境氧分压越低,反硝化越强烈。但是,硝化与反硝化往往联系在一起发生,这很可能是环境中氧分布不均匀所致。此外,反硝化的进行还必须有丰富的有机物作为碳源和能源,因为反硝化是个还原反应过程且消耗能量,必须有被氧化的还原物质存在和供给一定的能量才能进行。反硝化细菌一般适宜的 pH 范围是中性至微碱性；温度在 25 ℃左右为宜。

无机的氨态氮和硝酸盐氮通过植物的吸收和微生物的作用又可以转化为有机氮。通过上述一系列的生物作用含氮化合物进行着不同存在形态间的转化和不同环境介质间的迁移。

2. 水中磷的迁移转化

在水环境中磷的主要存在形态有 HPO_4^{2-}、$H_2PO_4^-$、PO_4^{3-} 和 H_3PO_4 等无机磷和有机磷。磷是生命必需元素，但磷及其化合物也是造成水体养分过多以致达到有害程度的主要因素。环境中的磷是一个单向流失的过程，而不是一个循环过程，仅在水与食物链中可以见到一个短暂的局部循环，磷的迁移转化主要与水中磷的溶解－沉淀作用有关。磷的最终归宿是深海沉积物。

含磷污染物进入水体后，可溶性磷大部分直接溶于水，其余少量及不溶性磷则被水中颗粒物吸附，成为颗粒性磷。在相对封闭的水体中，大部分颗粒性磷随颗粒物沉降到水底，形成底泥。在底泥中，磷主要以磷酸钙、磷酸铁、磷酸铝及有机磷的形式存在。研究表明，磷在底泥与水体之间存在一个吸附－解吸平衡，底泥中磷的释放速率与水中的溶解氧有关。因为在底泥与水交界处有一薄薄的有氧层，当水中溶解氧大幅度降低时，有氧层消失，底泥中的磷酸铁等大量还原为可溶性的磷酸亚铁，大量磷释放到水体中。温度升高会导致溶解氧含量降低，底泥中磷的释放速率加快，这是我国大部分湖区及近海水域富营养化现象在夏季比较严重的原因之一。

在没有受重金属污染的天然水体中，主要金属离子为 Ca^{2+}、Mg^{2+}、Al^{3+}、Fe^{3+} 等，它们均可以与磷酸根发生作用。磷酸盐的溶解性与水体 pH 密切相关，下面以磷与 Ca^{2+}、Al^{3+}、Fe^{3+} 的反应为例，介绍磷在天然水体中的溶解度与水体 pH 的关系。

设在天然水中 $[Ca^{2+}] = 1.0 \times 10^{-4}$ mol/L，磷与其反应生成 $CaHPO_4$ 和 $Ca_3(PO_4)_2$ 型沉淀，与 Fe^{3+} 或 Al^{3+} 形成 $FePO_4$ 或 $AlPO_4$ 型沉淀。

当磷酸盐为 $CaHPO_4$ 时，遵循下列平衡：

$$CaHPO_4 \rightleftharpoons Ca^{2+} + HPO_4^{2-}, pK_s = 7.00 \qquad (3.52)$$

而 HPO_4^{2-} 在水中还须与其他磷酸形态相平衡，如：

$$H_2PO_4^- \rightleftharpoons H^+ + HPO_4^{2-}, pK_{a2} = 7.20 \qquad (3.53)$$

根据溶度积原理，有

$$pK_s = p[Ca^{2+}] + p[HPO_4^{2-}] = p[Ca^{2+}] + pK_{a2} + p[H_2PO_4^-] - pH \qquad (3.54)$$

即

$$p[H_2PO_4^-] = pK_s - p[Ca^{2+}] - pK_{a2} + pH \qquad (3.55)$$

式中　pK_{sp}、pK_{a2}——$CaHPO_4$ 的溶度积和磷酸的二级离解常数的负对数。

将有关常数带入上式，便得到水中磷酸盐的浓度为

$$p[H_2PO_4^-] = pH - 4.2 \qquad (3.56)$$

水中 $CaHPO_4$ 在较短时间内会转化为 $Ca_3(PO_4)_2$，类似于 $CaHPO_4$ 反应，当 $Ca_3(PO_4)_2$ 与水中磷达到平衡时，有

$$p[H_2PO_4^-] = 2pH - 11.2 \qquad (3.57)$$

同理，磷与 Fe^{3+} 反应达到平衡时，磷酸盐的浓度为

$$p\left[H_2PO_4^-\right]=6.83-pH \tag{3.58}$$

磷与 Al^{3+} 反应达到平衡时,磷酸盐的浓度为

$$p\left[H_2PO_4^-\right]=6.78-pH \tag{3.59}$$

通过上述推导,得到了磷酸盐浓度与 pH 的关系,利用这些关系式作图,可以得到天然水中磷酸盐溶解度曲线图,如图 3.7 所示。

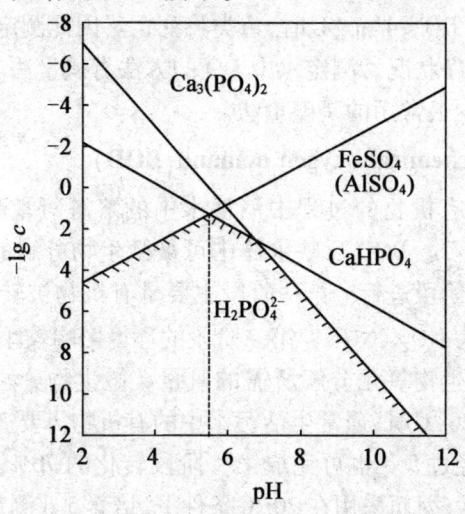

图 3.7　天然水中磷酸盐的溶解度($\left[Ca^{2+}\right]=1.0\times10^{-4}\ mol/L$)

从图 3.7 中可以看出,阴影包围的部分是磷以溶解态形式存在于天然水体中,磷的最大溶解度对应的 pH 约为 5.5。当水体的 pH > 7 时,由于 $CaHPO_4$ 转化为溶解度更小的 $Ca_3(PO_4)_2$,水中磷的浓度迅速下降。

3.3　有机污染物的迁移转化

水中有机物污染物的迁移转化主要通过分配作用、挥发作用、水解作用、光解作用和生物作用等过程来进行,其影响因素主要是有机物本身的理化性质和光照、水体的温度、pH、氧化还原性等条件。

3.3.1　有机污染程度的指标

水体中有机污染物的种类繁多、组成复杂,现代分析技术难以分别测定它们的含量。因此,只能利用它们共同的特点,用一些指标间接反映水体中有机物的污染程度。常见的指标有溶解氧、生化需氧量、化学需氧量、总有机碳和总需氧量。

1. 溶解氧(dissolved oxygen,DO)

溶解氧即在一定温度和压力下,水中溶解氧的含量,是水质的重要指标之一。水中溶解氧含量受到两种作用的影响,一是耗氧作用,包括耗氧有机物降解的耗氧、生物呼吸耗

氧等,使 DO 下降;另一种是复氧作用,主要有空气中氧的溶解、水生植物的光合作用等,使 DO 增加。这两种作用的相互消长,使水中溶解氧含量呈现时空变化。此外,DO 随水温升高而降低,还随水深增加而减小。常温下,水体中 DO 为 8~14 mg/L;在水藻繁生的水中,DO 可能处于饱和状态;如果水体中的有机污染量较多,耗氧作用大于复氧作用,水中 DO 减少;有机物污染严重时,DO 为零。在缺氧的水体中,水生动植物生长将受到抑制,甚至死亡。例如,当 DO<4 mg/L 时,鱼类将死亡。因此测定水体中的溶解氧含量,可评价水体污染程度及自净状况。测定水中 DO 的方法有碘量法、叠氮化钠修正法、$KMnO_4$ 修正法和膜电极法,其中最常用的是碘量法。

2. 生化需氧量(biochemical oxygen demand,BOD)

水体中微生物分解有机物的过程中消耗水中的溶解氧量称为生化需氧量,通常用 BOD 表示,其单位为 mg/L。BOD 反映水体中可被微生物分解的有机物总量。有机物的微生物氧化分解分两个阶段进行。第一阶段主要是有机物被转化为无机的 CO_2、H_2O 和氨;第二阶段氨被转化为 NO_2^-、NO_3^-。第二阶段的环境影响较小,所以生化需氧量一般是指第一阶段有机物经微生物氧化分解所需的氧量。微生物分解有机物的速度和程度与温度、时间有关。如在 20 ℃时,通常生活污水中的有机物需要 20 d 左右才能基本完成第一阶段的生化氧化,但经过 5 d 也可完成第一阶段转化的 70% 左右。为缩短测定时间,同时使 BOD 值有可比性,因而采用在 20 ℃条件下,培养 5 d 测定生化需氧量作为标准方法,称为五日生化需氧量,以 BOD_5 表示。BOD 基本上能反映有机物在自然状况下氧化分解所消耗的氧量,较确切说明需氧有机污染物对环境的影响。但 BOD 的测定时间长,对毒性大的废水因微生物活动受到抑制,而难以准确测定。若要尽快知道水中有机物的污染状况,可测定化学需氧量。

3. 化学需氧量(chemical oxygen demand,COD)

水体中能被氧化的物质在规定条件下进行化学氧化过程中所消耗氧化剂的量,以每升水样消耗氧的毫克数表示,通常称为 COD,其单位为 mg/L。水体的 COD 值越高,表示有机物污染越严重。水中各种有机物进行化学氧化反应的难易程度是不同的,因此化学需氧量只表示在规定条件下,水中可被氧化物质的需氧量的总和。目前测定化学需氧量常用方法有 $KMnO_4$ 法和 $K_2Cr_2O_7$ 法,前者氧化性相对较弱,适用于测定较清洁的水样或者地表水水样,后者则用于污染严重的水样和工业废水。同一水样用上述两种方法测定的结果是不同的。因此,在报告化学需氧量的测定结果时要注明测定方法。

同生化需氧量相比较,COD 测定不受水质条件限制,测定时间短,但 COD 不能较好地表示出微生物所能氧化的有机物量。化学氧化剂不能氧化某些需氧有机物,但能氧化无机还原性物质(硫化物、亚铁等)。所以,作为需氧有机物污染的评价指标来说,化学需氧量不如生化需氧量合适。但在条件不具备或受水质限制不能做 BOD 测定时,可用 COD 代替。此外,在水质相对稳定的条件下,化学需氧量同生化需氧量之间有比较密切的相关性。一般,重铬酸钾法 COD > BOD_5 > 高锰酸钾法 COD。

4. 总有机碳(TOC)和总需氧量(TOD)

总有机碳(total organic carbon,TOC)是水中几乎全部有机物的含碳量。总需氧量

(total oxygen demand,TOD)是水中几乎全部可被氧化的物质(基本上是有机物)变成稳定氧化物时所需的氧量。由于 BOD 测定费时,为实现快速反映有机污染程度的目的,而采用 TOC 与 TOD 测定法,一次测定只需 3 min 左右,可以连续自动测定。它们都可用化学燃烧法测定,前者测定结果以碳表示,后者则以氧表示需氧有机物的含量。它们是评价水中需氧有机污染物的一种指标。但是,总有机碳和总需氧量的测定绝不是水中有机物的完全氧化,测定时的氧化条件与自然界的氧化条件相差很远,对总需氧量有影响的无机物质未必是自然界的耗氧物质,以及测定器的标准化问题还未完全解决,所以不能把它们当作评价水体需氧有机污染物的万能指标。由于测定时耗氧过程不同,而且各种水体中有机物成分不同,生化过程差别也较大,所以各种水质之间,TOC 或 TOD 与 BOD₅ 不存在固定的相关性。在水质条件基本相同的条件下,水体 BOD₅ 与 TOC 或 TOD 之间有一定的相关性。

3.3.2　分配作用

1. 分配作用

水中有机物在水 - 固体系中的分配作用,是指水中含有机质的固体物质对溶解在水中的憎水有机物表现出一种线性的等温吸附。直线的斜率只与该有机物在固体中的溶解度有关,即固体对有机物表现出一种溶解过程。这种过程与经典的有机物在水相和有机相中的溶解作用相似,服从分配定律,化学上通常把这种作用称为分配作用。

2. 分配定律

在一定温度下,溶质以相同的分子质量(即不离解、不缔合)在不相混溶的两相中溶解,即进行分配。当分配作用达到平衡时,溶质在两相中的浓度(严格来说是活度)的比值是一个常数。

3. 分配系数及标化分配系数

分配定律的数学表达式为

$$\text{分配系数}(K_p) = \frac{c_s}{c_w} \tag{3.60}$$

式中　c_s——有机物在固相物质(水中的沉积物、悬浮颗粒)中的平衡浓度,$\mu g/kg$;

　　　c_w——有机物在水中的平衡浓度,$\mu g/L$。

在水中,有机物是溶解在水相和固相两相中,要计算其在水体中的含量,需要考虑固相物质在水中的浓度。对于有机物,其在水中和固相中的总浓度为

$$c_T = c_s \times c_p + c_w \tag{3.61}$$

式中　c_T——单位体积水中有机物浓度总和,$\mu g/L$;

　　　c_p——单位体积水中固相物质的浓度,kg/L。

根据分配系数的定义及式(3.61)有

$$c_w = c_T - c_s \times c_p = \frac{c_T}{1 + K_p \times c_p} \tag{3.62}$$

因此,通过式(3.62)就把有机物在水中的溶解浓度与其在固相中的分配特性联系起

来了。

在水中,有机物在固相中的分配与固相中含有的有机质含量密切相关。有机物在固相－水中的分配系数与固相中有机碳含量成正相关。为了消除各类固相物质中有机质含量对有机物溶解的影响,更准确地反映该类固相有机物对有机物的分配特征,引入了标化分配系数,又称有机碳分配系数 K_{oc}:

$$K_{oc} = \frac{K_p}{X_{oc}} \tag{3.63}$$

式中 K_{oc}——以固相有机碳为基础的分配系数,即标化分配系数;

X_{oc}——固相有机碳的质量分数。

这样,对于每种有机物,可得到一个与固相中有机碳含量无关的标化分配系数 K_{oc}。

如果考虑到固相颗粒的大小及其有机碳对分配系数的影响,则有

$$K_p = K_{oc}\left[0.2(1-f)X_{oc}^s + fX_{oc}^f\right] \tag{3.64}$$

式中 f——细颗粒的质量分数($d < 50\ \mu m$);

X_{oc}^s——粗颗粒组分中有机碳含量;

X_{oc}^f——细颗粒组分中有机碳含量;

0.2——粗颗粒对有机物的分配能力只是细颗粒的 20%。

4.辛醇－水分配系数与分配系数的关系

由于固相颗粒物对憎水有机物的吸着是分配过程,当分配系数 K_p 不易测得或测量值不可靠需要加以验证时,可以运用 K_{oc} 与水－有机溶剂的分配系数的相关关系。Karichoff等人于1979年通过研究揭示了 K_{oc} 与憎水有机物在辛醇－水分配系数 K_{ow} 之间的关系:

$$K_{oc} = 0.63K_{ow} \tag{3.65}$$

式中 K_{ow}——辛醇－水分配系数,即化学物质在辛醇中的质量和在水中的质量的比值。

Karichoff 等人的研究还表明,脂肪烃、芳烃、有机氯和有机磷等农药、多氯联苯和芳香酸等有机物的辛醇－水分配系数与其在水中的溶解度也存在一定的关系,其表达式为

$$\lg K_{ow} = 5.00 - 0.670\lg\left(\frac{s_w \times 103}{M_t}\right) \tag{3.66}$$

式中 s_w——有机物在水中的溶解度,mg/L;

M_t——有机物的相对分子质量。

3.3.3 挥发作用

挥发作用是有机物从水相转入气相的迁移过程,有机物在水体中的挥发性对其迁移转化具有现实意义。如果有机物具有高挥发性,那么在其迁移转化过程中,其挥发速率将是一个重要参数;如果有机物是低挥发性的,其挥发作用对其迁移转化的影响可以忽略。

对于有机物,其在水面上的挥发速率可以用表示为

$$R_v = \frac{K_v(c - c_0)}{Z} = \frac{K_v\left(c - \dfrac{p}{K_H}\right)}{Z} \tag{3.67}$$

式中 R_v——挥发速率；

$\quad\quad$ K_v——挥发速率常数；

$\quad\quad$ c——水中有机物的浓度；

$\quad\quad$ c_0——水中有机物达到挥发平衡时的浓度；

$\quad\quad$ p——在研究的水面上有机物在大气中的分压；

$\quad\quad$ K_H——亨利常数；

$\quad\quad$ Z——水体的混合高度。

式中(3.67)用到了亨利定律：$p = K_H c_0$，其中亨利系数可以通过多种方法求得，常用的方法是：

$$K_H' = \frac{c_a}{c_w} \tag{3.68}$$

K_H 与 K_H' 的关系为

$$K_H = RTK_H' \tag{3.69}$$

式中 K_H'——亨利定律的常数的替换形式，量纲为1；

$\quad\quad$ c_a——有机物在空气中的摩尔浓度，mol/m；

$\quad\quad$ c_w——有机物在水中的平衡浓度，mol/m；

$\quad\quad$ R——摩尔气体常数；

$\quad\quad$ T——水的热力学温度，K。

在应用亨利定律计算挥发速率时，要注意其适用的质量浓度为 34 000 ~ 227 000 mg/L，有机物的摩尔质量范围为 30 ~ 200 g/mol。

3.3.4 化学降解

有机物的化学降解可通过氧化、水解、还原等反应完成。

1. 氧化反应

有机物的氧化反应是指在有机物分子中的加氧或脱氢的反应。例如：

$$2CH_3OH + O_2 =\!\!=\!\!= 2CH_2O + 2H_2O(脱氢氧化)$$

$$2CH_2O + O_2 =\!\!=\!\!= 2HCOOH(加氧氧化)$$

各类有机物均能被氧化，化学氧化是有机物降解的重要方式之一。但各类有机物氧化的难易程度差别很大，如饱和的脂肪烃、含有苯环结构的芳香烃、含氮的脂肪胺类化合物等不易被氧化，不饱和的烯烃和炔烃、醇及含硫化合物（如硫醇、硫醚）等比较容易被氧化，最容易被氧化的是醛、芳香胺等有机物。

酚的化学氧化历程包括：被分子氧所氧化、被过氧化物氧化和电化学氧化，然后通过一系列过程得到稳定的最终产物。酚的结构不同，化学氧化速率不同，中间产物和反应历程也不同。水中酚的化学氧化及分解的各个过程可同时进行，每一过程的速度随环境的活化程度、空气的通入速度、酚的浓度及 pH 的不同而异。

应当指出，只含碳、氢、氧三种元素的有机物，其氧化产物是二氧化碳和水；含氮、硫、磷的有机物氧化的最终产物中除有二氧化碳和水以外，还分别有含氮、硫或磷的化合物。有机物氧化的最终结果是转化为简单的无机物。但实际水体中各类有机污染物种类繁多,结构复杂,它们的氧化是有限度的,往往不能分解完全。

2. 还原反应

在有机物分子中加氢或脱氧的反应称为有机物的还原反应。例如:

$$HCHO + H_2 \longrightarrow CH_3OH（加氢还原）$$

有人在用重金属对催化还原 DDT、六六六方面做了大量工作。实验证明,Cu、Zn 或 Cu、Fe 金属对可将 DDT 还原为 DDD,将六六六还原为苯及氯离子。在反应中,Zn 或 Fe 起了还原剂作用,Cu^{2+} 起催化作用。实验还表明,在酸性条件下,由于氢离子浓度较高,故上述反应很快。但若在纯丙酮介质中,由于无氢离子,所以六六六不被金属对还原。因此,有机物还原时存在着溶剂效应和温度效应。

3. 水解作用

水解作用是有机物与水之间最重要的反应。在反应中,有机物的官能团 X^- 与水中的 OH^- 发生交换,其水解平衡为

$$RX + H_2O \Longrightarrow ROH + HX \tag{3.70}$$

在环境条件下,能发生水解作用的有机物主要有:

① 烷基卤、烯丙基卤、苄基卤等有机卤化物。
② 脂肪酸酯、芳香酯和氨基甲酸酯等。
③ 膦酸酯、磷酸及硫代磷酸酯、卤代磷酸酯等。
④ 酰化剂、烷化剂和农药等。
⑤ 环氧化物和酰胺等。

水解作用改变了有机物的原有化学结构,是其在环境中消失的一条重要途径。通过水解作用,有机物结构发生了变化,其生成产物可能比原来的化合物更容易或更难挥发,与 pH 有关的离子化水解产物的挥发性为零,而且水解产物一般比原来的化合物更易被微生物降解。水解产物通常毒性会降低,当然也有例外,如 2,4 - D 酯类的水解产物为 2,4 - D 酸,其毒性更强。影响水解速率的因素主要是 pH,温度、离子强度,某些金属的催化作用也会对水解速率产生影响。

3.3.5 光解作用

光解作用是有机物的真正分解过程,它强烈影响水中有机物的归趋。有机物的光解速率受水体化学因素、环境因素、光的吸收性质、光辐射强度和光迁移特征等影响。光解反应一般分为直接光解、间接光解（又称敏化光解）和氧化反应。

1. 直接光解

直接光解是有机物本身吸收了太阳光后进行的分解反应。光解反应中,只有吸收了光子的有机物才会进行分解反应,这一转化的先决条件是有机物的吸收光谱与太阳发射的光谱在水中能被利用的那部分辐射相匹配。太阳辐射及其在水中的基本特征为:进入水体的太阳光组成与大气有关,如大气层中的臭氧会吸收紫外光,从而削弱进入水体的紫外光强;进入水体的太阳光会发生折射,并且会因反射、散射等作用损失部分光强;任何天然水体对太阳光的吸收率基本不变。

水环境中,有机物的浓度一般都很低,其对光的平均吸收速率可以近似为一级反应:

$$I' = K_{\alpha\lambda}C \tag{3.71}$$

式中　I'——有机物对太阳光的平均吸收速率;

　　　$K_{\alpha\lambda}$——与太阳光波长和该光被水吸收时的吸收系数以及有机物的摩尔吸光系数有关的一级速率常数;

　　　C——有机物的浓度。

虽然所有的光化学反应都吸收光子,但并不是每一个被吸收的光子都能引发一个光化学反应。因为,有机物吸收光子后,除了发生化学反应外,还可能产生磷光、荧光等再辐射,光子能量内转化为热能等。因此,一个分子被活化是由体系吸收光量子或光子进行的。光解速率只正比于单位时间内有机物吸收的光子数,而不是正比于吸收的总能量,由此引入光量子产率(φ)的概念:

$$\varphi = \frac{\text{生成或破坏的有机物的物质的量}}{\text{有机物体系吸收光子的物质的量}} \tag{3.72}$$

对于某一有机物,光量子产率是恒定的,对于许多有机物来说,在太阳光波长范围内,光量子产率值基本是不随波长变化。但环境条件影响光量子产率,如 O_2 在一些反应中是淬灭剂,但对其他反应却没有影响。因此,在测量光解速率常数或光量子产率时,需标明水中溶解氧的浓度。

水中颗粒物也影响光解速率,颗粒物会增加光的衰减,还会改变吸附在其上面的有机物的活性。化学吸附也影响光解速率,一种有机酸或碱的不同存在形式可能有不同的光量子产率,以及出现有机物的光解速率随 pH 变化等。

2. 间接光解

有些化合物能在吸收太阳光能后,将一部分过剩能量转移到另一种化合物上,引起后者反生反应,这一过程称为敏化反应。

在敏化反应中,光量子产率为

$$\varphi = QC \tag{3.73}$$

式中　Q——常数;

　　　C——被敏化的有机物浓度。

这种关系说明敏化分子将能量传给被敏化的有机物时,表观上的光量子产率与有机物分子的浓度成正比。

3. 氧化反应

有机物在水中与一些受光解而产生的氧化剂发生反应,这些物质有纯态氧、烷基过氧自由基、羟基自由基等强氧化剂。这些强氧化剂是光化学反应的产物,因此水中有机物的这种氧化反应也是一种间接的光解反应。

3.3.6　生物作用

众多研究表明,生物转化是有机污染物转化为简单有机物和无机物的最主要途径之一。水体中的生物转化主要依赖于微生物通过酶催化反应实现对有机污染物的分解转化。微生物的种类繁多,有机物的微生物转化主要有两种代谢模式,一种是生长代谢,另一种是共代谢。

这两种代谢的特征和转化速率差别很大。影响微生物转化有机污染物的因素很多,既有有机物本身的化学结构、微生物的种类,又有很多环境因素,如温度、溶解氧、pH 等。

1. 生长代谢

在生长代谢中,有机污染物是作为微生物的碳源和能源,通过为其提供生长基质和能量而被转化。通常只要用有机污染物作为微生物的唯一碳源,观察微生物能否生长,便可以鉴定是否属于生长代谢。在生长代谢中,微生物能够对有机污染物进行比较彻底的降解和矿化。

由于生长基质和生长浓度均随时间变化,因而生长代谢动力学表达式非常复杂。对于有机污染物作为唯一碳源的生长代谢,其速率可以用 Monod 方程来描述:

$$-\frac{\mathrm{d}c}{\mathrm{d}t} = \frac{1}{Y} \cdot \frac{\mathrm{d}B}{\mathrm{d}t} = \frac{\mu_{\max}}{Y} \cdot \frac{Bc}{K_s + c} \tag{3.74}$$

式中　c——有机污染物浓度;

　　　B——细菌浓度;

　　　Y——消耗一个单位碳所产生的生物量;

　　　$\mu_{\max}$——最大的比生长速率;

　　　K_s——半饱和常数,即在最大比生长速率一半时的基质浓度。

Monod 方程可以用于描述唯一碳源的基质转化速率,而且不论细菌菌株是单一种还是天然的混合种群。但需要指出的是,在实际环境中并非被研究的有机物都是微生物的唯一碳源。一个天然微生物群落总是从大量各种有机物中获取能量并降解它们。

2. 共代谢

共代谢是指有机污染物不能作为微生物生长的唯一碳源和能源,必须有其他化合物存在提供微生物碳源和能源时,该有机物才能被微生物降解利用的现象。共代谢在难降解有机物的代谢过程中起重要作用,它可以通过几种微生物的一系列共代谢作用,使这些特殊有机物有被彻底降解的可能。共代谢的动力学特性不同于生长代谢,共代谢没有滞后期,降解速率一般比完全驯化的生长代谢慢,共代谢并不提供微生物任何能量,不影响微生物种群的多少,但共代谢速率与微生物种群的多少成正比。

3. 有机污染物的生物氧化

水中有机物可以通过微生物的作用,而逐步降解转化为无机物。在有机物进入水体后,微生物利用水中的溶解氧对有机物进行有氧降解,其反应式可表示为

$$\{CH_2O\} + O_2 \xrightarrow{\text{微生物}} CO_2 + H_2O \tag{3.75}$$

如果进入水体有机物不多,其耗氧量没有超过水体中氧的补充量,则溶解氧始终保持在一定的水平上,这表明水体有自净能力,经过一段时间有机物分解后,水体可恢复至原有状态。如果进入水体有机物很多,溶解氧来不及补充,水体中溶解氧将迅速下降,甚至导致缺氧或无氧,有机物将变成缺氧分解。对于前者,有氧分解产物为 H_2O、CO_2、NO_3^-、SO_4^{2-} 等,不会造成水质恶化,而对于后者,缺氧分解产物为 NH_3、H_2S、CH_4 等,将会使水质进一步恶化。

3.3.7　水体中某些有机污染物的降解

有机物在水环境介质中的降解是环境污染物自然净化的主要过程,它主要通过水

解、氧化、光解、生物化学分解等途径来实现。水体中有些物质如碳水化合物、脂肪、蛋白质等比较容易降解;有机氯农药、多氯联苯、多环芳烃等难降解。下面分别简单介绍有机农药、石油、合成洗涤剂、多环芳烃和多氯联苯等的降解情况。

1. 有机农药的降解

目前世界上有机农药有 1 000 多种,常用的大约有 200 多种。有机农药按用途可分为杀虫剂、杀菌剂、除草剂、选种剂等;按化学成分,农药则可分为有机氯农药、有机磷农药、有机汞农药、氨基甲酸酯类农药等。有机氯农药品种较多,大多数用作杀虫剂,如DDT、六六六、艾氏剂等;特点是化学性质稳定、不易分解、毒性较缓慢、残留时间长、微溶于水而溶于脂肪、蓄积性很强,水生生物对其的富集系数可高达几十万倍。有机氯农药目前已经限制使用,我国于 1983 年开始停止生产。有机磷农药大多数也用作杀虫剂,如对硫磷、敌百虫、敌敌畏等,其特点是毒性大,但易分解,蓄积作用微弱,因而对生态系统的影响不明显,有取代有机氯农药的趋势。氨基甲酸酯农药,如杀虫剂西维因、除草剂灭草灵、芽根灵等,这类农药对动物的毒性低,残留时间短,易于分解。有机汞农药多是杀菌剂,如赛力散、西力生等,由于汞污染,现已减少使用。

(1) DDT 的降解。

DDT 可以通过光化学、催化和生化反应降解。

DDT 的光化学降解:在紫外光的作用下,DDT 可经碳碳键均裂过程而生成氯苯游离基,后者相互结合生成二氯联苯。这类光化反应中可能还伴生有三氯联苯、四氯联苯、3,6 - 二氯苯并呋喃等,并可按自由基历程生成多氯联苯。

DDT 的催化降解:金属对可以通过催化还原降解 DDT。DDT 的脱氯反应可能有两种方式:即脱去一个氯原子变成 DDD,然后再脱氯得 DDMS 和 DDEt;或是同时脱去三个氯原子得到 DDEt。DDD 的毒性与 DDT 相当,而 DDEt 的毒性不及 DDT 的千分之一,所以它是 DDT 还原降解最理想的产物。

DDT 的生化降解:关于 DDT 的生化降解研究得较多,有人曾用各种微生物在缺氧和有氧条件下做培养试验。在不同情况下检出的降解产物包括 DDD、DDE、DDMV、DDMS、DDNV、DDA、DDM、DBH、DBP、Kelthane 和 DDCN 等。DDT 的降解途径目前还没有弄清楚。不同微生物对 DDT 的降解并不完全相同,然而 DDE 及 DDD 是一般的降解产物,其中 DDE 要比 DDD 稳定得多。DDCN 是下水道污泥中厌氧降解的一个主要产物,据推测 DDCN 经化学过程形成的可能性较大,而污泥中生物作用可能有助于保证维持适宜的还原条件,从而间接影响 DDT 、DDCN 的转变。

(2) 六六六的解降。

六六六较 DDT 容易降解,其降解同样是通过光化学、化学及生化反应等途径。

六六六的光化降解:一般情况下六六六不易直接吸收光子而发生光化反应,但当水体中存在某些物质(如苯胺、芳酚等芳香化合物,$S_2O_3^{2-}$ 等无机阴离子)时,这些物质的分子或离子能在光的激发下发生光化反应,产生某种还原性活性中间体,可以进一步与六六六分子反应,使六六六像直接接受光能一样,发生化学键的断裂而降解。有人根据动力学稳定态处理方法得出六六六的光化学反应为一级反应,并指出光化学反应的速率常数 K 与水体中给电子物质的浓度成正比;K 与水体中其他能结合电子物质的浓度成反比,这些结合电子的物质(如 Cu^{2+}、Zn^{2+}、溶解氧、H_3O^+)等的存在能降低六六六的光化学反应速率。所以水体中有溶解氧存在时,六六六的光化学降解速率极慢。

六六六的化学降解:有人认为六六六化学降解的产物为四氯环己烯、五氯环己烯,降解时均需脱除 HCl,因此在碱性介质中六六六易降解,而在酸性介质中六六六比较稳定。

六六六的生化降解:在六六六的降解中,微生物对其降解起着决定性作用。γ - 六六六可经脱氯化氢形成 γ - 五氯环己烯,也可以在厌氧条件下转化为 α,β,δ - 六六六异构体,在水中完全迅速地降解。实验结果表明,微生物存在下,六六六浸水 2 个月后,4 种异构体基本消失。

(3)有机磷农药的降解。

有机磷农药既能直接水解,也能被微生物降解。如甲基对硫磷、乙基对硫磷、杀螟松等有机农药均可在微生物的作用下发生氧化、还原、水解等过程,以完成降解。乙基对硫磷的氧化过程即为硫代磷酸酯的脱硫氧化,还原过程即为硝基还原成氨基,水解过程即为有关酯键断裂,形成相应化合物。其他有机磷农药如马拉硫磷、敌敌畏、敌百虫等也均能被微生物降解。

值得指出的是,水解是农药在环境中降解的一条重要途径。不同农药的水解速率既受温度的影响,又受介质酸度的影响。例如,25 ℃时,蒸馏水中农药的稳定性依次为:马拉松 > 杀灭磷 > 杀螟松 > 杀扑磷。在碱性水溶液中农药稳定性为:杀螟松 > 杀扑磷 > 杀灭磷 > 马拉松。

(4)氨基甲酸酯农药的降解。

这类农药易被微生物降解,在环境中残留时间短。降解过程为在微生物作用下,引起其中的烷基或芳香基发生羧基化作用,或整个分子水解。

西维因的降解过程如下:

继续分解时苯环再破裂,氧化成有机酸,最后分解为二氧化碳和水。

由此可见,每一种农药都有自己的降解过程,即使是同种农药,在不同条件下或由不同微生物降解时,降解过程也不会完全相同。

2. 石油的降解

石油是水体重要的污染物之一。它是由烷烃、环烷烃、芳香烃和杂环化合物等结构不同、相对分子质量不等的物质组成的。石油进入水体后将发生一系列复杂的迁移、转化作用,如扩散、汽化、溶解、乳化、光化学氧化、吸附沉淀、生物吸收和生物降解等。石油进入水体后,先成浮油,再成油膜以及一些非碳氢化合物溶解而成的乳化油。油膜可吸附在水中微粒和水生生物上并扩散或下沉至水体深处。石油在水中可经过光化学氧化或生物氧化而分解。

光化学氧化:在阳光照射下,石油中的烷烃及侧链芳烃受激发活化进行光化学氧化。通常石油在光作用下电离形成自由基,逐渐变成过氧化物,最后变成醇等化合物。光化学氧化对于清除油膜污染有重要作用。据测,油浓度为 2 000 kg/km^3 的水面,油膜厚度约 2.5 μm,由于光化学氧化,几天光照即能把油膜清除。

微生物降解:与一般需氧有机物相比,石油的生物降解较难、速度慢,但生物降解仍然比化学降解快 10 倍。水体中微生物在降解石油烃方面起着重要作用。烃类的生物降解顺序为:直链烃 > 支链烃 > 芳烃 > 环烷烃。烃类氧化菌广泛分布于海水和底泥中,不同的石油烃可被不同的氧化菌分解。由于石油中各成分的结构不同,其降解途径略有不同。

(1)烷烃的降解:饱和烃的降解按醇、醛、酸的氧化途径进行。较高级烷烃在微生物作用下经过单端氧化或双端氧化,或次末端氧化生成脂肪酸,再经有机酸的 β - 氧化,最后分解为二氧化碳和水。

(2)烯烃的降解:当双键在中间位置时,主要的降解途径与烷烃相似。当双键位在碳 1 和碳 2 位时,在不同微生物的作用下,主要降解途径有三种:即烯烃的不饱和端氧化成环氧化物、不饱和末端氧化成醇、饱和末端氧化成醇。上述三种化合物进一步氧化成酸。

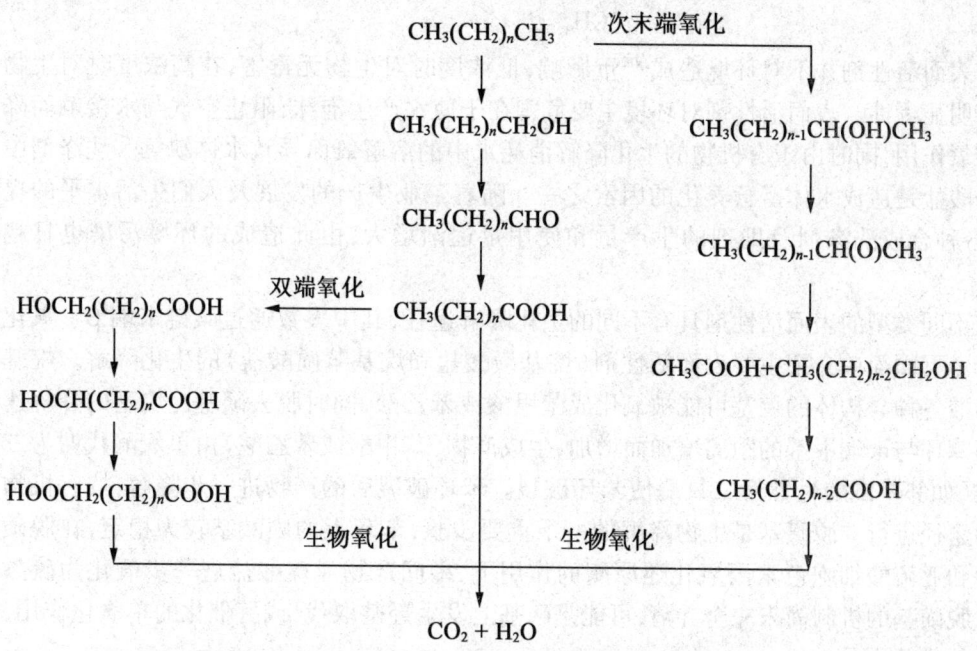

(3)芳香烃的降解:石油中苯、苯的同系物、萘等在微生物作用下先是氧化成芳香二醇,然后苯环分裂成有机酸,再经有关生化反应,最终分解为二氧化碳和水。

(4)环烷烃降解:环烷烃最稳定,只有少数微生物(如小球诺卡氏菌)能使它降解。如环己烷在微生物作用下缓慢氧化：

最后经有关生化过程降解为二氧化碳和水。

石油降解速率与石油的来源、成分、微生物群落和环境条件(如水温)有关。已经证明,石油排入低温水体(如北冰洋),其持久性很强,轻馏分蒸发极慢。另外,水体温度低,生物活性特别低,石油降解也就缓慢。水体中溶解氧对石油降解影响很大,估计分解 1 mg石油烃约需 3~4 mg 氧,1 L 油类氧化需消耗 400 m³ 海水中的溶解氧。在缺氧条件下,油类降解速率降低。此外,被沉入水底的油类也可被微生物作用而降解。

3. 合成洗涤剂的降解

一般合成洗涤剂中表面活性剂含量约占 10%~30%,其余成分为聚磷酸钠、发泡剂及其他添加剂。表面活性剂通常可分为阴离子型、阳离子型、非离子型表面活性剂;此外,还有少量混合表面活性剂。目前,在合成洗涤剂中常用的表面活性剂是烷基苯磺酸盐,其结构为

$$CH_3-(CH_2)_n-CH-\!\!\!\!\!\bigcirc\!\!\!-SO_3X \qquad (n=6\sim9)$$
$$\quad\quad\quad\quad\quad CH_3$$

表面活性剂并不对环境造成严重影响,低浓度时对生物无毒害,在高浓度时对生物则有明显毒性。表面活性剂对环境主要危害在于使水产生泡沫,阻止空气与水接触而降低溶氧作用,同时由于有机物的生化降解消耗水中的溶解氧而导致水体缺氧。洗涤剂中聚磷酸盐是造成水体富营养化的因素之一。随着工业生产的发展及人们生活水平的提高,各种合成洗涤剂及助剂的生产量和使用量逐渐增大,由此造成的环境污染也日趋严重。

不同类型的表面活性剂具有不同的生化降解途径,其中多数通过碳链末端 β-氧化进行。下面简单介绍主要表面活性剂(烷基磺酸盐和烷基苯磺酸盐)的生化降解。烷基苯磺酸各种异构体的烷基可能被氧化成苯甲酸或苯乙酸,同时脱去磺基。烷基的降解速率随苯环与末端甲基的距离增加而增加,生成产物(苯甲酸或苯乙酸)由单氧酶代谢为二酚类(如邻苯二酚),然后二氧酶使苯环破裂。苯环破裂后的产物进一步降解,按有机物代谢途径进行。脱磺基是生物降解的一个重要步骤,苯环上的磺酸基较为稳定,在脱磺基酶和亚硫酸细胞色素丙氧化还原酶的作用下,中间产物亚硫酸盐进一步氧化为硫酸盐。脱磺基的机制尚未完全弄清,可能是磺基上发生羟基取代,或酶催化的单氧化作用,或酶催化还原。

4. 多氯联苯(PCBs)和多环芳烃(PAHs)的降解

多氯联苯(PCBs)和多环芳烃(PAHs)的污染在全球已较为普遍。许多天然水体及土

壤样品中均存在 PCBs 和 PAHs 的污染。PCBs 和 PAHs 剧毒,脂溶性大,易被生物吸收,化学性质十分稳定;一些 PAHs 又是"三致"物质,因而对人体健康构成威胁。研究 PAHs 在水体中的环境化学行为和生物效应,已越来越受到人们的重视。

刘红果等人研究了多氯联苯的微生物降解,以 PCBs 为唯一碳源,通过选择性富集培养,从变电站变压器油污染的土样中分离出 25 株 PCBs 降解菌;底质生长试验结果表明,它们可以利用多种 PCBs 作为唯一碳源;用气相色谱法和氯离子测定法检测了八株菌对各种 PCBs 的降解能力,降解率一般为 20% ~ 50%,高的可达 60% ~ 100%;降解能力随 PCBs 中含氯量的增高而降低,不同异构体降解的难易程度有很大差别。天然水中 PAHs 的质量浓度较低,一般为 $0.001 \sim 10\ \mu g/L$。PAHs 具有脂溶性而难溶于水,故进入水体的 PAHs 主要被吸附在悬浮物、水生生物或沉积物上,最终沉入底泥。

综上所述,有机污染物的降解过程是复杂的。在实际水体中,某种有机污染物往往可以有几种降解途径同时进行,或因环境条件不同而以某种降解途径为主。有机物的最终分解要靠微生物作用来完成。

思考题与习题

1. 请说明天然水体的主要组成。

2. 天然水体的基本特征有哪些? 为什么会有这些特征?

3. 请推导封闭和开放体系碳酸平衡中 $[H_2CO_3^*]$、$[HCO_3^-]$ 和 $[CO_3^{2-}]$ 的表达式,并讨论这两个体系之间的区别。

4. 向某一含有碳酸的水体加入重碳酸盐。问:总酸度、总碱度、无机酸度、酚酞碱度和 CO_2 酸度是增加、减少还是不变?

5. 在一个 pH 为 6.5,碱度为 1.6 mmol/L 的水体中,若加入碳酸钠使其碱化,问每升中需加多少的碳酸钠才能使水体 pH 上升至 8.0。若用 NaOH 强碱进行碱化,每升中需加多少碱?(1.07 mmol/L,1.08 mmol/L)

6. 若有水 A,pH 为 7.5,其碱度为 6.38 mmol/L,水 B 的 pH 为 9.0,碱度为 0.80 mol/L,若以等体积混合,问混合后的 pH 是多少?

7. 天然水体具有缓冲能力的原因是什么?

8. 水中污染物的分类如何? 请叙述水中主要无机污染物的种类和存在形态。

9. 什么是优先污染物? 我国优先控制的污染物包括哪几类?

10. 什么是表面吸附作用、离子交换吸附作用和专属吸附作用? 并说明水合氧化物对金属离子的专属吸附和非专属吸附的区别。

11. 请叙述氧化物表面吸附配合模型的基本原理以及与溶液中配合反应的区别。

12. 含铬废水通入 H_2S 达到饱和并调整 pH 为 8.0,请算出水中剩余铬离子浓度(已知 CdS 的溶度积为 7.9×10^{-27})。

13. 请说明腐殖质的分类及其对水中无机污染物迁移转化的影响。

14. 水中氮磷的迁移转化方式有哪些?

15. 什么是电子活度 pE? 它与 pH 有何区别?

16. 什么是分配系数、标化分配系数、辛醇－水分配系数和生物浓缩因子?

17. 河流氧垂曲线各段的含义是什么?

18. 什么是直接光解反应和间接光解反应?

19. 什么是生长代谢和共代谢?

第 4 章　土壤环境化学

　　土壤是地球表面具有肥力、生长植物的疏松层。对于人类和陆生生物而言,土壤是岩石圈中最重要的部分。与地球直径相比地表土壤的厚度仅为十几或者几十厘米,相比之下微乎其微,但正是这薄薄的一层土壤,才使得地球上有了广袤的森林、农田和草原,人类得以从中获取宝贵的生产和生活资源,拥有肥沃的土壤及与之相适宜的气候,对一个国家来说是一笔珍贵的财富。

　　土壤曾被认为具有无限抵抗人类活动干扰的能力。其实,土壤也是很脆弱又容易被人类活动所损害的环境要素。例如,每年数十亿吨地下矿藏(包括煤)被采掘出来,造成的土壤污染是显而易见的。大量化石燃料的燃烧,造成大气 CO_2 过量而引起的全球气温变暖;全球雨量分布发生变化,使肥沃的土壤变得干旱荒芜;将土地变成有毒化学品的堆放地;大量农药和化肥施入土壤,不仅造成土壤污染,而且造成地下水和地表水污染,直接危及人类的健康。因此,为了使土壤圈永远成为适于人类生存的良好环境,保护土壤环境是每个人义不容辞的责任,也是环境化学要研究的关键问题之一。上壤环境污染化学就是研究和掌握污染物在土壤中的分布、迁移、转化与归趋的规律,为防治土壤污染奠定理论基础。

4.1　土壤的组成与性质

4.1.1　土壤组成

　　土壤是由固体、液体和气体三相共同组成的多相体系。土壤溶质的种类和含量导致土壤溶液组成成分和浓度的变化,并影响土壤溶液和土壤的性质。

　　土壤固相包括土壤矿物质和土壤有机质。土壤矿物质占土壤的绝大部分,约占土壤固体总质量的 90% 以上。土壤有机质约占固体总质量的 1% ~ 10% ,一般在可耕性土壤中约占 5% ,且绝大部分在土壤表层。土壤液相是指土壤中水分及其水溶物。土壤有无数孔隙充满空气,即土壤气相,典型土壤约有 35% 的体积是充满空气的孔隙。所以土壤具有疏松的结构(图 4.1)。

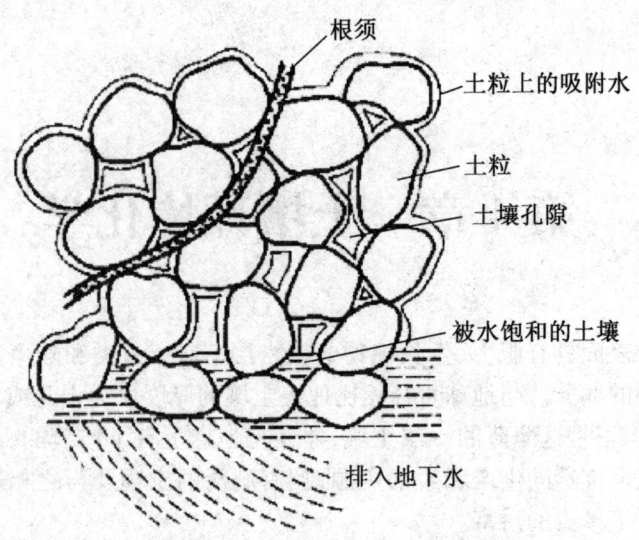

图 4.1 土壤中固、液、气相结构图

典型土壤随深度呈现不同的层次(图 4.2)。最上层为覆盖层(A_0),由地面上的枯枝落叶等构成。第二层为淋溶层(A),是土壤中生物最活跃的一层,土壤有机质大部分在这一层,金属离子和黏土颗粒在此层被淋溶得最显著。第三层为淀积层(B),它接纳来自上一层淋溶出来的有机物、盐类和黏土颗粒类物质。C 层也称母质层,是由风化的成土母岩构成。母质层下面为未风化的基岩,常用 D 层表示。

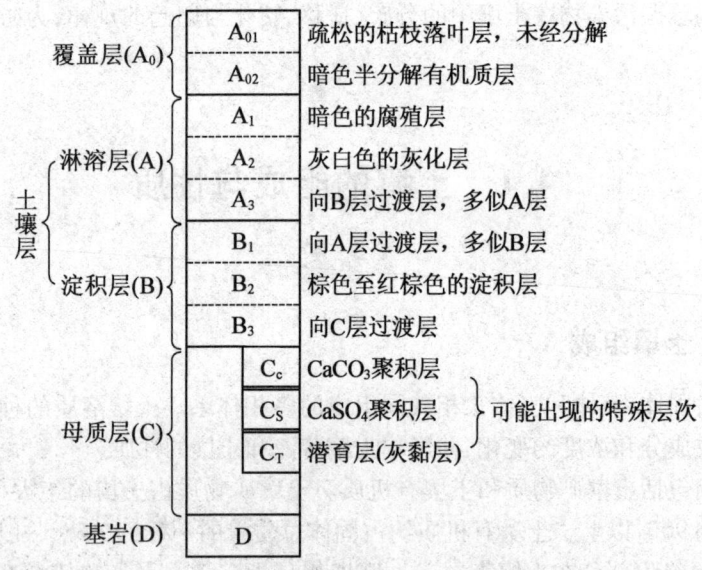

图 4.2 自然土壤的综合剖面图

1. 土壤矿物质

土壤矿物质是岩石经过物理风化和化学风化形成的。按其成因类型可将土壤矿物质分成两类:一类是原生矿物,它们是各种岩石(主要是岩浆岩)受到程度不同的物理风化而未经化学风化的碎屑物,其原来的化学组成和结晶结构都没有改变;另一类是次生矿物,它们大多数是由原生矿物经化学风化后形成的新矿物,其化学组成和晶体结构都有所改变。在土壤形成过程中,原生矿物以不同的数量与次生矿物混合成为土壤矿物质。

(1)原生矿物。

原生矿物主要有石英、长石类、云母类、辉石、角闪石、黑云母、橄榄石、赤铁矿、磁铁矿、磷灰石、黄铁矿等。其中前 5 种最常见。土壤中原生矿物的种类和含量随母质的类型、风化强度和成土过程的不同而异。土壤中 0.001～1 mm 的砂和粉砂几乎全部是原生矿物。在原生矿物中,石英最难风化,长石次之,辉石、角闪石、黑云母易风化,因而石英常成为较粗的颗粒,遗留在土壤中,构成土壤的砂粒部分;辉石、角闪石和黑云母在土壤中残留较少,一般都被风化为次生矿物。土壤中最主要的原生矿物有四类:硅酸盐类矿物、氧化物类矿物、硫化物类矿物和磷酸盐类矿物。其中硅酸盐类矿物占岩浆岩质量的80%以上。

(2)次生矿物。

土壤中次生矿物的种类很多,不同的土壤所含的次生矿物的种类和数量也不尽相同,通常根据其性质与结构可分为三类:简单盐类、三氧化物类和次生铝硅酸盐类。

次生矿物中的简单盐类属水溶性盐,易淋溶流失,一般土壤中较少,多存在于盐渍土中,三氧化物和次生铝硅酸盐是土壤矿物中最细小的部分,粒径小于 0.25 μm,一般称之为次生黏土矿物。土壤很多重要物理、化学过程和性质都与土壤所含的黏土矿物,特别是次生铝硅酸盐的种类和数量有关。

①简单盐类:如方解石($CaCO_3$)、白云石($(Ca,Mg)(CO_3)_2$)、石膏($CaSO_4 \cdot 2H_2O$)、泻盐($MgSO_4 \cdot 7H_2O$)、岩盐($NaCl$)、芒硝($Na_2SO_4 \cdot 10H_2O$)、水氯镁石($MgCl_2 \cdot 6H_2O$)等。它们都是原生矿物经化学风化后的最终产物,结晶结构也较简单,常见于干旱和半干旱地的土壤中。

②三氧化物类:如针铁矿($Fe_2O_3 \cdot H_2O$)、褐铁矿($2Fe_2O_3 \cdot 3H_2O$)和三水铝石($Al_2O_3 \cdot 3H_2O$)等,它们是硅酸盐矿物彻底风化后的产物,结晶结构较简单,常见于湿热的热带和亚热带地的土壤中,特别是基性岩(玄武岩、安山岩、石灰岩)上发育的土壤中含量最多。

③次生铝硅酸盐类:这类矿物在土壤中普遍存在,种类很多,是由长石等原生硅酸盐矿物风化后形成的。它们是构成土壤的重要成分,故又称为黏土矿物或黏粒矿物。由于母岩和环境条件的不同,使岩石风化处在不同的阶段,在不同的风化阶段所形成的次生黏土矿物的种类和数量也不同。但其最终产物都是铁铝氧化物。例如,在干旱和半干旱的气候条件下,风化程度较低,处于脱盐基初期阶段,主要形成伊利石;在温暖湿润或半湿润的气候条件下,脱盐基作用增强,多形成蒙脱石和蛭石;在湿热气候条件下,原生矿物迅速脱盐基、脱硅,主要形成高岭石。如进一步脱硅,矿物质彻底分解,造成铁铝氧化物的富集(即红土化作用)。所以土壤中次生硅酸盐可分为三大类,即伊利石、蒙脱石和高岭石。

伊利石、蒙脱石和高岭石所表现的土壤性质上的差异与它们的晶体结构有密切关系。虽然它们均属片层状结构,即由硅氧原子层(又称硅氧片,由硅氧四面体连接而成)

和铝氢氧原子层(又称水铝片,由铝氢氧八面体连接而成)所构成的晶层相重叠而成,但是由于重叠的情况各不相同,所以性质不同。

2. 土壤有机质

土壤有机质是土壤中含碳有机物的总称。一般占土壤固相总质量的10%以下,却是土壤的重要组成部分,是土壤形成的主要标志,对土壤性质有很大的影响。

土壤有机质主要来源于动植物和微生物残体。可以分为两大类,一类是组成有机体的各种有机物,称为非腐殖物质,如蛋白质、糖、树脂、有机酸等;另一类是称为腐殖质的特殊有机物,它不属于有机化学中的任何一类,它包括腐殖酸、富里酸和腐黑物等。

土壤有机质不但含有丰富的营养元素,而且在自身缓慢的分解过程中,把生成的 CO_2 释放到空气中,成为光合作用的物质来源;与此同时,产生的有机酸可以促进矿物养分的溶出,为作物生长提供丰富的养分。土壤有机质,尤其是胡敏酸具有芳香族多元酚官能团,能增强植物呼吸,提高细胞膜的渗透性,促进根系的生长。有机质中的维生素、生长素、抗生素等对植物起促生长、抗病害的作用。有机质还能促进土壤良好结构的形成,增加土壤疏松性、通气性、透水性和保水性。腐殖质有巨大的比表面,可强烈吸附土壤中可溶性养分,保持土壤肥力;具有两性胶体性质的有机物可缓冲土壤溶液的 pH。有机物可作为土壤微生物的营养物,而微生物活动又增加土壤养分,促进作物生长。

土壤有机质和微生物是土壤中最活跃的组成部分。有机质的合成与分解、微生物的代谢和转化活动不仅具有肥力意义,从环境角度看,腐殖质对土壤中有机、无机污染物的吸附、络合或螯合作用,微生物对有机污染物的代谢、降解活动等具有重要意义。

3. 土壤水分

土壤水分是土壤三相(固、液、气)中的要素。它把土壤、大气中的植物养分溶解成营养溶液,输送到植物根部,最大限度地提供给植物体。因此,土壤水分是植物吸收养料的主要媒介。土壤溶液占土壤总体积的20%~30%,含有 Na^+、K^+、Mg^{2+}、Ca^{2+}、Cl^-、NO_3^-、SO_4^{2+}、HCO_3^- 等无机离子,还含有机物。

土壤水分主要来源于降雨、雪和灌溉。在地下水位接近于地面(2~3 m)的情况下,地下水也是上层土壤水分的重要来源。土粒表面的吸附力和微细孔隙的毛细管力可把进入土壤的水分保持住。土壤固体保持水分的牢固程度,在很大程度上决定了土壤中水分的运动和植物对水分的利用。

水进入土壤以后,由于土壤颗粒表面的吸附力和微细孔隙的毛细管力,可将一部分水保持住,但不同土壤保持水分的能力不同。砂土由于土质疏松,孔隙大,水分容易渗漏流失;黏土土质细密,孔隙小,水分不容易渗漏流失。气候条件对土壤水分含量影响也很大。当水分进入土壤后,即和其他组成物质发生作用,其中的一些可溶性物质如盐类和空气将溶解在水里。这种溶有盐类和空气的土壤水即为土壤溶液。土壤水分既是植物养分的主要来源,也是进入土壤的各种污染物向其他环境圈层(如水圈、生物圈等)迁移的媒介。

4. 土壤中的空气

土壤是一个多孔体系,在水分不饱和的情况下,孔隙中充满空气。土壤空气主要来自大气,其次来自土壤中的生物化学过程。土壤空气是不连续的,它存在于被土壤固体

隔开的土壤孔隙中,其组成在不同处是有差异的。土壤空气与大气组成有较大的差别:

(1)CO_2 含量一般远比在大气中高,氧的含量则低于大气(见表4.1)。造成这种差别的原因是土壤中植物根系的呼吸作用、微生物活动中有机物的降解及合成时消耗其中的 O_2,放出 CO_2。

表4.1　土壤空气与大气组成　　　　　　　　　　　体积分数/%

气体	氧	二氧化碳	氮
土壤空气	18～20	0.15～0.65	78.8～80.3
近地大气	21	0.03	78.1

(2)土壤空气一般比大气含有较高的水量。土壤含水量适宜时,相对湿度接近100%。除此之外,由于土壤空气经常被水汽所饱和,在通气不良情况下,厌氧细菌活动产生的少量还原性气体如 CH_4、H_2S、H_2 也积累在土壤空气中。

土壤空气的含量和组成在很大程度上取决于土水关系。作为气体混合物的土壤空气,只进入未被水分占据的那些土壤孔隙。细孔隙比例大的土壤,往往通气条件较差。在这类土壤中,水分占优势,土壤空气的含量和组成不适于植物的最佳生长。在土壤孔隙里储存的水分和空气,它们的相对含量经常随自然条件的改变而变化。

4.1.2　土壤的粒级分组与质地分组

1.土壤矿物质的粒级划分

土壤矿物质是以大小不同的颗粒状态存在的不同粒径的土壤矿物质颗粒(即土粒),其性质和成分都不一样。为了研究方便,人们按粒径的大小将土粒分为若干组,称为粒组或粒级,同组土粒的成分和性质基本一致,组间则有明显差异。中国科学院南京土壤研究所和西北水土保持生物土壤研究所,总结了我国的经验,拟订了我国土壤粒级划分标准,见表4.2。

表4.2　我国土粒分级标准

颗粒名称	粒径/mm	颗粒名称	粒径/mm
石块	>10	粉粒	
石砾		粗粉粒	0.01～0.05
粗砾	3～10	细粉粒	0.005～0.01
细砾	1～3	黏粒	
砂粒		粗黏粒	0.001～0.005
粗沙砾	0.25～1	细黏粒	<0.001
细沙砾	0.05～0.25		

2.粒级的主要矿物成分和理化特性

由于各种矿物抵抗风化的能力不同,它们经受风化后,在各粒级中分布的多少也不相同。石英抗风化的能力很强,故常以粗的土粒存在,而云母、角闪石等易于风化,故多以较细的土粒存在。矿物的粒级不同,其化学成分有较大的差异。在较细的土粒中,钙、镁、磷、钾等元素含量增加。一般地说,土粒越细,所含养分越多;反之,则越少(见表4.3)。

表4.3　不同粒径土粒的化学组成

粒径/mm	质量分数/%						
	SiO_2	Al_2O_3	Fe_2O_3	CaO	MgO	K_2O	P_2O_5
1.000 ~ 0.200	93.6	1.6	1.2	0.4	0.6	0.8	0.05
0.200 ~ 0.040	94.0	2.0	1.2	0.5	0.1	1.5	0.10
0.040 ~ 0.010	89.4	5.0	1.5	0.8	0.3	2.3	0.20
0.010 ~ 0.002	74.2	13.2	5.1	1.6	0.3	4.2	0.10
<0.002	53.2	21.5	13.2	1.6	1.0	4.9	0.40

由于土粒大小不同,矿物成分和化学组成也不同,各级所表现出来的物理化学性质和肥力特征差异很大。

(1)石块和石砾。

多为岩石碎块,直径大于1 mm。山区土壤和河漫滩土壤中常见。土壤中含石块和石砾多时,其孔隙过大,水和养分易流失。

(2)沙砾。

沙砾主要为原生矿物,大多为石英、长石、云母、角闪石等,其中以石英为主,粒径为1 ~ 0.05 mm,在冲积平原土壤中常见。土壤含沙砾多时,孔隙大,通气和透水性强,毛细管水上升高度很低(小于33 cm),保水保肥能力弱,营养元素含量少。

(3)黏粒。

黏粒主要为次生矿物,粒径小于0.001 mm。含黏粒多的土壤,营养元素含量丰富,团聚能力较强,有良好的保水保肥能力,但土壤的通气性和透水性较差。

(4)粉粒。

粉粒也称为面砂,是原生矿物与次生矿物的混合体,原生矿物有云母、长石、角闪石等,其中白云母较多;次生矿物有次生石英、高岭石,含水氧化铁、铝,其中次生石英较多。粒径为0.05 ~ 0.005 mm,在黄土中含量较多。粉粒的物理及化学性状介于砂粒与黏粒之间,团聚、胶结性差,分散性强,保水保肥能力较好。

3. 土壤质地分类及其特性

由不同的粒级混合在一起所表现出来的土壤粗细状况,称为土壤质地(或土壤机械组成)。土壤质地分类是以土壤中各级粒级的相对百分比作为标准的。而土壤质地可在一定程度上反映土壤矿物组成和化学组成,同时土壤颗粒大小与土壤的物理性质有密切关系,并且影响土壤孔隙状况,因此对土壤水分、空气、热量的运动和养分转化均有很大的影响。质地不同的土壤表现出不同的性状,见表4.4。由表4.4可见,壤土兼有砂土和黏土的优点,而克服了两者的缺点,是理想的土壤质地。

表4.4　土壤质地与土壤性状

土壤性状	土壤质地		
	砂土	壤土	黏土
比表面积	小	中等	大
紧密性	小	中等	大
孔隙状况	大孔隙多	中等	细孔隙多
通透性	大	中等	小
有效含水量	低	中等	高
保肥能力	小	中等	大
保水分能力	低	中等	高
触觉	砂	滑	黏

4.1.3　土壤吸附性

土壤中两个最活跃的组分是土壤胶体和土壤微生物,它们对污染物在土壤中的迁移、转化有重要作用。土壤胶体以其巨大的比表面积和带电性而使土壤具有吸附性。

1. 土壤胶体的性质

(1)土壤胶体具有巨大的比表面和表面能。

比表面是单位质量物质的表面积。一定体积的物质被分割时,随着颗粒数的增多,比表面也显著地增大。物体表面的分子与该物体内部的分子所处的条件是不相同的。而处于表面的分子所受到的吸引力力是不相等的,表面分子具有一定的自由能,即表面能。物质的比表面越大,表面能也越大。

(2)土壤胶体的电性。

土壤胶体微粒具有双电层,微粒的内部称为微核,一般带负电荷,形成一个负离子层(即决定电位离子层),其外部由于电性吸引,而形成一个正离子层(又称反离子层,包括非活动性离子层和扩散层),即合称为双电层。决定电位层与液体间的电位差通常称热力电位,在一定的胶体系统内它是不变的。在非活动性离子层与液体间的电位差称电动电位,它的大小由扩散层厚度而定,随扩散层厚度增大而增大,扩散层厚度取决于补偿离子的性质和电荷数量多少,而水化程度大的补偿离子(如 Na^+),形成的扩散层较厚;反之,扩散层较薄。

(3)土壤胶体的凝聚性和分散性。

由于胶体的比表面和表面能都很大,为减少表面能,胶体具有互相吸引、凝聚的趋势,这就是胶体的凝聚性。但是在土壤溶液中,胶体常带负电荷,即具有负的电动电位,所以胶体微粒又因相同电荷而相互排斥,电动电位越高,相互排斥力越强,胶体微粒呈现出的分散性也越强。

影响土壤凝聚性能的主要因素是土壤胶体的电动电位和扩散层厚度。例如,当土壤溶液中阳离子增多,由于土壤胶体表面负电荷被中和,从而加强了土壤的凝聚。阳离子改变土壤凝聚作用的能力与其种类和浓度有关。一般地,土壤溶液中常见阳离子的凝聚作用能力顺序如下:$K^+ < NH^+ < H^+ < Mg^{2+} < Ca^{2+} < Al^{3+} < Fe^{3+}$。此外,土壤溶液中电解质浓度、pH 也将影响其凝聚性能。

2. 土壤胶体的离子交换吸附

在土壤胶体双电层的扩散层中,补偿离子可以和溶液中相同电荷的离子以离子价为依据作为等价交换,称为离子交换(或代换)。离子交换作用包括阳离子交换吸附作用和阴离子交换吸附作用。

(1)土壤胶体的阳离子交换吸附。

土壤胶体吸附的阳离子,可与土壤溶液中的阳离子进行交换,其交换反应如下:

$$土壤胶体{\overline{\quad Na^+ \atop \quad Na^+}} + Ca^{2+} \Longleftrightarrow 土壤胶体{\overline{\quad}} Ca^{2+} + 2Na^+$$

土壤胶体阳离子交换过程除以离子价为依据进行等价交换和质量作用定律支配外,各种阳离子交换能力的强弱,主要依赖于以下因素。

①电荷数:离子电荷越高,阳离子交换能力越强。

②离子半径及水化程度:同价离子中,离子半径越大,水化离子半径就越小,因而具有较强的交换能力。土壤中一些常见阳离子的交换能力顺序如下:$Na^+ < K^+ < NH^+ < Cs^+ < Mg^{2+} < Ca^{2+} < Sr^{2+} < Ba^{2+} < H^+ < Al^{3+} < Fe^{3+}$。

每千克干土中所含全部阳离子总量,称阳离子交换量,以(cmol/kg)表示。

a. 不同土壤的阳离子交换量不同。不同种类胶体的阳离子交换量的顺序为:有机胶体 > 蒙脱石 > 水化云母 > 高岭土 > 含水氧化铁、铝。

b. 土壤质地越细,阳离子交换量越高。土壤胶体中 $n(SiO_2)/n(R_2O_3)$ 越大,其阳离子交换量越大,当 $n(SiO_2)/n(R_2O_3)$ 小于 2,阳离子交换量显著降低。

c. 因为胶体表面—OH 基团的解离受 pH 的影响,所以 pH 下降,土壤负电荷减少,阳离子交换量降低;反之交换量增大。

土壤的可交换性阳离子有两类:一类是致酸离子,包括 H^+ 和 Al^{3+};另一类是盐基离子,包括 Ca^{2+}、Mg^{2+}、K^+、Na^+ 和 NH^+ 等。当土壤胶体上吸附的阳离子均为盐基离子,且已达到吸附饱和时的土壤,称为盐基饱和土壤。当土壤胶体上吸附的阳离子有一部分为致酸离子,则这种土壤为盐基不饱和土壤。在土壤交换性阳离子中盐基离子所占的百分数称为土壤盐基饱和度:

盐基饱和度 = 交换性盐基总量(cmol/kg)/阳离子交换量(cmol/kg) ×100% (4.1)

(2)土壤胶体的阴离子交换吸附。

土壤中阴离子交换吸附是指带正电荷的胶体所吸附的阴离子与溶液中阴离子的交换作用。阴离子的交换吸附比较复杂,它可与胶体微粒(如酸性条件下带正电荷的含水氧化铁、铝)或溶液中阳离子(Ca^{2+}、Al^{3+}、Fe^{3+})形成难溶性沉淀而被强烈地吸附。

4.1.4　土壤酸碱性

由于土壤是一个复杂的体系,其中存在着各种化学和生物化学反应,因而使土壤表现出不同的酸性或碱性。根据土壤的酸度可以将其划分为九个等级(见表4.5)。

表4.5　土壤酸碱度分级

酸碱度分级	pH	酸碱度分级	pH
极强酸性	<4.5	弱碱性	7.0~7.5
强酸性	4.5~5.5	碱性	7.5~8.5
酸性	5.5~6.0	强碱性	8.5~9.5
弱酸性	6.0~6.5	极强碱性	>9.5
中性	6.5~7.0		

我国土壤的 pH 大多在 4.5~8.5 范围内,并呈现由南向北 pH 递增的规律性,长江(北纬33°)以南的土壤多为酸性和强酸性,如华南、西南地区广泛分布的红壤、黄壤,pH 大多在 4.5~5.5,有少数低至 3.6~3.8;华中、华东地区的红壤,pH 在 5.5~6.5。长江以北的土壤多为中性或碱性,如华北、西北的土壤大多含 $CaCO_3$,pH 一般在 7.5~8.5,少数强碱性土壤的 pH 高达 10.5。

1. 土壤酸度

根据土壤中 H^+ 的存在方式,土壤酸度可分为两大类。

(1)活性酸度。

土壤的活性酸度是土壤中氢离子浓度的直接反映,又称为有效酸度,通常用 pH 表示。

土壤溶液中氢离子的来源,主要是土壤中 CO_2 溶于水形成的碳酸和有机物质分解产生的有机酸,以及土壤中矿物质氧化产生的无机酸,如硝酸、硫酸和磷酸等。此外,由于大气污染形成的大气酸沉降,也会使土壤酸化,所以它也是土壤活性酸度的一个重要来源。

(2)潜性酸度。

土壤潜性酸度的来源是土壤胶体吸附的可代换性 H^+ 和 Al^{3+},当这些离子处于吸附状态时,是不显酸性的,但当它们通过离子交换作用进入土壤溶液之后,即可增加土壤溶液的浓度,使土壤 pH 降低。只有盐基不饱和土壤才有潜性酸度,其大小与土壤代换量和盐基饱和度有关。

根据测定土壤潜性酸度所用的提取液,可以把潜性酸度分为代换性酸度和水解酸度。

①代换性酸度。用过量中性盐(如 NaCl 或 KCl)溶液淋洗土壤,溶液中金属离子与土壤中 H^+ 和 Al^{3+} 发生离子交换作用,而表现出的酸度,称为代换性酸度,即

$$\boxed{土壤胶体}—H^+ + KCl \Longrightarrow \boxed{土壤胶体}—K^+ + HCl$$

由于土壤矿物质胶体释放出的氢离子是很少的,只有土壤腐殖质中的腐殖酸才可产生较多的氢离子:

$$R—COOH + KCl \Longrightarrow RCOOK + H^+ + Cl^-$$

近代研究已经确认,代换性 Al^{3+} 是矿物质中潜性酸度的主要来源。例如,红壤的潜性酸度95%以上是代换性 Al^{3+} 产生的。由于土壤酸度过高,造成铝硅酸盐晶格内铝氢氧八面体的破裂,使晶格中的 Al^{3+} 释放出来,变成代换性 Al^{3+}。

②水解性酸度。用弱酸强碱盐(如醋酸钠)淋洗土壤,溶液中金属离子可以将土壤胶体吸附的 H^+、Al^{3+} 代换出来,同时生成某弱酸(醋酸)。此时,所测定出的该弱酸的酸度称为水解性酸度。其化学反应分几步进行。首先,醋酸钠水解:

$$CH_3COONa + H_2O \longrightarrow CH_3COOH + Na^+ + OH$$

由于生成的醋酸分子解离度很小,而氢氧化钠可以完全解离。氢氧化钠解离后,所生成的钠离子浓度很高,可以代换出绝大部分吸附的 H^+ 和 Al^{3+},其反应如下:

$$H^+ - \boxed{土壤胶体} - Al^{3+} + 4CH_3COONa \xrightarrow{3H_2O}$$

$$Na^+ - \boxed{土壤胶体} \begin{matrix} -Na^+ \\ -Na^+ \\ -Na^+ \end{matrix} + Al(OH)_3 + 4CH_3COOH$$

水解性酸度一般比代换性酸度高。由于中性盐所测出的代换性酸度只是水解性酸度的一部分,当土壤溶液碱性增大时,土壤胶体上吸附的 H^+ 较多地被代换出来,所以水解酸度较大。但在红壤和灰化土中,由于胶体中 OH^- 中和醋酸,且对醋酸分子有吸附作用,因此,水解性酸度接近或低于代换性酸度。

③活性酸度与潜性酸度的关系。土壤的活性酸度与潜性酸度是同一个平衡体系的两种酸度。两者可以相互转化,在一定条件下处于暂时平衡状态。土壤活性酸度是土壤酸度的根本起点和现实表现。土壤胶体是 H^+ 和 Al^{3+} 的储存库,潜性酸度是活性酸度的储备。一般来说,土壤的潜性酸度往往比活性酸度大得多,两者的比例,在砂土中约为1 000,在有机质丰富的黏土中则可高达 5×10^4,甚至更高。

2. 土壤碱度

土壤溶液中 OH^- 的主要来源是 CO_3^{2-} 和 HCO_3^- 的碱金属(Na,K)及碱土金属(Ca,Mg)的盐类。碳酸盐碱度和重铬酸盐碱度的总和称为总碱度。可用中和滴定法测定。不同溶解度的碳酸盐和重铬酸盐对土壤碱性的贡献不同,$CaCO_3$ 和 $MgCO_3$ 的溶解度很小,在正常的 CO_2 的分压下,它们在土壤中的浓度很低,故富含 $CaCO_3$ 和 $MgCO_3$ 的石灰性土壤呈碱性(pH = 7.5 ~ 8.5);Na_2CO_3、$NaHCO_3$ 和 $Ca(HCO_3)_2$ 等都是水溶性盐类,可以大量出现在土壤溶液中,其 pH 一般较高,可达 10 以上,而含 $NaHCO_3$ 和 $Ca(HCO_3)_2$ 的土壤,其 pH 常在7.5 ~ 8.5,碱性较弱。胶体上吸附的盐基离子不同,对土壤 pH 或土壤碱度的影响也不同,见表4.6。

表4.6　不同盐基离子完全饱和吸附于黑钙土时的 pH

吸附性盐基离子	黑钙土时的 pH
Na^+	8.04
K^+	8.00
Ca^{2+}	7.84
Mg^{2+}	7.59
Ba^{2+}	7.35

3. 土壤的缓冲性能

土壤的缓冲性能是指土壤具有缓和其酸碱度发生激烈变化的能力,它可以保持土壤反应的相对稳定,为植物生长和土壤生物的活动创造比较稳定的生活环境,所以土壤的缓冲性能是土壤的重要性质之一。

(1)土壤溶液的缓冲作用。

土壤溶液中含有碳酸、硅酸、磷酸、腐殖酸和其他有机酸等弱酸及其盐类,构成一个良好的缓冲体系,对酸碱具有缓冲作用。以碳酸及其钠盐为例,当加入盐酸时,碳酸钠与它作用,生成中性盐和碳酸,大大抑制了土壤酸度的提高。

$$Na_2CO_3 + 2HCl \rightleftharpoons 2NaCl + H_2CO_3$$

当加入 $Ca(OH)_2$ 时,碳酸与它作用,生成溶解度较小的碳酸钙,也限制了土壤碱度的变化范围。

$$H_2CO_3 + Ca(OH)_2 \rightleftharpoons CaCO_3 + 2H_2O$$

土壤中的某些有机酸(如氨基酸、胡敏酸等)是两性物质,具有缓冲作用,如氨基酸含氨基和羧基,可分别中和酸和碱,从而对酸和碱都具有缓冲能力。

$$R-\underset{\underset{COOH}{|}}{\overset{\overset{NH_2}{|}}{CH}} + HCl \longrightarrow R-\underset{\underset{COOH}{|}}{\overset{\overset{NH_3Cl}{|}}{CH}}$$

$$R-\underset{\underset{COOH}{|}}{\overset{\overset{NH_2}{|}}{CH}} + NaOH \longrightarrow R-\underset{\underset{COONa}{|}}{\overset{\overset{NH_2}{|}}{CH}} + H_2O$$

(2)土壤的缓冲作用。

土壤胶体吸附有各种阳离子,其中盐基离子和氢离子能分别对酸和碱起缓冲作用。

①对酸的缓冲作用(以 M 代表盐基离子):

$$\boxed{土壤胶体}-M + HCl \rightleftharpoons \boxed{土壤胶体}-H + MCl$$

②对碱的缓冲作用:

$$\boxed{土壤胶体}-H + MOH \rightleftharpoons \boxed{土壤胶体}-M + H_2O$$

土壤胶体的数量和盐基代换量越大,土壤的缓冲性能就越强。因此,砂土掺黏土及施用各种有机肥料,都是提高土壤缓冲性能的有效措施。在代换量相等的条件下,盐基饱和度越高,土壤对酸的缓冲能力越大;反之,盐基饱和度越低,土壤对碱的缓冲能力越大。

③铝离子对碱的缓冲作用。

pH < 5 的酸性土壤里,土壤溶液中 Al^{3+} 有 6 个水分子围绕着,当加入碱类使土壤溶液中 OH^- 增多时,铝离子周围的 6 个水分子中有一两个水分子解离出与加入的 OH^- 中和,并发生如下反应:

$$2Al(H_2O)_6^{3+} + 2OH^- \longrightarrow [Al_2(OH)_2(H_2O)_3]^{4+} + 4H_2O$$

水分子解离出来的 OH^- 则留在铝离子周围,这种带有 OH^- 的铝离子很不稳定,它们要聚合成更大的离子团,可多达数十个铝离子相互聚合成离子团。聚合的铝离子团越大,解离出的 H^+ 越多,对碱的缓冲能力就越强。在 pH > 5.5 时,铝离子开始形成 $Al(OH)_3$ 沉淀,而失去缓冲能力。一般土壤缓冲能力的大小顺序是:腐殖质土 > 黏土 > 砂土。

4.1.5 土壤的氧化还原性

氧化还原反应是土壤中无机物和有机物发生迁移转化,并对土壤生态系统产生重要影响的化学过程。

土壤中的主要氧化剂有土壤中氧气、离子和高价金属离子,如 Fe(Ⅲ)、Mn(Ⅳ)、V(Ⅴ)、Ti(Ⅵ)等。土壤中的主要还原剂有有机质和低价金属离子,此外,土壤中的根系和土壤生物也是土壤发生氧化还原反应的重要参与者。

土壤氧化还原能力的大小可以用土壤的氧化还原电位(E_h)来衡量,其值是以氧化态物质与还原态物质的相对浓度比为依据的。由于土壤中氧化态物质与还原态物质的组成十分复杂,因此计算土壤的实际 E_h 很困难。主要以实际测量的 E_h 衡量土壤的氧化还原性。一般,旱地土壤的 E_h 为 +400 ~ +700 mV;水田的 E_h 为 -200 ~ +300 mV。根据土壤的 E_h 值可以确定土壤中有机物和无机物可能发生的氧化还原反应和环境行为。当土壤的 E_h > 700 mV 时,土壤完全处于氧化条件下,有机物质会迅速分解;当 E_h < 400 mV 时,土壤中的 NO_3^- 反硝化开始发生;当 E_h < 200 mV 时,NO_3^- 开始消失,出现大量的 NH_4^+。当土壤渍水时,E_h 值降至 -100 mV,Fe^{2+} 浓度已经超过 Fe^{3+};E_h 值再降低,小于 -200 mV 时,H_2S 大量产生,Fe^{2+} 就会变成 FeS 沉淀,其迁移能力降低。其他变价金属离子在土壤中不同氧化还原条件下的迁移转化行为与水环境相似。

4.1.6 土壤的生物学性质

土壤中存在着由土壤动物、原生动物和微生物组成的生物群体。土壤微生物是土壤生物的主体,它的种类繁多,数量巨大。特别是在土壤表层中,每克土壤含有以亿和10亿计的细菌、真菌、放线菌和酵母等微生物。它们能产生各种专性酶,因而在土壤有机质的分解转化过程中起主要作用。土壤微生物和其他生物对有机污染物有强的自净能力,即生物降解作用。土壤这种自身更新能力和去毒作用为土壤生态系统的物质循环创造了决定性的有利条件,也对土壤肥力的保持提供了必要的保证。污染物可被生物吸收并累积在体内,植物根系对污染物的吸收是植物污染的主要途径。

4.1.7 土壤的自净作用

土壤的上述性质对污染物的迁移转化有很大的影响。如土壤胶体能吸附各种污染物并降低其活性,微生物对有机污染物有特殊的降解作用,使得土壤具有优越的自身更新能力,而无须借助外力。土壤的这种自身更新能力,称为土壤的自净作用。污染物进入土壤后,其自净过程大致如下:污染物在土壤内经扩散、稀释、挥发等物理过程降低其浓度;经生物和化学降解为无毒或低毒物质,或通过化学沉淀、配合或螯合作用、氧化还原作用转化为不溶性化合物,或是被土壤胶体牢固吸附,难以被植物吸收,而暂时退出生物小循环,脱离食物链或被排至土体之外的大气或水体中。

土壤自净能力与土壤的物质组成和其他特性及污染物的种类、性质有关。不同土壤的自净能力是不同的,同一土壤对不同污染物的净化能力也是有差异的。总的来说,土壤的自净速度比较缓慢,污染物进入土壤后较难净化。

4.2 土壤污染物及其迁移转化

土壤环境依赖自身的组成、功能,对进入土壤的外源物质有一定的缓冲、净化能力。土壤的自净能力取决于土壤中所存在的有机和无机胶体对外源污染物的吸附、交换作用;土壤的氧化还原作用所引起的外源污染物形态变化,使其转化为沉淀,或因挥发和淋溶从土壤迁移至大气和水体;土壤微生物和土壤动植物有很强的降解能力,可将污染物降解转化为无毒或毒性小的物质。但土壤环境的自净能力是有限的,随着现代工农业生产的发展,化肥、农药的大量施用,工业、矿山废水排入农田,城市工业废物等不断进入土壤,并在数量和速度上超过了土壤的承受容量和净化速度,从而破坏了土壤的自然动态平衡,造成土壤污染。因此,土壤污染是指土壤所积累的化学有毒、有害物质,对植物生长产生了危害,或者残留在农作物中进入食物链,而最终危害人体健康。

土壤污染化学的发展相对较晚。20世纪70年代前后土壤污染化学的研究重点为重金属元素的污染问题;到80年代,主要研究目标转移到有机物质、酸雨和稀土元素等问题上。在金属及类金属元素的研究中,人们最关注的是硒、铅和铝等元素的化学行为;研究内容集中于化学物质在土壤中的转化降解等行为及元素的形态等。

土壤污染的显著特点如下:

①比较隐蔽,具有持续性、积累性,往往不容易立即发现,通常是通过地下水受到污染、农产品的产量和质量下降,及人体健康状况恶化等方式显现出来。

②土壤一旦被污染,不像大气和水体那样容易流动和被稀释,因此土壤污染很难恢复,所以要充分认识土壤污染的严重性和不可逆性。

土壤污染可以从以下几个方面来监测和判别:土壤污染调查分析、农业灌溉用水的污染监测、地下水污染和作物生长影响监测等手段来实现。

4.2.1　土壤污染源

土壤污染源可分为人为污染源和自然污染源。

1. 人为污染源

土壤污染物主要是工业和城市的废水和固体废物、农药和化肥、牲畜排泄物、生物残体及大气沉降物等。污水灌溉或污泥作为肥料使用,常使土壤受到重金属、无机盐、有机物和病原体的污染。工业及城市固体废物任意堆放,引起其中有害物的淋溶、释放,可导致土壤污染。现代农业大量使用农药和化肥,也可造成土壤污染。例如,六六六、滴滴涕等有机氯杀虫剂能在土壤中长期残留,并在生物体内富集;氮、磷等化学肥料,凡未被植物吸收利用和未被根层土壤吸附固定的养分,都在根层以下积累,或转入地下水,成为潜在的环境污染物。禽畜饲养场的厩肥和屠宰场的废物,其性质近似人粪尿,利用这些废物作为肥料,如果不进行适当处理,其中的寄生虫、病原菌和病毒等可引起土壤和水体污染。大气中的SO_2、NO_x 及颗粒物通过干沉降或湿沉降到达地面,引起土壤酸化。

2. 自然污染源

在某些矿床或元素及化合物的富集中心周围,由于矿物的自然分解与风化,往往形成自然扩散带,使附近土壤中某些元素的含量超出一般土壤的含量。

4.2.2　土壤的主要污染物

土壤污染物种类繁多,总体可分以下几类。

1. 无机污染物

包括对动植物有危害作用的元素及其无机化合物,如重金属镉、汞、铜、铅、锌、镍、砷等;硝酸盐、硫酸盐、氧化物、可溶性碳酸盐等化合物也是常见的土壤无机污染物;过量使用氮肥或磷肥也会造成土壤污染。

2. 有机污染物

包括化学农药、除草剂、石油类有机物、洗涤剂及酚类等,其中农药是土壤的主要有机物,常用的农药约有 50 种。

3. 放射性物质

放射性物质包括^{137}Cs、^{90}Sr 等。

4. 病原微生物

病原微生物如肠道细菌、炭疽杆菌、肠寄生虫、结核杆菌等。

4.2.3　氮和磷的污染与迁移转化

氮、磷是植物生长不可缺少的营养元素。农业生产过程中常施用氮、磷化学肥料以增加粮食作物的产量,但过量使用化肥也会影响作物的产量和质量。此外,未被作物吸收利用和被根层土壤吸附固定的养分,都在根层以下积累或转入地下水,成为潜在的环境污染物。

1. 氮污染

农田中过量施用氮肥会影响农业产量和产品的质量,还会间接影响人类健康,同时在经济上也是一种损失。施用过多的氮肥,由于水的沥滤作用,土壤中积累的硝酸盐渗滤并进入地下水;如水中硝酸盐质量浓度超过 $4.5~\mu g/mL$,就不宜饮用。蔬菜和饲料作物等可以积累土壤中的硝酸盐。空气中的细菌可将烹调过的蔬菜中的硝酸盐还原成亚硝酸盐,饲料中的硝酸盐在反刍动物胃里也可被还原成亚硝酸盐。亚硝酸盐能与胺类反应生成亚硝胺类化合物,具有致癌、致畸、致突变的性质,对人类有很大的威胁。硝酸盐和亚硝酸盐进入血液,可将其中的血红蛋白 Fe^{2+} 氧化成 Fe^{3+},变成氧化血红蛋白,后者不能将其结合的氧分离供给肌体组织,导致组织缺氧,使人和家畜发生急性中毒。此外,农田施用过量的氮肥容易造成地表水的富营养化。

土壤表层中的氮大部分是有机氮,占总氮的 90%。土壤中的无机氮主要有氨氮、亚硝酸盐氮和硝酸盐氮,其中铵盐(NH_4^+)、硝酸盐氮(NO_3^-)是植物摄取的主要形式。除此以外,土壤中还存在着一些化学性质不稳定、仅以过渡态存在的含氮化合物,如 N_2O、NO、NO_2 及 NH_2OH、HNO_2。

尽管某些植物能直接利用氨基酸,但植物摄取的几乎都是无机氮,说明土壤中氮以有机态来储存,而以无机态被植物所吸收。显然,有机氮与无机氮之间的转换是十分重要的。有机氮转变为无机氮的过程称为矿化过程。无机氮转化为有机氮的过程称为非流动性过程。这两种过程都是微生物作用的结果。研究表明,矿化的氮量与外部条件(如温度、酸度、氧及水的有效量、其他营养盐等)有关。

2. 磷污染

磷是植物生长的必需元素之一。植物摄取磷几乎全部是磷酸根离子(如 $H_2PO_4^-$)。土壤的磷污染很难判断,植物缺锌往往是高磷造成的。

表层土壤中磷酸盐含量可达 $200~\mu g/g$,在黏土层中可达 $1~000~\mu g/g$。土壤中磷酸盐主要以固相存在,其活度与总量无关;土壤对磷酸盐有很强的亲和力。因此,磷污染比氮污染情况要简单,只是在灌溉时才会出现磷过量的问题。另外,土壤中的 Ca^{2+}、Al^{3+}、Fe^{3+} 等容易和磷酸盐生成低溶性化合物,能抑制磷酸盐的活性,即使土壤中含磷量高,但作物仍可能缺磷。由此可见,土壤磷污染对农作物生长影响并不很大,但其中的磷酸盐可随水土流失进入湖泊、水库等,造成水体富营养化。

土壤中的磷包括有机磷及无机磷。有机磷在总磷中所占比例范围较宽,土壤中有机磷的含量与有机质的量成正相关,其含量在顶层土中较高。土壤中有机磷主要是磷酸肌醇酯,也有少量核酸及磷酸类酯。与磷酸盐一样,磷酸肌醇酯能被土壤吸附沉淀。

4.2.4　土壤重金属污染

土壤本身均含有一定量的重金属元素,其中有些是作物生长所必需的元素,如 Mn、Cu、Zn 等,而有些重金属,如 Hg、Pb、Cd、As 等则对植物生长是不利的。即使是营养元素,当其使用过量时也会对作物生长产生不利影响。这些重金属进入土壤不能被微生物分解,因此易在土壤中积累,甚至可以转化为毒性较大的烷基化合物。

　　土壤中的重金属来源主要有：采用城市污水或工业污水灌溉，使其中重金属污染物进入农田；矿渣、炉渣及其固体废物（包括生活垃圾）任意堆放，其淋溶物随地表径流流入农田等。

　　重金属元素多为变价元素，进入土壤的重金属通常以可溶态或颗粒态存在。其存在形态直接影响它们在土壤中的迁移、转化及生态效应。例如重金属对植物和其他土壤生物的毒性，不是与土壤溶液中重金属总浓度相关，而主要取决于游离的金属离子。对镉则主要取决于游离 Cd^{2+} 浓度，对铜则取决于游离 Cu^{2+} 及其氢氧化物。而大部分稳定配合物及其与胶体颗粒结合的形态则是低毒的。重金属的存在形式不仅与重金属的性质还与土壤环境条件（如土壤的 pH、E_h 值、土壤有机和无机胶体的种类、含量）有关。例如稻田灌水时，氧化还原电位明显降低，重金属以硫化物的形态存在于土壤中，不易被植物吸收；当稻田排水时，稻田变成氧化环境，重金属从硫化物转化为易迁移的可溶性硫酸盐，而被植物吸收。

1. 土壤重金属污染的危害

主要表现在以下几个方面：

（1）影响植物生长。

　　实验表明，土壤中无机砷含量达 12 mg/kg 时，水稻不能生长；稻米含砷量与土壤含砷量呈正相关。有机砷化物对植物的毒性则更大。

（2）影响土壤生物群的变化及物质的转化。

　　重金属离子对微生物的毒性顺序为：$Hg^{2+} > Cd^{2+} > Cr^{3+} > Pb^{2+} > Co^{2+} > Cu^{2+}$，其中 Hg^{2+} 对微生物的毒性最强；通常浓度在 1 mg/kg 时，就能抑制许多细菌的繁殖；土壤中重金属对微生物有机物的生物化学降解是不利的。

（3）影响人体健康。

　　土壤重金属可以通过下列途径危及人体和牲畜的健康。

　　①通过挥发作用进入大气，如土壤中的重金属经化学或微生物的作用转化为金属有机化合物（如有机砷、有机汞）或蒸气态金属或化合物（如汞、砷化氢）而挥发到大气中。

　　②受水特别是酸雨的淋溶或地表径流作用，重金属进入地表水和地下水，影响水生生物。

　　③植物吸收并积累土壤中的重金属，通过食物链进入人体。

　　土壤中重金属可通过上述三种途径造成二次污染，最终通过人体的呼吸作用、饮水及食物链进入人体内。应当指出，经由食物链进入人体的重金属，在相当一段时间内可能不表现出受害症状，但潜在危害性很大。

2. 土壤中重金属的存在形态

　　重金属在土壤中的存在形态影响着重金属在土壤中的迁移、转化及生物可利用性。由不同途径进入土壤的重金属通常以可溶性离子态或配位离子的形式存在于土壤溶液中，也可以被土壤胶体所吸附或以各种难溶化合物的形态存在。重金属在土壤中以何种形态存在与重金属本身的性质和土壤的环境条件密切相关。土壤环境条件，如土壤的 pH、E_h 值，土壤有机和无机胶体种类、含量等的差异，均能引起土壤中重金属存在形态的变化,从而影响重金属在土壤中的迁移以及作物对重金属的吸收、富集。因此在讨论重金属对植物和其他土壤生物的毒性时,起决定作用的不是土壤溶液中重金属的总浓度,而是取决于可溶性重金属离子的浓度。

3. 主要重金属在土壤中的环境化学行为

不同重金属的环境化学行为和生物效应各异,同种重金属的环境化学和生物效应与其存在形态有关。下面重点讨论土壤中几种常见重金属的环境化学行为。

(1)汞。

土壤中汞的背景值很低,为 0.1~1.5 mg/kg。土壤中汞的天然来源主要来源于岩石风化。人为来源主要来自含汞农药的施用、污水灌溉、有色金属冶炼以及生产和使用汞的企业排放的工业废水、废气、废渣等。来自污染源的汞首先进入土壤表层,95% 以上的汞可被土壤吸附固定。汞在土壤中移动性较弱,往往积累于表层。土壤中的汞不易随水流失,但易挥发至大气中,许多因素可以影响汞的挥发。

土壤环境中汞的存在形态可分为金属汞、无机化合态汞和有机化合态汞。

① 金属汞。在正常的 E_h 值和 pH 范围内,土壤中汞以零价汞(Hg^0)形态存在。

② 无机化合态汞。可分为难溶性和可溶性化合态汞。难溶性的主要有 HgS、HgO、$HgCO_3$、$HgHPO_4$、$HgSO_4$,可溶性的有 $HgCl_2$、$Hg(NO_3)_2$ 等。

③ 有机化合态汞。主要有甲基汞(CH_3Hg^+)、二甲基汞[$(CH_3)_2Hg^+$]、乙基汞($C_2H_5Hg^+$)、苯基汞($C_6H_5Hg^+$)、烷氧乙基汞($CH_3OC_2H_4Hg^+$)、土壤腐殖质与汞形成的配合物等。

各种形态的汞在一定的土壤条件下能够相互转化。汞在土壤中以何种形态存在,受土壤 E_h 和 pH 及土壤环境(包括生物环境与非生物环境)等诸多因素影响。例如旱地土壤氧化还原电位较高,汞主要以 $HgCl_2$ 和 $Hg(OH)_2$ 形式存在,当土壤处于还原条件时,汞则以单质汞的形式存在。当旱地的 pH>7 时,汞主要以难溶的 HgO 形式存在。如果土壤溶液中有 Cl^- 等无机配体存在时,可与汞生成多种可溶性配合物,如 $HgCl^+$、$HgCl_2^0$、$HgCl_3^-$ 等。有机汞化合物可以通过生物化学作用转化为无机汞,无机汞(Hg^{2+})在厌氧或好氧条件下均可通过生物化学途径转化甲基汞。在碱性环境和无机氮存在的情况下,有利于甲基汞向二甲基汞的转化,而在酸性环境中二甲基汞不稳定,可分解为甲基汞。无机汞向有机汞的转化,使原来不能被生物吸收的无机汞转化为脂溶性易被吸收的有机汞化合物,进入食物链并富集,最终对人畜产生危害。

汞化合物进入土壤后,95% 以上可被土壤吸附。阳离子态汞(Hg^+、Hg_2^{2+}、CH_3Hg^+)可被黏土矿物和腐殖质吸附,阴离子态汞($HgCl_3^-$、$HgCl_4^{2-}$ 等)可被带正电荷的氧化铁、氢氧化铁、氧化锰或黏土矿物的边缘所吸附。分子态的汞,如 $HgCl_2$,可被 Fe、Mn 的氢氧化物吸附,$Hg(OH)_2$ 溶解度小,可被土壤机械阻留。各种形态的汞化合物与土壤组分之间具有强烈的吸附作用,除金属汞和二甲基汞易挥发外,其他形式的汞迁移和排出缓慢,易在耕层土壤中积累,不易向水平和垂直方向移动。但当汞与土壤有机质螯合时,会发生一定的水平与垂直方向移动。

汞是危害植物生长的元素。土壤中的汞及其化合物可以通过离子交换与植物的根蛋白进行结合,也可以通过植物叶片的气孔吸收汞。不同化学形态的汞化合物被植物吸收的顺序为:氯化甲基汞 > 氯化乙基汞 > 氯化汞 > 氧化汞 > 硫化汞。汞化合物的挥发性越高、溶解度越大,越易被植物吸收。因此有时土壤中汞含量很高,但作物的含汞量不一定高,不同作物对汞的吸收积累能力是不同的,在粮食作物中的顺序为水稻 > 玉米 > 高粱 > 小麦。汞在作物不同部位的累积顺序为:根 > 叶 > 茎 > 籽实。不同类型土壤中,汞的最大允许值亦有差别,如 pH < 6.5 的酸性土壤为 0.3 mg/kg,pH > 6.5 的石灰性土壤为 1.0 mg/kg(如果土壤中的汞含量超过此值,就可能生产出对人体有毒的"汞米")。

(2)镉。

土壤中镉的背景值一般在 0.01 ~ 0.70 mg/kg 之间,各类土壤因成土母质不同,镉的含量有较大差别。土壤中镉的人为污染源主要有矿山开采,冶炼排放的废水、废渣,工业废气中镉扩散沉降,农业上磷肥(如过磷酸钙)的使用也可能带来土壤镉污染。

土壤中镉一般以水溶性镉、难溶性镉和吸附态镉存在。

①水溶性镉。主要以 Cd^{2+} 态或以有机和无机可溶性配位化合物形式存在。如 $Cd(OH)^+$、$Cd(OH)_2^0$、$CdCl^+$、$CdCl_2^0$、$Cd(HCO_3)^+$、$Cd(HCO_3)_2^0$ 等,易被植物吸收。

②难溶性镉化合物。主要以镉的沉淀物或难溶性螯合物的形态存在,如在旱地土壤中镉以 $CdCO_3$、$Cd(OH)_2$ 和 $Cd_3(PO_4)_2$ 形态存在;而在淹水稻田中,镉多以 CdS 的形式存在,因而不易被植物吸收。

③吸附态镉化合物。指被黏土或腐殖质交换吸附的镉。土壤中的镉可被胶体吸附,其吸附作用与 pH 呈正相关。被吸附的镉可被水溶出而迁移,pH 越低,镉的溶出率越大,即吸附作用减弱。例如 pH 为 4 时,镉的溶出率大于 50%;pH 为 7.5 时,镉则很难溶出。

镉是危害植物生长的有毒元素。土壤生物对镉有很强的富集能力,极易被植物吸收。同时只要土壤中镉含量稍有增加,植物体内镉含量也会随之增加,这是土壤镉污染的一个重要特点。镉污染土壤进入食物链,造成对人类健康的威胁,它主要积存在肝、肾、骨等组织中并能破坏红细胞,交换骨骼中的 Ca^{2+} 引起骨痛病。因此在土壤重金属污染中把镉作为研究重点。

植物对镉的吸收及富集取决于土壤中镉的含量和形态、镉在土壤中的活性及植物的种类。水稻盆栽实验表明:土壤中镉质量浓度为 300 mg/kg 时,水稻生长受到比较明显影响;土壤中镉质量浓度为 500 mg/kg 时,严重影响水稻生长发育。同时植物对镉的吸收还受其化学形态的影响。例如水稻对三种无机镉化合物的吸收累积顺序为:$CdCl_2$ > $CdSO_4$ > CdS,不同种类的植物对镉的吸收累积也存在差异,就玉米、小麦、水稻、大豆而言,吸收量依次是玉米 > 小麦 > 水稻 > 大豆。同一作物,镉在体内各部位的分布也不均匀,其含量一般为:根 > 茎 > 叶 > 籽实。

(3)铅。

土壤中铅的背景值一般为 15 ~ 20 mg/kg,铅的人为污染源主要有铅锌矿开采、冶炼烟尘的沉降、汽油燃烧和冶炼废水污灌等。

由各种源进入土壤的铅主要以难溶性化合物为主要形态,如碳酸铅($PbCO_3$)、氢氧化铅($Pb(OH)_2$)、磷酸铅($Pb_3(PO_4)_2$)、硫酸铅($PbSO_4$)等,而可溶性铅的含量很低,因此土壤中铅不易被淋溶,迁移能力较弱,铅主要蓄积在土壤表层,但生物有效性较低。

　　铅在土壤中的迁移转化受诸多因素的影响。铅能够被土壤有机质和黏土矿物吸附，而且腐殖质对铅的吸附能力明显高于黏土矿物。土壤中铁和锰的氢氧化物，尤其是锰的氢氧化物对 Pb^{2+} 有强烈的专性吸附作用。铅也可与土壤中有机配位体形成稳定的金属配合物或螯合物。一般土壤有机质含量增加，可溶性铅含量降低。

　　铅在环境中比较稳定，在重金属元素中，一定浓度的铅对植物的生长不会产生明显的危害。这可能是因为植物从土壤中吸收铅主要是吸收存在于土壤溶液中的溶解性铅，而土壤溶液中的可溶性铅含量一般较低的原因。进入植物体的铅，绝大部分积累于根部，转移到茎、叶、籽粒的铅数量很少。

　　(4)铬。

　　土壤中铬的背景值一般为 20～200 mg/kg，各类土壤因成土母质不同，铬的含量差别很大。土壤中铬的人为污染源主要有冶炼、电镀、制革、印染等行业排放的三废污染物，以及含铬量较高的化肥施用。

　　土壤中铬以三价和六价两种价态存在。三价铬主要有 Cr^{3+}、CrO_2^-、$Cr(OH)_3$ 等，六价铬以 CrO_4^{2-}、$Cr_2O_7^{2-}$ 的化合物为主要存在形态。土壤中可溶性铬只占总铬量的 0.01%～0.4%。土壤的 pH、氧化还原电位、有机质含量等因素对铬在土壤中的迁移转化有很大的影响。由于六价铬需在高氧化还原电位条件下方可存在(如 pH=4 时，$E_h>0.7$ V)，这样高的电位，土壤环境中不多见，因此六价铬极易被土壤中的有机质等还原为较为稳定的三价铬。其还原率与土壤有机碳含量呈显著正相关。当三价铬进入土壤时，90%以上迅速被土壤胶体固定，如以六价铬的形式进入土壤，则首先是被土壤有机质还原为三价，再被土壤胶体吸附，从而使铬的迁移能力及生物有效性降低，并使铬在土壤中积累。

　　土壤中三价铬和六价铬之间能够相互转化，转化的方向和程度主要决定于土壤环境的 pH、E_h 值。不同价态铬之间的相互转化可简明表示为

$$Cr_2O_7^{2-} \xrightleftharpoons[H^+]{OH^-} 2CrO_4^{2-}$$

还原剂↓　　　　　氧化剂↑

$$Cr^{3+} \xrightleftharpoons[H^+]{OH^-} Cr(OH)_3 \xrightleftharpoons[H^+]{OH^-} CrO_2$$

　　六价铬可被 $Fe(II)$、某些具有羟基的有机物和可溶性硫化物还原为三价铬，而在通气良好的土壤中，三价铬可被二氧化锰和溶解氧缓慢氧化为六价铬。由于六价铬的生物毒性远大于三价铬的毒性，所以三价铬存在着潜在危害。

　　水稻栽培实验结果表明，重金属在植物体内迁移顺序为 Cd>Zn>Ni>Ca>Cr。可见铬在土壤中主要被固定或吸附在土壤固相中，可溶性小，使得铬的移动性和对植物的吸收有效性大大降低。因此在土壤重金属元素污染中铬对植物及通过植物进入人体所造成的危害相对较小。

　　(5)砷。

　　砷虽非重金属，但具有类似重金属的性质，故称其为准金属(或类金属)。土壤中砷

的背景值一般在 0.2～40 mg/kg。我国土壤平均含砷量约为 9 mg/kg。土壤中的砷除来自岩石风化外,主要来自人类活动,如矿山和工厂含砷废水的排放,煤的燃烧过程中含砷废气的排放等。砷曾大量用作农药而造成土壤污染。

砷在土壤中主要有三价和五价两种价态。三价无机砷毒性高于五价砷。砷在土壤中以水溶性砷、吸附交换态砷和难溶性砷三种形态在土壤中存在。

①水溶性砷。主要为 AsO_3^{3-}、$HAsO_3^{2-}$、$H_2AsO_3^-$、AsO_4^{3-}、$HAsO_4^{2-}$、$HAsO_4^-$ 等阴离子,一般只占总砷量的 5%～10%,其总量低于 1 mg/kg。

②吸附交换态砷。土壤胶体对 AsO_4^{4-} 和 AsO_3^{3-} 有吸附作用。如带正电荷的氢氧化铁、氢氧化铝和铝硅酸盐黏土矿物表面的铝离子都可吸附含砷的阴离子,但有机胶体对砷无明显的吸附作用。

③难溶性砷。砷可以与铁、铝、钙、镁等离子形成难溶的砷化合物,也可与氢氧化铁、铝等胶体产生共沉淀而被固定难以迁移。

土壤中砷常以 AsO_4^{3-}、AsO_3^{3-} 盐形式存在,三价砷在水中的溶解度大于五价砷,五价砷则易被土壤胶体吸附并固定。因此当土壤处于氧化状况时,砷多以 AsO_4^{3-} 形式存在,易被土壤吸附固定,移动性减小,危害降低;而当土壤淹水,处于还原状况时,E_h 值下降,AsO_4^{3-} 转化为 AsO_3^{3-},土壤对砷的吸附量随之减少,水溶性砷含量增高,移动性增大,危害加重。

土壤微生物也能促使砷的形态变化。土壤中的砷在淹水状况中经厌氧微生物的作用,可生成气态 AsH_3 而逸出土壤;砷也可以在某些厌氧细菌(如产甲烷菌)作用下转化为一甲基胂、二甲基胂,某些土壤真菌还可使一甲基胂、二甲基胂生成三甲胂。Challenger 等人认为,砷酸盐甲基化的机理为

$$AsO_4^{3-} \xrightarrow[-O]{2e^-} AsO_3^{3-} \xrightarrow[产甲烷菌]{CH_3^+} CH_3AsO_3^{2-} \xrightarrow[-O]{2e^-} CH_3AsO_2^{2-} \xrightarrow{CH_3^+} (CH_3)_2AsO_2^- \xrightarrow{2e^-}$$

$$(CH_3)_2AsO^- \xrightarrow{CH_3^+} (CH_3)_3AsO \xrightarrow[-O]{2e^-} (CH_3)_3As$$

土壤中砷的烷基化往往会增加砷化物的水溶性和挥发性,提高土壤中砷扩散到水和大气圈的可能性。

由上述讨论可见,砷的危害与镉、铬等受土壤环境影响不同,当土壤处于氧化状态下,砷的危害比较小;当土壤处于淹水还原状态时,AsO_4^{3-} 还原为 AsO_3^{3-},对植物的危害加大。所以为了有效地防止砷的污染及危害,可采取提高土壤氧化还原电位等措施,以减少亚砷酸盐的形成。

(6)铜。

地壳中铜的平均值为 70 μg/g。土壤中铜的含量为 2～200 μg/g。我国土壤含铜量为 3～300 μg/g,平均值为 20 μg/g。

土壤铜污染的主要来源是铜矿山和冶炼厂排出的废水。此外,工业粉尘、城市污水以及含铜农药,都能造成土壤的铜污染。土壤中铜的存在形态可分为:

①可溶性铜,约占土壤总铜量的 1%;主要是可溶性铜盐,如 $Cu(NO_3)_2 \cdot 3H_2O$、$CuCl_2 \cdot 2H_2O$、$CuSO_4 \cdot 5H_2O$ 等。

②代换性铜，被土壤有机、无机胶体所吸附，可被其他阳离子代换出来。

③非代换性铜，指被有机质紧密吸附的铜和原生矿物、次生矿物中的铜，不能被中性盐所代换。

④难溶性铜：大多是不溶于水而溶于酸的盐类，如 CuO、Cu_2O、$Cu(OH)_2$、$Cu(OH)^+$、$CuCO_3$、Cu_2S、$Cu_3(PO_4)_2 \cdot 3H_2O$ 等。

土壤中腐殖质能与铜形成螯合物。土壤有机质及黏土矿物对铜离子有很强的吸附作用，吸附强弱与其含量及组成有关。黏土矿物及腐殖质吸附铜离子的强度为：腐殖质 > 蒙脱石 > 伊利石 > 高岭石。我国几种主要土壤对铜的吸附强度为：黑土 > 褐土 > 红壤。土壤 pH 对铜的迁移及生物效应有较大的影响。游离铜与土壤 pH 呈负相关；在酸性土壤中，铜易发生迁移，其生物效应也就较强。

铜是生物必需元素，广泛地分布在一切植物中。在缺铜的土壤中施用铜肥，能显著提高作物产量。例如，硫酸铜是常用的铜肥，可以用作基肥、种肥、追肥，还可用来处理种子。但过量铜会对植物生长发育产生危害。如当土壤中铜质量浓度达 200 μg/g 时，小麦枯死；当铜质量浓度达 250 μg/g 时，水稻也将枯死。又如，用铜质量浓度 0.06 μg/mL 的溶液灌溉农田，水稻减产 15.7%；质量浓度增至 0.6 μg/mL 时，减产 45.1%；若铜质量浓度增至 3.2 μg/mL 时，水稻无收获。研究表明，铜对植物的毒性还受其他元素的影响。在水培液中只要有 1 μg/mL 的硫酸铜，即可使大麦停止生长；然而加入其他营养盐类，即使铜质量浓度达 4 μg/mL，也不至于使大麦停止生长。生长在铜污染土壤中的植物，其体内会发生铜的累积。植物中铜的累积与土壤中的总铜量无明显的相关性，而与有效态铜的含量密切相关。有效态铜包括可溶性铜和土壤胶体吸附的代换性铜，土壤中有效态铜量受土壤 pH、有机质含量等的直接影响。不同植物对铜的吸收累积是有差异的，铜在同种植物不同部位的分布也是不一样的。

(7) 锌。

土壤锌的总含量在 10 ~ 300 μg/g，平均值 50 μg/g，我国土壤中锌含量为 3 ~ 709 μg/g，平均值 100 μg/g，比世界土壤的平均锌含量高出一倍。

用含锌废水污灌时，锌以 Zn^{2+}、也可以络离子 $Zn(OH)^+$、$ZnCl^+$、$Zn(NO_3)^+$ 等形态进入土壤，并被土壤胶体吸附累积；有时则形成氢氧化物、碳酸盐、磷酸盐和硫化物沉淀，或与土壤中的有机质结合。锌主要被富集在土壤表层。

土壤中锌的迁移主要取决于 pH。当土壤为酸性时，被黏土矿物吸附的锌易解吸，不溶性氢氧化锌可和酸作用，转化为 Zn^{2+}。因此，酸性土壤中锌容易发生迁移。当土壤中锌以 Zn^{2+} 为主存在时，容易淋失迁移或被植物吸收。

由于稻田淹水，处于还原状态，硫酸盐还原菌将 SO_4^{2-} 转化为 H_2S，土壤中 Zn^{2+} 与 S^{2-} 形成溶度积小的 ZnS，土壤中锌发生累积。锌与有机质相互作用，可以形成可溶性的或不溶性的络合物。可见，土壤中有机质对锌的迁移会产生较大的影响。

植物对锌的忍耐浓度大于其他元素。各种植物对高浓度锌毒害的敏感性也不同。一般说来，锌在土壤中的富集，必然导致在植物体中的累积，植物体内累积的锌与土壤含锌量密切相关。如水稻糙米中锌的含量与土壤的含锌量呈线性相关。土壤中其他元素可影响植物对锌的吸收。如施用过多的磷肥，可使锌形成不溶性磷酸锌而固定，植物吸收的锌就减少,甚至引起锌缺乏症。温度和阳光对植物吸收锌也有影响。不同植物对锌的吸收累积差异很大,一般植物体内自然含锌量为 10~160 μg/g,但有些植物对锌的吸收能力很强,植物体内累积的锌可达 0.2~10 mg/g。锌在植物体各部位的分布也是不均匀的。如在水稻、小麦中锌含量分布为:根>茎>果实。

综上所述,土壤重金属污染主要来自废水污灌、污泥的施用及大气降尘;废渣及城市垃圾的任意堆放也可造成土壤重金属污染。土壤中高浓度的重金属会危害植物的生长发育,影响农产品的产量和质量。重金属对植物生长发育的危害程度取决于土壤中重金属的含量,特别是有效态的含量。影响土壤中重金属迁移转化及生物效应的主要因素有:胶体对重金属的吸附,各种无机及有机配体的配合或螯合作用,土壤的氧化还原状态,土壤的酸碱性及共存离子的作用,还有土壤微生物的作用等。由此可见,影响土壤中重金属迁移转化及生物效应的因素是多方面的。重金属可通过土壤-植物系统及食物链最终进入人体,影响人类健康。重金属不能被微生物所降解,同时由于胶体对重金属离子有强烈的吸附作用等,使其不易迁移。因此,土壤一旦遭受重金属污染,就很难予以彻底消除。可以认为,土壤是重金属污染的"汇",故应积极防治土壤的重金属污染。

4.2.5 土壤化学农药污染

化学农药是指能防治植物病虫害,消灭杂草和调节植物生长的化学药剂。换句话说,凡是用来保护农作物及其产品,使之不受或少受害虫、病菌及杂草的危害,促进植物发芽、开花、结果等化学药剂,都称为农药。自 1939 年瑞士科学家莫勒发明了 DDT 杀虫剂以来,在农药的应用方面取得了很大进展,现在世界上使用的农药原药已达 1 000 多种,农业上常用的有 250 余种,农药的年产量已超过 200 万 t 以上。我国目前生产的农药有 120 余种。施于土壤的化学农药,有的化学性质稳定,存留时间长,大量而持续使用农药,使其不断在土壤中累积,到一定程度便会影响作物的产量和质量,而成为污染物质。农药还可以通过各种途径,挥发、扩散、移动而转入大气、水体和生物体中,造成其他环境要素的污染,通过食物链对人体产生危害。因此,了解农药在土壤中的迁移转化规律以及土壤对有毒化学农药的净化作用,对于预测其变化趋势及控制土壤的农药污染都具有重大意义。

农药在土壤中保留时间较长。它在土壤中的行为主要受降解、迁移和吸附等作用的影响。降解作用是农药消失的主要途径,是土壤净化功能的重要表现。农药的挥发、径流、淋溶以及作物的吸收等,也可使农药从土壤转移到其他环境要素中去。

1. 农药

农药是一种泛指性术语,按其主要用途它不仅包括杀虫剂,还包括除草剂、杀菌剂、防治啮齿类动物的药物,以及动植物生长调节剂等。按其化学成分可分为如下几类。

(1)有机氯农药。

该类农药是含氯的有机化合物,大部分是含一个或几个苯环的氯化衍生物。如DDT、六六六、艾氏剂、狄氏剂和异狄氏剂。这类农药的特点是化学性质稳定,在环境中残留时间长,不易分解,易溶于脂肪中并造成累积,是造成环境污染的最主要农药类型。

有机氯农药作为一类重要的持久性有机污染物(POPs),所造成的污染和危害已引起普遍关注。《关于持久性有机污染物的斯德哥尔摩公约》中首批列入受控名单的 12 种 POPs 中,有 9 种是有机氯农药,包括 DDT、六氯苯、氯丹、灭蚁灵、艾氏剂、狄氏剂、异狄氏剂、七氯和毒杀酚。目前许多发达国家,如美国和西欧,已多年停用滴滴涕等有机氯农药。

中国是农药生产和使用大国,历史上曾工业化生产过 DDT、六氯苯、氯丹、七氯和毒杀酚,特别是 DDT 等有机氯农药在 20 世纪 80 年代以前相当长时期里一直是中国的主导农药。为保护人类健康和环境,中国采取了很多措施。发布了一系列政策法规,禁止或限制这些有机氯农药的生产和使用。

(2)有机磷农药。

有机磷类农药是含磷的有机化合物,有的也含有硫、氮元素。其化学结构一般含有 C—P 键或 C—O—P 键和 C—N—P 键等,大部分是磷酸酯类或酰胺类化合物。如对硫磷、敌敌畏、二甲硫吸磷、乐果、敌百虫、马拉硫磷等。这类农药有剧毒,但比较易分解,在环境中残留时间短,在动植物体内在酶的作用下可分解而不易累积,是一种相对较安全的农药。

(3)氨基甲酸酯类。

这类农药具有苯基 – N – 烷基氨基甲酸酯的结构。如甲萘威、仲丁威、异丙威、克百威、速灭威、杀螟丹等。其特点是在环境中易分解,在动物体内能迅速代谢,代谢产物的毒性多数低于其本身毒性,因此属于低残留农药类。

据估计,全世界农业由于病、虫、草三害,每年使粮食损失占总产量的一半左右。使用农药大概可夺回其中的 30%,从防治病虫害和提高农作物产量需要的角度看,使用农药确实取得了显著的效果。目前人类实际上已处于不得不用农药的地步了。但是,由于长期、广泛和大量地使用化学农药,以及生产、运输、储存、废弃等不同环节使化学农药进入环境和生态系统,因而也产生了一些不良后果,主要表现为如下一些方面。

①有机氯农药不仅对害虫有杀伤毒害作用,同时对害虫的"天敌"及传粉昆虫等益虫、益鸟也有杀伤作用,草原地区使用剧毒杀鼠剂时,也造成鼠类的天敌猫头鹰、黄鼠狼及蛇大量死亡。因而破坏了自然界的生态平衡。

②长期使用同类型农药,使害虫产生了抗药性,因而增加了农药的用量和防治次数,加大了污染,也大大增加了防治费用和成本。

③长期大量使用农药,由于有些农药难降解. 残留期可达几十年,甚至更长,使农药在环境中逐渐积累,尤其是在土壤环境中,产生了农药污染环境问题。土壤化学农药污染主要来自四个方面:

a.农药直接施入土壤或以拌种、浸种和毒谷等形式施入土壤。

b.向作物喷洒农药时,农药直接落到地面上或附着在作物上,经风吹雨淋落入土壤。

c.大气中悬浮的农药颗粒或以气态形式存在的农药经雨水溶解和淋溶,最后落到地面上。

d.随死亡动植物残体或用污水灌溉而将农药带入土壤。

农药污染及其产生的危害是严重的,尤其对大气、土壤和水体的污染。农药对环境质量的影响与破坏,特别是对地下水的污染问题已引起广泛重视。农药污染的生态效应十分深远,特别是那些具有生物难降解和高蓄积性的农药(如前面提到的9种有机氯农药)污染危害更为严重。它们在环境中化学性质稳定,容易蓄积在鱼类、鸟类和其他生物体内,并通过食物链进入人体,其中有些物质具有致癌、致畸和致突变性(简称为"三致"作用),对人类和环境构成更大的威胁。因此,研究和了解化学农药在土壤中的迁移转化、残留、土壤对农药的净化,对控制和预测土壤农药污染都具有重要意义。

2. 化学农药在土壤中的吸附作用机理及影响因素

土壤对农药的吸附作用是农药在土壤中滞留的主要因素。农药被土壤吸附影响着农药在土壤固、液、气三相中的分配,其迁移能力和生理毒性随之发生变化。通常土壤对农药的吸附在一定程度上起着净化和解毒作用,但这种净化作用是不稳定和有限的。如除草剂百草枯和杀草快被吸附后,溶解度和生理活性降低。

土壤对农药的吸附方式主要有物理吸附、离子交换吸附、氢键结合和配位键结合等形式吸附在土壤颗粒表面。

土壤对农药的吸附作用,通常可以用弗罗因德利希(Freundlish)和朗格缪尔(Langmuir)等温吸附方程式定量描述。具体等温吸附方程表达式在水环境化学中已做详细介绍,在此不再赘述。

非离子有机农药在土壤中的吸附,主要通过溶解作用而进入土壤有机质中,这种吸附符合线性等温吸附方程即 Henry 型。Henry 型等温吸附方程的表达式为

$$x/m = Kc \qquad (4.2)$$

式中　x/m——每克土壤吸附农药的量,$\mu g/cm^3$;

　　　c——吸附平衡时溶液中农药的浓度,$\mu g/cm^3$;

　　　K——分配系数。

该等温式表明农药在土壤胶体与溶液之间按固定比例分配。

土壤对农药的吸附方式有多种形式,所以影响土壤对农药吸附作用的因素也很多,主要有如下三种。

(1)土壤胶体的性质。

如黏土矿物、有机质含量、组成特性以及硅铝氧化物及其水化物的含量。对非离子型农药不同土壤胶体吸附能力强弱顺序为:有机质 > 蛭石 > 蒙脱石 > 伊利石 > 绿泥石 > 高岭石。

(2)农药本身的物理化学性质。

如分子结构、水溶性等对吸附作用也有很大的影响。

(3)土壤的 pH。

农药的电荷特性与体系的 pH 有关,因此土壤 pH 对农药的吸附有较大的影响。

3. 化学农药在土壤中的挥发及淋溶迁移

化学农药在土壤中的迁移是指农药挥发到气相的移动以及在土壤溶液中和吸附在土壤颗粒上的移动。即进入土壤的农药,在被吸附的同时,可挥发至大气中;或随水淋溶而在土壤中扩散迁移,也可随地表径流进入水体。由于土壤中农药的迁移,可导致大气、水和生物的污染,因此近年来,对土壤中化学农药的迁移十分重视,许多国家,如美国、德

国、荷兰等国都规定,在农药注册时,必须提供化学农药在土壤中迁移的评价资料。

(1)化学农药在土壤中的挥发迁移。

农药挥发作用是指在自然条件下农药从植物表面、水面与土壤表面通过挥发逸入大气中的现象。农药挥发作用的大小除与农药蒸气压、水中的溶解度、辛醇—水分配系数(K_{ow})以及从土壤到挥发界面的移动速率等有关外,还与施药地区的土壤和气候条件有关。农药残留在高温、湿润、砂质的土壤中比残留在寒冷、干燥、黏质的土壤中容易发挥。农药挥发性的大小也会影响农药在土壤中的持留性及其在环境中分配的情况。挥发性大的农药一般持留较短,而对环境的影响范围则较大。

蒸气压大、挥发作用强的农药,在土壤中的迁移主要以挥发扩散形式进行。各类化学农药的蒸气压相差很大,有机磷和某些氨基甲酸酯类农药蒸气压相当高,相应挥发指数高(指数比较标准以最难迁移的 DDT 的挥发指数为 1.0 计算),如甲基对硫磷挥发指数为 4.0、对硫磷挥发指数为 3.0,挥发作用相对更强。而有机氯农药蒸气压比较低,相应挥发指数也低,如 DDT、艾氏剂挥发指数均为 1.0,氯丹为 2.0,挥发作用弱。农药从土壤中挥发,还与土壤环境的温度、湿度和土壤孔隙,土壤的紧实程度,以及空气流动速度等有密切关系。

许多资料证明,农药(包括不易挥发的有机氯农药)都可以从土壤表面挥发,对于低水溶性和持久性的化学农药,挥发是农药透过土壤,逸入大气的重要途径。喷施中或喷施后的农药,由于挥发,其损失量可占施用药质量的百分之几到 50% 以上。由于此类作用的显著性,已引起广泛的关注,现已对土壤中农药的蒸发损失机制做了大量的研究,并取得一定的进展。

(2)化学农药在土壤中的淋溶迁移。

农药淋溶作用是指农药在土壤中随水垂直向下移动的能力。影响农药淋溶作用的因子与影响农药吸附作用的因子基本相同,恰好成相反关系。一般来说,农药吸附作用越强,其淋溶作用越弱。另外与施用地区的气候、土壤条件也关系密切。在多雨、土壤砂性的地区,农药容易被淋溶。农药淋溶作用的强弱,是评价农药是否对地下水有污染危险的重要指标。

农药在水中的溶解度大,则淋溶能力增强,在土壤中的迁移主要以水淋溶扩散形式进行。农药可直接溶于水中,也能悬浮于水中,或吸附于土壤固体微粒表面,随渗透水在土壤中沿垂直方向向下运动,淋溶作用是农药在水与土壤颗粒之间吸附——解吸(或分配)的过程。

影响农药淋溶作用的因素很多,如农药本身的理化性质、土壤的结构和性质,作用类型及耕作方式等。水溶性大的农药,具有较高的淋溶指数(指数比较标准以最难迁移的 DDT 的淋溶指数为 1.0)。如除草剂 2,4 - D 的淋溶指数为 2.0、茅草枯的淋溶指数为 4.0。这类高淋溶指数的农药,淋溶作用较强,主要以水淋溶扩散形式进入土壤并有可能造成地下水污染。土壤结构不同,对农药淋溶性能的影响也不同。由于黏土矿物和有机质含量高的土壤对农药的吸附性能强,农药淋溶能力相对弱;而在吸附性能小的砂土中,农药的淋溶能力则比较强。

4. 化学农药在土壤中的降解

化学农药对于防治病虫害、提高作物产量等方面无疑起了很大的作用。但化学农药作为人工合成的有机物,具有稳定性强,不易分解,能在环境中长期存在,并在土壤和生物体内积累而产生危害。

DDT 是一种人工合成的高效广谱有机氯杀虫剂,曾广泛用于农业、畜牧业、林业及卫生保健事业。过去人们一直认为 DDT 之类有机氯农药是低毒安全的,后来发现它的理化性质稳定,在自然界中可以长期残留,在环境中能通过食物链大大浓集,进入生物机体后,因其脂溶性强,可长期在脂肪组织中蓄积。因此,DDT 已被包括我国在内的许多国家禁用,但目前环境中仍还有相当大的残留量。然而不论化学农药的稳定性有多强,作为有机化合物,终究会在物理、化学和生物各种因素作用下逐步地被分解,转化为小分子或简单化合物,甚至形成 H_2O、CO_2、N_2、Cl_2 等而消失。化学农药逐步分解.转化为无机物的这一过程,称为农药的降解。化学农药在土壤中降解的机理包括:光化学降解、化学降解和微生物降解等。各类降解反应可以单独发生。也可以同时发生,相互影响。

不同结构的化学农药,在土壤中降解速度快慢不同,速度快者,仅需几小时至几天即可完成,速度缓慢者,则需数年乃至更长的时间方可完成。例如乐果降解为 4 d,而 DDT 需要 10 年。土壤的组成、性质和环境因素,如土壤中微生物群落的种类和数量、有机质和矿物质的类型及分布、土壤表面电荷、金属离子种类、土壤湿度等都可对农药降解过程产生影响。

化学农药在土壤中的降解常常要经历一系列中间过程,形成一些中间产物,中间产物的组成、结构、理化性质和生物活性与母体往往有很大差异,这些中间产物也可对环境产生危害.因此,深入研究和了解化学农药的降解作用是非常重要的。

5. 化学农药在土壤环境中的残留

土壤中化学农药虽经挥发、淋溶、降解以及作物吸收等而逐渐消失,但仍有一部分残留在土壤中。农药对土壤的污染程度反映在它的残留性上,故人们对农药在土壤中的残留量和残留期比较关心。农药在土壤中的残留性主要与其理化性质、药剂用量、植被以及土壤类型、结构、酸碱度、含水量、金属离子及有机质含量、微生物种类、数量等有关。农药对农田的污染程度还与人为耕作制度等有关,复种指数较高的农田土壤,由于用药较多,农药污染往往比较严重。土壤中农药的残留量受到挥发、淋溶、吸附及生物、化学降解等诸多因素的影响。土壤中农药残留量计算式为

$$R = C^{-kt} \tag{4.3}$$

式中 R——农药残留量;

C——农药使用量;

k——常数,取决于农药品种及土壤性质等因素;

t——时间。

农药在土壤中的残留期,与它们的化学性质和分解的难易程度有关。一般用以说明农药残留持续性的标志是农药在土壤中的半衰期和残留期。半衰期($t_{1/2}$)指农药施入土壤中残留农药消失一半的时间。而残留期 $t_{0.5}$ 指消失 75% ~100% 所需时间。部分农药

的半衰期见表4.7。

表4.7 部分农药的半衰期

名称	半衰期/a	名称	半衰期/a
含 Pb,As 农药	10 ~ 30	三嗪除草剂	1 ~ 2
DDT,六六六,狄式试剂	2 ~ 4	苯酸除草剂	0.2 ~ 1
有机磷农药	0.02 ~ 0.2	尿素除草剂	0.3 ~ 0.8
氨基甲酸酯类农药	0.02 ~ 0.1	氟乐灵	0.08 ~ 0.1
2,4D;2,4,5 – T	0.1 ~ 0.4		

表中可见,农药的半衰期差别非常大。有机氯农药化学性质稳定,其半衰期达数年之久,故已被许多国家禁止使用。而有机磷农药及氨基甲酸酯类杀虫剂,残留期只有几天或几周。例如,乐果、马拉硫磷、地亚农在土壤中的残留时间分别为 4 d、7 d 和 50 ~ 80 d;所以它们在土壤中很少有积累。

农药残留期还与土壤性质有关,如土壤的矿物质组成、有机质含量、土壤的酸碱度、氧化还原状况、湿度和温度以及种植的作物种类和耕作情况等均可影响农药的残留期。

土壤中农药最初由于挥发、淋溶等物理作用而消失,然后农药与土壤的固体、液体、气体及微生物发生一系列化学、物理化学及生物化学作用,特别是土壤微生物对其的分解,农药的消失速度较前阶段慢。研究表明,除草剂氟乐灵在土壤中的降解过程可分为两个时期,前期降解较快,$t_{0.5}$ 为 16.0 ~ 18.9 d;后期较慢,$t_{0.5}$ 为 33.3 ~ 35.13 d。

环境和植保工作者对农药在土壤中残留时间长短的要求不同。从环境保护的角度看,各种化学农药的残留期越短越好,以免造成环境污染,进而通过食物链危害人体健康。但从植物保护角度,如果残留期太短,就难以达到理想的杀虫、治病、灭草的效果。因此,对于农药残留期问题的评价,要从防止污染和提高药效两方面考虑。最理想的农药应为:毒性保持的时间长到足以控制其目标生物,而又衰退得足够快,以致对非目标生物无持续影响,并不使环境遭受污染。

4.2.6 土壤中的其他污染

土壤中除了前面讨论的重金属污染和农药污染外,还有很多其他污染物会通过各种渠道进入土壤,造成土壤污染,并对各种农产品品质产生严重影响。特别是我国东南沿海经济快速发展地区,土壤及环境污染问题严重。主要表现为:

①持久性痕量有毒污染物已成为新的、长期潜在的区域性土、水环境污染问题。

②大气中有害气体细粒子和痕量毒害污染物构成了土壤与大气的复合污染,城市光化学烟雾频繁并加重。

③农田与菜地土壤受农药/重金属等污染突出,硝酸盐积累显著,已严重影响农产品安全质量及具市场竞争力。

④珠江三角洲和太湖流域土壤和沉积物中有机氯农药残留普遍,已发现一些多环芳

烃和多氯联苯等有害污染物的潜在高风险区。

造成如此严重的污染,除了自然原因外,人为活动是产生土壤与环境污染的主要原因,尤其是近20年来,随着工业化、城市化、农业集约化的快速发展,人们对农业资源高强度的开发利用,使大量未经处理的固体废物向农田转移,过量的化肥与农药大量在土壤与水体中残留,造成我国大面积农田土壤环境发生显性或潜性污染,成为影响我国农业与社会经济可持续发展的严重问题。例如,来自石油化工、焦化、冶炼、煤气、塑料、油漆、染料等废水的排放、烟尘的沉降以及汽车废气排放所产生的多环芳烃等,很多多环芳烃具有致癌性,而且在自然界中很稳定,难化学降解,也不容易为微生物作用而降解,这类低水平致癌物质可通过植物根系吸收而转入食物链进入人体造成危害;农田在灌溉或施肥过程中,可能会受到所产生的三氯乙醛及在土壤中的转化产物三氯乙酸的污染,三氯乙醛能破坏植物细胞原生质的极性结构和分化功能,形成病态组织,阻碍正常生长发育,甚至导致植物死亡;人类在生产和生活活动中所产生,并为人类弃之不用的固体物质和泥状物质,包括从废水和废气中分离出来的固体颗粒物,即人们常说的固体废物,在其产生、运输、储存、处理到处置的各过程,都有可能对土壤造成污染及危害。另外,研究结果显示。

农田土壤环境质量的不断恶化,必将严重影响到我国农田生态系统的生物多样性、食物链安全、人体健康和经济、社会的可持续发展,也必将影响到我国农业在世界上的地位和命运。因此,土壤环境质量好坏是我国农产品质量安全及人民健康安全的重要基础,也是我国人口、资源、环境、经济、社会协调、可持续发展的根本保证。

4.3　土壤污染防治及其修复

土壤污染的防治对策主要从两方面考虑,一是防,二是治。由于土壤污染后极难治理,因此,土壤污染的防治要以预防为主。国外土壤污染防治的成功经验表明,要从根本上解决土壤污染问题,除了需要国家有关部门采取积极的措施,加大防治力度外,更重要的是要制定专门的《土壤污染防治法》;另外,土壤污染发生后,治理难度极大,需要耗费大量资金,技术上也有很高的要求,必须建立起一整套完整有效的制度和措施,保证治理工作的顺利进行。要改变这种状况,就需要建立起长期稳定的法律制度,使土壤污染防治工作步入法制化轨道。与此同时,加强污染土地调查、分类管理与修复技术的开发研究也十分重要。

4.3.1　土壤污染防治

土壤污染主要来自灌溉水、固体废物的农业利用以及大气沉降物等。控制和消除土壤污染源是防止污染的根本措施。

1. 控制和消除工业"三废"的排放

在工业方面,应认真研究和大力推广闭路循环,无毒工艺。生产中必须排放的"三废"应在工厂内进行回收处理,开展综合利用,变废为宝,化害为利。对于目前还不能综合利用的"三废",务必进行净化处理,使之达到国家规定的排放标准。重金属污染物,原则上不准排放。城市垃圾,一定要经过严格机械分选和高温堆腐后方可施用。

2. 合理施用化肥和农药

为防止化学氮肥和磷肥的污染,应控制化肥农药的使用,研究确定出适宜用量和最佳施用方法,以减少在土壤中的累积量,防止流入地下水体和江河、湖泊进一步污染环境。为防止化学农药污染,应尽快研究筛选高效、低毒、安全、无公害的农药,以取代剧毒有害化学农药。积极推广应用生物防治措施,大力发展生物高效农药。同时,应研究残留农药的微生物降解菌剂,使农药残留降至国家标准以下。

3. 增加土壤环境容量,提高土壤净化能力

增加土壤有机质含量,采取砂土掺黏土或改良砂性土壤等方法,可以增加或改善土壤胶体的性质,增加土壤对毒性物质的吸附能力和吸附量,从而增加土壤环境容量,提高土壤的净化能力。

4. 建立土壤环境质量监测网络系统

在研究土壤背景值的基础上,加强土壤环境质量的调查、监测与预控。在有代表性的地区定期采样或定点安置自动监测仪器,进行土壤环境质量的测定,以观察污染状况的动态变化规律。以区域土壤背景值为评价标准,分析判断土壤污染程度,及时制定出预防土壤污染的有效措施。当前的主要工作是继续进行区域土壤背景值的研究,调查区域土壤污染状况和污染程度,对土壤环境质量进行评价和分级,确定区域污染物质的排放量、允许的种类、数量和浓度。

4.3.2 土壤污染修复

土壤一旦被污染,特别是被重金属及难降解有机物污染则很难从中排除。尽管如此,为了改善和修复污染土壤,环境工作者做了长期不懈的努力,并取得了一定成效。目前,常采用以下方法对污染土壤进行改善和修复。

1. 施用化学物质

对于重金属轻度污染的土壤,使用化学改良剂可使重金属转为难溶性物质,减少植物对它们的吸收。酸性土壤施用石灰,可提高土壤 pH,使镉、锌、铜、汞等形成氢氧化物沉淀,从而降低它们在土壤中的浓度,减少对植物的危害。对于硝态氮积累过多并已流入地下水体的土壤,一则大幅度减少氮肥施用量;二则施用脲酶抑制剂、硝化抑制剂等化学抑制剂,以控制硝酸盐和亚硝酸盐的大量累积。

2. 增施有机肥料

增施有机肥料可增加土壤有机质和养分含量,既能改善土壤理化性质特别是土壤胶体性质,又能增大土壤环境容量,提高土壤净化能力。受到重金属和农药污染的土壤,增施有机肥料可增加土壤胶体对其的吸附能力,同时土壤腐殖质也可结合污染物质,显著提高土壤钝化污染物的能力,从而减弱其对植物的毒害。

3. 调控土壤氧化还原条件

调节土壤氧化还原状况,在很大程度上影响重金属变价元素在土壤中的化学行为,能使某些重金属污染物转化为难溶态沉淀物,控制其迁移和转化,从而降低污染物危害程度。调节土壤氧化还原电位即 E_h 值,主要通过调节土壤水、气比例来实现。在生产实践中往往通过土壤水分控制和耕作措施来实施。

4. 改变轮作制度

改变耕作制度会引起土壤环境条件的变化,可消除某些污染物的毒害。据研究,实行水旱轮作是减轻和消除农药污染的有效措施。如 DDT、六六六农药在棉田中的降解速度很慢,残留量大,而棉田改为水田后,可大大加速 DDT 和六六六的降解。

5. 换土和翻土

对于轻度污染的土壤,可采取深翻土或排去法(挖去被污染的表层土壤)进行改良和修复。对于污染严重的土壤,可采用排去法或换客土(用未被污染的土壤覆盖于污染土壤表面)进行改良和修复的方法。这些方法的优点是修复较彻底,适用于小面积改良。但对于大面积污染土壤的改良,非常费事,难以推行。

对于重金属污染土壤的治理,主要通过生物修复、使用石灰、增施有机肥、灌水调节土壤 E_h、换客土等措施,降低或消除污染。对于有机污染物的防治,通过增施有机肥料,使用微生物降解菌剂、调控土壤 pH 等措施,加速污染物的降解,从而消除污染。

近年来,土壤生物修复成为研究热点,并取得了一定进展。目前国外采用的土壤生物修复技术有原位处理、就地处理和生物反应器三种方法。

①原位处理法是在受污染地区直接采用生物修复技术,不需要将土壤挖出和运输。一般采用土壤微生物处理,有时也加入经过驯化和培养的微生物以加速处理。需要用各种工程化措施进行强化。最常用的原位处理方法是采取加入营养物质、供氧(加 H_2O)和接种特异工程菌等措施提高土壤的生物降解能力。

②就地处理法是将废物作为一种泥浆用于土壤和经灌溉、施肥及加石灰处理过的场地,以保持营养、水分和最佳 pH。用于降解过程的微生物通常是土壤微生物群系。为了提高降解能力,亦可加入特效微生物,以改进土壤生物修复的效率。

③生物反应器是用于处理污染土壤的特殊反应器,可建在污染现场或异地处理场地。污染土壤用水调成泥浆,装入反应器内,控制一些重要的微生物降解反应条件,提高处理效果。还可以用上一批处理过的泥浆接种下一批新泥浆。目前,该技术尚处于实验室研究阶段。

生物修复是治理土壤有机污染的最有效方法,具有深入研究和实际使用价值,将成为土壤修复的重要方法之一。

近年来,我国科学家正在研究一种绿色环保技术——植物修复技术,即利用一些特殊植物吸收污染土壤中的高浓度重金属,以达到净化环境的目的。植物修复就是筛选和培育特种植物,特别是对重金属具有超常规吸收和富集能力的植物,种植在污染的土壤上,让植物把土壤中的污染物吸收起来,再将收获植物中的重金属元素加以回收利用。

我国在国际上率先开发出砷污染土壤的植物修复技术,并建立了第一个植物修复示范工程。研究证实,在我国湖南、广西等地大面积分布的蕨类植物蜈蚣草对砷具有很强的超富集功能,其叶片含砷量高达 0.8%(质量分数),大大超过植物体内的氮磷养分含量。

植物修复技术以其安全、价廉,高效、消除二次污染、不破坏原有生态环境、运行操作更简单、能达到长期效果等特点,正成为全世界研究和开发的热点,美国、加拿大的植物修复公司已经开始盈利。专家估计,未来 5 年内土壤植物修复的应用前景非常广阔。

思考题与习题

1. 土壤具有哪些基本特性?
2. 何谓土壤的活性酸度和潜性酸度? 两者之间有何联系?
3. 土壤的缓冲作用有哪几种? 举例说明其作用原理。
4. 什么是盐基饱和度? 它对土壤性质有何影响?
5. 试比较土壤阳、阴离子交换吸附的主要作用原理与特点。
6. 在土壤中重金属向植物体内转移的主要方式及影响因素有哪些?
7. 植物对重金属污染产生耐性作用的主要机制是什么?
8. 举例说明影响农药在土壤中进行扩散和质体流动的因素有哪些?
9. 比较 DDT 和林丹在环境中的迁移、转化与归趋的主要途径与特点。
10. 试述有机磷农药在环境中的主要转化途径,并举例说明其原理。

第 5 章 生物体内污染物质的运动过程及毒性

5.1 生物机体的组成及环境中的微生物

5.1.1 生物机体的组成

生命体的最小结构单位为是细胞,组成细胞的主要成分之原生质,可以说原生质是生命活动的物质基础。原生质的主要组成元素如下:

含量最多元素:碳、氢、氧、氮等约占总质量的98%;

含量最少的元素:磷、硫、氯、钠、钾、镁、钙、铁等;

含微量的元素:铜、锰、锌、硼、钼、碘等。

从化学元素组成和分子化学的观点来看有机生物体,人们可以发现,所有有生命的系统都由相对简单的无机分子(在生物体体液中呈电离状态)和碳水化合物所组成;非生物系统所遵循的所有物理的和化学的定律同样也适用于生物系统。从化学物质组成来看,生命有机体的原生质由下列化合物组成:

$$
有机体组分
\begin{cases}
有机物
\begin{cases}
一般组分:碳水化合物、脂类、蛋白质、核酸 \\
功能性组分:维生素、酶、激素
\end{cases} \\
无机物:水、无机盐
\end{cases}
$$

以上所列举的各种化合物在细胞中的含量不同。一般情况下,这些化合物占细胞鲜重的比例是:水大约占60%~90%,无机盐约1%~1.5%、蛋白质7%~10%、脂类1%~2%,碳水化合物和其他有机物1%~1.5%。这些化合物在细胞中存在的形式和所具有的功能也各不相同。

1. 碳水化合物

这里所说的碳水化合物即糖类,可用 $C_x(H_2O)_y$ 表示这类化合物的分子通式。糖类可以分为单糖、二糖和多糖三大类。从化学结构看,碳水化合物是多羟基醛和多羟基酮;或者是通过水解能生成多羟基醛(或酮)的化合物。多羟基醛又称醛糖,多羟基酮又称酮糖,糖类广泛地分布在动植物界的体内。

（1）单糖。

一般是能溶于水的无色晶体，是一类不能进一步水解成更简单的多羟基醛（或酮）的碳水化合物。按照其分子中含碳原子的数目又可分为三碳糖、四碳糖、五碳糖、六碳糖和七碳糖。在动植物界的细胞中，最重要的单糖是五碳糖和六碳糖。核糖和脱氧核糖是五碳糖，它们都是组成核酸的必要物质。葡萄糖和果糖是六碳糖，它们的分子式是$C_6H_{12}O_6$。葡萄糖是植物光合作用的产物，也是有机体内的重要能量物质。

（2）二糖。

一般也是易溶于水的晶体。在植物细胞中最重要的二糖是蔗糖和麦芽糖；在动物细胞中最重要的二糖是乳糖。

（3）多糖。

在植物细胞里，最重要的多糖是淀粉、纤维素和半纤维素，动物细胞中最重要的多糖是糖元。淀粉相对分子质量为 20 000~1 000 000，是植物细胞中储存能量的物质，在各类粮食中富含淀粉。纤维素是地球上最丰富的一种有机化合物，相对分子质量为 300 000~500 000。植物的细胞壁几乎全部由纤维素组成，借以支撑植物本体。由于它具有复杂的分子结构和不可溶解的性质，所以不能直接作为生物的食料。半纤维素的基本构成单元有六碳糖和五碳糖，大多数天然木材中除含纤维素外，还含相当多半纤维素。糖元的相对分子质量更大于淀粉，有更多支链，它在肝脏和肌肉中含量较多，是动物细胞中的储能物质。

二糖和多糖重要的相关性质是它们能通过生物酶作用水解为单糖。图 5.1 所示为二糖和多糖的水解产物。

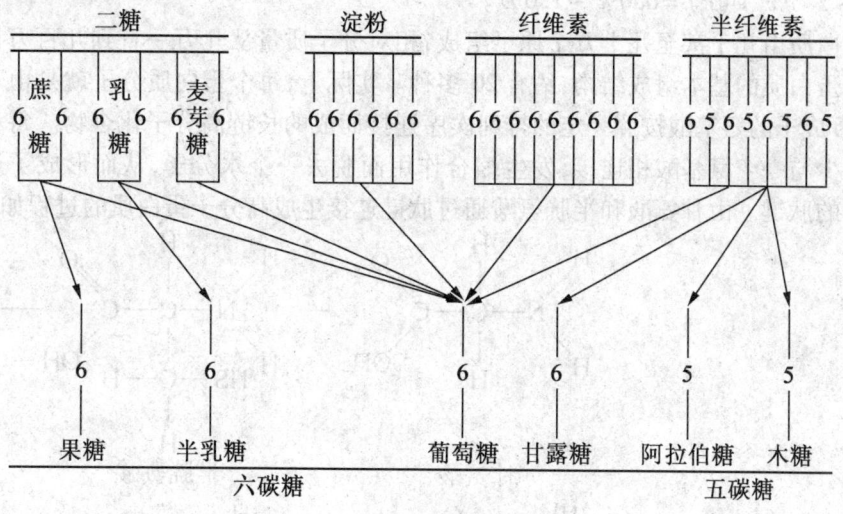

图 5.1　二糖和多糖的水解产物

2. 脂类

对脂类难以下一个确切的定义。简而言之，它们是动植物组织中能溶解于低级性溶剂（氯仿、四氯化碳、乙醚、苯等）的组分。在很多脂类物质中，除碳、氢、氧三种元素外，还含氮、磷等元素。脂类主要包括脂肪、类脂和固醇。

（1）脂肪。

脂肪是生物体内储能物质。动物和人体内脂肪具有减少身体热量散失、维持体温的作用。脂肪在室温下呈固态，纯脂肪是无色、无嗅、无味的物质，大多数以丙三醇和脂肪酸相结合的形式存在。

（2）类脂。

类脂包括磷脂和糖脂。磷脂由甘油、脂肪酸、磷酸、磷酸和一种氮化合物总和衍生而成，是构成生物膜（细胞膜、内质网膜、线粒体膜等）的主要成分。糖脂的组成与磷脂相似，它是动物细胞膜重要成分。

（3）固醇。

固醇主要包括胆固醇、性激素、肾上腺皮质激素和维生素 D 等，这些物质对于生物体维持正常的新陈代谢起着积极的作用。

脂类的重要化学性质有水解作用和加成作用。由于这类化合物分子中多含有不饱和双键，所以在水溶液中可能发生卤素加成作用。但因脂类大多难溶于水，所以一般化学反应条件下加成反应的速度很慢。

3. 蛋白质

蛋白质存在于所有机体之中，在细胞中的含量仅次于水，约占细胞干重的 50% 以上。蛋白质的种类多、结构复杂，但多种蛋白质都含有碳、氢、氧、氮四种元素，许多蛋白质还常常含有少量的硫，有的还含有磷、铁等元素。蛋白质的元素百分组成如下：$w(C) = 51\% \sim 55\%$、$w(H) = 6.5\% \sim 7.3\%$、$w(O) = 20\% \sim 24\%$、$w(N) = 15\% \sim 18\%$、$w(S) = 0.0\% \sim 2.5\%$、$w(P) = 0.0\% \sim 1.0\%$。

蛋白质由几千甚至几十万个原子组成，相对分子质量从几万一直到几百万以上。氨基酸是蛋白质的基本组成结构，约有 20 多种。实际上，每个蛋白质分子就是由不同种类的、上百成千的氨基酸按照一定的排列次序连接而成的长链高分子化合物。每种氨基酸分子至少与一个氨基酸相连接，发生缩合作用而脱去一个水分子，从而形成了连接两个小分子的肽键。由甘氨酸和半胱氨酸通过肽键连接生成高分子蛋白质的过程如下所示。

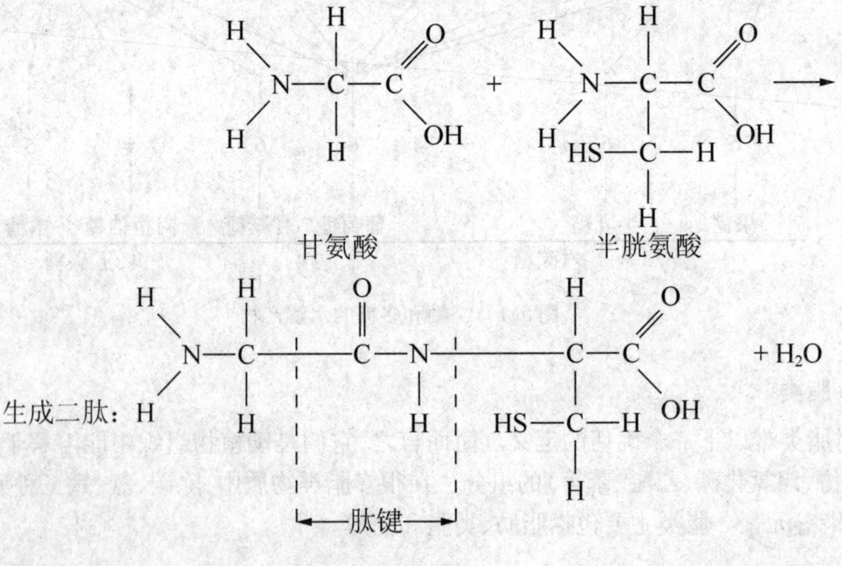

甘氨酸   半胱氨酸

生成二肽：   + H₂O

肽键

蛋白质分子结构的多样性,决定了蛋白质分子具有多种重要功能。作为结构材料,由蛋白质分子组成许多非骨骼性的集体物质(肌肉、皮肤、毛发等);作为催化剂,蛋白质分子可起生物酶的作用;作为激素,能在生物体内起调节代谢过程的作用;作为抗生物质,又能抵御外来有毒物质和病菌的侵入。

4. 酶和辅酶

酶(enzyme)是一类由细胞制造和分泌的、以蛋白质为主要成分的、具有催化活性的生物催化剂(biocatalyst)。生物在体内的新陈代谢过程中,几乎所有的化学反应都是在酶的催化作用下进行的。酶催化的生物活性反应,称为酶促反应(enzymatic reaction)。在酶的催化下发生活性变化的物质,称为底物(substrare)。

酶催化作用的特点如下:

(1)专一性高。一种酶只作用于一类化合物或一定的化学键,以促进一定的化学变化,并生成一定的代谢产物,这种现象称为酶的特异性或专一性(specificity)。如脲酶,只能催化尿素水解成 NH_3 和 CO_2,而不能催化甲基尿素水解。

(2)催化效率高。酶催化的化学反应速率比普通催化剂高 $10^7 \sim 10^{13}$ 倍。

(3)温和的外部条件。酶是蛋白质,酶催化要求一定的 pH、温度等温和的条件,强酸、强碱、有机溶剂、重金属盐、高温、紫外线、剧烈震荡等任何使蛋白质变性的理化特性因素都可能使酶变性而失去催化活性。

酶的种类很多,已知的酶有 2 000 多种。根据起催化作用的场所、酶分为胞外酶和胞内酶来两大类。这两类都在细胞中产生,但是胞外酶能通过细胞膜,在细胞外对底物起催化作用。根据催化反应的类型,可以把酶分成六大类:氧化还原酶、水解酶、转移酶、裂解酶、异构酶和合成酶。按酶的成分可分为单成分酶和双成分酶。单成分酶只含有蛋白质,如脲酶、蛋白酶。双成分酶除了含有蛋白质外,含含有非蛋白质部分,前者称酶蛋白,后者称辅基(prosthetic group)或辅酶(coenzyme)。辅酶的成分是金属离子、含金属的有机化合物或小分子的复杂有机化合物。辅酶有 30 多种。同一辅酶可以结合不同的蛋白酶,构成许多种双成分酶,可对不同底物进行相同的反应。辅酶在酶促反应中常参与特定的化学反应,主要起着传递氢、传递电子、传递原子或化学集团以及"搭桥"(某些金属元素)等作用。它们决定着酶促反应的类型。

已知的辅酶约有 12 种,其中最主要的是以下几种。

①FMN 和 FAD。辅酶黄素单核苷酸(FMN)和黄素 – 腺嘌呤二核苷酸(FAD)都是核黄素(维生素 B2)的衍生物,是一些氧化还原酶的辅酶,在酶促反应中具有传递氢原子的功能。

②DNA$^+$ 和 NADP。辅酶 DNA$^+$ 和 NADP$^+$ 又分别称烟酰胺腺嘌呤二核苷酸(辅酶Ⅰ)和烟酰胺腺嘌呤二核苷酸磷酸(辅酶Ⅱ),NAD$^+$ 和 DANP$^+$ 是一些氧化还原酶的辅酶,在酶促反应中有传递氢的作用。NAD$^+$ 是一种载氢体,常与脱氢酶、还原酶、过氧化氢酶配合反应。NADH 是它的还原形态。NADP$^+$ 的结构和功能与 NAD$^+$ 相似,只是在分子上含有三个磷原子而不是两个。还原形态是 NADPH。

③辅酶 Q。辅酶 Q 又称泛醌,简写 CoQ,广泛存在于动物和细菌的线粒体中。辅酶 Q 的活性部分是它的醌环结构,主要功能是作为线粒体呼吸链氧化还原酶的辅酶,在酶与底物分子之间传递氢。

④细胞色素酶系的辅酶。细胞色素酶系的辅酶是一类含铁的电子传质体,是催化底物氧化的一类酶系,主要有细胞色素 b、c_1、c、a 和 a_3 等几种。它们的酶蛋白部分各不相同,辅酶都是铁卟啉。在酶促反应时,辅酶铁卟啉中的铁不断地进行氧化还原,当铁获得电子时从三价还原为二价,二价铁离子把传递出去后又被氧化为三价,从而为起到传递电子的作用。

⑤辅酶 A。辅酶 A 是一种转移酶的辅酶,是泛酸的重要活性形式,常简写为 CoA。辅酶 A 主要起到传递酰基的作用,是各种酰化反应的辅酶。由于携带酰基的部位在—SH基上,故也常可以用 CoASH 表示。

5. 核酸

核酸最初是从细胞核中提取出来的,呈酸性,由此得名。核酸由 C、H、O、N、P 等元素组成,是细胞中的另一类高分子化合物,相对分子质量可达十万至几百万。核酸的基本组成单位是核苷酸。一个核苷酸分子由一个含氮的芳香族碱基、一分子五碳糖和几分子磷酸所组成。每个核酸分子是由几百个到几千个核苷酸互相连接而成的长链分子。

核酸可分为两大类:一类是含脱氧核糖的,称为脱氧核糖核苷酸,简称 DNA;另一类是含核糖的,称为核糖核酸,简称 RNA。DNA 主要存在于细胞核内,是细胞中的遗传物质。此外,在线立体和叶绿体中,也含有少量 DNA。RNA 主要存在于细胞质中。核酸对生物体的遗传性、变异性及蛋白质的生物合成具有极其重要的作用。

5.1.2　环境中的微生物

微生物在环境中几乎无所不在。以细菌为例 ,在 15 cm 表面土壤中的含有数为$10^{13} \sim 10^{14}$ 个$/m^2$,在肮脏的天然水体中约为 10^{15} 个/mL,即使是在洁净的空气中也可能含有 4 000 个$/m^3$,而且很多种细菌在极端条件下生活。微生物形体小、结构简单、在环境条件下分布广、繁殖快,就生态学观点来看,他们中大多数还是还原者。微生物具有甚大的比表面积,从环境中摄取化学物质的能力极强,还由于它们的细胞中内含有各种酶催化剂,由此引起生物化学反应的速度也非常快。所以它们是推动生态系统中物质循环的一员。

1. 环境微生物的类别

微生物包括细菌、病毒、真菌以及一些小型的原生生物、显微藻类等在内的一大类生物群体,它个体微小,与人类关系密切。涵盖了有益跟有害的众多种类,广泛涉及食品、医药、工农业、环保等诸多领域。它们体内不具有复杂的器官,也缺乏足够的组织分化,以致有时会难以判定其究竟是属于动物性还是植物性的。

通常可将环境微生物分为三类。

(1)原核细胞型微生物。原核细胞型微生物主要是细菌,它们有其特殊的类群,如蓝细菌、放线菌、光合细菌等。这类微生物仅有原始核,核膜和核仁未分化,缺乏细胞器。

(2)真核细胞型微生物。真核细胞型微生物包括单核细胞藻类、单细胞原生动物、真菌(霉菌、酵母菌等)。这类微生物体内细胞核的分化程度较高,细胞内有完整的细胞器(如叶绿体、线粒体等)。

(3)非细胞型微生物。非细胞型微生物如病毒,这类微生物体积最微小,不具细胞结构,只能在活细胞中生长繁殖。

在环境化学中大多涉及原核细胞型微生物和真核细胞型微生物,它们的机体结构如图 5.2 所示。

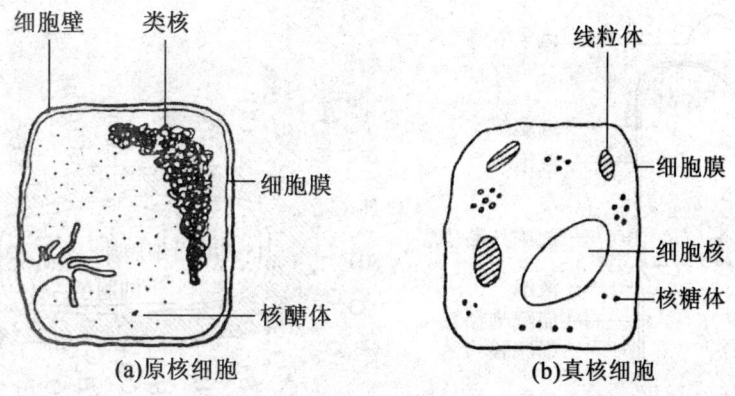

图 5.2　原核细胞和真核细胞的结构

此外,根据微生物所处环境中的运动能力可将它们分为植物性微生物和动物性微生物两类,前者如细菌、藻类等,后者如原生动物等。

2. 细菌

(1)细菌的类别及其机体的组成。

按外形可将细菌分为:①球菌,直径 0.5 ~ 4 μm;②杆菌,长度 0.5 ~ 20 μm,宽度 0.5 ~ 4 μm;③螺旋菌,长度大于 10 μm,宽度约 0.5 μm。所说的细菌大小是就单细胞细菌而言。实际上,细菌甚至可能以几百万个细胞的群体合体形态存在。

按营养方式,可将细胞分为自养菌和异养菌两类。自养菌具有将无机碳化合物转化为有机物的能力,光合细菌(绿硫细菌、紫硫细菌等)和化能合成细菌(硝化菌、铁细菌、氢细菌、硫氧化细菌等)属于此类。大多数细菌属于化能异养型,它们合成有机物的能力弱,需要现成有机物作为自身机体的营养物。异养菌又分为腐生菌和寄生菌。前者包括腐烂菌、放线菌等,它们从死亡的生物体中摄取营养物;寄生菌则生活在活的机体中,一些病原性细菌属于此类,它们还能以进入水体的生物排泄物为媒介,传播各类疾病。

按照有机营养物质在氧化过程(即呼吸作用)中所利用的受氢体种类,还可将细菌分为:

①好氧细菌,如醋酸菌、亚硝酸菌等。这类菌体生活在有氧环境中,以氧分子(大气中氧或水体中溶解氧)作为呼吸中的受氢体。

②厌氧细菌,如油酸菌、甲烷菌等。这类菌体只能在无氧环境中(土壤深处、生物体内)呼吸、生长繁殖,呼吸过程中以有机物分子本身或 CO_2 等作为受氢体。

③兼氧细菌,如乳酸菌、大肠菌等。这类细菌兼能在有氧或无氧条件下进行两种不同的呼吸过程。

如图 5.3 所示,细菌单细胞机体系由以下几部分组成:黏质层(包括微胶囊、夹膜和黏质)、细胞壁、细胞膜、细胞核、细胞质(含多量的液泡、储藏物颗粒、染色体、核糖体颗粒等)。细胞体表夹膜层由多糖或多肽类化合物组成,既有保护自身免受其他微生物的进攻和在干燥环境中避免脱水等功能。在夹膜层上还连接着很多基团（羧基、氨基、羟基等），所以水中细菌在水体 pH 发生变化时，可通过这些基团的脱质子或质子化作用等使细菌体表面带电。

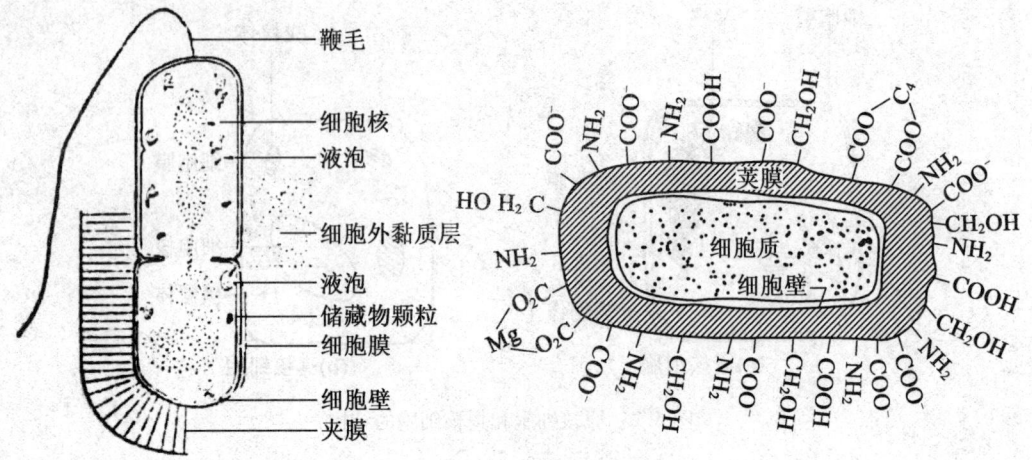

图5.3　细菌的细胞结构以及体表的结构

（2）细菌的生境。

在空气中由于缺乏营养物和水分，所以空气层并非是细菌的良好生境。其在空气中存在的种类和数量都很少。与之相反的是土壤中存活细菌数因土壤类型、季节、土层深度与层次等不同而异。一般，在土壤表面，由于日光照射及水分不足等原因，使细菌不宜生存。在表土 10～30 cm 间菌数最多。深层土壤由于有机物含量少，缺氧等原因，菌数随土壤深度反而减少。此外，土壤越肥沃，细菌数越多。

凡江、河、胡海、地下水以及温泉、下水道等几乎一切有水的地方均可有细菌生存，不过其种类和数量有所差异。实际上在水体中各种界面大多是营养物质富集之处，这些界面都可以作为良好的细菌生长繁殖的生境。

（3）细菌生长繁殖曲线。

细菌通过不断呼吸而生长，又通过不断分裂的方式而繁殖（在适宜的环境条件下每20～30 min 分裂一次）。将少量细菌接种于一定量的培养基内，在适宜温度下培养，定时测定其数量，则可得到细菌的生长和繁殖曲线，如图5.4 所示。

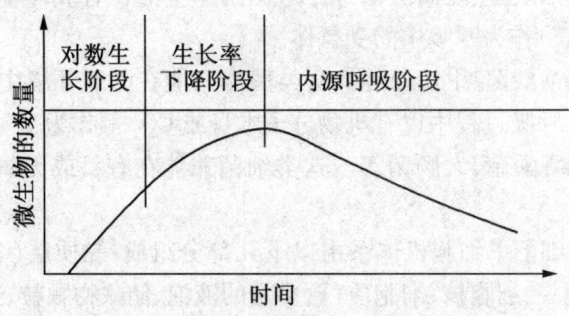

图5.4　细菌生长率随时间变化曲线

细菌的生长和繁殖可细分为三个阶段:第一个阶段是对数量生长阶段,即生长率上升阶段。其初期(也称诱导期),细菌有一个适应新环境的过程,一般只生长不繁殖。此后细菌迅速繁殖,这时为繁殖所需的食料供应应是充分的,而细菌的生长却受自身生理机能的限制。对数生长阶段临近结束时,细菌生长率最大,它们对培养基中有机物的分解速度最快。

细菌繁殖的第二阶段是生长率下降阶段。由于培养基中食料逐渐减少,细菌排泄物积累,从而影响了细菌的生长率。第三阶段是内源呼吸阶段,培养基中所含食料几乎所剩无几,细菌内储存物甚至体内酶都被当作营养物质维持细菌生命。最后细菌进入衰老死亡时期,但在体内还可保留一定的残留细胞。

3. 藻类

藻类是原生生物界中一类真核生物。体型大小各异,既有小至 1 μm 长的单细胞鞭毛藻,也有约 60 m 长的大型褐藻。虽然藻类被归入植物或植物样生物,但它们没有真正的根、茎、叶,也没有维管束。藻类可由一个或数个细胞组成,也可由许多细胞聚合成组织群的结构。藻类以水生为主,但几乎无处不在,某些变种可生活于土壤中,兼能耐受长期缺水的沙土条件,也可能生存于雪中或温泉中。浮游于水中的藻类是海洋食物链中非常重要的环节,所有高等水生生物的生存全靠藻类的存在。

按照生态观点看,藻类是水体中的生产者,它们能在阳光辐照条件下,以水、二氧化碳和溶解性氮、磷等营养物为原料,不断生产出有机物,并放出氧。合成有机物一部分供其呼吸消耗用,另一部分供合成藻类自身细胞物质之需。在无光条件下,藻类消耗自身体内有机物以营生,同时也消耗着水中的溶解氧。

一般河流中可看见到的有绿藻、硅藻、甲藻、金藻、蓝藻、黄藻等大类,它们的外观大多数有鲜明的色泽,这是因为在它们的体内除含叶绿素外,还含有各种附加色素,如藻青蛋白(青色)、藻红蛋白(红色)、胡萝卜素(橙色)、叶黄素(黄色)等。水体中藻类种类和数量可依季节和水体环境条件(底质状况、含固量、水速、是污染状况等)而有很大变化。

藻类等浮游植物体内所含碳、氮、磷等主要营养元素间一般存在着一个比较确定的比例。按质量计 $m(G):m(N):m(P) = 41:7.2:1$,按原子数计 $n(C):n(N):n(P) = 106:16:1$。大致的化学结构式为 $(CH_2O)_{106}(NH_3)_{16}H_3PO_4$。藻类大量繁殖是水体营养化的标志,由此可从多方面影响水体的水质。

5.2 生物转运

污染物在生物体内的吸收、分布和排泄过程主要依据物理学规律,具有类似的机理,其本身不发生结构改变,统称为生物转运(bilogical transport)。生物转运的过程都是反复通过生物膜的过程,只有充分地了解生物膜的结构和功能,才能更好地理解外源化学物质在机体内的吸收、分布和排泄。下面介绍污染物在人体内的转运,其内容基本适用于哺乳动物,而涉及的一般原理也适用于其他的生物,如鱼类等。

5.2.1　物质通过生物膜的方式

细胞是构成生命的基本结构和功能单位。细胞膜(cell membrane)或质膜(plasma membrane)与细胞内膜(如线粒体膜、叶绿体膜、内质网膜、高尔基体膜、核膜等)统称为生物膜(biomembrance)。生物膜具有重要的生理功能,主要由蛋白质、脂质和糖类组成。

20世纪70年代,Singer和Nicolson提出了生物膜的液态镶嵌模型(图5.5):由脂质双分子层和蛋白质镶嵌组成,厚度为7~10 mm。生物膜具有流动性,膜蛋白和膜质均可侧向运动。脂质的主要成分是磷脂,亲水的极性基团由磷脂和碱基组成,排列在膜的内外表面;疏水的两条脂肪链端伸向膜的中部,所以,在双分子层中央存在一个疏水区,生物膜是类脂层屏障。膜上镶嵌的蛋白质,有附着在磷脂双分子层表面的表在蛋白,有深埋或贯穿磷脂双分子层的内在蛋白。有的蛋白质是物质转运的载体,有的是接受化学物质的受体,有的是能量转换器,还有的是具有催化所用的酶。因此,生物膜在生态毒理学研究中非常重要,许多物质的毒性作用与生物膜有关,因为它控制着外源物质及其代谢产物进出细胞。

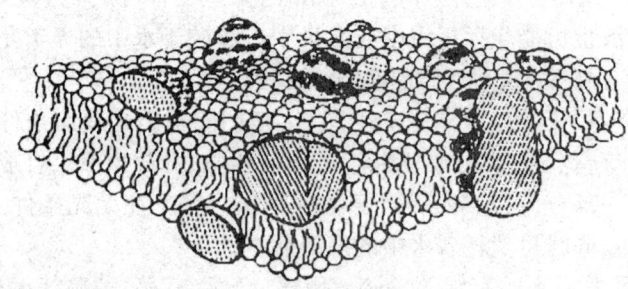

图5.5　生物膜脂质双分子层结构

物质通过生物膜的方式称为生物转运,可分为三类:被动转运、特殊转运和膜动转运。

1. 被动转运

被动转运(passive transport)的特点是生物膜对物质的转运不起主动主用,是一种纯物理化学过程。被动转运又可以分为简单扩散和滤过两种方式。

(1)简单扩散。

大部分外源化学物质通过简单扩散(simple diffusion)进行生物转运。生物膜两侧的化学物质从浓度高的一侧向浓度低的一侧扩散,称为简单扩散。大部分外源化学物质主要借助简单扩散通过生物膜的脂质双分子层。

扩散速率服从费克定律:

$$\frac{dQ}{dt} - DA\frac{\Delta c}{\Delta x}\qquad(5.1)$$

式中　dQ/dt——物质膜扩散速率,即dt间隔时间内垂直方向通过膜的物质的量;

　　　Δx——膜厚度;

　　　Δc——膜两侧物质浓度梯度;

　　　　A——扩散面积;

　　　　D——扩散系数。

　　影响简单扩散主要有如下几个因素:

　　①生物膜两侧化学物质的浓度梯度(concentration gradient)越大,化学物质通过膜的速度越快,反之亦然。

　　②一般化学物质的脂/水分配系数(lipid/water partition cofficient)越大,越容易通过生物膜。因此,水溶性的化合物一般不易通过简单扩散进入细胞,如葡萄糖、氨基酸、钠离子和钾离子等。但是,脂/水分配系数过大而水溶性极低的物质,也不容易通过简单扩散进行跨膜转运,如磷脂。

　　③化学物质的解离度和体液的pH。许多化学物质如弱酸、弱碱的盐类,在溶液中呈离子态时脂溶性很低,不易通过生物膜;而非离子状态的脂溶性高,较易通过生物膜。因此,物质在体液中的解离度越大,就越难通过简单扩散的方式进入生物膜。体液的pH可影响弱酸(如苯甲酸等有机酸)和弱碱(如苯胺等有机碱)的解离度。当pH降低时,弱酸化合物的非离子型百分比增加,易于简单扩散通过生物膜,而弱碱类化合物的离子型百分比增加,不易通过生物膜;当体液偏碱时,则发生于上述过程相反的过程。

　　化学物质简单扩散不需要耗能,不需要载体参与,没有特异性选择、竞争性抑制及饱和现象。

　　(2)滤过。

　　滤过(filtration)是外源化学物质通过生物膜上的亲水性孔道的过程。生物膜具有待极性,常含有水的微小孔道,称为膜孔。直径小于膜孔的水溶性物质,可借助膜两侧的静水压及渗透压,以水作为载体,经膜孔通过生物膜。一些水溶性的物质可以通过滤过完成生物转运过程。

2. 特殊转运

　　有些化合物不能通过简单扩散或滤过作用进行扩膜转运,它们必须通过生物膜上的特殊转运系统完成转运过程。特殊转运的特异性较强,只能转运具有一定结构的化合物,而且必须借助载体或运载系统完成。特殊转运(specialized transport)根据机理可以分为主动转运和易化扩散。

　　(1)主动转运。

　　在消耗一定代谢能量条件下,物质由低浓度向给高浓度处转运以通过生物膜的过程,称为主动转运(active transport)。其主要特点是:

　　①需要载体的参加。载体一般是生物膜上的蛋白质,可与被转运的化学物质形成复合物,然后将化学物质运到生物膜另一侧并将化学物质释放。与化合物结合时载体构型发生改变,但组成成分不变,释放化学物质后,又恢复原有构型,以进行再次转运。

　　②化学物质逆浓度梯度转运,需要消耗一定的能量,一般所需要的能量来自于ATP,代谢抑制剂可以阻止次转运过程。

　　③载体对转运的化学物质具有选择性,必须具有一定的基本结构的化学物质才能被转运,结构稍有改变,即可影响转运过程。

　　④载体有一定的容量限制,当化学物质达到一定的浓度时,载体可以饱和,转运量达

到极限值。

⑤若两种化学物质结构相似,转运载体相同,则这两种化学物质之间出现竞争抑制。

主动转运在代谢物排出、营养物吸收以及维持细胞内多种离子的正常浓度等方面具有重要意义。在正常生理状况下,神经细胞膜内钾离子浓度远远高于膜外介质中的浓度;钠离子与此相反。保持细胞内正常生理功能必需的钠离子、钾离子浓度主要通过钠离子-钾离子-ATP酶转运载体(钠钾泵)来维持。又如铅、镉、砷等化合物,可通过肝细胞的主动转运进入胆汁并排出体外。

(2)易化扩散。

不易溶于脂质的物质,利用特异性蛋白载体由高浓度向低浓度处移动的过程,称为易化扩散(facilitated diffusion),又称载体扩散。由于不需要浓度梯度由低到高移动,所以不消耗代谢能量。由于利用载体,生物膜具有一定主动性或选择性,但又不能逆浓度梯度,故又属于扩散性质。水溶性葡萄糖由肠胃道进入血液、由血浆进入红细胞并由血液进入神经组织都是通过易化扩散。它受到膜特异性载体及其数量的制约,因而呈现特异性性质,类似物质竞争性抑制和饱和现象。

3. 膜动转运

少数物质与膜上某种蛋白质具有特殊的亲和力,当其与膜接触后,可改变这部分膜的表面张力,引起膜的外包或内陷而被包围进入膜内,固体物质的这一转运称为胞吞(phagocytosis),液体物质的这一转运称为胞饮(pinocytosis)。因此,膜动转运(cytosis)对体内外源化学物质的消除具有重要意义,例如白细胞吞噬微生物,肝脏网状内皮细胞对有毒异物的消除都与此有关。膜动转运也需要消耗能量。

总之,物质通过生物膜的方式取决于膜内外环境、膜的性质和需要转运物质的结构。

5.2.2 吸收

吸收(absorption)是污染物质从机体外通过生物膜进入血液的过程。以人体为例,主要通过消化道、呼吸道和皮肤三条途径吸收。

1. 消化道吸收

消化道吸收是吸收污染物的主要途径。水和食物中的有害物质主要通过消化道被人体吸收。消化道的任何部位都有吸收作用,主要吸收部位在小肠,其次是胃。因肠道黏膜上有绒毛,可增加小肠吸收面积,大多数化学物质在消化道中以简单扩散方式被吸收。因此,污染物的脂溶性越高,在小肠内的浓度越高,被小肠吸收也越快。另外,血液流速越大,则膜两侧的浓度梯度越大,机体对污染物的吸收速率也越大。相反,一些极性污染物,因其脂溶性小,在被小肠吸收时经膜扩散成了限速因素,对血液流速影响不敏感。

2. 呼吸道吸收

空气中的污染物主要从呼吸道侵入机体。从鼻腔到肺泡的整个呼吸道各部分由于结构不同,对毒物的吸收情况也不同,越入深部,因面积越大,停留时间越长,吸收量越大。因此,呼吸道吸收是以肺泡吸收为主。以人体为例,肺泡数量约3亿个,表面积达

$50\sim100\ m^2$,相当于皮肤吸收的 50 倍左右。肺泡周围布满长约 2 000 km 的毛细血管网络,血液供应很丰富,毛细血管与肺泡上皮细胞膜很薄,仅 1.5 μm 左右,有利于外来化学物质被吸收。因此,气体污染物如 CO、NO_2、SO_2,挥发性物质如苯、四氯化碳的蒸气、气溶胶硫酸烟雾等经肺泡吸收的速度很快,仅次于静脉注射。

颗粒物质的吸收主要取决于颗粒的大小,直径大于 10 μm 的颗粒,因重力作用迅速沉降,吸入后因慢性碰撞而大部分黏附在上呼吸道;直径为 5~10 μm 的颗粒因沉降作用,大部分被阻留在气管和支气管;直径为 1~5 μm 的颗粒可随气流到达呼吸道深部,并有部分到达肺泡;直径小于 1 μm 的颗粒可在肺泡内扩散而沉积下来。因此随空气吸入的颗粒物并非都被吸收。呼吸系统对吸入的颗粒有两种清除机理:黏液 - 纤毛运载系统清除和肺泡清除。到达肺泡的颗粒物质可通过下列途径清除:

①直接从肺泡吸收入血液。
②随黏液咳出或咽入胃肠道。
③游离的或被吞噬的颗粒物可通过肺的间质进入淋巴系统。
④有些颗粒可长期留在肺泡内,形成肺泡灰尘病灶或结节。

3. 皮肤吸收

皮肤是保护机体的有效屏障,外源化学物质一般不易穿透。但不少化合物可通过皮肤吸收引起毒性作用。例如,四氯化碳可通过皮肤吸收而引起肝损害;某些有机磷农药可经皮肤吸收,引起人体中毒。环境毒物经皮肤吸收的主要通过两条途径:一是表皮;二是毛囊、汗腺和皮脂等皮肤附属器,外源化学物质依靠简单扩散通过表皮,再经真皮乳头层的毛细血管进入血液。细胞间隙电解质经皮肤进入机体的主要途径,相对分子质量较低的非电解质经过细胞进入人体内。一般相对分子质量大于 300 的物质不易通过无损伤的皮肤。具有一定的水溶性的脂溶性化合物,如苯胺可被皮肤迅速吸收,而水溶性很差的脂溶性的苯,经皮肤吸收量较少。经毛囊吸收的物质不经过表皮屏障,化学物质可直接通过皮脂腺和毛囊壁进入真皮。电解质和某些金属,特别是汞,在紧密接触毛囊后可被吸收。

5.2.3 分布与储存

外源化学物质通过吸收进入血液和体液后,随血流和淋巴液分散到全身各组织的过程称为分布(distribution)。化合物在体内并不均匀分布到各组织,不同的毒物在体内的分布不一样。这是因为毒物在各组织的分布与该组织的血流量、亲和力以及其他一些因素有关。有些外源化学物质与某种组织的亲和力或具有较高的脂溶性而在某种组织累积,累积的部位可能是其主要毒性作用部位,也可能不呈现毒性作用而称为储存库。

1. 分布

分布是指污染物质被吸收后或其代谢转化物质形成后,由血液转送至机体各组织,与组织成分结合,从组织返回血液,以及再反复等过程。在污染物质的分布过程中,污染物质的转运以被动扩散为主导致外源化学物质在体内分布不均匀的另一原因是机体的特定部位对外源化学物质的转运具有明显的屏障作用。所谓屏障就是机体阻止或减少化学物质由血液进入某组织器官的一种生理保护机制,使其不受化学物质的危害。主要的屏障有血脑屏障和胎盘屏障。

血脑屏障对外源化学物质进入中枢神经系统有主要屏蔽作用,比机体其他部位通透性小,许多化学物质在血液中浓度相当高时仍不能进入大脑。新生儿和新出生的动物,血脑屏障没有完全建立,对某些化学物的毒性反应比成人大如吗啡和铅。胎盘屏障的主要功能之一是阻止母体血液中一些有害物质通过胎盘,以保护胎儿正常发育。营养物质通过主动转运方式通过胎盘进入胎儿体内,而大部分化学物质通过胎盘的方式是简单扩散。胎盘保障由位于母体血液循环系统和胎盘之间的几层细胞组成。

2. 储存

进入血液的化学物质,大部分与血浆蛋白或体内不同组织结合,在特定的部位累积而浓度较高该部位称为靶部位,即靶组织和靶器官。但化学物质对这些部位产生的毒性作用并不相同。有的部位化学物质含量较高,且可直接发挥其毒作用,如甲基汞积累于脑,百草枯积累与肺,均可引起这些组织病变。有的部位化学物质含量虽高,但未显示明显的杜毒副作用,称为储存库。现介绍以下几种储存组织或器官:

(1)肝和肾。

肝和肾组织的细胞中含有特殊的结合蛋白能将血浆中与蛋白结合的有毒物质夺取过来。例如:肝细胞中有一种配体蛋白,能与多种有机酸、有机阴离子、皮质类固醇及偶氮染料等结合,是这些物质进入肝脏。肝和肾中还有疏基氨基酸蛋白,能与锌和镉等重金属结合,称为金属硫蛋白。肝和肾既是许多外来化学物质的储存库,又是体内代谢转化和排泄的重要器官。

(2)脂肪组织。

许多环境化学物质是脂溶性的,易于分布和蓄积在脂肪组织中。如各种有机氯农药(氯丹、DDT、六六六等)和有机汞农药。

(3)骨骼组织。

由于骨骼组织中某些成分与某些污染物有特殊亲和力,因此这些物质在骨骼中的浓度很高,氟化物、铅、锶等能与骨基质结合而储存其中。据分析,体内90%的铅储存于骨骼中。

有毒物质在体内的储存具有双重意义:一方面对急性中毒具有保护作用,因它降低了毒物在体内的浓度;另一方面储存库可能成为一种在体内提供毒物的来源,具有慢性中毒的潜在危险。如铅的毒作用部位在软组织,储存于骨骼内具有保护作用,但在缺钙、体液 pH 下降或甲状旁腺激素溶骨作用的情况下,可导致骨骼内铅重新释放至血液中毒。

5.2.4　排泄

排泄(excretion)是外源化学物质及其代谢产物向机体外转运的过程。排泄器官有肾、肝脏、肺、外分泌腺等,排泄的主要途径是经肾随尿液排出和经肝脏随同胆汁通过肠道随粪便排出。肾脏是最主要的排泄器官,经肾随尿液排出的化学物质数量超过其他各种途径排泄化学物质总和。但其他各种特殊途径往往对特殊化合物的排泄具有特殊的意义。例如,由肺随呼气排出 CO_2,由肝脏随胆汁排泄 DDT 和铅。

1. 经肾排泄

肾排泄是污染物通过肾而随尿液排出的过程。下面介绍两个主要排泄机理:肾小球被动滤过和肾小管排泄。

肾小球被动滤过是一种被动转运的过程。肾小球毛细管具有 7 ~ 10 nm 的微孔，大部分外源化学物质或者其代谢产物如果相对分子质量不超过 60 000，一般均可滤除，但与血浆蛋白结合的化学物质因相对分子质量过大，不能滤过而留在血液内。

肾小管排泄指肾小管上皮细胞可将毒物及其代谢称为以主动转运的方式排泄到肾小管中。此种主动转运可分为两种系统：一为供有机阴离子化学物质转运；一为供有机阳离子化学物质转运。此两个系统均位于肾小管的近曲小管。这两种转运系统均可以转运与蛋白质结合的物质，且存在两种化学物质通过同一转运系统时的竞争作用。

2. 经肝脏随同胆汁排泄

经肝脏随同胆汁排出体外是外源化学物质在体内消除的一种途径，其作用仅次于肾脏。来自肠胃的血液携带者所吸收的化合物先通过过门静脉进入肝脏，然后流经肝脏再进入全身循环。化合物在肝脏中先经过生物转化，形成的一部分代谢产物，可被肝细胞直接排入胆汁，再混入小肠随粪便排出体外。外源化学物质随同胆汁进入小肠后，有两种去向：①一部分胆汁混入粪便排出体外；②一部分脂溶性的、易被吸收的化合物及其代谢产物，可在小肠中重新被吸收，再经门静脉系统返回肝脏，再随同胆汁排泄，即进行肝肠循环(enterohepatic circulation)。肝肠循环具有重要的生理学意义，可使机体需要的化合物被重新利用，例如各种胆汁酸平均有 95% 被小肠壁重吸收，并再被利用。在毒理学方面则由于毒物的重吸收，使其在体内停留时间延长，毒性作用也将增强。例如，甲基汞主要通过胆汁从肠道排出，由于肝肠循环，其生物半减期达 70 d，因而在治疗水俣病时，常利用泻剂或口服多硫树脂，使其与汞化合物结合以阻止汞的重吸收，并促进排出。

3. 经肺随同呼吸排泄

许多气态外来化合物可经呼吸道排出体外。如一氧化碳、某些醇类和挥发性有机化合物都可以通过简单扩散方式经肺排泄。排泄的速度主要取决于气体在血液中的溶解度、呼吸速度和流经肺部的血流速度。

4. 其他排泄途径

外源化学物质还可经过其他途径排出体外。例如，经肠胃排泄，随同汗液和唾液排泄，随同毛发和指甲脱落排泄，随同乳汁排泄等。许多外来化合物可通过简单扩散进入乳汁。有机氯杀虫剂、乙醚、多卤联苯、咖啡碱和某些金属都可以随同乳汁排出。

5.3　生物富集、放大与积累

5.3.1　生物富集

生物富集(bioconcectration)又称生物浓缩，是指生物通过非吞食方式，从周围环境中蓄积某种元素或难降解性物质，使其在机体内的浓度超过周围环境浓度的现象。生物富集常用生物富集因子(bioconcentration factors,BCF)表示：

$$BCF = \frac{C_b}{C_e} \tag{5.2}$$

式中　C_b——平衡时,某种污染物质在生物体内的浓度;

　　　C_e——平衡时,某种污染物质在机体周围环境中的浓度。

BCF 是表征生物富集化学物质能力的一个度,是描述化学其中在生物体内累积趋势的重要指标。如生活在多氯联苯(PCBs)含量为 1 μg/L 水体中的鱼类,28 d 后的富集量为水体的含量的 3 700 倍,再放回不含 PCBs 的清洁水中,84 d 后净化率为61%。生物富集作用的研究,在阐明污染物物质在生态系统内的迁移和转化规律、评价污染物进入生物体后可能造成的危害,以及利用生物体对被污染的环境惊喜修复等方面,具有重要的意义。

一般来说,同一种生物对不同物质的富集程度有很大差别,不同种生物对同一种物质的富集能力也有很大差异。例如,褐藻对钼的富集系数是 11,对铅的富集系数是 70 000;虹鳟鱼对 2,2'-四氯联苯和 4,4'-四氯联苯的富集系数为 12 400,而对四氯联苯的富集系数为 17.7。影响生物富集的因素主要有以下三方面。

①污染物性质因素:脂溶性、水溶性和可降解性。一般来说,可降解性低、脂溶性高、水溶性低的物质,其 BCF 高。

②生物特征方面影响因素:生物种类、大小、性别、器官和发育阶段。

③环境条件方面的影响因素:温度、盐度、硬度、pH、氧含量、光照状况等。如翻车鱼对多氯联苯的富集系数在水温为 5 ℃ 是为 6 000,而在 15 ℃ 是 50 000;又如光照强度在 40 000 lux 时,植物吸收 SO_2 的能力随光照增强而增大。

5.3.2　生物放大

生物放大是指在同一食物链上的高营养级生物,通过吞食低营养级生物蓄积某种元素或难降解物质,使其在机体内的浓度随营养级数提高而增大的现象。一般来讲,较低营养级的生物会被较高营养级的生物捕食,顶级营养者必须吃掉相当于本身体重很多倍的食物来维持其存活、繁殖以及生长、生物放大的结果使食物链上高级营养级生物体中的这种物质的浓度显著地超过环境的浓度。

生物放大专指具有食物链关系的生物来谈的,如果生物之间不存在食物链关系,则用生物富集或生物积累来解释。1973 年起,科学家才开始用生物放大一词,并将生物富集作用、生物积累和生物放大三者的概念区分开来。研究生物放大,特别是研究各种食物链对哪些污染物具有生物放大的潜力,对于确定环境中污染物的安全浓度等,具有重要的意义。1996 年有研究报道,美国图尔湖和克拉斯南部自然保护区内生物受到 DDT 污染,在位于食物链的顶级,以鱼类为食的水鸟体中的 DDT 浓度,比当地湖水高出 100 000 ~ 120 000 倍。

由于生物放大作用,进入环境中的污染物,即使是微量的,也会使生物有其事处于高营养级的生物受到毒害,甚至会影响到人类的健康。然而影响生物放大的因素是多种多样的,并不是所有的条件下都能发生生物放大现象。深入研究生物放大作用,特别是研究各种食物链对哪些污染物具有生物放大的潜力,对于评价化合物的生态风险和健康风险有着重要的意义。

5.3.3　生物积累

生物放大或生物富集是生物积累的一种情况。所谓生物积累(bioaccumlation),就是生物从周围环境(水、土壤、大气)和食物链积蓄某种元素或难降解性物质,使其在机体中浓度超过周围环境中浓度的现象。生物积累也用生物富集系数来表示。水生生物对某种物质的积累等于从水中的吸收速率、从食物链上的吸收速率及其本身消除、稀释速率的代数和。

生物富集、生物放大和生物积累三者具有一定的联系。深入研究它们,可以更好地阐明物质在生态系统内的迁移和转化规律,评价化合物的生态风险和健康风险。

5.4　生物转化

物质在生物作用下经受的化学变化,称为生物转化或代谢(转化)。外源化学物质的生物转化过程分为两个阶段:第一阶段称为第一相反应(phase I reaction),主要包括氧化(oxidation)反应、还原(reduction)反应和水解(hydrolysis)反应;第二阶段称为第二相反应(phase II reaction),主要为结合(conjugation)反应,结合反应指化学物质经第一相反应形成的中间代谢产物与某些内源化学物质的中间代谢产物相互结合的反应过程。在第一相反应中,外源化学物质的分子结构中将加入一些极性基团,例如—OH、—COOH、—SH、—NH_2 等,借此可以使外源化学物质易于进行第二相反应并生成极性强的亲水性化合物,易于排出体外。任何外源化学物在第一相反应中无论经过氧化、还原还是水解,最后必将在第二相反应中结合反应。

外源化学物质的生物转化过程皆为酶促反应。肝脏是机体最重要的代谢器官,外源化学物质的生物转化过程主要在肝脏进行。其他组织器官,例如肺、肾、肠道、脑、皮肤等也具有一定的生物转化能力,虽然其代谢能力及代谢容量可能相对低于肝脏,但有些外源化学物质可在这些组织中发生不同程度的代谢转化过程,有些还具有特殊的意义。

5.4.1　生物氧化中的氢传递反应

有机物在细胞内氧化分解成二氧化碳和水,释放能量被腺苷三磷酸(ATP)储存的过程,称为生物氧化(biological oxidation)。生物氧化实际上是需氧细胞呼吸作用的一系列氧化–还原反应,所以又称为细胞氧化或细胞呼吸(cellular respiration)。ATP 是一分子腺嘌呤、一分子核糖和三个相连的磷酸基团构成的,如图5.6所示。

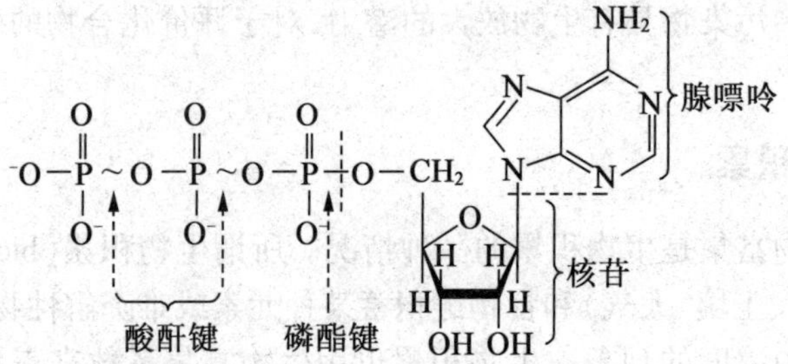

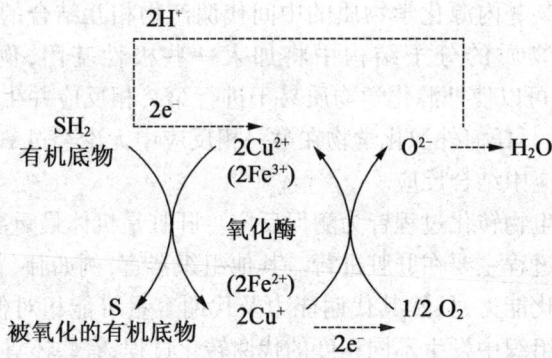

图 5.6 腺苷三磷酸的结构式

生物氧化实际上就是氧化磷酸化(oxidative phosphorylation),是 NADH 和 FADH$_2$ 上的电子通过一系列电子传递载体传递给氧气伴随 NADH 和 FADH$_2$ 的再氧化,将释放的能量是 ADP 磷酸化生成的 ATP 的过程。有机物的氧化多为去氢氧化,脱落的氢以原子或电子的形式,由相应的氧化还原酶按一定顺序传递至受体。这一氢原子或电子的传递的过程称为氢传递或电子传递的过程,其受体称为氢受体或电子受体。受氢体如果为细胞内的分子氧就是有氧氧化,若为非分子氧的化合物则是无氧氧化。

1. 有氧氧化中以分子氧为直接受氢体的传递氢的过程

以氧为直接受氢体的氧化还原酶称为氧化酶(oxidase)。氧化酶一般是含金属 Cu^{2+} 和 Fe^{3+} 的蛋白质,通过它们的氧化态与还原态的互变将传递体或底物的电子传递给氧并使其激活形式 O^{2-},与 H$^+$ 化合形式水。如图 5.7 所示,这类的氢传递过程只有一种酶作用于有机底物。

图 5.7 分子氧作为直接受氢体的氢传递过程

2. 有氧氧化中分子氧为间接受氢体的传递氢过程

这类的氢传递过程中的几种酶共同发挥作用:第一种酶催化底物脱氢生成 NADH$^+$,由其余的酶顺序传递,最后把其中的电子传递给分子氧形成激活态 O^{2-},并与脱落氢中的 H$^+$ 结合成水,如图 5.8 所示,NADH 氧化呼吸链是由细胞内最重要的呼吸链,生物氧化中绝大多数都是以 NAD$^+$ 为辅酶的脱氢酶。

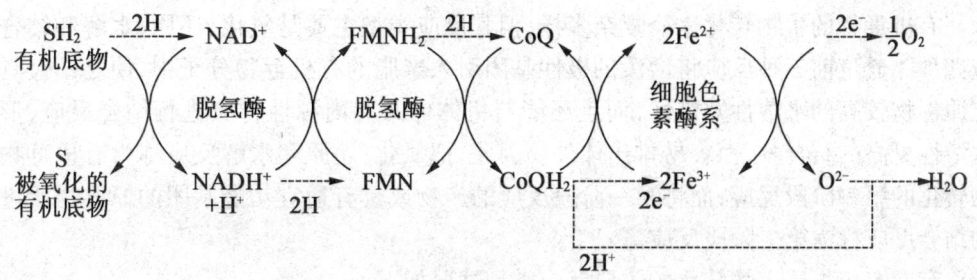

图5.8 分子氧作为间接受氢体的氢传递过程

3. 无氧氧化中的有机底物转化中间产物作为受氢体的传递氢过程

这类的氢传递过程中有一种或一种以上酶参与,最后由脱氢酶辅酶 NADH 将所含来源于有机底物的氢,传给该底物生物转化的相应产中间物。例如,兼氧厌氧的酵母菌在无分子氧存在下以葡萄糖为生长底物时,用葡萄糖转化中间产物乙醛作为受氢体,乙醛被还原成乙醇,如图 5.9 所示;厌氧的乳酸菌在以葡萄糖作为生长底物时,糖转化的中间产物丙酮酸是受氢体,丙酮酸被还原为乳酸。

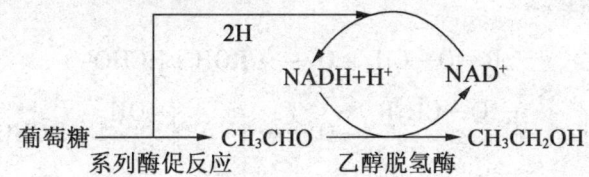

图5.9 葡萄糖转化中间产物乙醛作为受氢体的氢传递过程

4. 无氧氧化中某些无机含氧化合物作为受氢体的传递氢过程

在这类氢传递过程中,最常见的受氢体是硝酸根、硫酸根和二氧化碳。它们接受来源于有机底物由酶传递来的氢,而被分别还原为氮分子(或一氧化二氮)、硫化氢和甲烷。例如:

$$10[H] + 2NO_3^- + 2H^+ \xrightarrow[\text{反硝化菌}]{\text{兼性厌氧}} N_2 + 6H_2O$$

$$24[H] + 3H_2SO_4 \xrightarrow[\text{硫酸还原菌}]{\text{兼性厌氧}} 3H_2S + 12H_2O$$

$$8[H] + CO_2 \xrightarrow{\text{厌氧甲烷菌}} CH_4 + 2H_2O$$

5.4.2 有毒有机污染物的生物转化类型

进入生物机体的有毒有机污染物质,一般在细胞或体液内进行酶促转化生成代谢物,但其在机体中的转化部位不尽相同。在人及动物中主要转化部位是肝脏,很多有机毒物是肝细胞中一组专一性较低酶的底物。此外,肾、肺、肠黏膜、血浆、神经组织、皮肤、胎盘等也含相当量酶,对有机毒物也具有不同程度的转化功能。生物转化的结果,一方面往往使有机毒物水溶性和极性增加,易于排出体外;另一方面也会改变有机毒物的毒性,多数是毒性减小,少数毒性反而增大。

有机毒物的生物转化途径复杂多样,但其反应类型主要是氧化、还原、水解和结合反应四种。通过前三种反应将活泼的极性基团引入亲脂的有机毒物分子中,使之不仅具有比原毒物较高的水溶性及极性,而且还能与机体内某些内源性物质进行结合反应,形成水溶性更高的结合物,而容易排出体外。因此,把氧化、还原和水解反应称为有机毒物生物转化的第一阶段反应,而将第一阶段反应的产物或具有适宜功能基团的原毒物所进行的结合反应称为第二阶段反应。

有毒有机物质生物转化的主要反应类型情况如下。

1. 氧化反应类型

(1)加氧酶加氧氧化。

碳双键环氧化:

$$R_1CH = CHR_2 + O \longrightarrow R_1CH\overset{\displaystyle \quad}{\underset{\displaystyle O}{\diagup\!\!\!\diagdown}}CHR_2$$

碳羟基化:

$$CH_3(CH_2)_nCH_3 + O \longrightarrow CH_3(CH_2)_nCH_2OH$$

氧脱烃:

$$R-O-CH_3 + O \longrightarrow ROH + HCHO$$

$$\text{[苯基]}-O-CH_2R + O \longrightarrow \text{[苯基]}-OH + RCHO$$

氮脱烃、脱氮:

$$RNH-CH_3 + O \longrightarrow RNH_2 + HCHO$$

$$\underset{R_2}{\overset{R_1}{}}CH-NH_2 + O \longrightarrow \underset{R_2}{\overset{R_1}{}}C=O + NH_3$$

$$RCH_2NH_2 + O \longrightarrow RCHO + NH_3$$

硫脱烃、脱硫:

$$R-S-CH_3 + O \longrightarrow R-SH + HCHO$$

在有机磷化物中可以发生这一反应。如对硫磷可转化为对氧磷,使其毒性增高。

$$\text{对硫磷} + O \longrightarrow \text{对氧磷} + S$$

对硫磷   对氧磷

硫 – 氧化反应:多发生在硫醚化合物。代谢产物为亚砜,亚砜可以进行氧化为砜类。

$$R-S-R' \xrightarrow{[O]} R-SO-R' \xrightarrow{[O]} R-SO_2-R'$$

氮 – 羟化反应:化合物的氨基(—NH_2)上的氢与氧结合的反应。苯胺经 N – 羟化反应形成 N – 羟基苯胺,可使血红蛋白氧化成高铁血红蛋白。

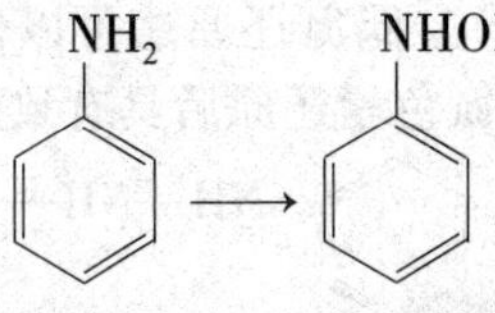

$$NH_2 \longrightarrow NHOH$$

苯胺 　　N - 羟基苯胺

（2）脱氢酶脱氢氧化。

脱氢酶是伴随有氢原子或电子转移，以非分子氧化合物为受氢体的酶类。脱氢酶能使相应的底物脱氢氧化。

醇氧化成醛：

$$RCH_2OH \longrightarrow RCHO + 2H$$

醇氧化成酮：

$$R_1CHOHR_2 \longrightarrow R_1COR_2 + 2H$$

醛氧化成羧酸：

$$RCHO + H_2O \longrightarrow RCOOH + 2H$$

如乙醇进入体内后，首先经过醇脱氢酶催化成乙醛，再由线粒体乙醛脱氢酶催化形成乙酸。乙醇对机体的毒性作用主要来自于乙醛。如体内的醛脱氢酶活力低，可导致饮酒后酒精积聚，引起酒精中毒。

（3）氧化酶氧化。

氧化酶是伴随有氢原子或电子转移，以分子氧为直接受氢体的酶类。氧化酶使相应底物氧化。例如：

$$RCH_2NH_2 + H_2O \longrightarrow RCHO + NH_3 + 2H$$

2. 还原反应

催化还原反应的酶类主要存在于肝、肾和肺的微粒体的胞液中。根据外源化学物质的结构以及反应机理，可将还原反应分为不同的类型。

（1）碳基还原反应。

醛类和酮类在醇脱氢酶的作用下可以分别被还原成伯醇和仲醇。例如：

$$R_1 \overset{O}{\overset{\|}{-}}C-R_2 \longrightarrow R_1 \overset{OH}{\overset{|}{-}}CH-R_2$$

（2）含氮基团还原反应。

含氮基团还原反应主要包括硝基还原、偶氮还原及 N - 氧化还原。

①硝基还原反应（nitro reduction）。催化硝基化合物还原的酶类主要是微粒体NADPH依赖型硝基还原酶、胞液硝基还原酶、肠菌从细菌的 NADPH 硝基还原酶。NADPH和 NADH 是供氢体，前者比后者更有效。硝基化合物被还原生成相应的胺。

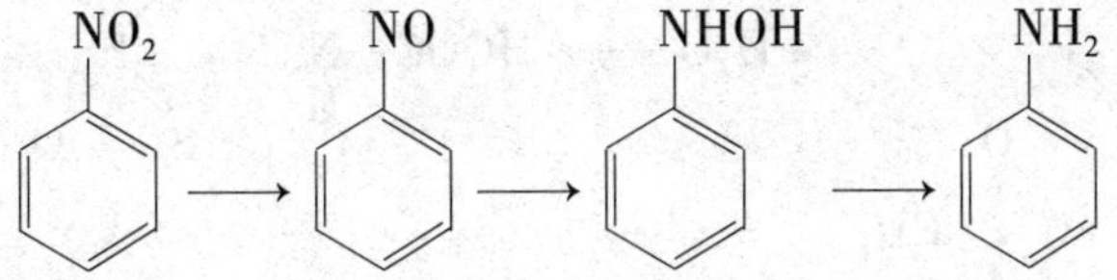

$$NO_2 \longrightarrow NO \longrightarrow NHOH \longrightarrow NH_2$$

硝基苯 　　亚硝基苯 　　苯羟胺 　　苯胺

②偶氮还原反应(azoreduction)。偶氮还原酶可以催化这类反应,形成苯肼衍生物,进一步还原裂解成芳香胺,有些偶氮色素还原后具有致癌作用。

③N-氧化物还原。N-氧化物的主要代表物烟碱和吗啡在 N-氧化反应中形成的烟碱 N-氧化为和吗啡 N-氧化物,在生物转化过程中可以被还原。

(3)含硫基团还原反应。

二硫化物、亚砜化合物等可以在体内被还原。杀虫剂三磷酸可以被氧化成三硫磷亚砜,在一定条件下可以被还原成三硫磷。

三硫磷亚砜   三硫磷

3. 水解反应

水解反应(hydrolysis reaction)是在水解酶的催化下,化学物质与水发生化学作用而引起的分解反应。根据外源化学物质的结构以及反应机理,可将水解反应分为以下类型。

(1)酯类水解反应。

酯类在酯酶的催化下发生水解反应生成相应的酸和醇。

$$RCCOR' + H_2O \longrightarrow RCOOH + R'OH$$

水解反应是许多有机磷杀虫剂在体内的主要代谢方式。例如,敌敌畏、对硫磷及马拉硫磷等水解后的毒性降低或消失。此外,拟除虫菊酯类杀虫剂也可以通过水解反应而解毒。

对氧磷   二乙基磷酸   对硝基酚

(2)酰胺类水解反应。

酰胺酶能特异地作用于酰胺键,使酰胺类化合物发生水解。

乐果   乐果酸

（3）环氧化的水和反应。

含有不饱和双键的三键的化合物在相应的酶的催化下，与水分子化合的反应，又称水和反应。最简单的水和反应是乙烯与水结合成乙醇的反应。

$$H_2C{=}CH_2 + H_2O \longrightarrow CH_3CH_2OH$$

4. 结合反应

绝大多数外源化学物质在第一相反应中无论发生氧化、还原还是水解反应，最后必须进行结合反应排出体外。结合反应的类型不多，常见的葡萄糖醛酸结合、谷胱甘肽结合、硫酸结合和氨基酸结合等形式。

（1）葡萄糖醛酸结合。

葡萄糖醛酸结合（glucuronic acid conjugation reaction）是最重要的一种结合反应。葡萄糖醛酸的来源是尿苷二磷酸葡萄糖醛酸（UDPGA），在葡萄糖醛酸基转移酶的作用下与外来化学物质的羟基、氨基、羧基、巯基结合，生成 β – 葡萄糖醛酸苷（β – glucronide）。根据进行结合反应的外源化学物质结构及结合方式或部位不同，可分为 O – 葡萄糖醛酸结合、N – 葡萄糖醛酸结合和 S – 葡萄糖醛酸结合，统称葡萄糖醛酸化。

该结合反应在生物中很常见，也很重要。由于葡糖糖醛酸具有羧基及多个羟基，所以结合物呈现高度的水溶性，而有利于自体内排出。葡萄糖苷酸结合物的生成，可避免许多有机毒物对 RNA，DNA 等生物大分子的损伤，而起到解毒作用。但也有少数结合物的毒性比原有机物质更强。如与 2 – 巯基噻唑相比，其葡萄糖苷酸结合物的致癌性更强。

（2）谷胱甘肽结合。

在谷胱甘肽 S – 转移酶（GST）的催化下，环氧化物、卤代芳香烃、不饱和脂肪烃类及有毒金属等能与谷胱甘肽（GSH）结合而解毒，GSH 的结构如图 5.10 所示，反应生成谷胱甘肽结合物。GST 主要存在于肝、肾细胞的微粒体和胞液中。

溴化苯　　　环氧溴化苯　谷胱甘肽　　　　　溴化苯谷胱甘肽结合物

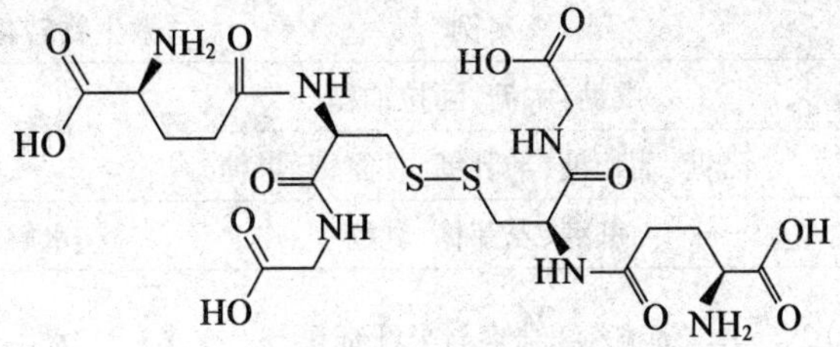

图 5.10　谷胱甘肽的结构

（3）硫酸结合。

外源化学物质及其代谢产物中的醇类、酚类和胺类化合物可以与硫酸结合生成硫酸酯。内源性硫酸来自含硫氨基酸的代谢产物，但必须先经三磷酸腺苷（ATP）活化，成为

3'-磷酸腺苷-5'-磷酸硫酸(PAPS),再在黄基转移酶的催化下与醇类、酚类或胺类结合为硫酸酯。苯酚与硫酸结合较为常见。

一般地,形成硫酸酯后的结合物极性增加,而容易排出体外,实际上起到解毒作用。但也有个别物质欲硫酸结合后毒性增加。虽然有较多的有机物质可与硫酸成脂,但是这一结合不如葡萄糖醛酸结合重要。

(4)氨基酸结合。

含有羧基的外源化学物质也可与氨基酸结合,反应的本质是胎式结合反应的氨基酸主要来自食物或衍生体的甘氨酸。如苯甲酸可与甘氨酸结合形成马尿酸而排出体外。

$$C_6H_5COOH + NH_2CH_2COOH \longrightarrow C_6H_5CONHCH_2COOH + H_2O$$
苯甲酸　　　甘氨酸　　　　　　马尿酸

5.4.3 耗氧性有机污染物的微生物降解

耗氧有机污染物质是生物残体、排放废水和废弃物中的糖类、脂肪和蛋白质等较易生物降解的有机物质。耗氧性有机污染物的微生物降解,广泛的发生于水体和土壤之中。其有氧分解的反应式可表示为

$$(CH_2O) + O_2 \xrightarrow{微生物} CO_2 + H_2O$$

对于某一水体,在有机物输入量少时,反应耗氧量不会超过水体中氧的补充量,则溶解氧(DO)始终保持在一定的水平上,这是主要进行有氧氧化,产物为 H_2O、CO_2、NO_3^-、SO_4^{2-} 等,此时,水体具有自净能力,经过一段时间的有机物分解,水体可恢复至初始状态。相反,在有机物大量输入时,水体中溶解氧迅速下降且来不及补充,充实有机物将变成缺氧分解,主要产物一般为 NH_3、CH_4、H_2S 等,这将会使水质进一步恶化。

1. 糖类的微生物降解

糖类通式为 $C_x(H_2O)_y$,分为单糖、二糖和多糖三类。它们的微生物降解基本途径及产物见表5.1。

表5.1　糖的类别以及微生物降解方式

类别	通式	实例	微生物转化方式	转化产物
单糖	$C_5H_{10}O_5$	戊糖:木糖、阿拉伯糖	酵解	丙酮酸
	$C_6H_{12}O_6$	己糖:葡萄糖、半乳糖、甘露糖、果糖		
二糖	$C_{12}H_{22}O_{11}$	蔗糖、麦芽糖、乳糖	水解	单糖
多糖	$(C_6H_{10}O_5)_n$	淀粉、纤维素与半纤维素	水解	二糖、单糖(以葡萄糖为主)

在表5.1中,酵解富氧是指单糖在微生物细胞内,不论是有氧氧化还是无氧氧化条件,都可经过相应的一系列酶促富氧形成丙酮酸。例如,葡萄糖酵解的总反应为

$$C_6H_{12}O_6 + 2NAD^+ \longrightarrow 2CH_3COCOOH + 2NADH + 2H^+$$

单糖酵解生成的丙酮酸,在有氧氧化条件下通过酶促富氧转化乙酰辅酶 A,总反应为

$$CH_3COCOOH + NAD^+ + CoASH \longrightarrow CH_3COSCoA + NADH + H^+ + CO_2$$

乙酰辅酶 A 与草酰乙酸经酶促反应,转变为柠檬酸,反应式为

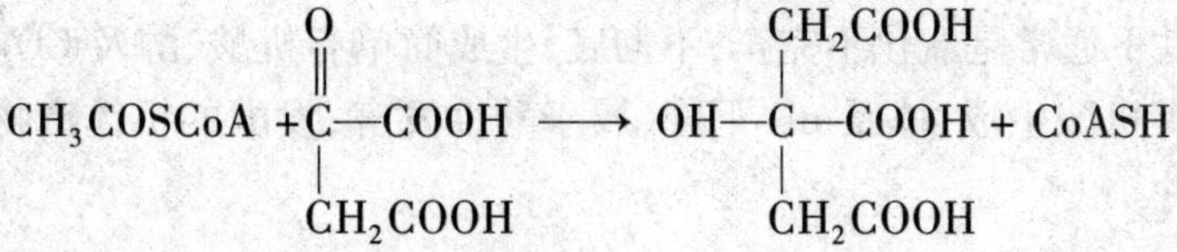

$$CH_3COSCoA + \underset{\underset{CH_2COOH}{|}}{\overset{\overset{O}{\|}}{C}}-COOH \longrightarrow OH-\underset{\underset{CH_2COOH}{|}}{\overset{\overset{CH_2COOH}{|}}{C}}-COOH + CoASH$$

柠檬酸通过图 5.11 的循环酶促反应的途径,形成草酰乙酸,与上述丙酮酸持续生成的乙酰辅酶 A 反应转化变成柠檬酸,再进行一轮循环转化。这种生物转换的循环途径称为三羧酸循环或柠檬酸循环,简称 TAC 循环。

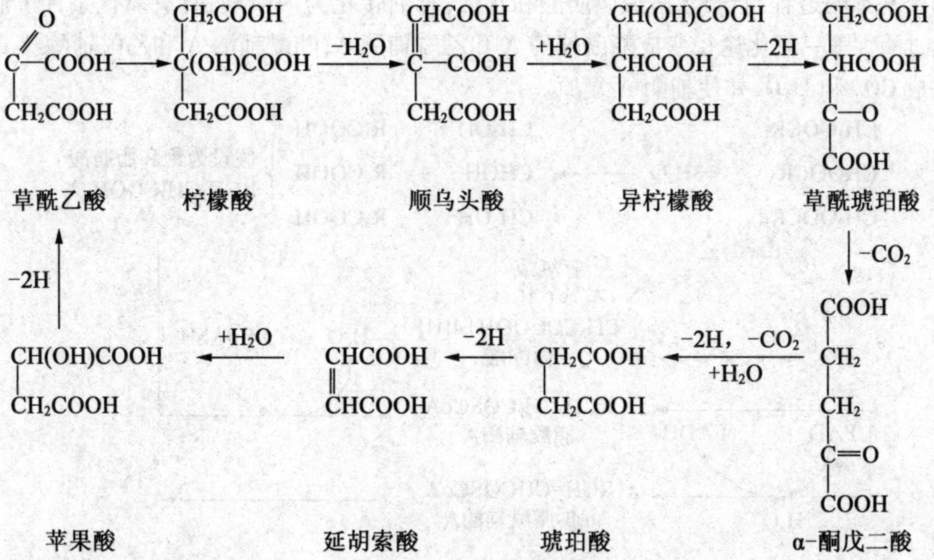

图 5.11 三羧酸循环

在上面 TAC 循环中氢的脱落,是由有氧氧化中氢传递过程完成的。由上可知,一分子丙酮酸经过一系列反应循环后,共脱羧(去 CO_2)3 次,脱氢 5 次(每次 2 个氢),与分子氧受氢体化合共生成 5 个水分子,而过程中其他转变所需净水分子数为 3。因此,丙酮酸受到完全氧化,总反应为

$$CH_3COCOOH + \frac{5}{2}O_2 \longrightarrow 2H_2O + 3CO_2$$

在无氧氧化条件下,丙酮酸通过酶促反应,往往以其本身作为受氢体还原为乳酸,或以其转化的中间产物作为受氢体,发生不完全氧化生成低级的有机酸、醇及 CO_2 等,反应如下:

$$CH_3COCOOH + 2[H] \xrightarrow[\text{乳酸菌}]{\text{厌氧}} CH_3CH(OH)COOH$$

$$CH_3COCOOH \longrightarrow CO_2 + CH_3CHO$$

$$CH_3CHO + 2[H] \longrightarrow CH_3CH_2OH$$

$$CH_3COCOOH + 2[H] \xrightarrow[\text{酵母菌}]{\text{兼性厌氧}} CO_2 + CH_3CH_2OH$$

综上,糖类通过微生物作用,在有氧氧化条件下被完全氧化为 CO_2 和水,降解彻底;在无氧氧化条件下通常是氧化不完全,不彻底,生成简单有机酸、醇及 CO_2 等。无氧氧化过程因由大量有机酸生成,体系 pH 下降,属于酸性发酵;发酵的机体产物取决于产酸菌种类和外界条件。

2. 脂肪的微生物降解

脂肪是由脂肪酸和甘油合成酯。常温呈固态的是酯,多来自动物;而呈液态的是油,多来自植物。微生物降解脂肪的基本途径如图 5.12 所示。在此脂肪降解过程中,共包括四个基本的过程:脂肪水解成脂肪酸和甘油;甘油转化为丙酮酸;有氧氧化条件下脂肪酸通过酶促 β - 氧化途径变成酯酰辅酶 A 和乙酰辅酶 A;酯酰辅酶 A 和乙酰辅酶 A 最终氧化成 CO_2 和 H_2O,并使辅酶 A 复原。

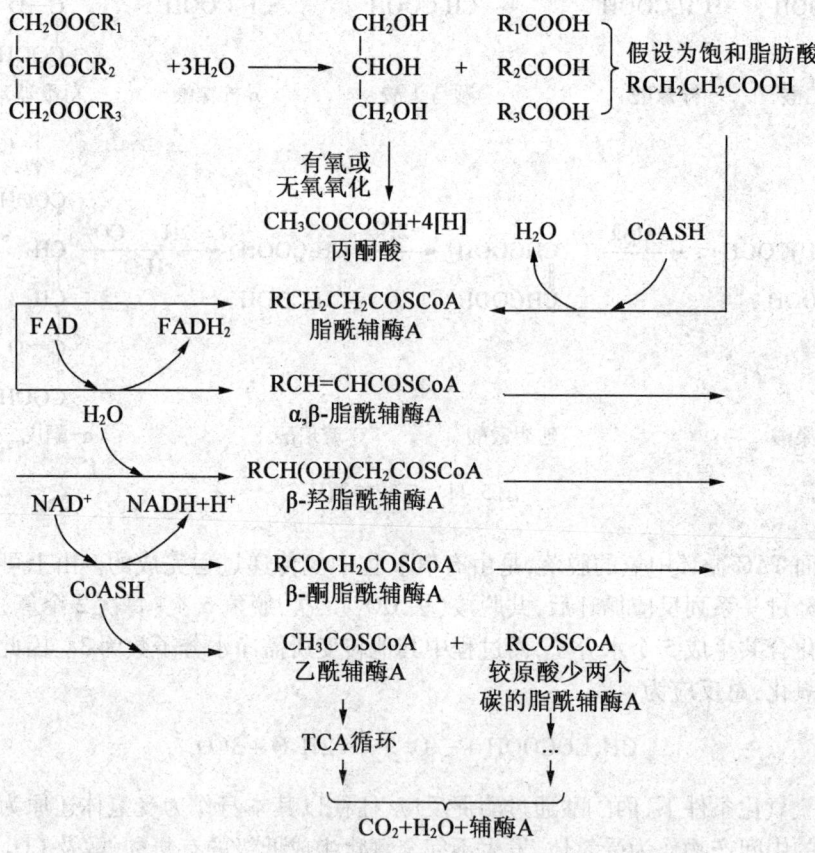

图 5.12 脂肪的微生物降解途径

此外,在无氧氧化条件下,脂肪酸通过酶促反应,往往以其转化的之间产物作为受氢体而被不完全氧化,转化为低级的有机酸醇和 CO_2 等。

　　综上,脂肪通过微生物作用,在有氧氧化条件下彻底降解,形成 CO_2 和 H_2O;而在无氧氧化条件下,常进行酸性发酵,形成简单有机酸、醇和 CO_2 等。

3. 蛋白质的微生物降解

　　蛋白质是一类由氨基酸通过肽键联合的大分子化合物,其中 α – 氨基酸有 20 多种。在蛋白质中,由一个氨基酸的羧酸与另一个氨基酸的氨基脱水形成的酰胺键(—CO—NH—),称为肽键。通过肽键,由两个、三个或三个以上氨基酸结合,依次称为二肽、三肽或多肽。多肽分子中氨基酸首尾相互衔接,形成大分子的长链,称为肽链。多肽与蛋白质的主要区别,不在于多肽相对分子质量(<1 000)小于蛋白质,而在于多肽中肽链没有一定的空间结构,蛋白质分子的长链卷曲折叠成多种不同形态,呈现各种特有的空间结构。

　　微生物降解蛋白质的基本途径如下:蛋白质由胞外水解酶催化水解形成氨基酸;氨基酸在有氧氧化及无氧氧化条件下,脱氨羧酸。这其中氨基酸脱羧形成脂肪酸的反应可以表示为

$$\underset{\underset{H}{|}}{\overset{\overset{NH_2}{|}}{R-C-COOH}} + H_2O \xrightarrow{\text{有氧氧化}} \underset{\underset{H}{|}}{\overset{\overset{OH}{|}}{R-C-COOH}} + NH_3$$

$$\underset{\underset{H}{|}}{\overset{\overset{NH_2}{|}}{R-C-COOH}} + O_2 \xrightarrow{\text{有氧氧化}} RCOOH + NH_3 + CO_2$$

$$\underset{\underset{H}{|}}{\overset{\overset{NH_2}{|}}{R-C-COOH}} + 2[H] \xrightarrow{\text{无氧氧化}} RCH_2COOH + NH_3$$

$$\underset{\underset{H}{|}}{\overset{\overset{NH_2}{|}}{RH_2C-C-COOH}} \xrightarrow{\text{无氧氧化}} RCH=CHCOOH + NH_3$$

　　上述各种脂肪酸继续转化,反应的最终产物如前所述。

　　综上,蛋白质通过微生物作用,在有氧氧化条件下可彻底降解,生成 CO_2、H_2O 和 NH_3 或 NH_4^+;而在无氧氧化条件下,通常酸性发酵,不彻底降解为简单有机酸、醇和 CO_2 等。值得注意的是,蛋白质中含有硫的氨基酸有半胱氨酸、脱氨酸和蛋氨酸,它们在有氧氧化条件下可形成硫酸,在无氧氧化条件下还有 H_2S 产生。

4. 甲烷发酵

　　如前所述,无氧氧化条件下糖类、脂肪和蛋白质都可在产酸菌的酸性发酵作用下不彻底降解为简单有机酸、醇等化合物。如果条件适宜,这些化合物继而在产氢菌和产乙酸菌作用下转化为乙酸、甲酸、H_2 和 CO_2,然后经产甲烷菌作用产生 CH_4。复杂有机物质降解的这一总过程,称为甲烷发酵或沼气发酵。在甲烷发酵中,一般以糖类的降解率和降解速率最高,脂肪次之,蛋白质最低。

产甲烷菌作用产生甲烷的主要途径可表示为

$$CH_3COOH \xrightarrow{\text{产甲烷菌}} CH_4 + CO_2$$

$$CO_2 + 4H_2 \xrightarrow{\text{产甲烷菌}} CH_4 + 2H_2O$$

应当指出,甲烷发酵需要满足各种菌所需的生存条件,它只能在适宜的环境条件下进行。

5.4.4 有毒有机污染物的微生物降解

微生物对环境有毒有机污染物的降解及转化过程的每一步都是由细胞产生的特定的酶所催化,所以生物体的酶的种类、化合物的结构特性和外界环境因素(氧和有机质含量、温度、pH、盐度等)对微生物降解有机物都存在一定的影响。有机物的生化转化一般都包含着一系列连续反应,转化途径多种多样,下面就典型的有机污染物的微生物降解途径加以介绍。

1. 烃类的微生物降解

(1)脂肪烃的微生物降解。

①烷烃。由于它们与自然界普遍存在的脂肪酸、植物蜡结构相似,环境中许多微生物都能利用直链烷烃作为唯一碳源和能源。甲烷降解途径一般认为是

$$CH_4 \longrightarrow CH_3OH \longrightarrow HCHO \longrightarrow HCOOH \longrightarrow CO_2 + H_2O$$

烃类微生物降解以有氧氧化占绝对优势。正烷烃的降解途径大致有三类:通过烷烃的末端氧化,或亚末端氧化,逐步生成醇、醛及脂肪酸,而后经 β - 氧化进入三羧酸(TAC)循环,并彻底被矿化称为 CO_2 和 H_2O(图 5.13)。

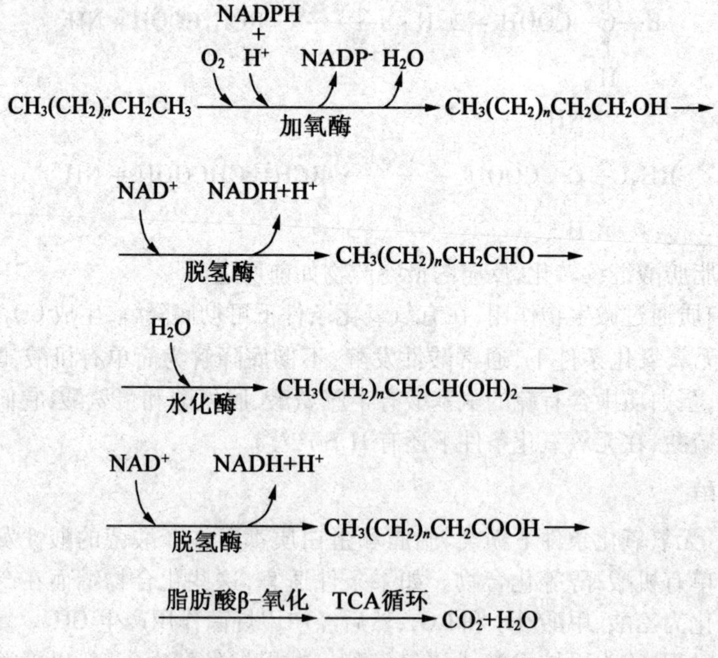

图 5.13 烷烃末端氧化降解过程

②烯烃。研究表明,烯烃和烷烃具有相当的生物降解速率。烯烃的微生物降解途径主要对末端或亚末端甲基的氧化攻击,攻击方式类似于烷烃,或者是攻击双键产生伯醇、仲醇和环氧化物。这些最初的产物又会被进一步氧化生成伯脂肪酸,像烷烃一样经 β -氧化被降解,进入 TAC 循环,并被降解成为 CO_2 和 H_2O(图 5.14)。

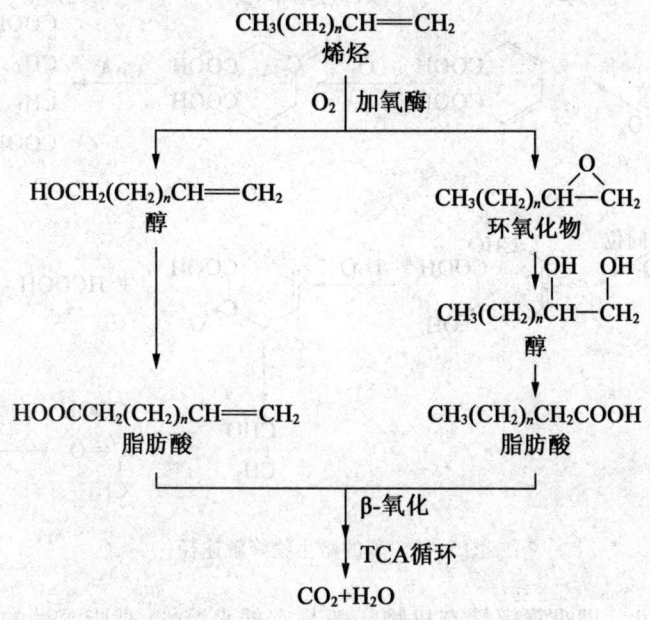

图 5.14　烯烃的微生物降解途径

(2)芳香烃的微生物降解。

研究表明,大量的真菌和细菌能够在各种环境条件下部分或完全转化成芳香烃化合物。在好氧条件下,普遍的初始转化是在加单氧酶和加双氧酶的催化作用下,芳香烃基化生成儿茶酚;然后在第二个加双氧酶的作用下,儿茶酚的环被打开,两个羟基之间打开为邻为途径;此后,进一步反应直至完全降解(图 5.15)。

萘、蒽、菲等二环和三环的芳香化合物,其生物降解先经过单加氧酶作用在内的若干步骤生成双酚化合物,再在双加氧酶的作用下逐一开环成侧链,然后转化成儿茶酚,再进一步矿化成 CO_2 和 H_2O。

一般来说,饱和脂肪烃和烯烃的降解性相当,中等链长的直链脂肪烃(链长为 10 ～ 18 个碳的直链烷烃)更容易被利用,烃的支链和卤素取代基会降低生物降解性。而芳烃较难生物降解,多环芳烃更难。

2. 难降解性有机污染物的微生物降解

难降解性有机污染物是指在一般自然环境下,不能被普遍微生物部分降解或完全降解,或者在任何环境条件下不能够足以快的速度降解以阻止自身环境累积的有机污染物。一般认为,难降解性有机物具有 4 个基本特性:

①长期残留性。即一旦被排放到环境中,它们难于被分解,因此可以在水体、土壤和底泥环境介质中存留数年或更长的时间。

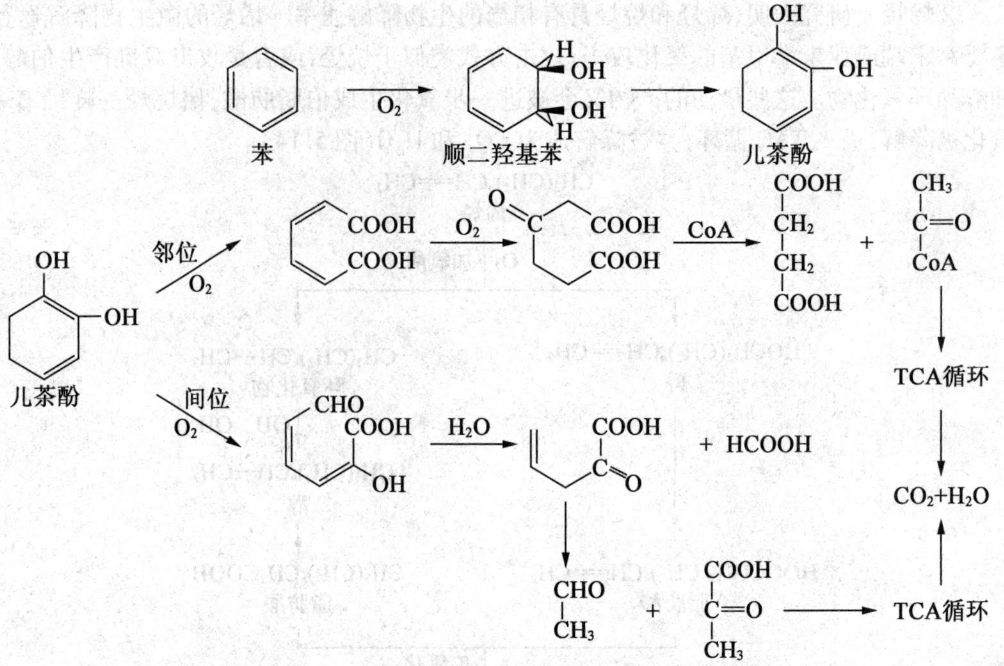

图 5.15　苯的微生物降解途径

②生物蓄积性。即难降解性有机物一般具有低水溶性、高脂溶性的特点,能够在生物脂肪中积蓄。

③半挥发性。很多难降解性有机物具有半挥发性,可以在大气环境中远距离迁移。

④高毒性。对人和动物一般具有毒性作用,有的可以导致生物体内分泌紊乱、生殖及免疫机能失调,有的甚至引起癌症等严重疾病。

难降解性有机污染物很多,例如有些多环芳烃、卤代烃、杂环类化合物、有机氯化物、农药等。下面介绍几种典型难降解性有机污染物的微生物降解过程。

(1)多环芳烃的微生物降解。

多环芳烃(PAHs)在环境中是一种极为稳定的难降解性物质,尽管如此,由于其在环境中分布的广泛性,经过适应和诱导产生了一些环境微生物,可以对 PAHs 进行代谢分解,甚至矿化,而且厌氧环境和好氧环境微生物都能降解 PAHs。

研究发现,在好氧环境中,微生物对 PAHs 的降解首先是产生加氧酶,并且 PAHs 的降解取决于微生物产生加氧酶的能力。一般而言,一种微生物所产生的加氧酶只适用与一种或几种 PAHs,所以环境中多种多样的 PAHs 必须依赖环境中多种微生物的共同参与。环境中的丝状菌一般产生单加氧酶,该酶间单个氧原子加到多环芳烃化合物中,形成一种新的羟基化合物,这是 PAHs 降解第一步,也是很重要的一步。细菌类主要产生双加氧酶,双加氧酶将两个氧原子加入到多环芳烃化合物分子中,生成双氧乙烷,进一步氧化生成双氢乙醇,再被继续氧化形成儿茶酚和龙胆酸。

PAHs 在环境中的降解速率主要受第一步加氧酶活性的控制。PAHs 降解至苯环开裂时所产生的降解产物一部分被用来合成微生物自身的生物量,并产生 CO_2 和 H_2O 等,

图 5.16 是土壤中假单胞杆菌对菲的降解途径。

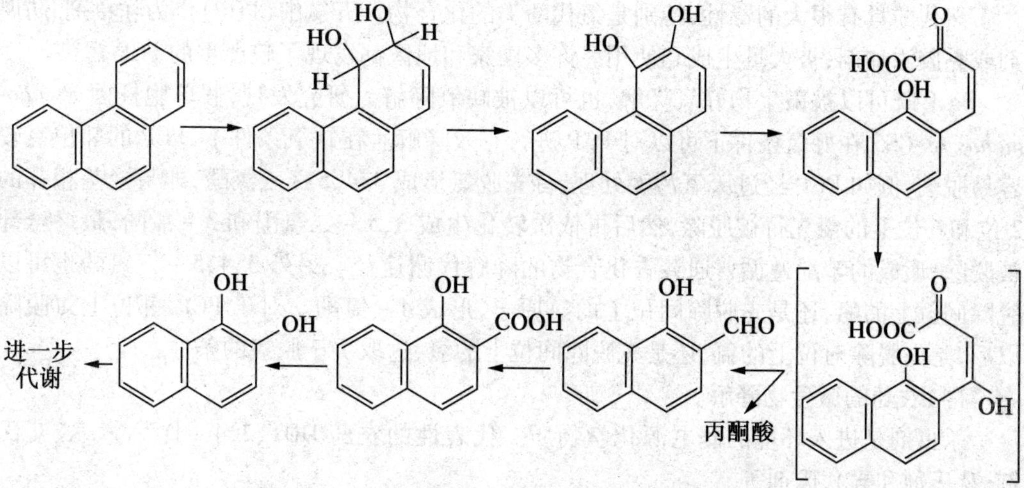

图 5.16   土壤中假单胞杆菌对菲的微生物降解途径

以上是好氧环境中微生物对 PAHs 的降解。此外,在还原型环境中,同样存在多环芳烃化合物的降解。在反硝化条件下,以硝酸盐作为电子受体。而在硫酸盐还原条件下,以硫酸盐作为电子受体,可降解萘、菲和一些蒽的同系物等。

(2)多氯联苯的微生物降解。

多氯联苯(PCBs)性质稳定,可降解 PCBs 的微生物不多。在自然条件或人工实验条件下,PCBs 的生物降解过程大多是共代谢,这表明环境的复杂性环境基质的异质性和环境微生物的多样性,是降解 PCBs 类化合物的重要基础。

PCBs 分子中含氯较多,越难生物降解。生物降解卤代化合物时,先进行还原脱卤,PCBs 分子中含氯越多,需要经过的脱氯过程越多。分子中含氯原子越多,脱氯的难度越多。研究 PCBs 混合物发现,混合 PCBs 含氯量在 42% 以下时可在 48 h 内经生物降解而明显减少,而含氯量达 54% 时,PCBs 几乎不被生物降解。图 5.17 显示了 PCBs 在环境中的一种微生物降解途径。

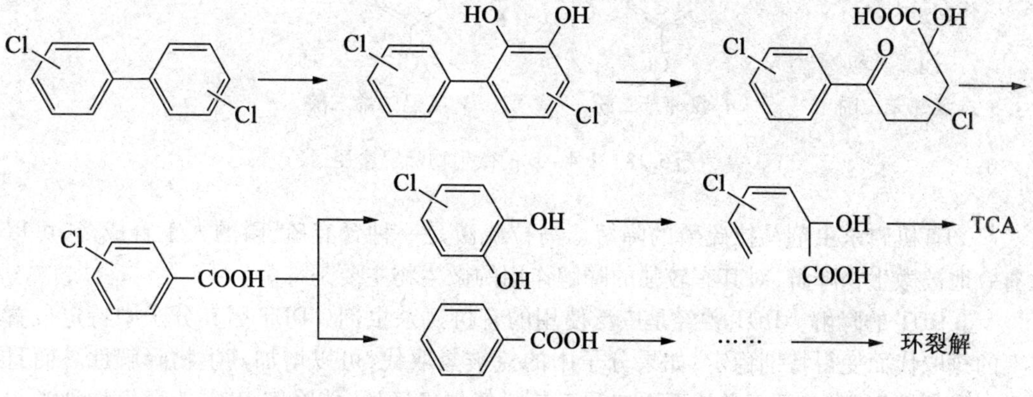

图 5.17   PCBs 在环境中的一种微生物降解途径

（3）五氯酚的微生物降解。

卤代酚具有很大的毒性，特别是氯代酚类的化合物。五氯酚（PCP）作为除草剂、防腐剂或黏胶添加剂，被大量生成和使用。许多国家和地区都发现了较严重的 PCP 污染。

PCP 既可以被微生物好氧降解，也可以被缺氧降解。研究发现，假单胞杆菌 *Pseudomonas sp.* CS5 在好氧条件下可以对 PCP 进行有效降解。在缺氧条件下，PCP 的邻位氯较容易脱去，例如 PCP 经过厌氧污泥处理，首先脱氯形成 3,4,5 - 三氯酚，即与羟基相邻的 2 位和 6 位上的氯先行被脱除，然后再依次转化生成 3,5 - 二氯酚和 3 - 氯酚，最终全部被脱除，形成的苯酚遵循普通芳香化合物的降解代谢途径。另外 3,4,5 - 三氯酚也可以脱除间位上的氯，还是先脱除间位上的氯原子，形成 4 - 氯酚。对于 PCP，邻位上氯脱除以后，是先脱除对位上的氯，还是先脱除间位上的氯，这取决于脱氯的条件。

（4）农药的微生物降解。

杀虫剂是进入环境的非电源化学物质。代表性的农药 DDT、2,4 - D、六六六、艾氏剂、狄氏剂和异狄氏剂等。

①氯代苯氧基乙酸的降解。2,4 - D 这类氯代苯氧型化合物被释放到环境中已有 40 多年，在农业上可以做除草剂，杀灭阔叶双子叶杂草，它能被生物降解。作用较强的微生物有无色杆菌属、假单胞细菌等一些细菌和曲霉属中的一些真菌等，其过程如图 5.18 所示。

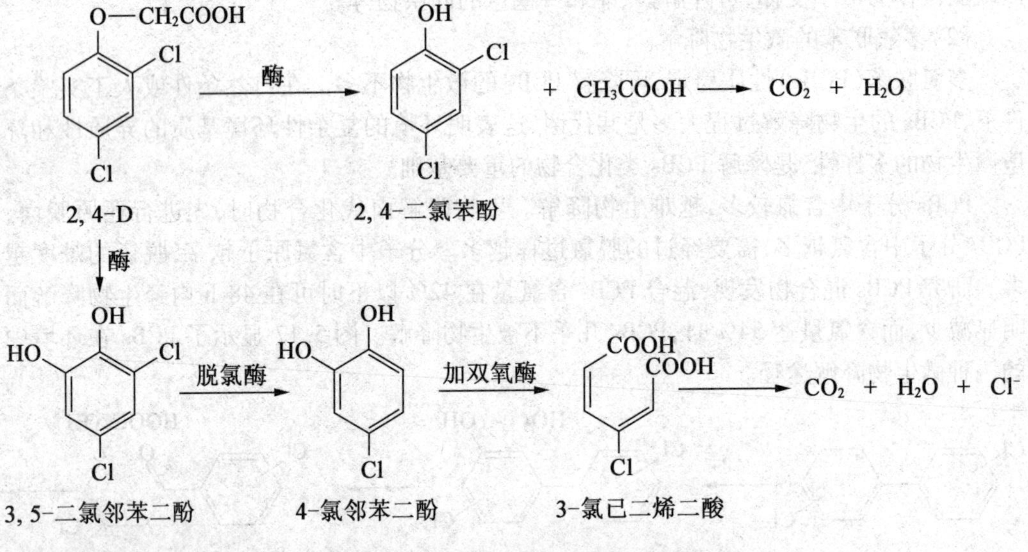

图 5.18 2,4 - D 的微生物降解途径

②有机磷杀虫剂马拉硫磷的降解。马拉硫磷是一种含有硫、磷的人工合成药，可以有效地被微生物降解，对其有较强的降解作用的微生物主要是霉菌。

③DDT 的降解。DDT 曾经是广泛使用的有机氯杀虫剂。DDT 因其分子中特定位置上的氯取代而变得特别稳定，如果分子中的氯被氢取代，可以增加其生物降解性。而且和有氧条件相比，在无氧条件下更有利于其脱氯加氢还原，能降解 DDT 的微生物种类很多，已知的细菌有 12 属，放线菌有 1 属，真菌有 2 属。

5.4.5 氮、硫和金属元素的生物甲基化

1. 氮的微生物转化

氮元素在整个生物界中处于重要的地位,自然界中的氮元素存在形式主要有三种:①空气中的分子氮。②生物体内的蛋白质、核酸以及生物体残体变成的有机氮化合物。③铵盐、亚硝酸盐、硝酸盐等无机氮化合物。在生物体的协同作用下,三种形式的氮互相转化,构成氮循环。其中,微生物在转化过程中起着重要作用。主要的微生物转化是固氮、硝化、反硝化、同化、氨化作用,氮的整个微生物转化过程如图5.19所示。

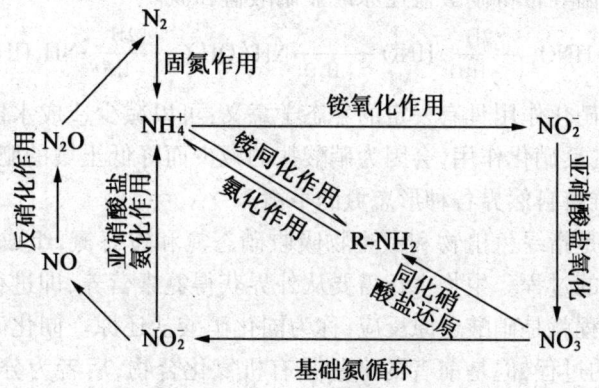

图5.19 氮的整个微生物转化过程

生物固氮是指分子氮通过固氮微生物固氮酶系的催化而形成氨的过程。此时,氨不释放到环境中,而是继续在机体内转化,进一步组成蛋白质等。在陆地环境中,好氧根瘤菌是最主要的可以起到固氮作用的微生物;在土壤中,以自身固氮菌为主,如固氮菌属、红假单细胞属等;在水环境中,蓝细菌如鱼腥藻和念球藻是最主要的固氮菌。细菌的固氮作用需要消耗大量的 ATP 能量和还原性辅酶;在叶子表面和根际中所进行的固氮具有重要的生态意义,因为合成的氨可以直接供给植物进行合成有机氮化合物。

$$3\{CH_2O\} + 2N_2 + 3H_2O + 4H^+ \longrightarrow 3CO_2 + 4NH_4^+$$

硝化作用(nitrification)是微生物将氨转化为硝酸盐和亚硝酸盐的过程。硝化过程是一个大量耗氧的过程。氨被微生物氧化为 NO_3^- 的过程是 NH_4^+ 中氮被氧化为 NO_3^-,氢被还原为水的过程。

$$2NH_3 + 3O_2 \longrightarrow 2H^+ + 2NO_2^- + 2H_2O + 能量$$
$$2NO_2^- + O_2 \longrightarrow 2NO_3^- + 能量$$

上式分别由亚硝化单细胞菌属和硝化杆菌属引起。硝化作用是两步产能反应,产生的能量用来固定 CO_2。硝化作用最适合 pH 为 6.6~8.0,在 pH <6.0 的环境中,硝化速率下降,pH <4.5,硝化作用完全被抑制。

反硝化作用是指硝酸盐在通气不良的条件下,通过微生物作用而还原成氮气的过程,主要有以下三种情况:

①包括细菌、真菌、放线菌在内的多种微生物,能将硝酸盐还原成亚硝酸盐:

$$HNO_3 + 2H \longrightarrow HNO_2 + H_2O$$

②兼性厌氧假单胞菌种属、色杆菌属等能使硝酸盐还原成氮气。

$$2HNO_3 \xrightarrow[-2H_2O]{4H} 2HNO_2 \xrightarrow[-2H_2O]{4H} 2HNO \left\{ \begin{array}{l} \xrightarrow[-2H_2O]{2H} N_2 \\ \xrightarrow{2H \quad -H_2O} \\ \xrightarrow[-H_2O]{} N_2O \end{array} \right.$$

③梭状芽孢杆菌等常将硝酸盐还原成亚硝酸盐和氮。

$$HNO_3 \xrightarrow[-H_2O]{2H} HNO_2 \xrightarrow[-H_2O]{2H} HNO \xrightarrow[-H_2O]{} NH(OH)_2 \xrightarrow[-H_2O]{2H} NH_2OH \xrightarrow{2H} NH_3$$

在生物圈内反硝化作用具有一定的生态学意义:可以减少造成水体富营养化的氮化合物;土壤中发生的反硝化作用,会因为硝酸盐的减少而降低土壤的肥力;保持大气中分子氮含量的稳定,维持自然界各种形态氮的平衡。

氮的同化作用是指绿色植物和微生物吸收硝态氮和铵态氮,组成机体中的蛋白质、核酸等含氮有机物的过程。生物生长需要从外界获得氮素营养,即进行同化作用。硝酸盐氮微生物利用过程就是硝酸还原反应,称为同化硝酸盐还原。同化硝酸盐还原和反硝化都是还原 NO_3^- 的过程,但是前者的产物是有机氮化合物,后者为分子氮;所需要的环境也不完全相同,前者在有氧和无氧环境中都能进行,后者只能在无氧环境中进行;起作用的酶系也不同。

2. 硫的微生物转化

硫是生命所必需的元素。在环境中硫的存在形态有单质硫、无机硫化合物和有机硫化合物三种。有机硫化合物包括含硫的氨基酸、磺胺酸等。这些硫可以在微生物的作用下互相转化,构成硫循环,如图5.20所示。

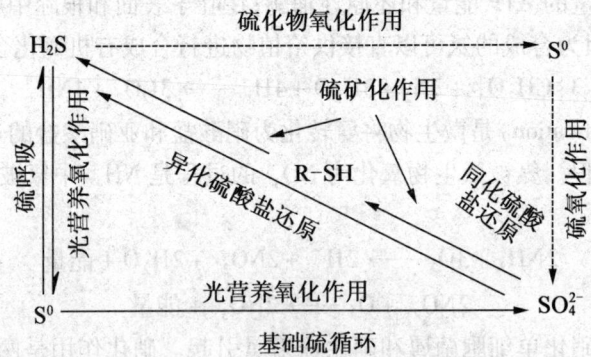

图 5.20 硫的微生物转化

能氧化还原硫化合物的微生物主要是光能自养菌和化能自养菌。能氧化单质硫的光能自养菌主要是氯硫菌科和着色菌科的微生物,它们都能利用光能作为能源,以硫化氢(H_2S)作为供氢体还原 CO_2 生成有机物和元素硫。这些生物在硫转化中是很重要的,可以有效地阻止硫化物进入大气或者以金属硫化物的形式生成沉淀。

$$CO_2 + 2H_2S \xrightarrow{\text{光}} [CH_2O] + 2S^0 + H_2O$$

化能自养生物大部分都能将硫化氢氧化成单质硫,单质硫沉积在细胞中。如丝硫菌属能氧化 H_2S,当环境中缺少 H_2S 时,就将元素硫氧化为硫酸盐,从而获得能量,反应如下:

$$2H_2S + O_2 \longrightarrow 2H_2O + 2S^0 + \text{能量}$$

$$2S^0 + 3O_2 + 2H_2O \longrightarrow 2H_2SO_4 + \text{能量}$$

硫化氢和单质硫在微生物作用下进行氧化,最后生成硫酸的过程称为硫化。

土壤中无机硫主要溶解形式是硫酸盐。同化硫酸盐还原就是微生物利用硫酸盐合成含硫系物质(R—SH)的过程。异化硫酸盐还原是在厌氧的条件下,硫酸盐被微生物还原为 H_2S 的过程。异化硫酸盐还原菌一般是能进行无氧氧化呼吸的异养菌,如脱硫弧菌。

硫酸盐和亚硫酸盐在微生物作用下还原,最后生成 H_2S 的过程称为反硫化。

3. 金属元素的生物甲基化

金属的生物甲基化(biological methylation of metals)是指通过生物的作用,生成带有甲基的挥发性的有机金属化合物的过程。生物甲基化可以改变金属的物理和化学性质,对环境中金属的归宿及其对生物的影响有重要的作用。甲基化可以使金属更容易挥发,脂溶性高。脂溶性增加的结果使得甲基化金属不易被排泄,这样就容易在生物体内积累而引起中毒。汞、砷、铅和硒等元素,都能发生甲基化作用。

汞是环境中最普遍的金属污染物之一。微生物能在好氧和缺氧条件下利用机体内的甲基钴氨蛋氨酸转移酶将汞甲基化。该酶的辅酶是甲基钴氨酸(CH_3CoB_{12}),属于含三价钴离子的一种钴啉衍生物。其中钴离子位于 4 个氢化吡咯相继连接成的钴啉环中心。它有 6 个配位体,及钴啉环上的 4 个氮原子,咕啉 D 环支链上二甲基苯并咪唑(Bz)的一个氮原子和一个负甲基离子。

汞的生物甲基化途径如图 5.21 所示,辅酶把负甲基离子传递给汞离子形成甲基汞(CH_3Hg^+),本身变为水合钴氨素。水合钴氨素中的钴被辅酶 $FADH_2$ 还原,并失去水而转变为 5 个氮配位的一个钴氨素。最后,辅酶甲基四叶氢酸将正甲基离子转移给五配位钴氨素,并从一价钴上得到两个电子,以负甲基离子与之络合,完成甲基钴氨素的再生,使汞的甲基化能够继续进行。在上述过程中,若以甲基钴取代汞离子的位置,便可以形成二甲基汞(($CH_3)_2Hg$)。二甲基汞的生成速率比甲基汞的生成速率约慢 6 000 倍,二甲基汞化合物挥发性很大,容易从水体逸至大气。在缺氧条件下,甲基化使得快的度。环境中汞的微生物转化过程如图 5.22 所示。

多种厌氧微生物(如甲烷菌等)以及好氧微生物(如荧光假单胞菌等)都具有生成甲基汞的能力。在水体中还存在一类抗汞微生物,能使甲基汞或无机化合物变成金属汞,这是微生物以还原作用转化汞的途径,如:

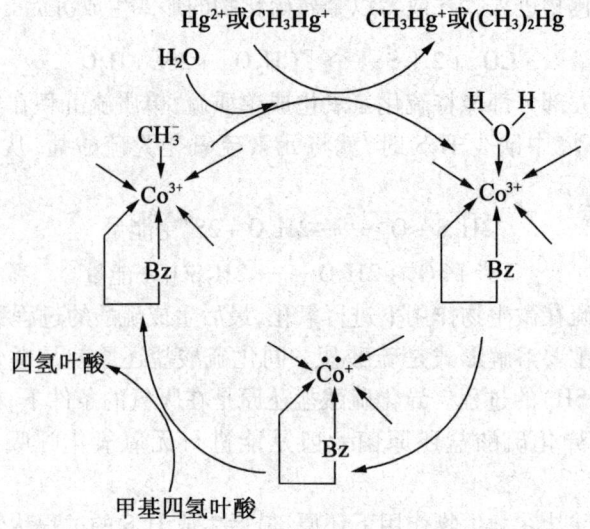

图 5.21　汞的生物甲基化途径

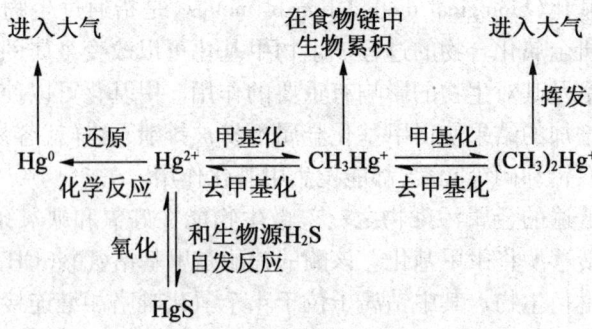

图 5.22　环境中汞的微生物转化过程

$$CH_3HgCl + 2H \longrightarrow Hg + CH_4 + HCl$$
$$(CH_3)_2Hg + 2H \longrightarrow Hg + 2CH_4$$
$$HgCl_2 + 2H \longrightarrow Hg + 2HCl$$

式中反应方向与汞的生物甲基汞的生物甲基化相反,故又称为汞的生物区甲基化。常见的抗汞微生物是甲基单胞菌。

　　甲基汞容易被活生物体吸收,在鱼类和贝类生物体积累较高水平。吃了受汞污染的鱼类和贝类,汞就会转移到食用者的体内。如果长期食用这种鱼类,汞就会逐渐积累至毒水平。1953～1961 年,在日本流行的水俣病就是甲基汞中毒。其他金属如硒和铅在环境中经过甲基化形成亲油性的有机金属化合物,和汞一样,也能在食物链中发生生物积累现象。然后某些金属的甲基化可能是一种解毒基质,例如砷甲基化生成甲基砷,毒性更小、反应性更弱、更容易从体内排泄出来。

5.5 污染物质的毒性

大多数环境污染物都是毒物。毒物是进入生物机体后能使体液和组织发生生物化学变化,干扰和破坏机体的正常生理功能,并引起暂时性或永久性的病理损害,甚至危及生命的物质。毒物的种类按作用于机体的主要部位,可分为作用于神经系统、造血系统、心血管系统、呼吸系统、肝、肾、眼、皮肤的毒物等;根据作用性质,毒物可分为刺激性、腐蚀性、窒息性、致突变、致癌、致畸致敏的毒物等。

5.5.1 污染物质的毒性及分类

按污染物进入机体的途径可将生物毒性分为经口毒性、经皮毒性、呼吸毒性等;按毒性发作的缓急轻重又可分为急性毒性、慢性毒性和亚急性毒性三类。急性毒性是一次性或 24 h 内多次作用于人或动物所引起的机体损伤作用,其作用强弱常用半数致死剂量或半数致死浓度等的数值大小来衡量。慢性毒性是在人或动物全生命期内持续作用于机体所引起的机体损伤作用,这种特性的特点是小剂量、多次摄入、作用持续时间长、引起损伤缓慢细微且易呈耐受性,并有可能通过遗传贻害后代。致癌性、致畸性、致突变性等作用大体可归入慢性毒性类。由环境激素类污染物导致生殖功能畸变的作用也可归纳如此类毒性。亚急性毒性介入以上两类毒性之间。

半数致死剂量(LD_{50}):在一定时间内引起受试生物群体半数个体死亡的毒物剂量为半数致死剂量,半数致死剂量也是指进入受试生物体内的剂量。其分子为毒物的量,分母为受试生物体的质量,单位为 mg/kg。

半数致死浓度(LC_{50}):在一定的观察时间内,试验生物群体死亡一半的浓度为半数致死浓度。例如,48 h LC_{50} = 2 mg/L 表示在 48 h 试验生物死亡 50% 的浓度为 2 mg/L。半数致死浓度时急性毒性试验中最常用的参数。原因就是,如果使用最低致死浓度或最高致死浓度作为参数在实验中个别动物特别耐毒或特别敏感的情形,会对观测结果产生很大影响,而用半数致死浓度作为参数,即使出现上述情形,结果也不会又很大变化。显然,LC_{50} 的值越低,毒物的毒性越大。

5.5.2 毒物的联合作用

在实际环境中往往同时存在多种化学污染物,它们会通过不同的途径进入生物体并产生一定毒性作用,这种毒性往往不是一种化合物单独作用的结果而是多种化合物共同作用的结果。两种或两种以上的毒物,同时作用于机体所产生的综合毒性称为毒物的联合作用。联合作用有独立作用、协同作用、拮抗作用、相加作用等。

1. 独立作用

两种或两种以上化合物作用于机体,各自的作用方式、途径、受体和部位不同,彼此互无影响,各化学物质所致的生物学效应表现为各个化学物质本身的毒性效应,称为独立作用(independent action)。如苯巴比妥和二甲苯的二元混合物,如果以死亡率作为毒性指标,则二者为独立作用。

2. 相加作用

相加作用指多种外源化学物质产生的综合生物学效应是各种化学物质分别产生的生物学效应总和。如按比例将一种化学物质用另一种化学物质代替,混合物作用的效应并无改变。产生相加作用(additive action)的机理,可能在于外源化学物质的化学结构比较近似或者是拥有相同的靶器官或靶组织,或者产生的生物学效应的性质类似。

独立作用和相加作用往往很难区分。例如,乙醇与氯乙烯的联合作用使肝脂质过氧化作用增加,呈明确的相加作用。但基于亚细胞水平的研究发现,乙醇引起的线粒体基质过氧化,而氯乙烯引起微粒体脂质过氧化,彼此无明显影响,为独立作用。

3. 协同作用

两种或两种以上的化学物质同时作于机体所产生的综合生物学效应大于它们单独引起的生物学效应的总和,即为化学物质的协同作用(synergistic action)。如马拉硫磷与本黄磷的协同作用,四氯化碳与乙醇协同作用等。产生协同作用的机理的作用可能是由于一种外源化学物质可以促进另一种外源化学物质的吸收或者使其生物转化趋向于形成毒性更高的毒性物。

4. 拮抗作用

两种化学物质同时作于与机体时,其中一种化学物质可以干扰另一种化学物质的生物学效应,或两种化学物质间相互干扰,使两者的综合毒性效应低于各自单独作用的效应总和,称为拮抗作用(antagonistic action)。拮抗作用的机理很复杂,可能是各种化学物质作用相同的系统、受体或酶之间发生竞争,例如,阿托品与有机磷化合物之间的拮抗性是生理性拮抗,而使毒性降低。

如果各个化学物质对机体作用的途径、方式、部位及其机理类似,并且各个化学物质对机体的毒性作用不影响,则这种联合作用为简单相似作用;如果各个化学物质对机体作用的途径、方式、部位及其机理类似,而且各个化学物质对机体的毒性作用互相有影响,则对种联合作用为复杂相似作用;如果化学物质对机体作用的途径、方式、部位及其机理不同,而且各个化学物质对机体的毒性作用不互相影响,则这种联合作用为独立作用;若果化学物质对机体作用的途径、方式、部位及其机理各不相同,并且各个化学物质对机体的毒性作用互相影响,则这种联合作用为依赖作用。

5.5.3 毒性作用的生物学化学机制

外源化学物质的毒性作用机理是多方面的并且非常复杂,理解各种化合物的毒性作用机理,不论对其毒性的全面评价,还是对其毒性作用的有效防治都具有重要的意义。一般来说,化合物可与化学成分结合,主要有脂质、蛋白质和核酸,也可以改变生物大分子结构的功能。毒物的毒性作用,会在分子、细胞、亚细胞以及生物个体等不同水平层次上表现出多种效应。观察指标水平的不同,毒物在生物体内的作用机理亦不同。

1. 影响酶活性

酶有机体的生命活动过程中起着重要的作用。毒物在进入生物体后,一方面在酶的催化作用下进行代谢转化,另一方面也可以干扰酶的正常作用,可能导致对有机体的损害。在对酶的活性影响作用下,最常见的是对酶的抑制。

(1)干扰正常受体－配体的相互作用。

受体(receptor)是许多组织成分的大分子,与化学物质即配体(ligand)相结合形成受体－配体复合物,能产生一定的生物效应。许多外源化学物质尤其是某种神经毒物的毒性作用与其干扰正常受体－配体相互作用的能力有关。例如,有机磷农药可以与胆碱酯酶发生共价结合,从而抑制其活性,导致乙酰胆碱的积累,后者与毒碱型胆碱受体结合,将使神经过分刺激,而引起机体痉挛、瘫痪等一系列神经中毒病症,甚至死亡。

(2)干扰细胞内钙稳定。

正常情况下,细胞内钙浓度较低($10^{-7} \sim 10^{-8}$ mol/L),细胞外浓度较高(10^{-3} mol/L),内外浓度相差 $10^{-3} \sim 10^{-4}$ 倍。钙离子作为细胞的第二信使,在调节细胞内功能各方面起着关键的作用。外源化学物质通过干扰细胞内的钙稳态而引起细胞损伤和死亡。各种细胞毒物如硝基酚、醌、过氧化物、醛类、二噁英类和 Cd^{2+}、Pb^{2+}、Hg^{2+} 等金属离子均能干扰细胞内钙稳态。例如,非生理性地增加细胞内钙浓度可激活磷脂酶而促进膜磷脂分解,引起细胞损伤和死亡。

2. 细胞膜损伤

细胞膜在物质运转、能量转化、物质代谢、细胞识别以及信息传递等过程中起着重要的作用。许多外源化学物质可以作用于细胞膜,引起细胞膜的结构和功能的改变。例如,四氯化碳可以引起大鼠细胞膜磷脂和胆固醇含量下降;还有一些物质还影响膜上某些酶的活性,如 Pb^{2+}、Cd^{2+} 可以与 Ca^{2+}－ATP 酶上的硫基结合,使其活性受抑制;DDT 等高脂溶性物质也可以与膜脂相容而改变膜的通透性。

3. 干扰细胞能量的产生

生命活动所需要的能量来源于有机体内糖类和脂肪的生物氧化,产生的能量以三磷酸腺苷(ATP)的形式储存起来,为各种生命活动提供能量,这种氧化磷酸化的过程又产物细胞呼吸。有些外源化学物质可以干扰糖类的氧化,使细胞不能产生 ATP。例如,氰化物、硫化氢和叠氮化钠与细胞色素氧化酶的 Fe^{3+} 结合,使其失去传递电子的功能,导致呼吸链中断,氧不能被利用,出现细胞内窒息;有些外源化学物质,如硝基酚类、氯化联苯等,可以使氧化磷酸化解偶联,导致糖类产生的能量不能以 ATP 的形式存储。

4. 与生物大分子的共价结合

化学物质及其活性代谢产物会与有机体的一些重要大分子发生共价结合,从而改变核酸、蛋白质、酶、膜脂质等生物大分子的化学结构与其生物学功能。化学物质与细胞内的大分子之间通过共价键形成的加合物,使外源化学物质或其代谢物嵌入到生物大分子中而成为其中的组分,一般的生物化学或化学方法不能使其解离。如直接烷化剂和二亚硫酸钠等可与核酸发生共价结合,产生 DNA 损伤。

5.5.4　污染物的"三致作用"

一些环境污染具有使人或动物致突变、致癌和致畸性的作用,统称"三致作用"。

1. 致突变作用

突变(mutation)是指生物体内的遗传物质 DNA 的改变而引起的遗传特性改变的过程。致突变作用可以自然方式称为自发突变;突变也可以人为地或受各种因素诱发产生,称为诱发突变。环境中存在的诱发突变的因素多种多样,包括化学因素、物理因素(如电离辐射、紫外线)、生物因素(如病毒)。能引起致突变作用的物质称为化学诱变剂(chemical mutagen)。环境中常见的诱变剂有亚硝胺类、苯并[a]芘、甲醛、苯、砷、铅、烷基汞化合物、甲基对硫磷、敌敌畏以及黄曲霉素 B_1 等。

突变的类型可以分为基因突变和染色体突变。

①基因突变(gene mutation)是指基因中 DNA 排列顺序发生改变。它包含碱基对的转换、颠换、插入和缺失四种类型。

②染色体突变(chromsoomal mutation)也称染色体畸变,是指染色体结构或数目的改变。

染色体突变属于细胞水平的变化,一般可以通过光学显微镜直接观察。染色体结构改变的基础是 DNA 断裂,能把引起染色体畸变的因素称为断裂剂(clastogen)。任何断裂剂产生的染色单体畸变,都将在下一次细胞分裂时演变为染色体畸变。染色体数目的改变,也称为染色体数目畸变。

引起基因突变和染色体突变的靶主要是 DNA。其中 DNA 损伤的分子机理如下:

①共价键结合成加合物。多芳香类化合物经过代谢活化后形成亲电子基团,可以与 DNA 上的亲核中心形成加合物。如苯并[a]芘的活化形式 7,8 – 二氢二醇 – 9,10 – 环氧化物,为亲电子剂可以与 DNA 发送共价结合形成加合物分子,从而诱发突变并最终产生致癌作用。烷化剂可以使碱基发生烷化,导致碱基置换突变;也可能导致碱基与脱氧核糖结合力下降,引起脱嘌呤、嘧啶作用,最终导致移码突变、DNA 链断裂等。

②碱基类似物的取代。有一些环境污染物与 DNA 分子中的四种天然碱基的结构非常的相似,称之为碱基类似物。这些化学物质可以在 DNA 合成器与碱基竞争,取代其位置。

③改变碱基的结构。某些诱变剂可以与碱基发生相互作用,如亚硝酸可以使胞嘧啶、腺嘌呤氧化脱氨基形成新的碱基使配对关系发生变化,引起 DNA 突变。

④大分子嵌入 DNA 链。一些具有平面结构的化学物质能够以非共价结合的方式嵌入核苷酸链之间或碱基之间,干扰 DNA 复制酶或修复酶,引起碱基对的增加或缺失,导致移码突变。

2. 致癌作用

致癌作用(carcinogenesis)是指正常细胞发生恶性转变并发展成癌细胞的过程。环境致癌因素包括物理因素(电离因素等)、生物因素(病毒等)和化学因素。能够诱发人或动物患癌症的化学物质称为致癌物(carcinogen)。

按照对任何动物的致癌作用,致癌物可分为确证致癌物、可以致癌物和潜在致癌物。

确证致癌物是经人群流行病调查和动物实验均已确定有致癌作用的化学物质。可疑致癌物是已确定对实验动物有致癌作用,而对人致癌性地证据尚不充分的化学物质。潜在致癌物是对实验动物致癌,但无任何资料表明对人有致癌作用的化学物质。

根据致癌作用机制,致癌物又可分为遗传性致癌物和非遗传性致癌物。遗传性致癌物包括直接致癌物和间接致癌物。直接致癌物能够与直接与 DNA 分子共价结合形成加合物。这类物质大多是合成的有机物,包括内酯类和和活性卤代烃类。间接致癌物,也称前致癌物,本身没有致癌性,需要经过生物的代谢转化才有致癌活性。主要有多环或杂环芳烃,如苯并[a]芘、苯并[a]蒽;单环芳香胺,如邻甲苯胺、邻茴香胺。

非遗传性致癌物不与 DNA 发生化学反应。主要包括促癌剂和固定致癌物。促癌剂虽然单独不具有致癌毒性,但可使已经癌变细胞不断增殖而形成瘤块。如 DDT、氯丹、丁羟基甲苯、乙烯雌酚等。固体致癌物,如石棉,它的纤维状结构是其致癌原因,经试验发现其他纤维如玻璃纤维,也可以产生同样的效应。

3. 致畸作用

人或动物在胚胎发育过程中由于各种原因所形成的形态结构异常称为先天性畸形(malformation)或畸胎。遗传因素、化学因素、物理因素(如电离辐射等)、生物因素、母体营养缺乏或内分泌障碍等都可能引起先天性畸形,称为致畸作用(teratogenesis)。20 世纪 60 年代以前,化学物质的致畸作用未被人们注意。20 世纪 60 年代初,西欧和日本突然出现不少畸形新生儿。后经流行病学调查证实,主要是孕妇在怀孕后第 30 ~ 50 d,服用镇静剂"反应停"所致,这种药就具有致畸作用。目前已经确认的致畸物有甲基汞和某些病毒等。

关于致畸作用的机理,一般认为有以下几个方面:

①环境污染物作用于生殖细胞的 DNA,使之发生突变,导致先天性畸形。

②生殖细胞在分裂过程中出现染色体数目缺少或过多的现象,从而造成发育缺陷。

③核酸的合成过程受破坏引起畸形。

④母体正常代谢过程被破坏,使子代细胞在生物合成过程中缺乏必需的物质(如维生素),影响正常发育等。关于致畸作用机制,尚待深入讨论。

思考题与习题

1. 简述生物膜的透过机理?
2. 物质通过生物膜的方式主要有哪几种?
3. 有机体吸收污染物质有哪几种途径?
4. 试述苯的微生物降解途径。
5. 简要说明金属汞的甲基化过程。
6. 说明化学物质致突变、致畸和致癌作用的机理。
7. 用查阅到的新资料,说明毒物的联合作用。

第 6 章　污染控制与受污染环境的修复

污染控制与修复是研究与环境整治、污染控制和环境原位修复技术等有关的化学机制和无污染或少污染工艺技术中的化学相关问题的科学,是化学与化学工程、环境工程紧密结合,是环境化学的重要组成部分。

污染控制欲修复化学研究的主要内容包括:①污染控制与修复化学工程的化学机理研究,如污染控制工程的催化、降解、氧化、光降解、自由基反应等化学反应机理;②污染控制与修复的材料和技术,如吸附剂、絮凝剂、萃取剂、离子交换剂、催化剂、分离膜等处理药剂剂相关技术;③污染控制与预防中的新思想、新技术、新方法等的探索,为发展清洁生成、从根本上解决环境问题提供科学依据。

本章从典型的污染控制剂修复技术出发,介绍其中蕴含的化学机制和基础化学问题,阐释其核心问题。

6.1　物理化学技术

物理化学技术是应用物理和化学的总和应用,使污染物从水中得以分离或去除的方法,其过程通常是污染物从一相转移到另一相,即传质过程。常用的物理化学法有气提、吹脱、萃取、气浮、吸附、离子交换、沉积与絮凝、膜分离技术等。它的处理对象主要是废水中无机的或有机、难生物降解的溶质或胶体物质,尤其适用于回收利用高浓度废水或深度处理低浓度废水,以及处理有毒、有害,且不易被微生物降解的工业废水。

6.1.1　吸附法

离子交换法(ion exchange)利用物质表面存在的未平衡的分子引力或化学键力,把混合物的某一组分或某些组分吸附在其表面上,这种分离化合物的过程称为吸附(adsorption)。这是一种物质附着在另一种物质表面上的过程,可以发生在气 – 液、气 – 固、液 – 固界面。其中,具有吸附作用的物质称为吸附剂(adsorbent),被吸附的物质称为吸附质(adsorbate),不能被吸附的物质称为惰性组分。多孔固体常被用作吸附剂,也有一些技术采用泡沫进行气 – 液吸附来净化污染物。

1. 吸附原理

（1）吸附的本质。

处在固体表面的原子所受的周围原子的作用力是不对称的,即原子所受的力不饱和,存在剩余力场。当某些物质接近固体表面时,受到力场的影响而被吸附。也就是说,固体表面可以自动吸附那些能够降低其表面自由能的物质,吸附的本质是吸附质与吸附剂之间的相互作用,包括范德瓦耳斯力、化学键力和静电引力。根据吸附力的不同,吸附可以分为物理吸附（physical adsorption）、化学吸附（chemical adsorption）和离子交换吸附（ion exchange adsorption）三种类型。其中,离子交换吸附是一种特殊的吸附过程,将在6.1.2节简单介绍。物理吸附和化学吸附的区别见表6.1。

表 6.1　化学吸附与物理吸附的比较

比较项目	物理吸附	化学吸附
吸附力	范德瓦耳斯力	化学键力
吸附热	较小,近似于液化热,一般在每摩尔几百到几千焦耳	较大,近于化学反应热,一般大于每摩尔几万焦耳
选择性	无选择性	有选择性
吸附稳定性	不稳定,易解析	比较稳定,不易解析
分子层	单分子层或多分子层	单分子层
吸附速率	较快,不受温度影响,故一般不需要活化能	较快,温度升高则速率加快,故需要活化能

应该指出,物理吸附与化学吸附在许多情况下是相伴或者交替发生的。有时温度可以改变吸附力的性质,如 Ni 对 H_2 的吸附（图6.1）。低温时,具有较高能量的分子数目少,因而化学吸附的速率很慢,以物理吸附为主,当温度上升,吸附量（q）减少;知道某一温度高至可以活化氢分子,化学吸附速率开始加快,吸附量增多随温度增高,活化分子的数目迅速增多,所以吸附量随温度的上升而增加,到最高点时,化学吸附达到吸附平衡,但化学吸附大多是放热效应,故温度继续上升,吸附量又开始下降,平衡向脱附方向进行。

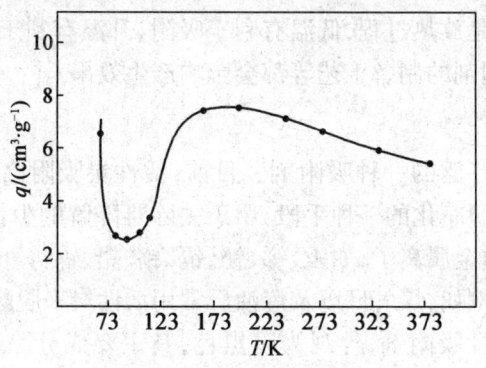

图 6.1　H_2 在 Ni 粉上的等压线

溶液中吸附质在多孔吸附剂上的吸附过程基本上可以分为四个阶段,如图所示 6.2 所示。第一阶段,吸附质从主体相扩散至膜表面;第二阶段为膜扩散阶段;第三阶段为孔隙扩散阶段;第四阶段是吸附反应阶段,吸附质被吸附在吸附剂孔隙的内表面,并逐渐形成吸附与脱附的动态平衡。一般而言,吸附速度主要由膜扩散速度或孔隙扩散速度来控制。

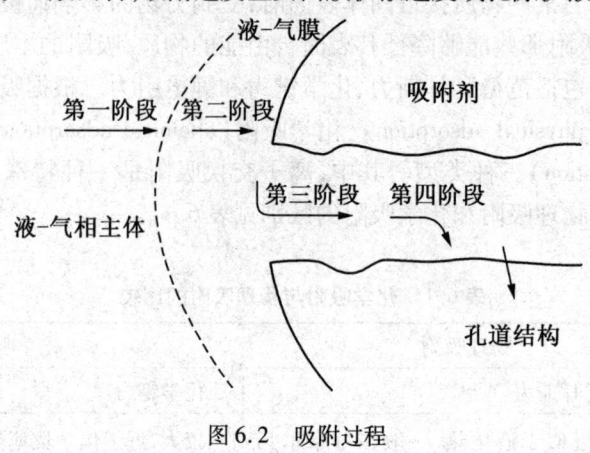

图6.2 吸附过程

（2）吸附作用的影响。

①吸附剂的性质。由于吸附作用发生在吸附剂表面,所以吸附剂的表面积越大,吸附能力越强。另外,吸附剂的颗粒大小、孔隙构造和分布情况以及表面化学特性对吸附力也有很大的影响。

吸附剂的极性不同,吸附效果也不同。一般来说,极性分子型吸附剂易吸附极性的吸附剂,非极性分子型吸附剂易吸附非极性的吸附质。

②吸附质的性质。一般来说,吸附质的溶解度越低,从溶剂中逃离的趋势越大,越容易被吸附。从吸附本质上说,吸附质使界面自由焓降低越多,越容易被吸附。

③溶液的 pH。pH 对吸附质在水体中的存在形态（分子、离子、络合物等）和溶解度均有影响,进而影响着吸附效果。

④共存物的影响。实际废水中往往含有多种污染物,它们有能相互诱发吸附,有的能相互独立的吸附,有的则能相互干扰。许多资料指出,任何溶质都能以某种方式与其他溶质竞争吸附。

⑤操作条件。吸附是放热过程,低温有利于吸附,升温有利于脱附。另外,吸附质与吸附剂的接触时间、吸附剂的制备工艺等都会影响产生效果。

2. 活性炭吸附

活性炭是应用最为广泛的一种吸附剂。目前,活性炭吸附已经成为城市污水、工业废水深度处理和污染水源净化的一种手段,用于去除难降解的少量有害物质,如色素、杀虫剂、洗涤剂以及一些重金属离子,如汞、锑、铋、镉、铬、铅、镍等。在气体净化中,活性炭也发挥着重要的作用。例如,煤气厂以及炼油厂常用活性炭来脱除气体的硫化物。

活性炭是一种非极性吸附剂,外观为暗黑色,其主要成分除碳以外,还含有少量的氧、氢、硫等元素,以及水分和灰分。它具有良好的吸附性能和稳定的化学性质,可以耐强酸、强碱,能经受水浸、高温高压的作用,不易破碎。

活性炭具有巨大的比表面积和发达的微孔。通常活性炭的比表面积达 800 ~ 2 000 m^2/g。它的孔隙分为三类:①微孔,孔径在 2 nm 以下,孔容为 0.15 ~ 0.9 mL/g,表面积占总表面积的 95% 以上;②过渡孔,孔径为 2 ~ 100 nm,孔容为 0.02 ~ 0.1 mL/g,除特殊活化方法以外,表面积不超过总表面积的 5%;③大孔,孔径 100 nm 以上,孔容为 0.2 ~ 0.5 mL/g,而比表面积仅为 0.2 ~ 0.5 m^2/g。其中微孔对吸附量影响最大,对活性炭的吸附作用起决定作用;过渡孔不仅为吸附质提供扩散通道,又在一定相对压力下发生毛细管凝结,而且当吸附质的分子较大时,主要靠它们来完成吸附;大孔主要为吸附质扩散提供通道。

活性炭的吸附特性不仅取决于其孔隙结构,也决定于其表面化学性质。活性炭的吸附位点有两类:一类是物理吸附活性点,数量很多,没有极性,是构成活性炭吸附能力的主体部分;另一类是化学吸附活性点,主要是在制备过程中形成一些具有专属反应性能的含氧官能团,如羧基(—COOH)、羟基(—OH)、碳基(—C = O)、甲氧基(—OCH$_3$)等,它们对活性炭的吸附性能有很大的影响。因此,对活性炭表面的化学性质的研究引起了人们的高度重视。活性炭的表面特征由两个方面决定:制备方法(主要是活化工艺)和后处理技术(主要是表面改性技术)。

利用活性炭吸附法处理重金属废水以及氧化性废水时,活性炭具有吸附作用外,还具有还原作用。例如,在净化含镉废水时,酸性条件下,活性炭可将吸附在表面的 Cr^{6+} 还原为 Cr^{3+}。

活性炭有颗粒活性炭(granular activated carbon,GAC)、粉状活性炭(powdered activated carbon,PAC)和纤维状活性炭(也即活性炭纤维,activated carbon fiber,ACF)三种(见表 6.2)。目前工业上及废水处理中大量采用的是颗粒活性炭。值得提倡的是,ACF 是一种新型高效吸附材料,是有机碳纤维(carbon fiber,CF)经活化处理所制得的具有发达的孔隙结构的功能性碳纤维。ACF 是从 20 世纪 60 年代迅速发展起来的,继 PAC、GAC 之后的第三代活性炭材料:首先,它的直径小,微孔发达且孔隙分布窄,还具有众多的官能团,其吸附能力大大超过目前普通的活性炭;其次,它的再生远比活性炭容易;再次,它的漏损小,虑阻小,吸附层薄,体密度小,易制作轻便及小型化的生产设备。因此 ACF 作为新一代污染控制材料,具有较好的应用前景。

表 6.2　不同种类活性炭的比较

项目	吸附能力	成本分析	应用前景
粉状活性炭	强	生产成本低,但再生困难,不宜重复使用	劳动条件差,应用前景较差
粒状活性炭	较粉状活性炭弱	生产成本较高,但可重复使用	操作管理方便,已经得到广泛应用
纤维状活性炭	很强	生产成本较高	新型高效吸附材料,较好的应用前景

6.1.2　离子交换法

离子交换法是利用固相离子交换剂功能基团所带的可交换离子与接触交换剂的溶液中相同电性的离子进行交换反应,以达到离子的置换、分离、去除、浓缩目的的一种方法。离子交换过程是一种特殊的吸附过程,在许多方面都与吸附过程类似。但与吸附过程相比,其特点在于:主要吸附水中离子化物质,并进行等电荷数的离子交换,是一个化学计量过程。

离子交换技术是目前最重要的和应用最广泛的化学分离方法之一,在化工、冶金、环保、生物、医药、食品等许多领域取得巨大的经济效益。在水处理中,它主要用于软化水、回收水中有用物质和去除废水中的金属离子及有机物。

1. 离子交换的基本理论

离子交换剂是一种带有可交换离子(阳离子或阴离子)的不溶性固体物质,由固体骨架和交换基团两部分组成,交换基团内含有可游离的交换离子。带有阳离子的交换剂称为阳离子交换剂,带有阴离子的交换剂称为阴离子交换剂。相当地,离子交换反应可以分为阳离子交换和阴离子交换两种类型。

典型的阳离子交换反应:

$$B^{n+} + nRA \underset{\text{再生}}{\overset{\text{交换}}{\rightleftharpoons}} R_nB + nA^+$$

$$\begin{array}{cc}\text{离子} & \text{饱和的} \\ \text{交换剂} & \text{离子交换剂}\end{array}$$

典型的阴离子交换反应:

$$D^{n-} + nRC \underset{\text{再生}}{\overset{\text{交换}}{\rightleftharpoons}} R_nD + nC^-$$

$$\begin{array}{cc}\text{离子} & \text{饱和的} \\ \text{交换剂} & \text{离子交换剂}\end{array}$$

两式中,R 为交换剂的骨架;A^+、C^- 为交换剂上所带的可交换离子;B^{n+}、D^{n-} 为废水中待交换的离子。

离子交换过程是平衡可逆的,反应方向受树脂交换基团的性质、溶液中离子的性质、浓度、溶液 pH、温度等因素的影响。根据这种平衡可逆性质,可使饱和的离子交换剂得到再生而反复使用。

离子交换反应实际上是一个复杂的过程,通常可以归纳为 5 个阶段:

①溶液中的交换离子扩散通过颗粒表面外层的液膜。

②交换离子进入交换剂内的交联网孔,进行扩散。

③交换离子达到交换位置后进行交换反应。

④被交换下来的离子向交换剂表面扩散。

⑤被交换来的离子从交换剂表面穿过液膜而扩散进入溶液中。

这 5 个阶段中交换反应的速度最快,而扩散是整个过程的控制步骤。因此,离子交换过程不仅受溶液中被交换离子的性质和交换树脂的性能影响,而且受到操作条件等因素的影响。

2. 离子交换树脂

离子交换剂可分为无机离子交换剂和有机离子交换剂两类。前者如天然沸石和人造沸石、硅胶等,后者有磺化煤和各种离子交换树脂(ion exchange resin)。其中离子交换树脂是人工合成的一类高分子聚合物,是使用最广泛的离子交换剂。离子交换树脂由树脂骨架和活性基团两个部分组成。活性基团又包括固定离子和活动离子(或称交换离子)。固定离子固定在树脂的骨架上,交换离子则依靠静电引力与固定离子结合在一起,并与周围溶液中的离子发生离子交换反应。

(1)离子交换树脂的分类。

离子交换树脂的分类繁多,按活性基团的性质分,可分为阳离子交换树脂和阴离子交换树脂。阳离子交换树脂可解离出氢离子或其他阳离子(多为 Na^+),能与溶液的阳离子进行交换反应。阴离子交换树脂可解离出氢氧根离子或其他阴离子(多为 Cl^-),与溶液中的阴离子进行交换反应。根据离子交换树脂在水溶液中的解离子不同,又可分为强酸性的、弱酸性的、强碱性的、弱碱性的,如图 6.3 所示。其中,活性基团中的 H^+ 和 OH^- 可分别用 Na^+ 和 Cl^- 代替,因此阳离子交换树脂又有氢型和钠型之分,阴离子交换树脂有氢氧型和氯型之分。

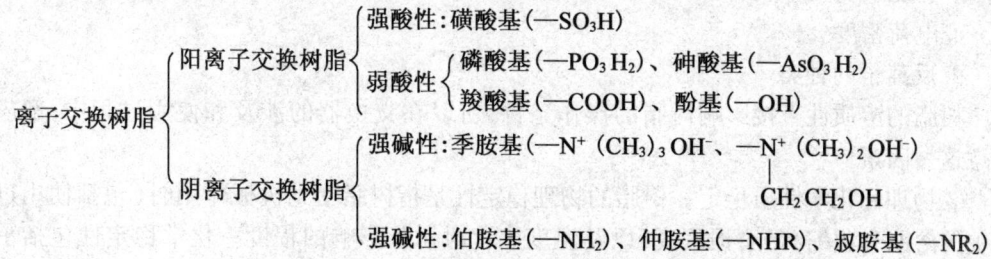

图 6.3 离子交换树脂的分类及相应的活性基团

强酸性阳离子交换树脂和强碱性阴离子交换树脂吸附吸附能力力强,在碱(酸)性、中性、甚至酸(碱)性介质中都有离子交换功能,但是解吸再生困难;弱酸(碱)性阳(阴)离子交换树脂仅能在接近中性和碱(酸)性介质中才能解离而显示离子交换功能。

(2)离子交换树脂的基本特性。

①选择性。交换树脂的选择性可用离子交换势的大小表示,经过长期的研究及实践,人们总结出了如下规律:

a.在常温低浓度水溶液中,阴离子价态越高,交换势越大。同价阳离子的交换势随原子序数增大而增大,例如:

$$Th^{4+} > Al^{3+} > Ca^{2+} > Na^+, Rb^+ > K^+ > Na^+ > Li^+$$

b. H^+ 和 OH^- 的交换势取决于它们与固定离子所形成的酸或碱的强度,强度越大,交换势越小。例如,对于强酸性阳离子交换树脂,H^+ 的交换势介于 Na^+ 和 Li^+ 之间;对于弱酸性阳离子交换树脂,H^+ 的交换势最强,居于首位。

c.常温低浓度水溶液中,不同类型离子交换树脂对各种离子的交换势顺序如下:

弱碱性阴离子交换树脂的选择性顺序:

$OH^- > Cr_2O_7^{2-} > SO_4^{2-} > CrO_4^{2-} > C_6H_5O_7^{3-} > C_4H_4O_6^{2-} > NO_3^- > AsO_4^{3-} > PO_4^{3-} > MoO_4^{2-} >$
$AC^-、I^-、Br^- > Cl^- > F^-$

强碱性阴离子交换树脂的选择性顺序：

$Cr_2O_7^{2-} > SO_4^{2-} > CrO_4^{2-} > NO_3^- > Cl^- > OH^- > F^- > HCO_3^- > HSiO_3^-$

弱酸性阳离子交换树脂的选择性顺序：

$H^+ > Fe^{3+} > Cr^{3+} > Al^{3+} > Ca^{2+} > Mg^{2+} > K^+、NH_4^+ > Na^+ > Li^+$

强酸性阳离子交换树脂的选择性顺序：

$Fe^{3+} > Cr^{3+} > Al^{3+} > Mg^{2+} > K^+、NH_4^+ > Na^+ > H^+ > Li^+$

位于选择性顺序前列的离子可以取代位于选择性顺序后列的离子。

d. 在高温、高浓度时，位于离子交换树脂的选择性顺序后列的离子也可以取代位于选择性顺序前列的离子，这是树脂再生的依据之一。

②溶胀性。各种离子交换树脂都含有极性很强的交换基团，因此亲水性很强。树脂的这种结构使其具有溶胀和收缩的性能。树脂溶胀或收缩的程度以溶胀率表示，溶胀率受下列因素的影响：

a. 所接触的介质。

b. 树脂自身的结构特征。

c. 电荷密度。

d. 反离子的种类。

树脂的溶质性直接影响树脂的操作条件，所以在交换器的涉及和使用过程中，都应注意这一因素。

③物理和化学性质稳定。树脂的物理稳定性是指树脂受到机械作用时(包括使用过程中的溶胀和收缩)的磨损程度，以及温度变化对树脂影响的程度。化学稳定性包括承受酸碱度变化的能力，抵抗氧化还原的能力等。

6.1.3 混凝法

混凝(coagulation)是指在混凝剂的作用下水中的胶体和细微悬浮物凝聚为絮凝体，然后予以分离去除的水处理方法，在给水和排水中得到了非常广泛的应用。混凝分为凝聚和絮凝两种，这两个概念的区分并不是很严格。讨论其化学概念时，通常把由电解质促成的聚集称为凝聚，而由聚合物促成的聚集称为絮凝(flocculation)。混凝所处理的对象主要是水中的微小悬浮物和胶体杂质。与大颗粒的悬浮物不同，微小粒径的悬浮物和胶体虽是热力学不稳定系统，却能在相当长的时间内稳定存在。本节将简要介绍溶胶的相对稳定性以及混凝破坏其稳定性的原理。

1. 胶体的稳定性理论

(1)胶体粒子的双电子层模型。

研究表面，胶体微粒都带有电荷(如天然水中的黏土类胶体微粒以及污水中的胶态蛋白质和淀粉微粒等都带有负电荷)，其结构如图6.4所示。胶体的中心为胶核，胶核表面选择性地吸附了一层负电荷离子或一层正电荷离子，该离子层称为胶体微粒的电位离子，它决定了胶体电荷的大小和符号。由于电位离子的静电引力，其周围又吸附了大量的异号电荷,形成了所谓的"双电层(electric double layer)"。异号离子中紧靠电位离子的部分被牢固地吸引着,当胶核运动时,它们也随着一起运动,形成固定的离子层。而其他异号离子离电位离子较远,受到的引力较弱,不随胶核一起运动,并有向水中扩散的趋势,形成了扩散层。固定的离子层与扩散层之间的交界面称为滑动面。滑动面以内的部分称为胶粒,胶粒与扩散层之间有一个电位差,称为胶体的电动电位,常称为克赛电位。胶核表面的电位离子与溶液之间的电位差称为总电位或电位。

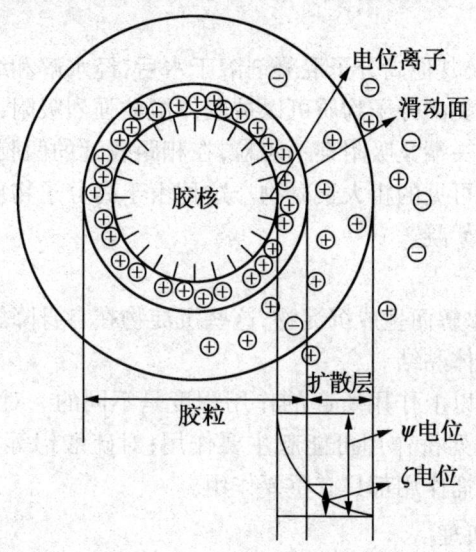

图6.4 胶体结构和双电层示意图

(2)胶体稳定的原因。

胶粒能在水中保持稳定悬浮的原因主要有三点:

①胶粒表面带有电荷,带相同电荷的胶粒产生静斥力,且克赛电位越高,静电斥力越大。

②受水分热运动的撞击,微粒在水中做不规则的运动,即布朗运动。

③由于胶粒带电,将极性水分子吸引到它的周围,形成一层水化膜,同样阻止胶粒间的相互接触。对于亲水性胶体(如蛋白质、淀粉等有机胶粒),稳定性主要由它表面的水化膜来保持,而对于憎水胶体(如黏土等一些无机胶粒),其表面吸附的水分较少,稳定性主要由胶粒表面电荷来保持。

2. 混凝的原理

混凝就是在混凝剂的离解和水解产物的作用下,使水中的胶体污染物和细微悬浮物脱稳并聚集为具有可分离性的絮凝体的过程。混凝的影响因素很多,如水中的杂质的成分和浓度、水温、水的pH、碱度以及投加的混凝剂的性质和混凝条件等。但归纳起来,可以认为混凝主要是以下四个方面的主要作用:

(1)压缩双电子层。

如DLVO理论所述,离子强度增大到一定的程度时,综合作用位能 V_T 由于双电子层被压缩而降低,则一部分颗粒的热运动能量有可能超过该位能。当两种强度相当高时,

V_{max}可以完全消失。在水中投加电解质——混凝剂时便可出现这种情况,即为凝聚。

(2)电性中和作用。

当投加的电解质为铁盐、铝盐时,它们能在一定条件下离解和水解,生成各种络离子,如$[Al(H_2O)_6]^{3+}$、$[Al(OH)(H_2O)_5]^{2+}$、$[Al_2(OH)_2(H_2O)_8]^{4+}$和$[Al_3(OH)_5(H_2O)_9]^{4+}$等。这些络合离子不但能压缩双电子层,而且能够通过胶核外围的反离子层进入固-液界面,并中和电位离子所带电荷,使电位下降,实现胶粒的脱稳和凝聚,即电性中和。

(3)吸附架桥作用。

三价铝盐或铁盐以及其他高分子混凝剂溶于水后,经水解和缩聚反应形成高分子聚合物,具有线性结构。这类高分子物质可以被胶体微粒强烈吸附,因其线性长度较大,当一端吸附某一胶粒后,另一端又吸附某一胶粒,在相距较远的两胶粒间进行吸附架桥,使颗粒逐渐变大,形成肉眼可见的粗大絮凝物。这种由于高分子物质吸附架桥作用而使胶粒相互黏结的过程,称为絮凝。

(4)网捕作用。

三价铝盐或铁盐等水解而生成沉淀物,这些沉淀物在自身降解过程中,能集卷、网捕水中的胶体等颗粒,使胶体黏结。

对于不同的混凝剂,以上作用所起的作用程度是不同的。对高分子混凝剂,特别是有机高分子混凝剂,吸附架桥作用可能起主要作用;对硫酸铝等混凝剂,压缩双电层作用、电性中和作用以及网捕作用都具有重要作用。

3. 混凝剂及其作用机理

能够使水中的胶体微粒相互黏结和聚集的物质称为混凝剂(coagulant)。用于水处理的混凝剂要求是:混凝效果好,对人类健康无害,廉价易得,使用方便等。混凝剂的种类较多,目前常用的混凝剂按化学组成分为无机盐混凝剂和有机高分子类混凝剂两大类。

(1)无机盐类混凝剂。

铝盐、铁盐、碳酸盐、活性硅酸、高岭土等都可以作为混凝剂,目前应用最广泛的是铝盐和铁盐。

①铝盐。铝盐主要有硫酸铝、明矾和聚合氯化铝等。铝盐溶于水后,在一定条件下发生水解、聚合、成核以至沉淀等一系列化学反应。

②铁盐。铁盐作为混凝剂的机理与铝盐颇为相似,铁离子也能在一定条件下发生水解、聚合、成核以及沉淀等物理化学反应,生成各种水解组分。常用的主要有三氯化铁($FeCl_3 \cdot 6H_2O$)、硫酸亚铁($FeSO_4 \cdot 7H_2O$)和聚合硫酸铁等,其中,$FeCl_3 \cdot 6H_2O$是黑褐色的结晶体,极易溶于水,处理低水温或低浊度水效果比铝盐好(适合的 pH 范围较广,但处理后水的色度比铝盐处理后的色度高),但三氯化铁腐蚀性强,不易保存。与普通铁铝盐相比,聚合硫酸铁具有投加量少,絮体生成快,对水质的适应范围广,以及水解时消耗水中碱度少等一系列优点,因而在废水处理中的应用越来越广。

(2)有机高分子类混凝剂。

有机高分子混凝剂有天然和人工合成两种,前者远不如后者应用得广泛。高分子混凝剂一般为链状结构,各单体间以共价键结合。单体的总数称为聚合度,高分子混凝剂的聚合度为 1 000~5 000,甚至更高。高分子混凝剂溶于水中将生成大量的链状高分子。

根据高分子聚合物所带基团能否离解即离解后所带离子的电性,有机高分子混凝剂可分为阴离子型、阳离子型和非离子型三类。阴离子型主要是含有—COOM(M 为 H$^+$ 或金属离子)或—SO$_3$H 的聚合物,如阴离子型聚丙烯酰胺(HPAM)和聚苯乙烯磺酸钠(PSS)等。阳离子型主要是含有—NH$_2^+$ 等基团的聚合物,如阳离子型聚丙烯酰胺(APAM)。非离子型是所含基团不发生离解的聚合物,如聚丙烯酰胺(PAM)和聚氧乙烯(PEO)等。我国当前使用较多的有机高分子混凝剂是 PAM。PAM 发生霍夫曼重排反应以及在碱性溶液中(pH >10)发生水解反应,可分别得到阳离子型聚丙烯酰胺(APAM)和阴离子型聚丙烯酰胺(HPAM),其分子结构如图 6.5 所示。

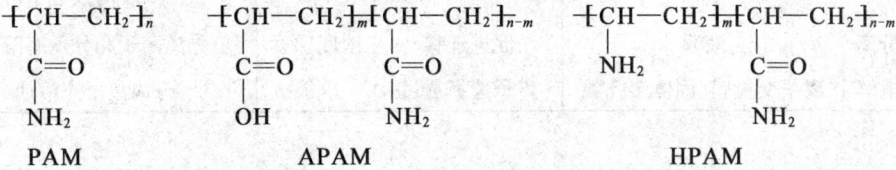

图 6.5　非离子型、阳离子型和阴离子型聚丙烯酰胺高分子混凝剂的结构式

由于有机高分子混凝剂分子上的链节与水中胶体微粒有极强的吸附作用,混凝效果相当好。即使对负电胶体,阴离子型聚合物也有相当强的吸附作用,但对于未经脱稳的胶体,由于静电斥力有碍于吸附架桥作用,阴离子聚合物通常做助凝剂使用。阳离子型的吸附作用尤其强烈,且在吸附的同时,对负电胶体有电中和的脱稳作用。但有机高分子混凝剂制造过程复杂,价格昂贵,有些还有一定的毒性,需要合理使用以免造成二次污染。

6.1.4　膜分离法

膜分离(membrance separation)是以选择性透过膜为分离介质,在两侧施加某种推动力,使分离物质选择性地透过膜,从而达到分离或提纯目的。这项技术是近几十年发展起来的新的物理化学技术。近年来,欧美发达国家一直把膜技术定位为高新技术,投入大量资金和人力,促进膜技术迅速发展,使用范围日益扩大。膜分离技术已经受到了世界上各个国家的高度重视。

1. 膜分离技术的类型

目前,常见的膜分离技术有扩散渗析(diffusion dialysis)、电渗析(electro dialysis,ED)、反渗透(reverse osmosis,RO)、超滤(ultrafiltration,UF)、液膜(liquid membrane,LM)分离、隔膜电解等。这些膜分离技术有许多共同点,例如被处理的溶液没有物质相的变化,因而能量转化的效率高;大多不消耗化学药剂;可在常温下操作,不消耗热能。它们各自的特征及区别见表 6.3。

表6.3 几种膜分离法的特征及区别

分离过程	膜名称及类型	膜功能	推动力	适用范围
扩散渗析	渗析膜、固体多孔膜	离子选择透过	浓度梯度	分离离子态的溶质
电渗析	离子交换膜、固体多孔膜	离子选择透过	电位梯度	分离浓度为1 000～5 000 mg/L的离子态溶质
反渗析	反渗透膜、固体致密膜	水分子选择透过	压力梯度	分离浓度为1 000～10 000 mg/L的小分子溶质
超滤	超滤膜、固体多孔膜	分子选择透过	压力梯度	分离相对分子质量大于500的大分子溶质
膜液分离	液膜	促进迁移	浓度梯度	分离离子和分子态溶质
隔膜电解	离子交换膜、固体多孔膜	离子选择透过	电能	分离离子态溶质

2. 膜分离技术的基本原理

（1）电渗析。

电渗析是在直流电场的作用下,以电位差为推动力,利用离子交换膜的选择透过性,把电解质从溶液中分离出来,从而实现溶液的淡化、浓缩、精制或纯化的方法。在水处理中,可用于海水淡化、水的软化、造纸黑碱液处理、酸的回收等。电渗析法除水中的电解质的基本过程可看作是电解和渗析的组合。由于离子交换膜的选择透过性,即理论上阳膜只允许阳离子通过,阴膜只允许阴离子通过,在外加直流电场的作用下,阴、阳离子分别向阳极和阴极迁移,从而去除水中的电解质。以电渗析脱盐为例,其原理及可能发生的过程如图6.6所示。其中,"1"为反离子迁移,构成电渗析的主要过程,也是脱盐或电解质分离的过程,其迁移通量应该占总迁移通量的90%上;"2"为同号离子迁移过程,发生在盐浓度很高或离子交换膜超负荷的情况下,在电渗析初期是微乎其微的;"3"代表着水的渗透过程,由于淡室中水的压力比浓室要大,因此会向浓室渗水;"4"代表着水在渗透压的作用下有水电离生成的离子迁移。过程"3"和"4"均会造成淡水产量的降低。

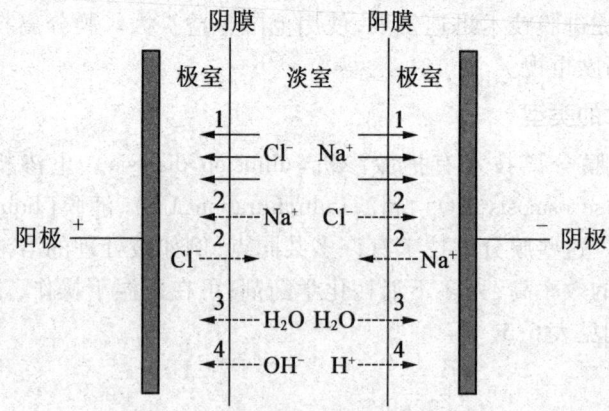

图6.6 电渗析脱盐原理及可能发生的过程

（2）扩散渗析。

扩散渗析是指高浓度溶液中的溶质透过薄膜向低浓度中迁移的过程。其推动力是薄膜两侧的浓度差，且渗析速度与膜两侧的浓度差成正比。

最初使用的扩散渗析薄膜是惰性膜，多用于高分子物质的提纯。使用离子交换膜的扩散渗析，可利用膜的性质透过性来分离电解质。离子交换膜扩散渗析除了没有电极以外，其他构造与电渗析基本相同。但与电渗析相比，分离效率较低。

（3）反渗透。

只透过溶剂而不透过溶质的膜称为半透膜。施加压力于与半透膜相接触的浓溶液，所产生的与自然渗析现象相反的过程称为反渗透，如图6.7所示。

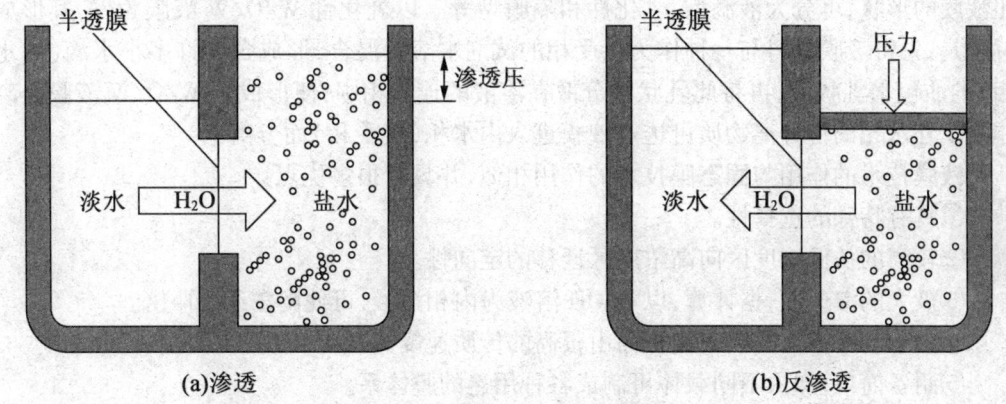

图6.7　渗透和反渗透原理示意图

目前主要有两种理论解释反渗透过程的机理：溶解扩散理论和选择性吸附－毛细流理论。

①溶解扩散理论。把半透膜视为一种均质无孔的固体溶剂，化合物在膜中的溶解度各不相同。溶解性差异的原因，对于醋酸纤维素膜而言，有人认为是氢键结合，即溶液中的水分子能与醋酸纤维素膜上的羰基形成氢键而结合，然而在反渗透压力的推动下，水分子由一个氢键位置断裂，转移到另一个位置，通过一连串氢键的形成和断裂而透过膜。

②选择性吸附－毛细流理论。把半透膜看作是一种微细多孔结构物质，具有选择吸附水分子而排斥溶质分子的化学特性。在反渗透压作用下，界面水层在膜孔内产生毛细流动，连续地透过膜层而流出，溶质则被膜截留下来。

（4）超滤。

一般认为超滤是一种筛孔分离过程，主要用来截留相对分子质量大于500的大分子和胶粒微粒。超滤膜具有选择性的主要原因是形成了具有一定尺寸和形状的孔。但也有人认为，除了膜孔结构外，膜表面的化学性质也是影响超滤分离的重要因素，并认为反渗透理论可以作为研究超滤的基础。

（5）液膜分离。

液膜是悬浮在液体中的很薄的一层乳液微粒。它可以把两个不同组分的溶液隔开，并且通过渗透作用起着分离一种或一类物质的作用，是20世纪60年代开发的一种新型膜分离技术。在石油和化工工业中,液膜可用于分离一些物化性质相近而不能用常规的蒸馏、萃取方法分离的烃类混合物。随着液膜分离技术的开发、研究,其应用领域遍及环保、生化、冶金、石油、化工、医药等诸多领域。

液膜主要由溶剂表面活性剂、流动载体和膜增强添加剂制成。溶剂(水或有机溶剂)构成膜的基体;表面活性剂有亲水基和疏水基,可以定向排列以固定油水分界面,稳定模型,同时还对组分通过液膜的传质速率等有显著的影响;流动载体的作用是选择性携带欲分离的溶质或粒子进行迁移;膜增强添加剂可进一步提高膜的稳定性。按照膜的组成不同,可分为水包油包型(W/O/W,即内相和外相都是水相),油包水包油型(O/W/O,即内相和外相都是有机相)。按照液膜传质的机理,可分为无载体液膜和有载体液膜。按照液膜的形状,可分为液滴型、乳化性和隔膜型等。以乳化性 W/O/W 液膜为例,其形成过程是:先将液膜材料与一种作为接受相的试剂水溶液混合,形成含有许多小水滴(内水相)的油包水乳状液,再将此乳状液分散在溶液的连续相中,便形成了 W/O/W 液膜分离体系。外水相的待分离物质可透过液膜进入内水相(接受相)而分离。

液膜技术的作用与固态膜技术的作用相似,并具有很多优点:

①具有特殊的选择性。

②较高的从低浓度区向高浓度区迁移的定向性。

③极大的渗透性,据计算,以 NaOH 溶液为内相溶液,可使酚浓缩 10^4 倍。

④由于具有很大的膜表面积而由很高的传质速度。

⑤制备简单,加入不同载体可制成各种用途的膜体系。

不过,液膜分离技术需要制乳、萃取和破乳三个过程,即要求乳液具有足够的稳定性以保障分离效果,又要易于破乳,以便高效分离膜组分与内相溶液。这两项要求互相矛盾,合理解决这对矛盾是充分发挥液膜分离技术优势的关键之一。

6.1.5 溶液萃取法

溶剂萃取法(solvent extraction)是通过物质由一个液相(通常为水相)转移到另一个基本互不相容的液相(通常为有机相)这一传质过程来实现物质提取、分离的方法。此类方法在有机化工、炼油、农药和焦化等行业都有应用,主要是从废水中回收酚、有机溶剂和重金属等。

1. 萃取体系的组成

萃取体系(extraction system)一般由基本不相容的两相——水相和有机相组成。水相即被萃取物的水溶液。由于萃取的需要,有时还需要在水相中添加络合剂、盐析剂等。有机相通常由萃取剂稀释剂组成。萃取剂是指与被萃取物能发生化学结合而又能溶于有机相的试剂;稀释剂是指萃取过程中构成连续有机相的惰性试剂,它能溶解萃取剂且不与被萃取物发生化学反应,组成有机相的惰性溶剂一般是饱和烃、芳烃及某些卤代烃,如庚烷、苯、氯仿、煤油等。当萃取剂是固体或黏度较大的液体时,稀释剂是构成有机相的不可缺少的组分。若萃取剂本身流动性好,在有机相中也可以不添加稀释剂。同时,有机相中也可以加入一些改质剂来增大萃取剂剂萃合物在有机相中的溶解度,消除和避免水相和有机相之间第三相的产生,以实现更好的分离。

2. 萃取剂

萃取剂(extraction solvent)的研究是萃取化学的重要组成部分。正确选用萃取剂、研制新型萃取剂、解释萃取剂机理等,都需要萃取剂的基本知识。一般来说,萃取剂应该具有如下的性质:

①具有一个或几个萃取功能基,萃取剂通过此功能基与萃取物相结合而形成萃合物。对于金属离子,常见的功能基是氧、氮、硫和磷四种原子,它们的共同特点是具有没配对的孤对电子,功能基通过它们与金属离子配合。

②具有良好的溶解性。它包含两个含义:一是对萃取物的溶解度高,即分配系数大;二是萃取剂本身在水中的溶解度要低,不会发生乳化现象,容易与水分离。

③具有良好的选择性,较大的分离因子。即只萃取某些物质而对其他物质的萃取能力很差。

④具有较大的萃取容量。即单位体积的萃取剂能萃取大量的被萃取物。

除以上特征之外,萃取剂还应满足黏度低、化学性质稳定、所形成的萃合物易反萃合再生以及无毒等要求。

萃取剂的分类方法很多,按萃取剂本身的性质及官能团释放或接受质子的情况,可分为四类,见表6.4。

表6.4 萃取剂的分类

萃取剂的类型	特点	举例
酸性萃取剂	有机酸,在水中可电离出氢离子,包括含氧、氮、硫螯合萃取剂和酸性磷氧萃取剂	混合脂肪酸、环烷酸、叔碳酸、水杨酸等
中性萃取剂	中性有机化合物	醚、酮、醇、酯、酰胺、硫醚、亚砜和冠醚等
碱性萃取剂	有机碱,在水中能加入氢离子	伯胺、仲胺、叔胺、季胺等
螯合萃取剂	同时含有两个或两个以上配位原子(或官能团),可与中央离子形成螯环	噻吩甲酰三氟丙酮(HTTA)、八羟基喹啉(HOX)、磷酸二丁酯(DBP)等

3. 污染控制中常用的萃取体系

萃取体系种类繁多,分类方法尚不统一。有人建议按照萃取剂的种类来分类,还有人主张按照被萃取金属离子的外层电子构型分类。目前,国内较为通行的是徐光宪在1962年提出的分类法,根据萃取机理或萃取过程中生成的萃合物性质,将萃取剂通常分为简单分子萃取、中性配合萃取、酸性配合或螯合萃取、离子蒂合萃取、协同萃取剂六大类。

6.2 水处理中化学氧化技术原理及应用

化学氧化处理技术是处理各种形态污染物的有效方法,它利用氧化势较高的氧化剂来分解破坏污染物的结构,达到转化分解污染物的目的。化学氧化剂已经在饮用水、废水、环境消毒方面得以广泛的应用。使用化学氧化剂净化水有许多优点,例如反应时间短,占地少,基建投资省,一般情况下受温度的影响较小。处理中常用的氧化剂包括氯、二氧化氯、高锰酸钾和高铁酸钾。然而常规化学氧化法的缺点是:①氧化过程有选择性,生成的产物不一定是 CO_2、水或其他矿物盐,可能还会产生二次污染,及生成其他有害毒副产物;②有机物在这些过程降解速率较慢,故处理成本高。

高级化学氧化技术,是对传统水处理技术中的常规化学氧化法,革新的基础上应运而生的一种新技术方法,它由 Glaze W. H. 等人于 1987 年提出。高级氧化技术(advanced oxidation process,AOPs,或者 advanced oxidation technologies,AOTs),是指通过化学或物理的方法,使水中的污染物直接矿化为 CO_2 和 H_2O 及其他无机物,或将污染物转化为低毒、易生物降解的小分子物质。AOPs 通常被认为是利用其过程中产生的化学活性极强的羟基自由基($\cdot OH$)将污染物氧化的,由于这一技术具有高效、彻底、操作简便、实用范围广、无二次污染等优点而备受关注,对水体中有毒害难降解的污染物具有较强的应用优势,引起世界各国的重视,并相继开展了该方面的研究与应用。高级氧化技术的发展历程就是不断提高 $\cdot OH$ 生成率与利用率的过程,因为 $\cdot OH$ 是这些技术处理效率高低的关键。它主要包括化学氧化(如臭氧氧化技术、过氧化氢及(类)Fenton 氧化技术等)、光催化氧化(如二氧化钛光催化氧化技术)、湿式空气氧化以及超临界水氧化等。

但是,单独使用这些氧化工艺来降解污染物的效果往往不够理想。更为有效的方法是将这些技术组合起来联用,以产生高浓度 $\cdot OH$ 来加速污染物的降解过程。例如,紫外光/臭氧联用、过氧化氢/紫外光联用、臭氧/活性炭联用、光电组催化等技术,这些技术具有各自的优缺点,在使用中需要根据具体情况加以选择。

6.2.1 常规化学氧化技术

1. 氯化

氯氧化通常称为氯化,是应用最早,而且是国内目前使用最普遍的一种饮用水氧化方法。水处理中常利用氯与某些无机物的氧化反应来完成它们的去除问题,较常见的应用有除铁和除锰。地下水中呈溶解态的二价铁可以通过氯氧化为氢氧化铁沉淀物:

$$2Fe(HCO_3)_2 + Cl_2 + Ca(HCO_3)_2 =\!=\!= 2Fe(OH)_3 + CaCl_2 + 6CO_2$$

水中溶解的锰化合物同样可以通过氯氧化成二氧化锰沉淀,但 pH 应为 $7 \sim 10$,反应式为

$$MnSO_4 + Cl_2 + 4NaOH =\!=\!= MnO_2 + 2NaCl + Na_2SO_4 + 2H_2O$$

预氯化常用于水处理工艺中以杀死藻类,使其易于在后续水处理工艺去除。对于富

营养化水源水,许多水厂采用预氯化单元处理。但氯化对一些藻类去除率有一定的限制,某些藻类的去除并不总随加氯量的增加而增加,如对水中的颤藻去除效果不理想。

氯化可以降低水中的色和味,抑制藻类和细菌繁殖,加强对后续工艺的保护,具有经济有效的特点,但当原水中有机物含量较高时,预氯化将增加氯耗,同时也会生成"三致"作用氯化消毒副产物,消毒副产物对人体健康的影响已经引起了世界各国的关注,并制定了饮用水消毒副产物的标准。氯化消毒副产物广义上分为卤化复合物和非卤化复合物两类。卤复合物主要非分为 6 类,第一类:三卤甲烷类,主要有三氯甲烷、二氯溴烷、二溴氯烷和三溴甲烷;第二类:卤乙酸类,主要有二氯乙酸、三氯乙酸、二溴乙酸、溴氯乙酸和二溴酸等;第三类:卤代腈类,主要有二氯乙腈和溴氯乙腈;第四类:卤素金盐类;第五类:卤代酮类;第六类:卤代酚类。自 1974 年 Rook 发现卤化消毒可以成氯仿致癌物以来,已经发现了饮用水卤化消毒副产物超过 500 种。消毒副产物的毒理效应包括致癌性、致突变性、致畸性、肝毒性、肾毒性、神经毒性、遗传毒性、生殖毒性等。氯易与水中的有机物形成三卤甲烷等致变物或其他有毒成分,且这些物质不易被后续常规处理工艺去除。此外,在氯与有机物、酚类化合物的反应中,还会产生有气味的氯化物,是饮用水处理应该避免的。因此预氯化不是饮用水处理的理想技术,因此用氯气作为氧化剂应用于地表水的净化受到了很大的限制,随着人们对氯化消毒副产物的进一步认识,寻找新的氧化替代产物技术已经势在必行。

2. 二氧化氯氧化

二氧化氯(ClO_2)是汉弗莱·戴维于 1811 年发现的。根据浓度的不同,二氧化氯是一种由黄绿色到橙色的气体,相对分子质量为 67.45,具有与氯气相似的刺激气体,空气中的体积分数超过 10% 便有爆炸性,但在水溶液中确实十分安全。二氧化氯一般需由亚氯酸钠反应现场制作,使它具有氧化作用强、生产简单、成本低等特点。在美国,ClO_2 用于饮用水处理已超过 50 年,氧化性能独特的二氧化氯也正日益受到人们的青睐,在世界各地应用也逐渐增多,特别在水源受到酚类、腐殖质类、锰类的污染以及受季节性藻类和异臭困扰的地区。我国从 20 世纪 90 年代以后才开始在一些中小型水厂中加以应用和研究,但发展迅速。目前国内已有数百家水厂进行了二氧化氯的实验和生产的应用。随着我国水质污染加剧和人们对水质要求的提高,二氧化氯净化饮用水必将拥有更广泛的市场。

在 pH 大于 7.0 的条件下,二氧化氯能迅速氧化水中的铁离子和锰离子,形成不溶解性的化合物。其主要反应式如下:

$$2ClO_2 + 5Mn^{2+} + 6H_2O =\!=\!= 5MnO_2\downarrow + 12H^+ + 2Cl^-$$

二氧化锰不溶于水,可以滤掉。二氧化氯能迅速将二价铁离子氧化为三价铁离子,以氢氧化铁的形式沉淀出来。

$$ClO_2 + 5Fe(HCO_2)_3 + 13H_2O =\!=\!= 5Fe(OH)_3\downarrow + 15CO_2\uparrow + 26H^+ + Cl^-$$

二氧化氯可以有效控制水中藻类的繁殖。作为这一种较强的氧化剂,作为一种较强的氧化剂,它用于预氧化除藻的优势在于:对藻类具有良好的去除效果,同时又不产生很显著的有机副产物。二氧化氯对藻类的控制主要是由于它对苯环有一定的亲和性,能使苯环发生变化而无臭味。叶绿素中的吡咯环与苯环非常相似,二氧化氯也同样能够作用于吡咯环。这样,二氧化氯氧化叶绿素,藻类的新陈代谢终止,使得蛋白质的合成中断,这是个不可逆过程,导致藻类死亡。同时,二氧化氯在水中以中性分子形式存在,它对微生物的细胞壁有较强的吸附和穿透能力,易于透过细胞壁与藻细胞内主要的氨基酸反应,从而使藻细胞因蛋白质合成中断而死亡。需要主要的是,二氧化氯虽然对灭杀藻类有良好的效果,但去除藻毒素的能力有限,且投量要严格掌握。除藻的同时要充分考虑微囊藻毒素等胞内污染物的释放与去除。有资料表明,在二氧化氯含量较低时,二氧化氯主要和水中的藻毒素发生反应,但当二氧化氯投量超过 1 mg/L 之后,就会优先和藻类发生反应,破坏藻类细胞,使胞内的毒素释放到水体,增加了水体中藻毒素的本底含量。

此外,二氧化氯氧化还有其他优点:

①与有机酸反应具有高度选择性,基本不与有机酸腐殖质发生氯仿反应,生成的可吸附有机卤物和三氯甲烷类物质基本可以忽略不计,且可以有效控制三氯甲烷前体物质。

②有效破坏水体中的微量有机污染物,如酚类、氯仿、四氯化碳等。

③有效氧化某些无机污染物。

④促进胶体和藻类脱稳,使絮状体有更好的沉降作用,强化常规工业的混凝效果,使反应后的色度、浊度去除率提高。

⑤二氧化氯具有降低水臭味的能力,可有效降低出厂水的臭阀值,特别是能解决藻类繁殖的季节由加氯引起的出厂水的臭味问题。

由于二氧化氯与水中有机物发生反应有50% ~70%的 ClO_2^-,其余生成氯离子,故水中有机物含量越高,需投放二氧化氯消毒量就越大,而生成 ClO_2^- 也越多,对人体危害就越大。ClO_2^- 在人体中过量聚集将引起过氧化氢的产生,从而使血红蛋白氧化,造成溶血性贫血,因此饮用水的处理要严格控制二氧化氯投放量。在一般水体中,德国和挪威等国家规定二氧化氯消毒投放量为 0.3 mg/L。

二氧化氯在废水处理方面的应用与研究已有越来越多的报道。其机理大多是利用强氧化性氧化降解水中的有机污染物为少数挥发或不挥发的有机化合物,再降解为二氧化碳和水。二氧化氯在煤气废水、含硫废水、高浓度含氰废水、对氨基苯甲醚废水、苯酚和甲醛废水及印染废水的处理均取得了较好的结果。有资料表明,二氧化氯处理含硫废水,操作方便,安全可靠,硫化物去除率高,其处理效果不受废水 pH 和温度的影响,无二次污染,处理后的废水中的硫化物含量可达到排标准,它是一种简便高效的处理方法。二氧化氯催化氧化法是一种新型高效的催化氧化技术,它是利用二氧化氯氧化降解废水中的有机污染物,可直接矿化有机污染物为最终产物或将大分子有机污染物氧化成小分子物质,提高废水的可生化性。

3. 高锰酸钾氧化

高锰酸盐是一种强氧化剂,是一种有结晶光泽的紫黑色固体,易溶于水。早在20世纪五六十年代,国外就将高锰酸钾用于饮用水的处理,主要用于除铁、锰和除臭除味。哈尔滨工业大学李圭白院士于 1986 年首先提出用高锰酸钾去除水中的痕量有机物,后来开发出高锰酸钾复合药剂,通过高锰酸钾与助剂的协同作用,显著提高了除污能力,在我国一些水厂广泛应用。一般认为,高锰酸钾是通过吸附和氧化的共同作用去除饮用水水源中的微量有机污染物。它能将水中多种有机污染物氧化,饮用水源中那些易被高锰酸钾氧化的有机物的去除效率与其被高锰酸钾的氧化的程度有关,其产物为二氧化碳、醇、酚、酮、羟基化合物等,这些物质均为"非三致物质",可以在一定条件下去除微量有机污染物,能有效地破坏水中某些氯化消毒副产物的前驱物质,水的致突变活性下降,因而可以提高出厂水的毒理学安全性。

高锰酸钾应用于饮用水处理中,具有易于与传统工艺衔接,投加与控制设备安全可靠、操作方便等优点,因此,具有广阔的应用前景。但是,应用高锰酸钾去除浊度、有机污染物以及氧化助凝剂等,必须确定高锰酸钾的最佳投量。如果投加过量,则可观察到滤前水带有明显的淡红色,而且还增加了水中镁离子的含量,所以对其使用应采用相当谨慎的态度。

高锰酸钾作为强氧化剂在污水处理方面研究较少,但资料表明,高锰酸钾预氧化对洗车废水的含酚废水可以起到强化混凝的作用,少量高锰酸钾的投入可以大大节省混凝剂的投加,也可以减轻后续单元处理的负荷,有一定的实际应用价值。

4. 高铁酸钾氧化

高铁酸钾是深紫色固体,熔点为 198 ℃,溶于水形成紫色溶液。高铁酸钾是一种强氧化剂,在酸性和碱性中,标准电极电位分别为 2.20 V 和 0.72 V,酸性条件下的氧化电位很高,氧化能力:高铁酸钾 > 臭氧 > 过氧化氢 > 高锰酸钾 > 氯气、二氧化氯。高铁酸钾适用 pH 范围很广,在整个 pH 范围内都具有很强的氧化性。

高铁酸盐氧化技术在饮用水处理中具有以下优点:

①高铁酸钾预氧化具有显著的杀菌作用,对低温低浊水有显著的助凝作用和优良的除藻作用。

②高铁酸盐预氧化对水中微量有机污染物有良好的去除效果,许多种有机污染物能够被高铁酸盐有效地氧化,如乙醇、氢基化合物、氨基酸、苯、有机氮化合物、亚硝胺化合物、硫代硫酸盐、氯的氧化物、连氨化合物等,还可以有效地控制消毒副产物的前体物。

③高铁酸盐预氧化还对水中微量的铅、镉等重金属有明显的去除作用,重金属在水中的水解状态是影响微量重金属去除的重要因素,水解后的重金属易被高铁酸盐还原后产物吸附去除。

④高铁酸盐氧化与其分解后形成的水解产物吸附的协同作用能够有效地去除水中的污染物。

⑤采用先进高铁酸盐预氧化,明显优于高锰酸钾和氯预氧化的效果,且从二次污染角度考虑,高铁酸盐预氧化后,自身产生氢氧根离子和分子氧,其对水质无副作用。

高铁酸盐氧化技术在废水处理也有较多的研究报道。首先,高铁酸盐用于脱色除臭,优于其分解产物的吸附性,能较好地脱色除臭,能迅速地去除硫化氢、甲硫醇、氨等恶臭物质,能氧化分解恶臭物质;氧化还原过程产生的不同价态的铁离子可与硫化物生成沉淀而除去,氧化分解释放的氧气促进曝气,将氨氧化成硝酸盐,硝酸盐能取代硫酸盐作为电子接收体,避免恶臭物生成等。其次,高铁酸盐还可用于城市污水的深度处理,有资料表明,某城市污水二级处理出水中总含有机碳 12 mg/L,生物需氧量 2.8 mg/L 时,用 10 mg/L 剂量的高铁酸钾氧化处理后,可分别有 35% 和 95% 的去除率。由于高铁酸钾在絮状过程中投加的量小,所以产生的污泥量少,这为污泥的处理处置减轻了负担。此外,高铁酸钾可用于处理印染废水。高铁酸钾能氧化印染废水中的大分子有机物,特别是一些难生物降解的大分子有机物,降低 COD 浓度及色度。

高铁酸钾正以其独特的水处理功能吸引越来越多的学者和工程师研究其设备及应用开发,制备工艺不断优化,产品纯度和产率逐渐提高,应用领域逐步拓展,具有十分广阔的开发前景。

6.2.2 高级氧化技术

1. 臭氧氧化

臭氧在常温常压下是一种不稳定、具有特殊刺激气味的浅蓝色气体,需直接在现场制备使用。臭氧自 1876 年被发现具有很强的氧化性后,就得到了广泛的研究与应用,尤其是在水处理领域。1906 年,法国开始使用臭氧对饮用水进行消毒,到 20 世纪 60 年代末臭氧开始用于饮用水氧化处理,目前臭氧氧化技术已是比较成熟的饮用水处理技术,已经成为国际上饮用水处理的一种技术,欧洲一些城市的自来水厂基本普及了臭氧氧化法处理。由于臭氧的制备比较昂贵,在我国运用臭氧技术的水厂还为数不多,然而,已有的工程实践已充分展示臭氧作为一种强氧化剂,通常在氧气不能发生反应的条件下,仍然可以和许多物质反应。在酸性溶液中,臭氧的氧化能力仅次于氟、高氯酸根离子和原子氧。目前,臭氧氧化技术(ozone oxidation technique)已经在饮用水和废水净化上得到了广泛的应用。臭氧同污染物的反应机理包括直接反应(臭氧同有机物直接反应)和间接反应(利用臭氧分解生成·OH 进行氧化还原反应)。

(1)氧化无机物。

臭氧能够将氨及亚硝酸盐氧化成硝酸盐,也能将水中的硫化氢氧化成硫酸,从而减小臭味。常规的水处理对氰化物的去除效果不大,而臭氧则能很容易地将氰化物氧化成毒性小 100 倍的氰酸盐。以臭氧氧化氰化物微粒为例,其反应式如下:

$$CN^- + O_3 \longrightarrow CNO^- + O_2$$
$$3CN^- + O_3 \longrightarrow 3CNO^-$$

CNO^- 在碱性或酸性条件下,都能进行水解,转化成氮化物,其反应式如下:

$$CNO^- + OH^- + H_2O \longrightarrow CO_3^{2-} + NH_3$$
$$3NH_3 + 4O_3 + 3OH^- \longrightarrow 3NO_3^- + 6H_2O \quad (碱性条件下)$$
$$CNO^- + 2H^+ + H_2O \longrightarrow CO_2\uparrow + NH_4^+$$
$$3NH_4^+ + 4O_3 \longrightarrow 3NO_3^- + 3H_2O + 6H^+ \quad (酸性条件下)$$

(2)氧化有机物。

臭氧能够氧化许多有机物,如蛋白质、氨基酸、有机胺、芳香族化合物、木质素、腐殖质等。这些有机物的氧化过程中可能会产生一系列中间产物,从而造成 COD 和 BOD_5 的升高。为使有机污染物氧化彻底,必须投加足够的臭氧,因此单纯采用臭氧来氧化有机物一般不如生化处理经济。但在有机物浓度较低的水处理中,采用臭氧氧化法不仅可以有效地去除污染物,且反应快,设备小。此外,某些有机物,如某些表面活性剂,微生物无法使其分解,而臭氧却很容易氧化分解这些物质。

(3)消毒。

臭氧分解产生的单个氧原子具有很强的活性,对细菌有极强的氧化作用。臭氧可分解细菌内部氧化葡萄糖所必需的酶,从而破坏细胞膜,将细菌杀死。多余的氧原子则会自行重新结合成为氧气。在这一过程中不产生有毒残留物,故臭氧称为无污染杀菌剂。它不但对大肠杆菌、绿脓杆菌剂杂菌等有消毒能力,而且对霉菌也很有效果。

(4)在饮用水处理中的应用。

主要有以下 7 个方面的作用:

①除色。臭氧及其产生的活泼自由基 OH 使染料发色基团中的不饱和键(芳香基或共轭双键)断裂成小分子的酸和醛,生成了低相对分子质量的有机物,而且还能氧化铁、锰等无机有色离子成难容物,从来导致水体色度显著降低。此外,臭氧的微絮凝效应还有助于胶体和颗粒物的混凝,并通过过滤去除致色物。

②降低三卤甲烷生成势。臭氧用于饮用水处理时剂量一般为 $1 \sim 4$ mg/L,臭氧氧化后水中总有机碳(TOC)代表的有机物总量的变化并不明显,表明臭氧氧化一般很难将有机物完全矿化为无机物,而主要改变了有机物的结构和新性质,转化水中的大分子有机物,从而降低三卤甲烷的生成。

③提高生物降解性臭氧氧化后的有机物随着相对分子质量的降低,羟基、羧基等所占比例增大,有机物的生物降解性能明显得到改善。臭氧预氧化能有效提高后续生物处理工业对水中污染物的去除率。大量研究表明,具有非饱和构造的有机物难以生物降解,而具有饱和构造的有机物有较好的生物降解性能。

④除藻。臭氧是强氧化剂,可以杀死藻类或限制它们的生长,对藻毒素也有很好的去除效果,欧美一些发达国家今年陆续采用臭氧预氧化除藻。

⑤除臭味,水中的臭味主要由藻类、放线菌、真菌以及氯酚引起,臭氧能够有效降低这些致臭物的浓度。

⑥助凝作用。

⑦去除合成有机化合物,通过臭氧氧化反应可以降解多种有机微污染物,其中包括脂肪烃及其卤代烃物、芳香族化合物、酚类物质、有机胺化合物、染料和有机农药等。虽然,臭氧氧化技术具有独特的优势,然而,随着现代分析检测技术的进步和卫生毒理学研究的进展,臭氧氧化副产物对健康的影响引起了水处理者的关注。

臭氧氧化作为一种极具前景的废水预处理技术,被广泛用于各种废水(如医药废水、农药废水、印染废水、垃圾渗透液、含芳香族化合物废水、炼油厂废碱液等)的处理中,以满足日益严格的出水排放标准。大多数工业废水有机物含量较高、成分复杂,可生化性差,单纯靠物理化学方法处理成本高、不经济,普通的生化处理又根本行不通,所以先用臭氧氧化预处理以提高废水的可生化性,为后续生物处理降低难度,同时降低 COD。大量实践研究表明,在常规或生物处理工业前增加臭氧氧化预处理以后,废水中的大多数有机物碳碳双键、碳氧双键结构及发色基团都被破坏。此外,臭氧氧化还被用于城市污水的深度处理。生活污水经二级生化处理后,有机物负荷通常较低,水中残留的有机物大多是难生物降解的有机物,臭氧预氧化可以有效地将大分子有机物转化为分子质量较小的有机物,提高二级处理水中的有机物的可生化性,通过臭氧预氧化和生物处理的组合工艺可大大提高污水深度处理的效率。

2. 过氧化氢及 Fenton 氧化技术氧化

过氧化氢的标准氧化还原电位(酸性介质中 1.77 V,碱性介质中 0.88 V),仅次于臭氧(酸性介质中 2.07 V,碱性介质中 1.24 V),高于高锰酸钾、次氯酸和二氧化氯,能直接氧化水中的有机物和构成微生物的有机质。其本身只含有氢和氧两种元素,分解后成为水和氧气,使用中不会引入任何杂质。纯过氧化氢是淡蓝色液体,熔点 -0.43 ℃,沸点150.2 ℃。在 0 ℃时液体的密度是 1.464 9 g/m^3,它的物理性质和水相似,纯过氧化氢性质比较稳定,在无杂质污染和良好的存储条件下,可以长期保存而只有微量分解。只有在约 144 ℃以上才开始分解。理想的存储容器通常用纯铝、不锈钢、玻璃、瓷器、塑料等材料组成。过氧化氢的水溶液的质量分数可以达到 86%,但要进行适当的安全处理。过氧化氢是一种弱酸,但它的稀水溶液却是中性的。可以以任意比例与水互溶,质量分数为 3% 的过氧化氢在医学上称为双氧水,具有消毒、杀菌的作用。过氧化氢在水处理中具有广泛的应用,它具有以下特点:

①产品稳定,存储时每年活性氧的损失低于 1%。

②安全,没有腐蚀性,能较容易地处理液体,仅需要一些较简单的设备。

③与水完全混合,避免了溶解度的限制或排出泵产生气栓。

④无二次污染,能满足环保排放要求。

⑤氧化选择性高,特别是在适当的条件下选择性高。

过氧化氢主要用于处理高浓度有机废水,如有机染料废水、造纸及纺织工业废水等,后来作为生物预处理技术,它能有效改善废水的可生化性。过氧化氢在含硫废水和含氰处理等方面也有了较多应用。对许多工业废水(如焦油精馏厂废水和玻璃纸厂废水)中硫化物,采用过氧化氢氧化法可以有效控制硫的排放。采用过氧化氢法处理含氰废水具有操作简单、投资省、生成成本低等优点。目前,已有较多的企业采用过氧化氢法处理炭浆厂的含氰矿浆和低浓度含氰排放水、尾库矿的含氰排放水和回水,以及堆浸后的贫矿堆和剩余堆浸液。

在饮用水处理中,过氧化氢分解速度很慢,同有机物作用温和,可保证较长时间的残留消毒作用;过氧化氢又可作为脱氯剂,不会产生有机卤代物。因此,过氧化氢是较为理想的饮用水预氧化剂和消毒剂。随着天然水中有机物污染越来越严重,近年已有不少研究和工程实践将其作为预氧化用于饮水处理。目前,过氧化氢常用于水中藻类、天然有机物和地下水中铁、锰的去除。过氧化氢对有机物的氧化无选择性,且可完全氧化为 CO_2 和 H_2O,但过氧化氢单独使用时反应速度很慢,对有机物去除作用不显著。在不同 pH 条件下,过氧化氢氧化有机物的能力差别很大,低 pH 时具有较强的氧化性。过氧化氢难以将天然有机物彻底氧化,而主要在一定程度上改变了有机物的构造,具有较强的助凝作用,因而在饮用水净化的实际应用时通常要与其他催化剂结合,进行高级氧化。

(1)过氧化氢的氧化性。

过氧化氢分子中氧的价态是 -1,它可以转化成 -2 价,表现出氧化性;可以转化成 0 价,表现出还原性。过氧化氢在水溶液中的氧化还原性由下列电势决定:

$$H_2O_2 + 2H^+ + 2e^- \longrightarrow 2H_2O, E^\ominus = 1.77 \text{ V}$$

$$O_2 + 2H^+ + 2e^- \longrightarrow H_2O_2, E^\ominus = 0.68 \text{ V}$$

$$HO_2^- + H_2O + 2e^- \longrightarrow 3OH^-, E^{\ominus} = 0.87 \text{ V}$$

过氧化氢的氧化还原性在酸性、中性和碱性环境中是不同的,但无论哪种条件下都是一种强氧化剂。过氧化氢分解产物是水,因此作为一种绿色氧化剂而得到广泛使用。

(2)过氧化氢的不稳定性。

过氧化氢在低温和高纯度时表现得比较稳定,但受热会发生分解:

$$2H_2O_2 \longrightarrow 2H_2O + O_2$$

溶液中微量存在的杂质,如金属离子(Fe^{3+}、Cu^{2+}、Ag^+等)、非金属氧化物、金属氧化物都能引发 H_2O_2 的均相和非均相分解。另外,pH、紫外光、温度等也能够引发 H_2O_2 的分解。为了减少和消除各种杂质对其分解的作用,一般保存或运输时,加入适量的稳定剂,如焦磷酸钠、锡酸钠、苯甲酸等。

(3)过氧化氢氧化的应用。

由于过氧化氢较高的氧化电位(仅次于臭氧,高于高锰酸钾、次氯酸和二氧化氯),能够直接氧化水中一部分有机污染物、无机物以及构成微生物的有机物质,因而可以被用作理想的饮用水消毒剂,可以用来控制工业废水中的硫化物的排放,处理含氰废水等。

①UV/H_2O_2 技术。一般来说,有机物和过氧化氢的反应速度较慢,且因传质的限制,水中极微量的有机物难以被过氧化氢氧化,尤其对于高浓度、难降解的有机污染物,仅用过氧化氢效果并不好。紫外光的引入则大大提高了过氧化氢的氧化效果。原理是,紫外光可以催化分解 H_2O_2 生成氧化性更强的 ·OH 等一系列活性氧化物种:

$$H_2O_2 + h\nu \longrightarrow 2HO\cdot$$
$$H_2O_2 + h\nu \longrightarrow HOO^- + H^+$$
$$HOO^- + \cdot OH \longrightarrow HOO\cdot + OH^-$$
$$\cdot OH + H_2O_2 \longrightarrow HOO\cdot + H_2O$$

与单纯过氧化氢相比,UV/H_2O_2 体系具有更好的活性。影响 UV/H_2O_2 氧化反应的因素有 H_2O_2 的浓度、有机物的初始浓度、紫外光的强度和频率、溶液的 pH、反应温度和时间等。实验证明,UV/H_2O_2 体系有机污染物的质量浓度的使用范围很宽,但从成本来看并不适合处理高浓度工业有机废水。近年来,有学者讨论了 UV/H_2O_2 体系中加入如 TiO_2、ZnO 或 WO_3 等金属催化剂以强化污染物的降解。值得一提的是,虽然 UV/H_2O_2 体系能有效地去除废水中的污染物,但它有时也会产生一些有害的中间产物,对环境产生二次污染。

②Fenton 氧化技术。Fenton 试剂是由亚铁离子(Fe^{2+})和过氧化氢组成的。Fe^{2+} 与过氧化氢发生反应,能够产生高反应活性的 ·OH。该试剂作为强氧化剂应用已有 100 多年的历史,在精细化工、医药卫生以及环境污染治理等方面得到广泛应用。

a. Fenton 氧化技术的基本原理。Fenton 试剂最早在 1894 年由化学家 Fenton 发现。其原理是亚铁离子催化双氧水生成大量的 ·OH,反应路径如下:

总反应方程式为

$$Fe^{2+} + H_2O_2 \longrightarrow Fe^{3+} + \cdot OH + OH^-$$

羟基自由基能够与有机物(RH)快速反应,使之氧化降解甚至矿化:

$$RH + \cdot OH \longrightarrow R \cdot + H_2O$$

$$R \cdot + Fe^{3+} \longrightarrow R^+ + Fe^{2+}$$

$$R^+ + O_2 \longrightarrow 降解产物$$

在碱性条件并有 O_2 存在时,还会发生下列反应:

$$4Fe^{2+} + O_2 + 2H_2O + 8OH^- \longrightarrow 4Fe(OH)_3$$

$$2Fe^{3+} + 3H_2O_2 + 2H_2O \longrightarrow 2H_2FeO_4 + 6H^+$$

$$2H_2FeO_4 + 3H_2O_2 \longrightarrow 2Fe(OH)_3 + 2H_2O + 3O_2$$

生成的 $Fe(OH)_3$ 在一定 pH 条件下以胶体形态存在,具有凝聚和吸附性能,可除去水中部分悬浮物和杂质。

b. Fenton 氧化技术的影响因素。Fenton 氧化技术的主要影响因素有溶液的 pH、H_2O_2 及 Fe^{2+} 的浓度、反应温度、体系中存在的其他阴离子等。

(a) pH 的影响。Fenton 体系需要在酸性条件下才能很好地发挥氧化作用,一般需要控制 pH 在 3 左右,这是因为 pH 的升高不仅抑制 $\cdot$OH 的产生,而且使溶液的 Fe^{2+} 以氢氧化物的形式沉淀而失去催化能力。而当 pH < 3 时,Fe^{3+} 不能顺利地还原为 Fe^{2+},催化反应受阻。

(b) H_2O_2 浓度的影响。在一定范围内,H_2O_2 的用量增加,生成 $\cdot$OH 的量增加,但当 H_2O_2 的浓度过高时,过量的 H_2O_2 不但不能通过分解产生更多的自由基,反而在反应一开始就把 Fe^{2+} 迅速氧化成 Fe^{3+},并且过量的 H_2O_2 自身会分解,造成氧化剂的浪费。

(c) 催化剂浓度的影响。Fe^{2+} 是 Fenton 体系中催化产生自由基的必要条件。Fe^{2+} 浓度过低,自由基产生的量和产生速率都很小,有机物的降解受抑制。但当 Fe^{2+} 过量时,它使 H_2O_2 还原且自身被氧化,消耗药剂的同时还增加了出水色度,而且增加了后续铁泥的处理成本。

(d) 反应温度的影响。一般情况下,随着温度的升高,反应速度加快,但是过高的温度会促使 H_2O_2 分解为 O_2 和 H_2O。

(e) 反应体系中其他阴离子的影响。研究表面,天然水中存在的 Cl^-、CO_3^{2-} 都能够和 $\cdot$OH 反应而使体系的活性降低。

(f) 体系中反应中间产物的影响。降解的中间产物即可与 Fe^{3+} 形成稳定的络合物,又可与 $\cdot$OH 的生成发生竞争,这使得 Fenton 试剂降解有机污染物矿化程度很难超过 60%。

c. 类 Fenton 氧化技术。最早的 Fenton 试剂仅指 H_2O_2 与 Fe^{2+} 的混合液。这种普通的 Fenton 反应需要在酸性条件下才具有较高的活性。而且存在矿化势垒,难以将有机污染物深度矿化。为了克服这些缺点,研究者对传统的 Fenton 试剂进行了改进。近些年来,研究者发现把紫外线或氧气、敏化剂等引入到反应体系中,可显著增强 Fenton 试剂的氧化能力并节省 H_2O_2 的用量。由于基本过程与 Fenton 氧化技术类似而称为类 Fenton 氧化技术(Fenton-like oxidation technique),主要包含以下几类。

（a）$Fe^{2+}/UV/H_2O_2$、$Fe^{3+}UV/H_2O_2$ 体系。1991 年，Zepp 等人研究了光照下的 Fenton 反应，结果惊奇地发现 Fenton 体系中正辛醇、2 - 甲基 - 2 - 丙醇、硝基苯的降解速率在光照条件下大大加快，从此人们开始研究把紫外光引入 Fenton 体系。UV/Fenton 法的优点在于降低了 Fe^{2+} 用量，提高了 H_2O_2 的利用率。这是由于 Fe^{2+} 和紫外光对 H_2O_2 的催化分解存在协同作用。

近年来，人们尝试用 Fe^{3+} 代替传统 Fenton 试剂中的 Fe^{2+}，但在无紫外光照的条件下这种催化系统对有机物的降解速率远远低于传统的 Fenton 试剂，而在有紫外光的条件下，该体系可以极大地加速有机物的降解，而且 H_2O_2 的利用率大大提高。Fe^{3+} 在水溶液中的存在形式主要与介质酸碱度有关。在 pH 为 3 的条件下，Fe^{3+} 主要以 $Fe(OH)^{2+}$ 的形式存在，可以发生如下的反应：

$$Fe(OH)^{2+} \xrightarrow{h\nu} Fe^{2+} + \cdot OH$$

光还原产生的 Fe^{2+} 又与 H_2O_2 反应，使 $\cdot OH$ 产率增加，形成 Fe^{3+}/Fe^{2+} 的循环，从而加速有机物的分解速率。

UV/Fenton 体系中加入某些络合剂，如草酸盐$[Fe(C_2O_4)_3]^{3-}$、EDTA 等，可使 Fenton 体系的氧化能力大大提高。如 $UV - Vis/C_2O_4^{2-}/H_2O_2$ 体系与 UV/Fenton 体系相比，其优越性主要表现在两方面：一是具有极强的利用紫外光和可见光的能力；二是 $\cdot OH$ 的产率高，Fe^{2+} 与 $C_2O_4^{2-}$ 可形成三种稳定的络合物 $Fe(C_2O_4)^+$、$Fe(C_2O_4)^{2-}$ 和 $Fe(C_2O_4)_3^{3-}$，它们都具有光学活性，大大提高了量子产率，也有利于实现有机污染物的深度矿化。

（b）$Fe^{2+}/O_2/H_2O_2$、$Fe/UV/O_2/H_2O_2$ 体系。近年来有研究表面，氧气和紫外光的引入对于有机物的矿化是有效的，二者参与反应的机理主要有两点：氧气吸收紫外光后可生成臭氧等次生氧化剂；氧气通过诱导自氧化加入到反应中。例如：

$$R \cdot + O_2 \longrightarrow ROO \cdot$$
$$ROO \cdot + H^+ + Fe^{2+} \longrightarrow R = O + \cdot OH + Fe^{3+}$$

该过程节省了 H_2O_2 的用量，降低了处理成本。

（c）非均相 Fenton 氧化体系。尽管人们对 Fenton 试剂进行了一系列的改进，采用均相 Fenton 体系仍然存在着难以解决的问题，如均相体系会产生大量的铁泥，所以近 10 年来，人们开始非均相的 Fenton 体系的研究。目前的研究表明，在赤铁矿（$\alpha - Fe_2O_3$）、针铁矿（$\alpha - FeOOH$）和四方纤铁矿（$\beta - FeOOH$）等不同类型的铁氧化物中，$\alpha - FeOOH$ 的催化效性能最好，其机理为：$\alpha - FeOOH$ 表面的铁可与 H_2O_2 络合形成活性中心，随后在紫外光照射下 O—O 键断裂产生 $\cdot OH$ 氧化降解产物。

3. 光催化氧化

光催化氧化（photocatalytic oxidation）技术最近 30 年才出现的水处理新技术。1976 年，John. H. Carey 首先将光催化技术应用于多氯联苯的脱氯，从此光催化氧化有机物技术的研究工作取得了很大的进展，出现了众多的研究报告。20 世纪 80 年代后期，随着对环境污染控制研究的日益重视，光催化氧化法被应用于气相和液相中一些难降解污染物的治理研究，并取得了显著的成果。光催化氧化技术对多种有机物（如 4 - 氯酚、三氯乙酸、对苯二酚、乙醇）和无机物以及染料、硝基化合物、取代苯胺、多环芳烃、杂环化合物、烃类和酚类等进行有效脱色、降解和矿化,如 CN^-、S^{2-}、I^-、Br^-、Fe^{2+}、Ce^{2+} 和 Cl^- 等离子都能发生作用,很多情况下能将有机物彻底无机化,从而达到污染物无害化处理的要求,消除其对环境的污染及对人体健康的危害,并作为一种能量的利用率高、费用较低的新型污染处理技术逐渐受到人们的重视。

光催化降解技术中,通常是以 TiO_2、ZnO、CdS、WO_3、SnO_2、Fe_2O_3 等半导体材料为催化剂。在已知的光催化半导体材料中,TiO_2 不仅光催化活性优异,而且具有耐酸耐碱腐蚀、耐化学腐蚀、稳定性好、成本低、无毒等优点,成为应用最广泛的光催化剂。

对于一定成分的废水而言,光催化氧化效果主要受以下因素影响:

①催化剂的投加量。催化剂的加入量有一最佳值,在低浓度时,反应速率随催化剂浓度增加而增大,超过一定浓度后反应速率相反,这是因为催化剂少时,光源产生的光量子不能被有效利用,而超过一定值,光源的透过率严重下降,不利于催化剂对光子的吸收。

②废水 pH。不同有机物的降解有不同的最佳 pH,且影响显著。

③废水初始污染物浓度。光催化反应速率随废水污染物浓度的增加而降低,这是因为污染物分子吸附在催化剂颗粒上,不利于光子的吸收,同时光强度在水中衰减得很快。

④温度。光催化反应受温度的影响并不大,因为受温度影响的吸附、表面迁移等不是决定光反应速率的关键步骤。

⑤光照强度。光强越强,光催化反应速率越高,因为光强增加意味着单位时间内可利用的数目的增加,因而 · OH 自由基的浓度增加,光解反应加快。但光增加导致耗电量增加,经济上不一定合理。

⑥光源类型。使用短波长紫外光作为光催化降解的光源可以提高能量的利用率。

⑦外加氧化剂的影响。抑制电子/空穴对复合概率是提高光催化效率的重要途径之一。通常要加入少量 O_2、H_2O_2、O_3 或 Fe^{3+} 等,利用它们产生更多的高活性自由基 · OH。

⑧盐的影响。高氯酸、硝酸盐对光氧化的速率几乎无影响,而硫酸盐、氯化物、磷酸盐则因它们很快被催化吸附而使得氧化速率减少 20% ~70%,这说明无机盐阴离子可能与有机分子竞争表面活性位置或在接近颗粒表面的地方产生高极性的环境,因而"阻塞"了有机物向活性位置扩散。

目前,光催化氧化法已经较多地被利用到印染废水、含酚废水、抗生素废水、有机磷农药废水、垃圾渗滤液、生物制药废水、草浆纸厂等有机废水的处理研究,能有效地将废水中的有机物降解为 H_2O、CO_2、SO_4^{2-}、PO_4^{3-}、NO_3^-、卤素离子等无机小分子,达到完全无机化的目的。此外,光催化氧化法还被应用于深度处理饮用水中的腐殖质、邻苯二甲酸二甲酯、环己烷、阿特拉津等的处理研究。目前应用较多的光催化氧化技术有 UV/O_3、UV/H_2O_2、$UV/H_2O_2/O_3$、UV/TiO_2、$UV/O_3/TiO_2$ 工艺等。

(1)TiO_2 光催化技术的原理简介。

TiO_2 在光辐射作用下发生的基本的光催化反应如下:

$$TiO_2 + h\upsilon(\ > E_g) \longrightarrow e^- + h^+$$

$$e^- + h^+ \longrightarrow TiO_2 + 热能(或光能)$$

$$h^+ + H_2O \longrightarrow \cdot OH + H^+$$

$$e^- + O_2 \longrightarrow O_2^- \longrightarrow HO_2 \cdot$$

$$2HO_2 \cdot \longrightarrow O_2 + H_2O_2$$
$$H_2O_2 + O_2^- \longrightarrow \cdot OH + OH^- + O_2$$
$$H_2O_2 + h\upsilon \longrightarrow 2HO \cdot$$
$$h^+ + OH^- \longrightarrow \cdot OH$$

研究表明,光催化效率主要取决于表面电荷载流子的迁移率和电子－空穴复合率的竞争。若载流子复合率太快,那么光生电子或空穴将没有足够的时间与其他物质进行化学反应,而在半导体二氧化钛中,这些光生电子和空穴具有较长的寿命,这就足够的时间让电子和空穴转移到晶体的表面,生成氧化性的自由基。

(2)提高 TiO_2 光催化反应效率的途径。

由于 TiO_2 的禁带宽度为 3.2 eV,只能吸收波长小于 387 nm 的紫外辐射,因此其吸收光谱只占太阳光谱中很小的一部分,不能充分利用太阳能。另外,TiO_2 的光量子效率也有待于进一步提高。鉴于此,国内外研究者已尝试从多种途径来提高 TiO_2 光催化反应的效率。

①纳米 TiO_2 材料的研制。相对于块体 TiO_2 材料,纳米 TiO_2 比表面积大、电子－空穴的复合率低、相应的氧化还原电势较高,因此具有更高的量子产率和光催化活性。目前,用于光催化反应的 TiO_2 材料多为纳米材料。

②TiO_2 的改性。TiO_2 的改性又称为催化剂的表面修饰。为解决 TiO_2 的激发波长比较短、对太阳光的利用率比较低的问题,发展了惰性金属沉积、过渡金属掺杂、非金属(如氮、硫等)掺杂、复合半导体、表面光敏化等方法来将激发波长扩展到可见光区。目前,对于这些改性方法的研究正在逐渐深入,至于其机理,还存在一定的争议。

③外加氧化剂。许多研究表明,有机物在催化剂表面的光氧化速率受电子传给 O_2 的速率的限制。此外,O_2 作为电子的俘获剂阻止了电子－空穴的简单复合,同时产生高活性的超氧离子。作为有效的导带电子的俘获剂,以及高活性氧化物中的母体,某些氧化剂的加入能提高光催化氧化的速率和效率。已发现的能促使光催化氧化的氧化剂有 O_2、H_2O_2、$S_2O_8^{2-}$、IO_4^-、Fe_2O_3 等。

目前,国内外对于光催化的基础理论和实践应用方面的研究已有大量报道,但是有关光催化作用与水污染处理方面的研究只停留在证实过程的可行性水平上,并没有投入到大规模的工程实践以商业应用。这主要是由于光源的利用率、催化剂的利用、光生电子和空穴的利用、传质问题和反应器的设计等一些因素的限制,而如何在光催化氧化反应提高光源的利用率,特别是利用太阳能作为光源、改善催化剂的活性、制备复合催化剂、外加电场、研发新型高效反应器等都将成为今后研究的热门问题,而随着这些问题的解决也就使得光催化氧化技术在环境治理实际应用中的可行性和竞争性大大提高。

4. 催化湿式氧化

催化湿式氧化技术(catalytic wet air oxidation,CWAO)是一种治理有机高浓度废水的新技术。它指在高温、高压下,在液相中以空气中的氧气为氧化剂(现在也有使用其他氧化剂的,如臭氧、过氧化氢等),在催化剂作用下,氧化水中溶解态或悬浮态的有机物或还原态的无机物的一种处理方法。使污水中的有机物、氨等分别氧化分解成 CO_2、H_2O 及 N_2 等无害物质,达到净化的目的。由于 WAO 工艺最初是由美国的齐默尔曼(Zimmermann)在 1944 年提出的,并取得了多项专利,故也称齐默尔曼法。

自20世纪70年代以来,为了克服传统湿式氧化法在实际推广中对设备的耐腐蚀、耐高温、耐高压要求等造成的经济因素,湿式氧化过程中的氧化反应不完全以及可能产生毒性更强的中间体等因素的缺点,催化湿式氧化法在传统的湿式氧化法的基础上发展起来。它在传统的湿式氧化处理工艺中,加入适宜的催化剂,以降低反应所需的温度与压力,使氧化反应能在更温和的条件下进行,提高氧化分解能力,缩短反应时间,减轻设备腐蚀和降低成本。

(1)催化湿式氧化技术的分类。

根据催化剂在反应中存在的状态,可分为均相湿式空气催化氧化和非均相湿式空气催化氧化。

①均相湿式空气催化氧化。湿式催化氧化反应的研究工作最初集中在均相湿式催化氧化反应上,通过向反应液中加入可溶性的催化剂,以分子或离子形态对反应过程起催化作用。因此均相催化的反应过程较温和,反应性能好,有特定的选择性。目前,研究较多的催化剂是可溶性的过渡金属盐类。其中,铜的催化活性比较明显。这主要是由于在结构上,Cu^{2+}外层具有 d9 电子结构,轨道的能级和形状都使其具有显著的形成络合物的倾向,容易与有机物和分子氧的电子结构形成络合物,并通过电子转移,使有机物和分子氧的反应活性提高。也有研究表面,Cu^{2+} 的加入主要是通过形成中间络合物、脱氢以引发氧化反应自由基链,在均相催化剂的实际应用方面有成功的实例。均相催化氧化使用过渡金属盐类作为催化剂固然有它有利的一面,能够处理浓度较高的废水,但是后阶段需要对离子态的催化剂进行回收利用,否则造成二次污染,所以大多数情况下,用均相催化剂氧化并不是一种有竞争力的方法。

②非均相湿式催化氧化。这种技术中催化剂与废水的分离简便,避免了均相催化中催化剂的流失。非均相催化氧化就是氧化过程中使用固体氧化剂,催化剂的形状有球形、短柱形、蜂窝状等。该工艺采用浸渍法、溶胶 – 凝胶法、气相沉积法等方法将贵金属等催化剂负载到载体上,制备出非均相催化剂。常见的载体有氧化铝、石墨、活性炭及其金属氧化物等,而活性成分则为贵金属即过渡金属及其相关的化合物。非均相催化剂主要有贵金属系列、铜系列和稀土系列,近年来也有研究活性炭等固体催化剂,也取得了一定效果。贵金属系列对氧化反应具有很高的活性和稳定性,但成本较高;铜系列催化剂由于其高活性和廉价性也被广泛研究,但由于其在湿式氧化的苛刻条件下析出的问题,至今实际应用的报道较少;稀土元素在化学性质上呈现强碱性,表现出特殊的氧化还原性,且离子半径大,可以形成特殊结构的复合氧化物,在 CWAO 催化剂中,CeO_2 是应用广泛的稀土氧化物。它可以和贵金属耦合,提高贵金属表面分散度,降低成本,且具有出色的"储氧"能力;CeO_2 也可以和铜系催化剂结合,改变催化剂的电子结构和表面性质,提高催化剂的活性和稳定性。研究表明,CWAO 催化剂正向着多组分、高活性、廉价、稳定性好的方向发展。

(2)主要影响因素。

①污染物的结构。大量的研究表明,有机物氧化与物质的电荷特征和空间结构有很大的关系,不同的废水有各自的反应活化能和不同的氧化反应过程,因此湿式空气氧化的难易程度也不同。Randall 等人总结了大量研究结果,认为氰化物、脂肪族和卤代脂肪

族化合物、芳烃(如甲苯)、芳香族和含非卤代基团的卤代芳香族化合物(如氯酚)等容易氧化,而不含非卤代基团的卤代芳香族化合物(如氯苯和多氯联苯)则难以氧化。一般情况下,湿式空气氧化过程经历了大分子氧化成小分子的快速反应期和继续氧化成小分子中间产物的慢反应期两个阶段。研究发现,苯甲酸和乙酸为最常见的积累的中间产物,且较难被进一步氧化。

②温度。温度是湿式氧化过程中主要影响因素之一。温度越高,反应速率越快,反应进行得越彻底。同时,在封闭的反应体系中温度升高还有助于增加溶氧量及氧气的传质速度,减少液体的黏度,有利于氧反应的进行。但过高的温度又是不经济的。因此,操作温度通常控制在 150~280 ℃。

③压力。压力在反应中的作用主要是保证呈液相反应,所以总压应不低于该温度下的饱和蒸气压。

④其他。停留时间、废水的性质(如 pH)、搅拌强度、反应产物等都会影响反应进程。

催化湿式氧化法是一种处理高浓度、有毒有害、难降解废水的有效手段,近年来一直受到研究人员的重视。目前湿式氧化技术已经较多地应用于农药废水、造纸废水、印染废水、垃圾渗透液、焦化废水、苯酚废水、集装箱清洗废水等处理研究,其处理效果主要受催化剂特性、反应温度、反应时间、有机物初始浓度、氧分压等因素的影响。催化湿式氧化法应用范围广、催化效率高、反应速度快、占地面积小、二次污染低等优点。但是,催化湿式氧化法存在对反应设备要求高、催化剂的溶出问题,针对这些不足,如何加强催化湿式氧化反应器和换热器及其结构材料的研究以及研制出具有更加针对性的、催化效率高且价格低的催化剂,便成为废水处理催化湿式氧化技术研究应用的方向。

5. 超临界水氧化

超临界水氧化技术(supercritical water oxidation,SCWO)是麻省理工学院的 Modell 教授在 20 世纪 80 年代提出的一种新型的有机废水处理技术,它以超临界水为介质,均相氧化分解有机物。在此过程中,有机碳转化为 CO_2,而硫、磷和氮原子分别转化为硫酸盐、磷酸盐和亚硝酸根离子或氮气。SOWO 技术作为一种针对高浓度难降解有害物质的处理方法,因其具有效率高、反应器结构简单,适用范围广,产物清洁等特点已受到广泛关注,是目前国内外的一个研究热点。超临界水氧化技术的主要原理是利用超临界水作为介质来氧化分解有机物此时,有机物和氧气的反应不会因相间转移而受到限制。同时,高的反应温度(建议采用范围为 400~600 ℃)也使反应速度加快,可以在几秒钟内对有机物达到很高的去除效率,且反应彻底。

通常条件下,水以蒸汽、液态水和冰三种状态存在,是一种极性溶剂,可以溶解包括盐类在内的大部分电解质,而对气体和大部分有机物溶解能力则较差,其密度几乎不随压力而改变。但是,若将温度和压力升高到临界点($T=374.3$ ℃,$p=22.05$ MPa)以上,水的密度、介电常数、黏度、扩系数等就会发生巨大变化,水就会处于一种既不同于气态,也不同于液态的和固态的流体状态——超临界状态,此状态下的水称为超临界水。超临界水具有以下物理化学特性:

①水的介电常数通常情况下是 80,而在超临界状态下下降 2 左右,超临界水呈现非极性物质的性质,成为非极性物质的良好溶剂,而对无机物的溶解能力则急剧下降。

②氧气等气体在通常情况下，在水中的溶解度低，但在超临界水中，氧气、氮气等气体，可以以任意比例与超临界水混合为单一相。

③气-液相界面消失，电离常数由通常的 10^{-14} 下降到超临界条件下的 10^{-23}，流体的黏度降低到通常的10%以下，因此，传质速度快，向固体内部的细孔中渗透能力非常强。

SCWO反应的基本原理是以超临界水为介质，氧化剂如 O_2 或 H_2O_2 与有机物发生反应，由于水在超临界状态下的特殊性质，使得上述反应能够在均一相中进行，不会因为相间的转移而受到限制。SCOW反应属于自由基反应，在超临界状态下，有机污染物与氧化剂可形成自由基。SCOW技术利用超临界水与有机物混溶的性质，具有多方面的优势：

①反应速度非常快，氧化分解彻底，一般只需要几秒至几分钟即可将发生中的有机物分解，并且去除率达99%以上。

②有机物和氧化剂在单一相中反应生成 CO_2 和 H_2O，出现在有机物中的杂原子氯、硫、磷分别被转化 HCl、H_2SO_4、H_3PO_4，有机氮主要形成 N_2 和少量 N_2O，因此SCOW过程无须尾气处理，不会造成二次污染。

③反应器体积小、结构简单。

④不需要外界提供热，处理成本低，若被处理的研究废水中的有机物浓度3%（质量分数）以上，就可以直接依靠氧化反应过程中产生的热量来维持反应所需要的热能。

美国国家关键技术所列的六大领域之一"能源与环境"中指出，最有前途的污染控制技术之一就是超临界水氧化技术。随着SCOW研究的进一步深入，相信它将为环保物料转化和有机合成等领域提供崭新的、有光明前景的实用技术。

SCOW处理范围很广，已经较多用于有机氮废水、卤化脂肪和卤代芳香类废水、农药废水、炸药废水、化学废水、焦化废水、电镀废水、选矿含氰废水、造纸废水、垃圾渗透液的处理，还可以用于分解有机物，如甲烷十二烷基磺酸钠等，均获得了很好的降解效果。SCOW作为一种绿色环保技术，在处理有毒、难降解和高浓度的有害物质上有众多优势，且目前其应用基础已经成形，国外也有实际的工业应用之例，但世界上很少有大规模处理污染物的SCOW工业装置，仍没有实现SCOW的大规模工业推广，这主要原因是仍有一些技术问题仍然没有解决。超临界水氧化反应器的腐蚀和结垢问题、盐沉积即反应器堵塞问题以及超临界水氧化的高耗能、高费用的问题严重阻碍了该技术在工业生产中的推广和发展，成为制约其工业的瓶颈，为了加快工业反应速率、减少反应时间、降低反应温度、优化反应网络，使SCOW能充分发挥自身的优势，许多研究者将催化剂引入SCOW，开发了催化超临界水氧化技术。

6. 环境电化学技术

近年来，电化学技术（electrochemical technique）受到高度关注，成为环境科学与过程领域最重要的研究与发展方向之一。以电化学水处理方法的基本原理为基础，利用电极反应过程及其相关过程，通过直接和间接的氧化还原、凝聚絮凝、吸附降解和协同转化等综合作用，对水中有机物、重金属、硝酸盐、胶体颗粒物、细菌、色度、臭味等具有优良的去除效果。由于电化学技术具有不需要向水中投加药剂、水质净化效率较高、无二次污染、使用方便、易于控制等突出优点，在废水处理、饮用水净化和环境污染修复等方面有巨大的发展潜力。目前人们已应用电化学技术对废水中难生物降解有机物的去除进行了大量研究,并对降解过程提出了多种机理。

(1)基本原理。

①氧化过程与机理。电化学催化氧化过程可分为直接氧化与和间接氧化两种。所谓直接氧化是指污染物吸附在阳极表面直接发生电子转移而被氧化的过程,一般在污染物浓度较高时发生。间接氧化是指通过电解液中一些媒介,或者利用电极表面产生的一些活性中间产物(如·OH、OCl^-、H_2O_2、O_3 等)来实现污染物的氧化降解。通过在电解液中添加一些媒介来氧化降解污染物的间接氧化法一般又称为媒介电化学氧化(mediated electrooxidation,MEO),常采用金属氧化物(如 BaO_2、MnO_2、CuO 和 NiO 等)作为媒介。它们悬浮在溶液中,在电化学过程被氧化成高价态,这些高价态物质氧化降解有机物,本身又被还原成原来的价态,实现一个氧化还原循环。

在电化学反应中,电极表面可以产生一些活性中间产物来参与污染物的去除:

a. H_2O 能够在阳极上放电产生吸附态或游离态的·OH:

$$MO_x + H_2O \longrightarrow MO_x(\cdot OH) + H^+ + e^-$$

$$H_2O \longrightarrow OH + H^+ + e^-$$

其中,MO_x 代表金属氧化物阳极。

b. 产生次氯酸盐(OCl^-)。有些学者认为,电化学处理含氯有机废水时,氯化物电化学氧化生成次氯酸盐,可以进一步氧化降解有机物。

$$2Cl^- \longrightarrow Cl_2 + 2e^-$$

$$Cl_2 + H_2O \longrightarrow HOCl + HCl$$

$$HOCl \longrightarrow H^+ + OCl^-$$

还有些学者认为,有氯存在时阳极可以发生下列反应:

$$OH^- \longrightarrow \cdot OH + e^-$$

$$Cl^- \longrightarrow \cdot Cl + e^-$$

$$2Cl^- \longrightarrow Cl_2 + e^-$$

同时还可以发生以下反应:

$$Cl_2 + \cdot OH \longrightarrow HOCl + Cl^-$$

$$Cl_2 + 2H_2O \longrightarrow HOCl + H_3O^+ + Cl^-$$

$$HOCl + H_2O \longrightarrow H_3O^+ + OCl^-$$

这些具有氧化作用的含氯物质(·Cl、Cl、OCl^-)和羟基自由基(·OH)共同氧化降解有机污染物。

c. 产生臭氧(O_3)。研究表面,电化学方法可产生通过以下反应在线产生 O_3,用于水中污染物的氧化降解、杀菌消毒等。它比空气放电产生 O_3 要方便得多。

$$3H_2O \longrightarrow O_3 + 6e^- + 6H^+$$

$$O_2 + H_2O \longrightarrow O_3 + 2e^- + 2H^+$$

d. 产生 H_2O_2。O_2 可以在阴极得到电子,发生一系列的反应生成过氧化氢:

$$O_2 + e^- \longrightarrow O_2^-$$

$$O_2^- + H^+ \longrightarrow HO_2 \cdot \text{ 或 } O_2^- + HO_2 \cdot \longrightarrow O_2 + HO_2^-$$

$$2HO_2 \cdot \longrightarrow H_3O_2 + O_2 \text{ 或 } HO_2^- + H^+ \longrightarrow H_2O_2$$

e.其他物质。也有研究表明,电解过程中会产生 ClO_2、$O_2 \cdot$、$HO_2 \cdot$ 和 $O \cdot$ 等。

②还原过程与机理。阴极还原水处理方法是在适当电极和外加电压下,通过阴极和直接还原作用降解有机物(如还原卤)的过程;也可利用阴极的还原作用,产生 H_2O_2,再通过外加试剂发生 Fenton 反应,从而产生·OH,降解有机物(电 Fenton 反应)。

水在阴极(M)表面放电生成吸附态氢离子,与吸附在阴极表面的卤代烃分子发生取代反应使其脱卤。其反应过程如下:

$$2H_2O + 2e^- + M \longrightarrow 2(H)_{ads}M + 2OH^-$$
$$R—X + M \rightleftharpoons (R—X)_{ads}M$$
$$(R—X)_{ads}M + 2(H)_{ads}M \rightleftharpoons HX + (R—H)_{ads}M$$
$$(R—H)_{ads}M \rightleftharpoons R—H + M$$

(2)重要的电化学技术与方法。

①电 Fenton 技术。如上所示,电化学反应可以产生 H_2O_2,H_2O_2 扩散到溶液中会与 Fe^{2+} 发生 Fenton 反应,而 Fe^{2+} 也可以通过电化学还原循环再生;参与反应的 Fe^{2+} 可以由外部加入,也可以通过铁阳极的氧化溶解产生,即电 Fenton 技术(electro-Fenton technique)。典型的电 Fenton 反应产生·OH 及降解有机物污染物示意图如图 6.8 所示。

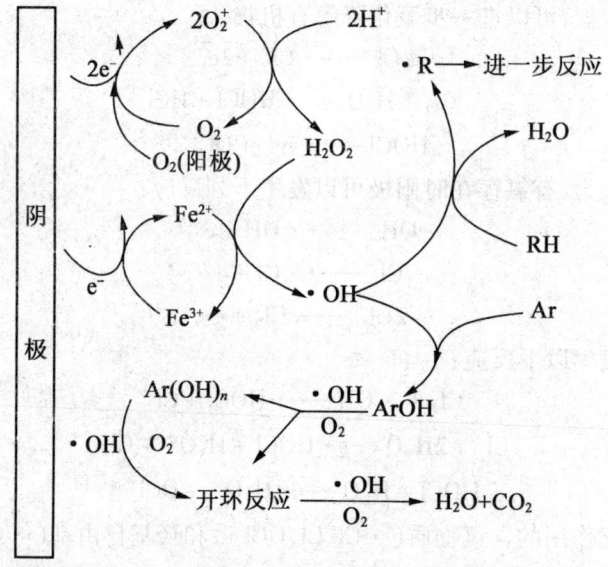

图6.8　电 Fenton 反应产生·OH 及降解有机污染物示意图

电 Fenton 方法相对于传统的 Fenton 方法有如下优点:

a. H_2O_2 可通过电解现场生成,避免了储存运输潜在的危险性。

b.喷射到阴极表面的氧气或空气可以提高反应溶液的混合作用。

c. Fe^{2+} 可由阴极再生,铁盐加入量少。

d.多种作用协同去除有机物,除电化学产物·OH 的氧化作用外,还有阳极氧化、电絮凝和电气浮等联合作用。

但电 Fenton 技术也存在两个缺点：一是电流效率低，H_2O_2 产率不高；二是不能充分矿化有机物，中间产物易与 Fe^{2+} 结合形成络合物。针对这些缺点，人们着重从两个方面入手提高 Fenton 反应的效率：一是采用氧气接触面积大且对 H_2O_2 生成有催化作用的新型阴极材料；二是将紫外线引入电 Fenton 反应。其中，将紫外线化学氧化和电化学氧化方法结合起来，以达到协同去除有机物的金属成为最近电催化技术研究的热点。

②电化学絮凝。电化学絮凝（electrochemical coagulate）又称电混凝，其原理是：将金属电极（铝或铁）置于被处理的水中，然后通以直流电，此时金属阳极发生电化学反应，溶出的 Al^{3+} 或 Fe^{2+} 等离子在水中水解生成的聚合物可发挥压缩双电层、电中和以及网捕作用。电极表面释放出的微小气泡加速了颗粒的碰撞过程，密度小时就会上浮而分离，密度大时则下沉而分离，有助于迅速去除废水中的溶解态和悬浮态胶体化合物。

通常，电化学反应器内进行的化学反应过程是极其复杂的。在电絮凝反应器中同时发生电絮凝、电气浮和电氧化过程，水中的溶解性物质、胶体和悬浮态污染物在混凝、气浮和氧化作用下均可得到有效转化和去除。

虽然电絮凝有很大的优越性，但需要注意的是，电极在电解过程中钝化是一个十分重要的问题。铝电极在电解过程中表面上形成氧化物薄膜（Al_2O_3）以及阴极附近 pH 高引起的碳酸盐析出和沉淀均可导致电极表面发生钝化。采用投加一定量 Cl^- 来破坏钝化膜或定时倒换电流极性的方法可消除或缓解电极的钝化。

③光电组合催化技术。困扰 TiO_2 的光催化活性的一个问题就是电子-空穴对的复合。有研究表明，外加电场可以在光催化剂内部形成一个电位梯度，光生电子在电场的作用下迁移到对电极，使载流子得以分离，有效阻止了载流子在半导体上的复合，延长了空穴的寿命，有利于发挥光生空穴的氧化作用，提高了光催化反应的效率。因此，可将光催化剂负载在电极表面，借助于外加电场提高光催化反应效率，发挥光电协同作用。其机理如图 6.9 所示。

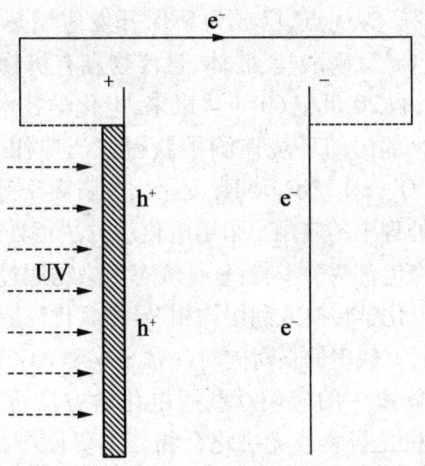

图 6.9　半导体电助光催化作用原理示意图

目前光电组合催化技术的研究多集中在电化学辅助的光催化方面，其中光电极是高效催化降解有机污染物的关键因素，用于光催化降解过程的光电极和电催化电极的制备,成为光电水处理技术研究的核心。

④电渗析。电渗析机理:依靠在电场作用下选择性透过膜的独特功能,使离子从一种溶液进入另一种溶液中,达到对离子化污染物的分离和浓缩。利用电渗析处理金属离子时并不能直接回收到固体金属,但能得到浓缩的盐溶液,并使出水水质得到改善。目前,电渗析技术研究较多的是单阳膜电渗析法。利用电极作为吸附表面,像传统吸附过程一样进行化学物质的回收,可以用来分离水中低浓度的有机物和其他物质。

⑤电吸附。电吸附是利用电极作为吸附表面,像传统吸附过程一样进行化学物质的回收。它可以用来分离水中低浓度的有机物和其他物质。为了维持较高的吸附特性,一般采用大比表面积的吸附电极。

(3)电化学技术在环境污染治理中的应用。

①电化学技术在废水处理中的应用:

a. 含无机污染物废水的处理。电化学方法适于处理多种含无机污染物的废水,如有毒重金属离子、氰化物、硫氰酸盐、硫酸盐、硫化物、氨等。近年来,随着环保标准中对排放液中金属离子的含量要求越来越严格,电化学处理稀废液成为研究重点,为其发展提供了机遇。

b. 含有机污染物废水的处理。电化学方法可以将有机污染物完全降解为 CO_2 和 H_2O,此过程被称为"电化学燃烧"。电化学方法处理有机污染废液的过程与电极材料、电极表面结构及负载情况、电解质溶液组成以及浓度等因素相关。其中,电极材料是最重要的因素,不同的电极材料具有不同的特殊催化特性,可以产生不同的反应或不同的氧化中间物质,因此电极材料的开发是电化学方法处理有机污染废液技术的关键。

c. 其他应用。电渗析、离子交换辅助电渗析、电浮选和电凝聚不仅可以用作清洁生产工艺,以预防环境污染,而且它们也是有效处理工业废水的方法,如采用电渗析方法处理含 Ni^{2+}、CrO_4^{2-}、Sn^{2+}、亚磷酸盐和次磷酸盐等工业废水。离子交换辅助电渗析方法具有可多样化设计、适用范围广等优点,已成为环保开发应用热点技术。采用电浮选和电凝聚可除去废水中有毒的 Cr^{6+}、磷酸盐、胶体、悬浮物和有机物。由于电化学分析法比较简便、经济、分析灵敏度高,自 20 世纪 60 年代以来,电化学技术在环境监测领域的发展十分迅速,迄今已在许多工业部门的环境监测中获得广泛应用。电化学技术可作为传感器、监控器,用于 H^+、O_2、CO_2、SO_2、NO_2、NH_3、乙醇、金属离子等的分析和控制。

②电化学技术在废气处理中的应用。采用电化学方法可处理净化热电厂排放的废气。电化学方法去除气态污染物包含两个步骤:一是气态污染物通过电解液被吸附或吸收;二是污染物直接在电极上发生电化学转换或利用均相、异相氧化还原媒介对污染物进行转换,使其转化为无害物质。目前研究较多的是对同时含有 SO_2 和 NO_x 的废气进行处理。

③电化学技术在土壤修复中的应用。利用电化学方法可以清除土壤或泥浆中的放射性物质、重金属、某些有机化合物或无机化合物。主要反应是阳极放氧和阴极放氢,离子则通过电迁移、对流和扩散在土壤中运动。若是重金属离子,则在阴极沉积而除去,若是有机污染物则在多孔土壤中作电渗流动,然后通过外抽提系统(如离子交换或化学沉淀)加以去除。电化学方法清除污染物的过程包括电迁移、电渗和电泳三种机制。目前,已有人采用电化学方法来去除土壤中的多种重金属、甲苯、二甲苯、酚类化合物和含

氯有机溶剂等,但对不溶性有机污染物去除效果不好。

(4)电化学技术的特点。

①环境兼容性高。电化学技术中使用清洁、有效的电子作为强氧化还原试剂,是一种基本对环境无污染的"绿色"生产技术。由于界面电场中存在着极高的电位梯度,电极相当于异相反应的催化剂,因而减少了有可能因加催化剂而带来的环境污染。同时电化学过程有较高的选择性,可防止副产物的生成,减少污染物。

②功能性。电化学过程具有直接或间接氧化与还原、相分离、浓缩与稀释、生物杀伤等功能,能够处理微升到 1×10^6 L 的气、液体和固体污染物。

③能量高利用率。与其他一些过程相比,电化学过程可在较低的温度下进行。它不受卡诺循环的限制,能量利用率较高。通过控制电位、合理设计电极与电解池,可以达到减小能量损失的目的。

④经济实用。电化学技术设备成熟,操作简单,费用低。

(5)电化学技术治理污染的局限性及对策。

电化学技术治理污染具有许多优点,但是,也存在一些局限性。如电耗和电极材料耗量较大,人们对电化学装置不熟悉。此外,当被处理物质浓度低时,由于物质传递速度慢,导致处理时间延长,副反应的发生使电流效率降低,这主要通过设计新型的电解槽来解决,以利于提高电解液的流速来增大溶液的扩散速度,提高单位体积,电极的表面积、缩短溶液中离子传递的距离来加快处理速度。

(6)环境电化学发展趋势。

①促进污染控制表面电化学技术的发展。污染控制表面电化学的提出,着重于将电极过程动力学的基础理论与表面胶体化学结合起来,也就是将电极/溶液界面的性质、电子转移和双电层等电化学行为与性质,与液 - 液表面、液 - 气表面、液 - 固表面的化学吸附,不溶物表面膜和表面电现象等性状相互贯穿融合,阐述环境胶体的迁移转化机理,探寻降解净化、防治污染的有效途径与技术工艺路线。

胶体体系是实际生活和生产中广泛存在的一种高度分散的不均匀多相体系由不连续的分散相和连续的分散介质组成,其颗粒大小在 $0.1 \sim 0.5$ μm,并存在巨大的界面而影响其物理化学性质。因此,通常把胶体化学定义为关于表面现象、分散体系及其物理、化学和力学性质的科学。也就是说,胶体化学是研究由一群细分割的质点构成的分散体,同电极过程动力学一样,它也是物理化学学科的一个分支。当把这种高度分散体系的稳定性与电性能等与界面能联系起来时,即把注意力放在有气相参与组成的相界面特征上,研究气 - 液、气 - 固两相物理状态之间的表面上发生的物理过程时,就把胶体化学称为表面化学。显然,以此表面化学的基础内容与双电层理论融会贯通起来所形成的表面电化学概念,阐述环境胶体的动力学性质、流变学性质和电学性质等,可能更为符合环境胶体的客观实际,对寻求并开辟污染控制新途径无疑更具指导作用。也就是说,促进污染控制表面电化学技术的发展,是环境电化学又一新的发展趋势。

②融合工业生态学形成新体系。所谓环境污染说到底是生态系统被有毒有害物质所破坏,致使人类赖以生存的环境恶化;或者污染物质进入生态系统,并沿食物链转移,循环和富集,最后进入人体,危害人类身心健康,最终造成生态灾难和环境危机。正因如

此,城市生态系统中的生态环境保护格外引人注目,并催生了一门崭新的交叉边缘学科—工业生态学(industrial ecology),研究工业生产过程中环境影响因素对城市生态系统的综合效应,综合考察工业生产过程的工业代谢、环境设计、生命循环、绿色化学、污染防治、环境友好制造及可持续发展性。也就是说,工业生态学是建立在对自然资源的充分合理利用及资源回收利用之上的可持续发展的科学,其核心是环境设计与绿色化学,即由传统的末端治理污染方式转向以源头削减和全生产过程控制污染为特征的清洁生产。

绿色电化学工艺可算是一种清洁生产工艺,它基本符合工业生态学的原则,以电氧化生产,苯甲醛为例,在20世纪的近百年内,报道有如下生产工艺。

1902年,在二氯苄水解法制苯甲醛的基础上,就有苯甲醛电有机合成法的报道。1975年英国 ICI 公司采用 Pt 阳极与 Pb 阴极,槽电压 5.5~6.5 V,Ce、Cr、V 催化剂体系,30 ℃温度下强力搅拌,电流效率 50%~65%,以苯甲醇为原料氧化成苯甲醛,收率 70%。

1987年引入相转移催化剂 ClO^-/Cl^- 等,采用 Co^{3+}/Co^{2+},Mn^{3+}/Mn^{2+},Ce^{4+}/Ce^{3+} 等阳离子系氧化-还原对于作为电解媒质,以 Ti 片上涂 PbO_2 作阳极替代贵金属 Pt,电流效率可达 70%。

1996年朱宪采用 PbSbBi 合金阳极,无隔膜电解槽,100 mA/cm^2 电流密度,0.6 mol/L $MnSO_4$,0.01 mol/L$[(C_4H_9)_4N]^+Br^-$,电解液与甲苯投料比为 2:1(体积),电流效率达 77%。

有机电化学合成相对传统的有机合成具有明显优势。其一,电化学反应是通过反应物在电极上得失电子实现的,原则上不需要加入其他化学试剂,提高了反应效率,简化了分离过程。由于电子是最干净的试剂,因而从源头上减少了环境污染。其二,有机电合成反应是在常温常压下进行,能耗低,投资少,生产工艺简便,易于自动控制等,确实具有环境友好制造与可持续发展性。因此,将绿色电化学工艺技术与工业生态学融会贯通,形成一个全新的交叉学科新体系,可能是环境电化学发展的又一种趋势。

③能源材料微型化发展趋势。人类飞抵月球、分析原子和解开遗传密码这 3 项成果体现了 20 世纪科学技术的巨大进步与辉煌的成就。在这一浪潮中,电化学给阿波罗登月飞船提供了电源,绘出了电化学隧道扫描单原子层图谱。考虑能量转换与储藏,环境净化与检测,腐蚀与防护新材料的开发,电化学已发展成为控制离子、电子、量子、导体、半导体、介电体间的界面及本体溶液中荷电粒子的存在和移动的科学技术。特别是所属会员中人数最多的美国电化学会议(ECS),其学术活动已涵盖为 12 个部门:电池、腐蚀、介电科学和技术、电沉积、电子学、能源技术、高温材料、工业电解和电化学工艺、荧光和显示材料、有机生物电化学、物理电化学、传感器。其中固体离子学(solid state ionics)领域进展尤为显著,主要涉及新型能源与材料的研究和开发。

未来能源经济体系主要源自非化石燃料(non-fossil fuel)的清洁电源,燃煤燃油发电将急剧地减少,必将代之以利用氢能源或以风力发电机发电。大量的能量需求将联合屋顶的太阳罩与光电转换器,或以固定不动的燃料电池体系,在千家万户或商业楼群的屋顶上现场发电来满足。当阴雨天无光照时,通过电解水补充燃料电池需要的氢,并在光照充足时预先电解水储氢备用,从而建立起封闭型发电与消耗的能量分配与利用体系。小型(3P)电厂(personal power plants)或个人专用电厂几乎会再创野营的奇景。消费者也有可能将 3P 电厂富余的店出售而返回电网。一种更小型的生物应用型电源"micropower",例如"种植"于人体中的电池,用作手术或用以杀伤癌细胞。一旦常温超导取得突破性进展,磁悬浮或空气悬浮等运输方式必将淘汰喷出大量尾气的内燃机运输方式。

纳米材料包括准零维纳米颗粒材料和纳米粉体材料,它们的粒径小于 100 nm,是超微粉体材料(小于 1 μm)最富有活力的组成部分,纳米管、纳米棒、纳米丝、纳米电缆等被称为准一维纳米材料;纳米颗粒膜、纳米薄膜和纳米多层膜,属于准二维纳米材料的范畴;由纳米颗粒和纳米纤维构成的三维体材料,通常称为块体材料,这种材料纳米的结构单元是无规则分布的。近年来,纳米材料领域出现了一个新的趋势,这就是研究纳米结构的热潮,即将纳米结构单元如纳米晶、纳米颗粒、纳米管、纳米棒和纳米单层膜等,按照一定的规律规则地排列成二维和三维的结构,以便设计与合成更新型纳米材料用于节省资源和能源,或合理利用资源和能源,优化人类生存环境。

1997 年 Fasol 等人用选择电沉积法制备了雌性坡莫合金纳米线,其电化学工艺过程如下。首先用分子束外延法在未掺杂的 InP 衬底上生长一系列的 InGaAs 和 InAlAs 薄层。这种调制掺杂结构中特殊的导带和价带调节作用使电子从其中掺杂的 13 nm 厚的 InAs 层而成为"导电层"。用这个多层膜结构的垂直剖面作为电镀时的阴极,用柠檬酸镍和柠檬酸铁的混合水溶液作为电解液,镍丝作为阳极。电解液中的 Fe^{3+}、Ni^{2+} 在富电子的 InAs 层处发生"选择"电沉积,原因是 InAs 的费米能级束缚与导带,故可避免 GaAs 和其他Ⅲ–Ⅴ族元素材料通常存在的表面耗尽层,电子可以自由地从 InAs 层成流向电解液。这样,就在仅 4 nm 厚的 InAs 层制成具有一定形状与功能的电路,便可以此选择电沉积技术制备具有待定功能的纳米电路。

从以上介绍来看,与清洁环境密切相关的新型能源与材料日趋微型化,表明了环境电化学发展的必然趋势。

综上所述,由于废水成分的复杂性,单纯依靠某一种处理技术很难达到有效处理废水的目的。将多种处理技术进行有机结合,即研制集成处理技术,也是未来发展的趋势。这些集成处理技术的应用,一方面可以弥补单一处理技术的缺陷,有利于提高有机污染物的降解速率,另一方面可以减少运行成本,甚至由于技术的协同效果而使协同实际的运行费用低于单一技术的使用费用。类似的集成技术如超声波与其他高级氧化技术的结合,高压放电等离子体水处理技术与其他物化技术的集成,光、电、声、波等技术的有效集成等。

6.3 环境污染修复技术

6.3.1 概述

环境污染修复(pollution remediation)是指对被污染的环境采取物理、化学与生物的技术措施,使存在于环境的污染物质浓度减少、毒性降低或完全无害化,使得环境能够部分或者全部恢复到未污染状态的过程。

环境污染修复和传统的"三废"治理是不完全相同的。传统的"三废"治理强调的是点源治理,需要建造成套的处理设施,在最短的时间内,以最快的速度和最低的成本将污染物净化去除。而污染修复是最近几十年发展起来的环境工程技术,它强调面源治理。比如,对因生产、生活及事故等原因造成的土壤、河流、湖泊、海洋、地下水、废气和固体废物堆置场的污染治理等。污染预防、传统的环境治理("三废"治理)和环境污染修复分别属于污染控制的产前、产中和产后三个环节,它们公同构成污染控制的全过程体系。自"九五"以来,我国开始花大力气重点治理整治三湖(太湖、巢湖、滇池)、三河(淮河、海河、辽河)、两区(酸雨控制区、二氧化硫控制区)、一市(北京市)、一湾(环渤海湾)等,并取得了明显的成效,为环境的修复积累了大量的经验。

污染修复技术有不同的分类方法,按照环境污染修复的对象可分为土壤污染修复、水体污染修复、大气污染修复、固体废物污染修复四个类型;按照环境污染修复的技术可分为物理修复(physical remediation)、生物修复(bioremediation)和化学修复(chemical remediation)三种。

物理修复技术是环境污染修复技术中最传统的技术。它主要是利用污染物之间各种物理特性的差异,达到将污染物从环境中去除、分离的目的。它主要包括物理分离修复、蒸气浸取提修复、固定/稳定化修复、电动力学修复及热力学修复技术,见表6.5。

表6.5 物理修复法的主要类别

物理修复技术	基本原理	应用范围
物理分离修复	根据粒径、密度、磁性及表面特性等物理特征进行分离	污染物浓度较高且存在于不同物理特征的相介质中,常用来初步分选以优化后续处理
蒸气浸提修复	引入清洁空气降低土壤空隙蒸汽压,将污染物转化为蒸汽而去除	在渗透性较好的介质中去除挥发性有机污染物
固定/稳定化修复	采用物理、化学方法将污染物固定或包封在密实的惰性基材中使其稳定化	常用于重金属和放射性物质污染土壤的无害化处理
电动力修复	通过电化学和电动力的复合作用,使土壤中的污染物定向迁移,进而使污染物得到富集或回收	重金属及有机污染物的去除
热力学修复	利用热传导或辐射,实现对污染环境的修复	挥发或半挥发性有机物的去除

生物修复技术是指在人为强化的条件下,利用细菌、真菌、水生藻类、陆生植物等的代谢活性降解有机污染物,改变重金属的活性或存在形态,进而影响它们在环境中的迁移转化,减轻毒性。生物修复技术是20世纪80年代迅速发展起来的一项环境污染修复技术。1989年,美国阿拉斯加海鱼受到大面积石油污染,生物修复技术首次得到大规模应用并取得成功,可以认为阿拉斯加海滩溢油污染的生物修复技术是生物修复史上的里

程碑。而且实践证明,采用生物修复技术与传统的物理、化学技术相比可以节省大量投资,可以就地进行,对周围环境的影响较小。

化学修复技术主要是通过加入到被污染环境中的化学修复剂与污染物发生一定发的化学反应,清除污染物或降低其毒性。化学修复剂可以使液体、气体,也可以是氧化剂、还原剂、沉淀剂、解吸剂或增溶剂。通常采用井注射技术、土壤深度混合和液压破裂等技术将化学物质渗透到土壤表层一下。根据污染物的类型和污染环境的特征,当生物修复在广度和深度上不能满足污染物修复的需要时才选择化学修复方法。

6.3.2 微生物修复技术

生物修复(Bioremediation)是近年来国内外在土壤污染治理的研究和实践过程中诞生的一个新名词,并逐步发展为一种治理环境污染的有效技术。

狭义的生物修复,就是利用微生物的作用将环境中有害的有机污染物降解为无害的无机物(如 CO_2 和 H_2O 等)或其他无害物质的过程。由于这种技术应用最为广泛,所以通常就把这种技术称为生物修复。本小节将以污染土壤的修复为重点,主要讨论微生物修复技术。微生物修复(microbial remediation)。这是人们通常所指的狭义上的生物修复,它采用提供氧气,添加氮、磷营养盐,接种经驯化培养高效微生物等方法来强化天然微生物降解污染物的过程,此方法得到了最为广泛的研究。

1. 生物修复技术原理

(1)基本概念。

有毒有害的有机污染物不仅存在于地表水中,而且更广泛地存在于土壤、地下水和海洋中。利用生物特别是微生物催化降解有机污染物,从而去除(removing)或消除(eliminating)环境污染的一个受控或自发进行的过程,称为生物修复(bioremediation)。

大多数环境中都存在着天然微生物降解净化有毒有害有机污染物的过程。研究表明,大多数土壤内部含有能降解低浓度芳香化合物(如苯、甲苯、乙基苯和二甲苯)的微生物,只要地下水中含足够的溶解氧,污染物的生物降解就可以进行。但是在自然的条件下,由于溶解氧不足、营养盐缺乏和有效微生物生长缓慢等限制性因素,使以微生物作用为主的环境自然净化速度很慢,在环境的人工治理中需要采用各种方法来强化这一过程。例如,提供氧气或其他电子受体,添加氮、磷营养盐,接种经驯化培养的高效微生物等,以便能够迅速去除污染物,这就是生物修复的基本思想。就原理来讲,生物修复与生物处理是一致的,两个名词的区别在于生物修复几乎专指已被污染的土壤、地下水和海洋中有毒有害有机污染物的原位生物处理,旨在使被污染区域恢复"清洁";而生物处理则有较广泛的含义。微生物降解技术在废水处理中的应用已有几十年的历史,而用于土壤和地下水的有机污染治理却是崭新的,有待大力发展的。

生物修复技术的出现和发展反映了污染防治工作已从耗氧有机污染物深入到影响更为深远的有毒有害有机污染物的治理,而且从地表水扩展到土壤、地下水和海洋。对于污染土壤采取生物修复的方法,是传统的生物处理方法的延伸,与物理、化学修复技术相比,具有以下优点:其一,处理成本低于物理化学方法以及热处理;其二,对植物生长所需的土壤环境不存在破坏作用,且处理过程中污染物的氧化比较完全,因此不造成二次污染;其三,处理效果好,尤其是对于低相对分子质量污染物,去除率非常高;其四,可对污染土壤进行原位处理,操作相对比较简单。由于以上原因,近年来,这种新兴的环境微生物技术,已受到环境科学界的广泛关注。

(2)用于生物修复的微生物类型。

可以用来作为生物修复菌种的微生物分为三大类型:土著微生物、外来微生物和基因工程菌(GEM)。

①土著微生物。微生物降解有机化合物的巨大潜力是生物修复的基础。由于微生物具有种类多、代谢类型多样,"食谱"广等特点,因此凡是自然界存在的有机物都能被微生物利用、分解。例如,假单胞菌属的一些种,能分解90种以上的有机物,而且可利用其中的任何一种作为唯一碳源和能源进行代谢,并将其分解。虽然目前大量出现,且数量日益上升的许多人工合成有机物对微生物是"陌生"的,但是因为微生物本身具有强大的变异能力,所以针对这些难降解、甚至是有毒的有机化合物,如杀虫剂、除草剂、增塑剂、塑料、洗涤剂等,陆续地都已找到能分解它们的微生物种类。自然界中存在着各种各样的微生物,在遭受有毒有害的有机物污染后,自然地存在着一个筛选、驯化过程,一些特异的微生物在污染物的诱导下产生分解污染物的酶系,或通过协同氧化作用将污染物降解转化。

目前在大多数生物修复工程中,实际应用的都是土著微生物,其原因一方面是由于土著微生物降解污染物的潜力巨大,另一方面也是因为接种的外来微生物在环境中难以保持较高的活性以及工程菌的应用受到较严格的限制。引进外来微生物和工程菌时必须注意这些微生物对环境土著微生物的影响。

②外来微生物。污染环境尤其是污染土壤中虽然存在许多土著微生物,但其生长速度缓慢,代谢活性不高,或者由于污染物的存在而造成土著微生物的数量下降,导致降解污染物的能力降低。因此,需要接种一些降解污染物的高效菌。例如,处理受 2 - 氯苯酚污染的土壤时,只添加营养物,7 周内 2 - 氯苯酚质量浓度从 245 mg/L 降为 105 mg/L,而同时添加营养物和接种恶臭假单胞菌(*Peseudomonas putita*)纯培养物后,4 周内 2 - 氯苯酚的浓度即有明显降低,7 周后仅为 2 mg/L。

目前,用于生物修复的高效降解菌大多数为多种微生物混合而成的复合菌群,而且其中不少已被制成商业化产品。例如光合细菌(缩写为 PSB),这类细菌在厌氧光照下进行不产氧光合作用。其中红螺菌科(Rhodospirillaceae)光合细菌的复合菌群是目前得到广泛应用的 PSB 菌剂之一,具有即使在厌氧光照及好氧黑暗条件下都能以小分子有机物作为基质进行代谢和生长的特点,因而不仅对有机物有很强的降解转化能力,同时对硫、氮素的转化也起了很大的作用。国内出售的许多 PSB 菌液、浓缩液、粉剂及复合菌剂,已经用于治理水产养殖水体及天然有机物污染河道并且显示出一定的成效。美国 Polybac 公司推出了 20 余种复合微生物的菌制剂,可分别用于不同种类有机物的降解,氨氮硝化等。还有 DBC(Dried Bacterial Culture)及美国的 LLMO(Liquid Live Microorganisms)生物活液等也已被用于污染河道的生物修复,后者含有芽孢杆菌、假单胞菌、气杆菌、红色假单胞菌等七种细菌。

③基因工程菌。自然界中的土著菌,虽然可以通过将污染物作为其唯一碳源和能源

或以共代谢等方式,对环境中的污染物起到一定的净化作用,且有的甚至达到效率极高的水平,但是与日益增多的大量人工合成化合物相比而言,就显得有些不足。因此通过基因工程技术,将降解性质粒转移到一些能在污水和受污染土壤中生存的菌体内,从而定向构建高效降解难降解污染物的工程菌的研究具有重要的实际意义。采用细胞融合技术等遗传工程手段可以将多种污染物降解基因转入到同一微生物体中,使之获得广谱的降解能力。例如,将甲苯降解基因从恶臭假单胞菌转移给其他微生物,从而使受体菌在 0 ℃时也能降解甲苯。这种方法,解决了简单地接种特定天然微生物比较艰难而又不一定能很好地适应接种地环境的矛盾,是一种更为有效的技术手段。

基因工程菌(GEM)引入现场环境后,会与土著微生物菌群发生激烈的竞争,必须有足够的存活时间,其目的基因方能稳定地表达出特定的基因产物——特异的酶。如果在基因工程菌生存的环境中最初没有足够的合适能源和碳源,就需要添加适当的基质促进其增殖并表达其产物。引入土壤的大多数外源 GEM 在无外加碳源的条件下,很难在土壤中生存与增殖。目前分离出以联苯为唯一碳源和能源的多个微生物菌株,它们对多种多氯联苯化合物(PCBs)有共代谢功能,相关的酶有四个基因编码,这些酶将 PCBs 转化为相应的氯苯酸,这些氯苯酸可以逐步被土著微生物降解。由多氯联苯降解为二氯化碳的限速步骤是在共代谢氧化的最初阶段。联苯可为降解微生物提供碳源和能源,但其水溶性低和毒性强等特点给生物修复带来困难。解决这一问题的新途径是为目的基因的宿主微生物创建一个适当的生态位,使其能利用土著菌不能利用的选择性基质。

因此要将这些基因工程菌应用于实际的污染治理系统中,最重要的是要解决工程菌的安全性的问题,用基因工程菌来治理污染势必要使这些工程菌进入到自然环境中,如果对这些基因工程菌的安全性没有绝对的把握,就不能将它应用到实际中去,否则将会对环境造成可怕的不利影响。目前在研制工程菌时,都采用给细胞增加某些遗传缺陷的方法或是使其携带一段"自杀基因",使该工程菌在非指定底物或非指定环境中不易生存或发生降解作用。美、日、英、德等经济发达国家在这方面作了大量的研究,希望能为基因工程菌安全有效地净化环境提供有力的科学依据。科学家们对某些基因工程菌的考察初步总结出以下几个观点:基因工程菌对自然界的微生物和高等生物不构成有害的威胁,基因工程菌有一定的寿命;基因工程菌进入净化系统之后,需要一段适应期,但比土著种的驯化期要短得多;基因工程菌降解污染物功能下降时,可以重新接种;目标污染物可能大量杀死土著菌,而基因工程菌却容易适应生存,发挥功能。当然,基因工程菌的安全有效性的研究还有待深入。但是它不会影响应用基因工程菌治理环境污染目标的实现,相反会促使该项技术的发展。

(3)生物修复的影响因素。

由于生物修复技术具有效果好、处理成本低、对环境影响小,且没有二次污染等优点,被认为具有广阔的发展前景。但另一方面,由于污染物质种类繁多,土壤生态系统复杂,以及环境条件千变万化等原因,使得生物修复技术在实际应用方面受到极大的限制。修复技术往往存在对一个地点有效,对另一个地点却不起作用的缺陷。因此这些影响因素的确定和消除成为决定生物修复技术效果的关键。环境中微生物的活性受到许多因素的影响,为了提高微生物的活性,增强其降解污染物的能力,必须为微生物的生存提供适宜的环境条件,同时还要考虑污染物本身的特性。

①微生物营养盐。在微生物的生长繁殖和代谢过程中需要碳源、氮、磷和多种无机盐类。有机污染物中含有大量的碳和氢,同时土壤中存在各种无机盐,基本可以满足降解过程中微生物的营养需求。因为氮、磷营养物是常见的微生物生长的限制条件,所以适量地添加不仅可以微生物活性提高,而且可以促进降解反应的进行。目前,在石油污染治理上的大量研究表明,补充氮、磷营养除了能够显著提高降解菌的数量和活性外,还可以缩短去除污染物所需要的时间。

为达到良好的效果,在向修复对象(污染土壤和污染水体等)添加营养盐之前,必须首先确定营养盐的形式、浓度以及比例。目前,已经用于生物修复的营养盐类型很多,如铵盐、正磷酸盐、聚磷酸盐、酿造废液和尿素等,尽管很少有人比较过各种类型盐的具体使用效果,但已有的研究表明,其效果会因地而异。因为施肥是否能够促进有机物的生物降解作用,不仅取决于施肥的速度和程度,也取决于治理土壤的性质。

虽然可以在理论上估算氮、磷的需要量,但一些污染物降解速度太慢,且不同环境和地点的氮、磷可得性变动很大,计算值只能是一种估算,与实际值会有较大的偏差。例如,同样是石油类污染物的生物修复,不同的研究者得到的适宜 $n(C):n(N):n(P)$ 分别是 800:60:1 和 70:50:1,相差一个数量级。鉴于上述原因,在选择营养盐浓度的比例时,通常需要多次小试研究才能确定。

②电子受体。微生物的活性除了受到营养盐的限制外,污染物氧化分解的最终电子受体的种类和浓度也极大地影响着污染物生物降解的速度和程度。电子受体的缺乏常常成为影响生物活性的重要因子,因此需要进行补充以增强微生物的呼吸速率。对于好氧降解常用的补充氧的方法包括:土壤深耕,富氧水加注,气泵充氧或注入 H_2O_2 以释放游离氧。H_2O_2 在水中的溶解度约为氧的 7 倍,每分解 1 mol 能产生 0.5 mol 氧气,具有较好的充氧效果,相关研究和应用的报道较多。在缺氧条件下可以投加硝酸盐和碳酸盐作为替代的电子受体,比氧能更有效地提高降解菌的生物活性。也有研究者应用一种固体产氧剂提供游离氧发现微生物的数量增加了 10~100 倍其活性也有了很大的增强。微生物氧化还原反应的电子受体主要包括氧、有机物分解的中间产物和含氧无机物(如硝酸根和硫酸根)三大类。

土壤中氧的浓度有明显的层次分布,一般是好氧层、缺氧层和厌氧层从表面到深层依次分布。分子氧有利于大多数污染物的生物降解,是现场处理中的关键因素。然而由于微生物、植物和土壤微型动物的呼吸作用,土壤中的氧浓度要比空气中的低,而二氧化碳含量高。土壤微生物代谢所需的氧主要来自大气中氧的扩散,当空隙充满水时,氧传递会受到阻碍,当呼吸耗氧量超过复氧量时,就会变成土壤环境缺氧。黏性土会保留较多水分,因而不利于氧的传递。环境中有机物质的增加会提高微生物的活性,而微生物代谢强度的增加有可能造成环境缺氧。缺氧或厌氧时,兼性和厌氧微生物就成为土壤中的优势菌。土壤中溶解氧的情况不仅影响污染物的降解速度,也决定着一些污染物降解的最终产物形态。如某些氯代脂肪族的化合物在厌氧降解时,会产生有毒的分解产物,但在好氧条件下这种情况就较为少见。

在厌氧环境中,硝酸根、硫酸根和铁离子等无机物以及一些小分子有机物都可以作为有机物降解的电子受体。厌氧过程进行的速率比较缓慢,除甲苯以外,其他一些芳香族污染物(包括苯、乙基苯、二甲苯等)的生物降解需要很长的启动时间才能显现出效果,而且厌氧工艺的控制较为困难,所以一般不采用。但也有一些研究表明,许多在好氧条件下难于生物降解的重要污染物,包括苯、甲苯和二甲苯以及多氯取代芳香烃等,都可以在还原性条件下被降解成二氧化碳和水。另外,对于一些多氯化合物,厌氧处理比好氧处理更为有效,已有研究证实多氯联苯在受污染的底泥中可被厌氧微生物降解。目前,在一些实际工程中已有采用厌氧方法对土壤和地下水进行生物修复的实例,并取得良好效果。应用硝酸盐作为厌氧生物修复的电子受体时,应特别注意对地下水中硝酸盐浓度的限制,以免其通过生物转化和生物富集对人畜造成危害。

③共代谢基质。研究表明,微生物的共代谢(cometabolism)对一些难降解污染物的转化起着重要作用,因此,共代谢基质对生物修复有重要影响。据报道,一株洋葱假单胞菌(*Pseudomonas cepacia* G4)以甲苯作为生长基质时可以对三氯乙烯共代谢降解。有些研究者发现,某些分解代谢酚或甲苯的细菌也具有共代谢降解三氯乙烯、1,1 - 二氯乙烯、顺 - 1,2 - 二氯乙烯的能力。近来的研究表明,某些微生物能共代谢降解氯代芳香类化合物,已引起各国学者的广泛兴趣。共代谢机制的深入研究,有可能使许多原来认为难降解的有机污染物通过微生物的共代谢作用得到降解。因此,共代谢作用也成为环境生物修复的重要理论依据。

2. 生物修复技术的优、缺点

生物修复技术的优点:

①费用低。生物修复技术是所有处理技术中最经济的一种,其费用约为热处理费用的 1/3 ~ 1/4。20 世纪 80 年代末,采用生物修复技术处理每立方米的土壤需 95 ~ 260 美元,而采用热处理或填埋处理需 260 ~ 1 050 美元。

②环境影响小。生物修复只是对自然过程的强化,不破坏植物生长所需的土壤环境,土壤的物理、化学和生物性质保持不变甚至优于原有的性质。其最终产物是二氧化碳、水、脂及酸等,不会形成二次污染或导致污染物转移,可以达到将污染物永久去除的目的,使土地的破坏和污染物的暴露减少到最低。

③可高效处理多种污染物。可处理各种不同性质的污染物,如石油、炸药、农药、除草剂、塑料等。生物修复技术可以将污染物的残留浓度降得很低,如某一受污染的土壤经生物修复技术处理后,苯、甲苯和二甲苯的总质量浓度降为 0.05 ~ 0.10 mg/L,甚至低于检测限度。

④处理形式灵活多样。生物修复可就地进行,且操作相对简单。当受污染的土壤位于建筑物或公路下面不能挖掘和搬出时,可以采用原位生物修复技术进行治理。因而,生物修复技术的应用范围有其独到的优势。

⑤应用范围广。生物修复技术不仅可应用于去除不同性质的土壤污染物,并可同时处理受污染的土壤和地下水。在环境科学界,生物修复技术被认为比物理和化学处理技术更具发展前途,它在土壤修复中的应用价值是难以估量的。根据预计,美国对生物修复治理的技术服务及其产品的需求,在今后若干年中的平均增长率可达 15%。

生物修复技术的缺点:

①微生物不能降解所有进入环境的污染物。污染物的难生物降解性、不溶性,以及与土壤腐殖质或泥土结合在一起等因素,常常会使生物修复难以进行。对于重金属及其化合物的治理,微生物也往往无能为力。

②生物修复需要具体考察。生物修复技术的应用需要对实施地点的状况和存在的污染物进行详细的考察,如在一些低渗透性的土壤中可能不宜使用生物修复技术,因为这类土壤或在这类土壤中的注水井会由于细菌过度生长而阻塞。

③生物修复的效果受微生物类型的制约。特定的微生物只降解特定类型的化学物质,污染物的结构稍有变化就可能不会被同一微生物酶转化降解。

④受各种环境因素的影响较大。生物修复过程将会受到各种环境因素的制约,因为微生物活性受温度、氧气、水分、pH 以及其他环境条件变化的影响。与物理法和化学法相比,生物修复技术治理污染土壤所需要的时间相对较长。

3. 污染控制微生物修复工程技术

污染土壤生物修复工程技术主要可分为三大类型,即原位处理(in-situ)、非原位处理(ex-situ)和生物反应器(bioreactor)工艺。

(1)原位处理法。

原位修复技术是在不破坏土壤基本结构的情况下的微生物修复技术,有投菌法、生物培养法和生物通气法等。投菌法是指直接向污染土壤中接入高效降解菌,同时提供给这些微生物生长所需营养的过程。Hwang 等人使用 3 种补充的营养液与分枝杆菌属(*Mycobacterium* sp.)一起注入土壤中,已经取得了良好的效果。李顺鹏等人在农药(如有机磷类等)污染土壤的微生物修复方面做了一系列工作,也取得了明显进展。生物培养法是定期向受污染土壤中加入营养和作为微生物电子受体的氧或 H_2O_2,以满足污染环境中已经存在的降解菌的需要,提高土著微生物的代谢活性,将污染物彻底地矿化为 CO_2 和 H_2O。生物通气法采用真空梯度井等方法把空气注入污染土壤以达到氧气的再补给,可溶性营养物质和水则经垂直井或表面渗入的方法予以补充。丁克强等人研究了通气对石油污染土壤生物修复的影响,结果表明,通气可为石油烃污染土壤中的微生物提供充足的电子受体,并可保持土壤 pH 稳定,从而促进微生物的生物活性,强化了对石油污染物的氧化降解作用。原位处理法是不需对污染土壤进行搅动、挖出和搬运,直接向污染部位提供氧气、营养物或接种微生物,以达到降解污染物目的的生物修复工艺。一般采用土著微生物处理,有时也加入经驯化和培养的微生物以加速处理。在这种工艺中经常采用各种工程化措施来强化处理效果,这些措施包括泵处理,也称 P/T(pump/treatment)技术、生物通气(bioventing)、渗滤(percolation)、空气扩散等形式。以 P/T 工艺为例,它主要应用于修复受污染的地下水和由此引起的土壤污染。该工艺需在受污染区域钻井,并分为两组,一组是注入井,用来将接种的微生物、水、营养物和电子受体(如 H_2O_2等)等物质注入土壤中;另一组是抽水井,通过向地面上抽取地下水造成地下水在地层中流动,促进微生物的分布和营养等物质的运输,保持氧气供应,其工艺如图 6.10 所示。通常需要的设备是水泵和空压机。有的系统还在地面上建有采用活性污泥法等手段的生物处理装置,将抽取的地下水处理后再注入地下。

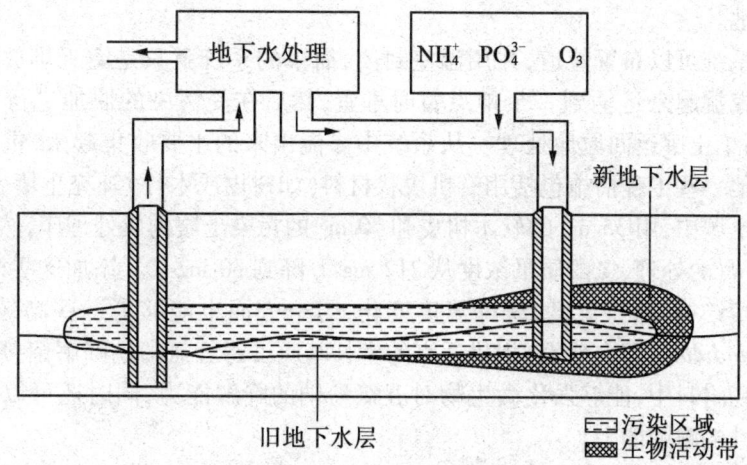

图 6.10 污染土壤与地下水生物修复 P/T 工艺示意图

由于原位处理工艺采用的工程强化措施较少,处理时间会有所增加,而且在长期的生物修复过程中,污染物可能会进一步扩散到深层土壤和地下水中,因而比较适用于处理污染时间较长、状况已基本稳定的地区或者受污染面积较大的地区。

原位生物修复工艺的特点是:①工艺路线和处理过程相对简单,不需要复杂的设备;②处理费用较低;③由于被处理土壤不需搬运,对周围环境影响小,生态风险小。

(2)非原位处理法。

该工艺是将受污染的土壤移离原地,在异地用生物的、工程的手段进行处理,使污染物降解,使受污染的土壤恢复到原有的功能,主要的工艺类型包括土地耕作、堆肥化和挖掘堆置处理。

①土地耕作工艺。就是对污染土壤进行耕耙,在处理过程中施加肥料,进行灌溉,施加石灰,从而尽可能为微生物代谢污染物提供一个良好环境,使其有充足的营养、水分和适宜的 pH,保证生物降解在土壤的各个层面上都能较好地发生。这种方法的优点是简易、经济,但污染物有可能从处理地转移。一般在污染土壤的渗滤性较差、土层较浅、污染物易降解时,采用这种方法。

②堆肥处理工艺。堆肥处理工艺的原理如同有机固体废弃物的堆肥化过程,将污染土壤与有机废物(木屑、秸秆、树叶等)、粪便等混合起来,依靠堆肥过程中微生物的作用来降解土壤中难降解的有机污染物,如石油、洗涤剂、多氯烃、农药等。操作方法是将污染土壤与水(至少有35%的含水量)、营养物、泥炭、稻草和动物肥料混合后,使用机械或压气系统充氧,同时加石灰以调节 pH。经过一段时间的发酵处理,大部分污染物被降解,标志着堆肥处理的完成。污染土壤经处理后,可返回原地或用于农业生产。

堆肥处理系统可以根据反应设备类型、固体流向和空气供给方式等分为风道式堆肥处理、好氧静态堆肥处理和机械堆肥处理等。

③挖掘堆置处理。挖掘堆置处理工艺是为了防止污染物继续扩散和避免地下水污染,将受污染的土壤从污染地挖掘起来,运输到一个经过各种工程准备(包括布置衬里,设置通气管道等)的地点堆放,形成上升的斜坡,进行生物恢复的处理技术,处理后的土

壤再运回原地。

  复杂的系统可以布置管道,并用温室封闭,简单的系统就只是露天堆放。有时先将受污染土壤挖掘起来运输到一个地点暂时堆置,然后在受污染的原地进行一些工程准备,再把受污染土壤运回原地处理。从系统中渗流出来的水要收集起来,重新喷洒或另外处理。其他一些工程措施包括用有机块状材料(如树皮或木片)补充土壤,例如在一受氯酚污染的土壤中,用 35 m^3 的软木树皮和 70 m^3 的污染土壤构成处理床,然后加入营养物,经过三个月的处理,氯酚质量浓度从 212 mg/L 降到 30 mg/L。添加这些材料,一方面可以改善土壤结构,保持湿度,缓冲温度变化,另一方面也能够为一些高效降解菌(如 *Geotrichum candidum*,即白地霉)提供适宜的生长基质。将五氯酚钠降解菌接种在树皮或包裹在多聚物材料中,能够强化微生物对五氯酚钠的降解能力,同时还可以增加微生物对污染物毒性的耐受能力。

  非原位治理技术工艺的优点是可以在土壤受污染之初及时阻止污染物的扩散和迁移,减少污染范围。但用在挖土方和运输方面的费用显著高于原位处理方法,另外在运输过程中可能会造成进一步的污染物暴露,还会由于挖掘而破坏原地点的土壤生态结构。

  (3)生物反应器处理工艺。

  反应器处理修复工艺是将受污染的土壤挖掘起来,和水混合后,在接种了微生物的生物反应装置内进行处理,其工艺类似污水的生物处理方法,处理后的土壤与水分离后,脱水处理再运回原地。处理系统排出的废水,一般需送到污水处理厂进行处理后才能最终排放。土壤修复生物反应器工艺示意图如图 6.11 所示。反应装置不仅包括各种可以拖动的小型反应器,也有类似稳定塘和污水处理厂的大型设施。在有些情况下,只需要在已有的稳定塘中装配曝气机械和混合设备就可以用来进行生物修复处理。

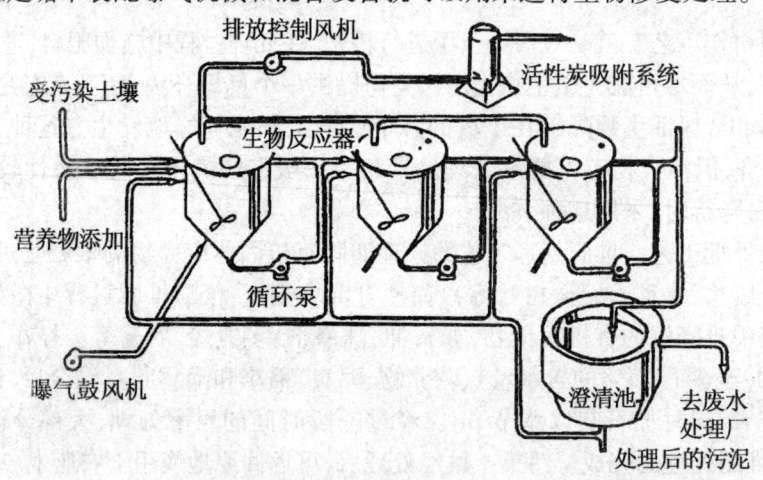

图 6.11　土壤修复生物反应器工艺示意图

  高浓度固体泥浆反应器能够用来直接处理污染土壤,其典型的方式是液固接触式。该方法采用序批式运行,在第一单元中混合土壤、水、营养、菌种、表面活性剂等物质,最终形成含 20%～25% 土壤的混合相,然后进入第二单元进行初步处理,完成大部分的生物降解,最后在第三单元中进行深度处理。现场实际应用结果表明,液固接触式反应器可以成功地处理有毒、有害、有机污染物含量超过总有机物浓度1%的土壤和沉积物。反应器的规模与土壤中污染物浓度和有机物含量有关,一般为$100\sim250$ m^3/d。

由于以水相为主要处理介质,污染物、微生物、溶解氧和营养物的传质速度快,而且避免了不利自然环境变化的影响,处理工艺的各项运行参数(如 pH、温度、氧化还原电位、氧气量、营养物浓度、盐度等)便于控制在最佳状态,因此反应器处理污染的速度明显加快,但其工程复杂,处理费用较高。另外,在用于难生物降解物质的处理时必须慎重,以防止污染物从土壤转移到水中。

研究证明,在以上介绍的三种土壤修复技术工艺中,生物反应器的处理效果最好,而且降解速率也最高。对于同种污染土壤的处理,生物反应器的处理周期比原位处理减少一半,而其去除率比原位处理提高25%以上。所以,生物反应器技术是污染土壤生物修复的最有效的处理技术,其次是非原位处理,而原位处理的效果较差。由于污染土壤的情况千差万别,这三种工艺又各有特点,因此在实际应用中应根据具体情况,有针对性地选择适宜的处理方法和工艺。在生物修复实践中,可以根据不同情况将几种处理方法加以优化组合,从而形成更为完善的处理系统,达到提高处理效果、扩大适用范围的目的。

6.3.3 植物修复技术

植物修复(phytoremediation)。植物修复失忆植物忍耐和超积累某种或某些化学元素的理论为基础,利用植物及其根际圈共存微生物体系的吸收、挥发、降解和转化作用来清除环境中污染物的一项新兴的污染修复技术。它的应用范围较为广泛,包括利用植物修复重金属及有机污染物的土壤,净化水和空气,清除放射性核素,利用根系分泌物来积累和沉淀根际圈附近的污染物质等。

1. 植物修复的原理

植物修复主要是通过植物自身的光合、呼吸、蒸腾和分泌等代谢活动与环境中的污染物质和微生态环境发生交互的反应,从而通过吸收、分解、挥发、固定等过程,使污染物达到净化和脱毒的修复效果。

2. 影响植物修复的环境因子

影响植物修复的环境因子包括环境的 pH、氧化还原电位、共存物质、污染物的交互作用、生物因子等。

3. 典型污染物的植被修复

(1)有机污染物的植被修复。

使用植被来修复有机污染物土壤源于人们观察到的一种现象:有机化合物在有植被土壤中的消失快于无植被的土壤,由此引发了人们对这种现象深入的研究。植被修复有机污染物主要有三种机理:直接吸收并积累非植物毒性的污染物;释放促进生物化学反应的分泌物,如酶等;根际的生物降解。目前,植物降解有机污染物的研究还多集中于水生植物方面。

（2）重金属的植被修复。

重金属的植被修复技术是利用特定植物的提取作用、挥发作用及固定/稳定化作用，在稳定污染土壤、防止地下水二次污染的同时，使重金属污染物土壤得到修复。根据修复的机理，重金属污染的植被修复技术可以分为植被提取（phytoextraction）、植物挥发（phytovolatilazation）和植物稳定（phytostabilization）三个方面。

总的来说，植物修复环境友好并具有审美功能，还可以提高土壤的有机碳含量等。但植被修复过程较慢，目前研究的关键是筛选出超积累植物和改善植物的吸收性能，利用基因工程技术构建出高效去除污染物的植物等。

6.3.4 化学修复技术

化学修复技术主要是通过加入到被污染环境中的化学修复剂与污染物发生一定发的化学反应，清除污染物或降低其毒性。化学修复剂可以使液体、气体，也可以是氧化剂、还原剂、沉淀剂、解吸剂或增溶剂。通常采用井注射技术、土壤深度混合和液压破裂等技术将化学物质渗透到土壤表层一下。根据污染物的类型和污染环境的特征，当生物修复在广度和深度上不能满足污染物修复的需要时才选择化学修复方法。

化学修复主要有化学淋洗修复（chenical leaching and flusing/washing remediation），化学固定修复（chemical reduction remediation），化学氧化修复（chemical oxidation remediation）、化学还原修复（chemical reduction remediation）、可渗透反应格栅（permeable reactive barrier，PRB）等技术。其中，化学固定修复是在污染环境中加入化学试剂或材料，并利用他们控制反应条件，改变污染物的形态、水溶性、迁移性和生物有效性，使污染物钝化，形成不溶性或移动性差、毒性小的物质而降低其在污染环境中的生物有效性，减少向其他环境的迁移，或结合其他修复技术手段永久的消除污染物，以实现污染环境的修复。化学氧化修复和化学还原修复主要是向污染环境中加入氧化剂或还原剂来破坏污染物的结构，使污染物降解或转化为低毒物质的修复技术。

1. 化学淋洗修复技术

活性淋洗修复技术是一种主要应用于污染土壤的修复技术。它是在重力作用下或通过水力压头的推动，将能促进土壤中污染物溶解或迁移的化学/生物化学溶剂注入被污染土层，使之与污染物结合，并通过溶剂的解吸、螯合、溶解或络合等物理化学作用使污染物处理。其中注入的溶剂称为淋洗液，淋洗液可以是清水、无机溶剂、螯合剂（如EDTA、柠檬酸等）、表面活性剂及共溶剂等。其中，表面活性剂及共溶剂淋洗技术是化学淋洗修复技术中具有良好应用前景的一种。

（1）基本原理。

土壤中的重金属或有机溶剂往往以吸附态存在，大大影响了大多数修复技术的修复效率。另外，在地下水层中，一些有机污染物还可以以非水相液体（non-aqueous phaesliquids，NAPLs）形式存在，NAPLs 容易深入到非均质的地下水层中不易治理的边角区域，或吸附在土壤颗粒表面，很难去除。为了增加污染物的溶解性和移动性，表面活性剂及共溶剂淋洗技术受到重视。

表面活性剂（surfactants）是指能够显著降低溶剂表面张力和液－液界面的张力并具

有一定结构、亲水亲油特性和特殊吸附性能的物质。从结构看,所有的表面活性剂都是由极性的亲水基和非极性的亲油基两部分组成的。其亲水基与水相吸而溶于水,亲油基与水相斥而离开水。在水溶液中,表面活性剂将憎水基靠拢后分散在溶液相。当达到一定浓度时,表面活性剂单体急剧聚集,形成球状、棒状或层状的"胶束(micelle)",如图6.12所示。该浓度称为临界胶束浓度(critical micelle concentration,CMC)。低于此浓度,表面活性剂以单分子体方式存在于溶液中,高于此浓度,表面活性剂以单体和胶束的方式同时存在于溶液中。当胶束溶液达到热力学稳定时可形成微乳溶液。

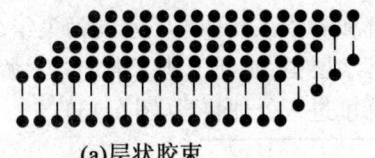  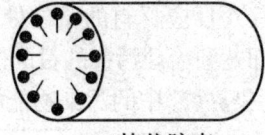

(a)层状胶束   (b)球状胶束   (c)棒状胶束

图 6.12   胶束结构示意图

根据"相似相容"原理,憎水性有机物有进入与它极性相同的胶束内部的趋势,因此当表面活性剂达到或超过 CMC 时,污染物分配进胶束核心。大量胶束形成,增加了污染物的溶解性,即表面活性剂的"增溶作用(solubilization)"。该技术就是利用表面活性剂的曾溶作用对水溶性小、生物降解缓慢的有机污染物及重金属实现了很好的去除,且已经得到了实际应用。

近年来,关于此技术的研究主要围绕淋洗液而展开。研究表面,使用多种表面活性剂或共溶剂对土壤的修复效果要优于使用单一的表面活性剂。

共溶剂(co-solvent)指甲醇等有机溶剂。在水相中加入适当的有机溶剂可大大提高有机物在水相的溶解度,修复过程中使用的共溶剂大多是环境可接受的水溶性醇类。共溶剂与表面活性剂共同使用时,由于共溶剂分子比表面活性剂胶束分子小得多,能有效地帮助憎水污染物由土壤颗粒相向水相迁移。另外,共溶剂本身也能溶于胶束,形成一个溶剂 – 活性剂大胶束,增大了胶束核心的有效体积,提高了有机污染物的分配能力。

为避免二次污染,对表面活性剂的可生物降解性及无毒无害性的要求日益提高。生物表面活性剂由于具有良好的生物降解性和生物适应性,并逐步取代合成表面活性剂而成为表面活性剂清洗技术研究的主流。

(2)影响因素。

①表面活性剂的浓度。这个因素至关重要,因为表面活性剂的浓度不同,所起到的作用也不同。在表面活性剂浓度较低的时候,它也能吸附在土壤颗粒表面,起到一种修饰作用,反而促进污染物在土壤颗粒上的吸附。因此,工程设计时,应该计算发生吸附的表面活性剂量,修复完成时,也必须冲洗残留的表面活性剂。

②土壤地质及水文特征。由于土壤淋洗法对含 20% ~30% 以上的黏质土壤效果不佳,因此应用该技术时,必须先做可行性研究,对于沙质、壤质土和黏土的处理可以采用不同的淋洗方法。工程实践时,也必须冲洗残留的表面活性剂。

③表面活性剂的种类。同一种表面活性剂对不同污染物的去除效果是不同的,对特定的污染应该选择合适的表面活性剂。一般来说,非离子表面活性剂的淋洗效率高于阴

离子表面活性剂,可能原因是:其一,阴离子表面活性剂的 CMC 较高,同等浓度下不容易形成胶束;其二,阴离子表面活性剂组分可能会在含水层中沉积,造成土壤的有机碳含量增加以及土壤的憎水性增加。

2. 可渗透反应格栅技术

可渗透反应格栅技术(permeable reactive barrier, PRB)是以活性填料组成的构筑物,垂直立于地下水水流方向,污水流经过反应格栅,通过物理的、化学的以及生物的反应,使污染物得以有效去除的地下水净化的技术。按照美国环保局的定义,可渗透反应格栅是一个反应材料的原位处理区,这些反应材料能够降解和滞留该墙体地下水的污染组分,从而达到治理污染的目的。反应材料一般安装在地下蓄水层中,使处于地下水走向上游的"污染斑块"中的污染物能够顺着地下水流以自身水力梯度进入处理装置(图 6.13)。

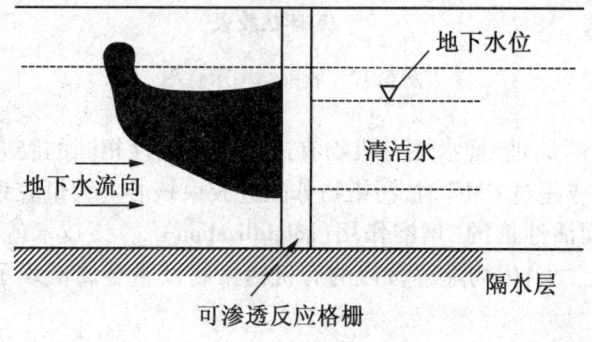

图 6.13 可渗透反应格栅剖面图

根据污染物的特征,反应材料可采取不同的活性物质,如活性铝、活性炭、有机黏土、沸石、泥炭、褐煤、膨润土、磷酸盐、石灰石、胶态零价铁、离子交换树脂、三价铁氧化物和氢氧化物、磁铁、钛氧化物和某些微生物等,使有机污染物通过离子交换、表面络合、表面沉淀以及生物分解等不同机制被吸附、固定或降解。目前 PRB 最常采用的材料是金属铁(铁屑或铁粉),因其能有效吸附和降解多种重金属和有机污染物,且廉价易得,因而得到了广泛的重视和实际应用。以零价铁为反应活性填料,依靠化学过程去除污染物的PRB,即零价铁渗透反应墙(Fe－PRB)占整个技术的70%。下面以 Fe－PRB 为例,对其化学机理作详细介绍。

Fe－PRB 是一类原位修复污染土壤及地下水的新技术。它可以用于还原有机污染物,氯代化合物、硝基取代化合物、偶氮染料等,还可以用于还原无机阴离子,如硫酸根、硝酸根及重金属。它的反应机理非常废杂,包括还原降解、还原沉淀(沉积)、吸附、共沉淀,表面络合、表面微电解等化学过程。很多情况下,即使对同一种污染物,也是多种过程同时起作用。

(1)零价铁与有机污染物的反应机理。

Fe^0 还原降解有机污染物过程中主要产生还原性物质:Fe^0、Fe^{2+} 和 H_2。在 $Fe^0－H_2O$ 体系中,Fe^0 对目标化合物的还原作用主要有以下三种途径(以氯代有机物的脱氯过程为例):

①金属表面的电子直接转移至有机氯化物：

Fe^0 在阳极的半电池反应：

$$Fe - 2e^- \longrightarrow Fe^{2+}$$

氯代烃在阴极的半电池反应：

$$RCl + H^+ + 2e^- \longrightarrow RH + Cl^-$$

总反应方程：

$$Fe + RCl + H^+ \longrightarrow Fe^{2+} + RH + Cl^-$$

②金属铁腐蚀产生的 Fe^{2+} 还原作用使部分有机氯化物脱氯：

$$Fe + 2H_2O \longrightarrow Fe^{2+} + H_2 + 2OH$$

$$Fe^{2+} + RCl + H^+ \longrightarrow Fe^{3+} + RH + Cl^-$$

③$Fe^0 - H_2O$ 体系内部反应产生的氢气使有机氯化物还原脱氯：

$$H_2 + RCl \longrightarrow RH + H^+ + Cl^-$$

大量研究表面，Fe^0 可实现卤代有机污染物的连续脱氯。而对于硝基化合物及偶氮染料，对应的产物芳香胺需经过好氧生物降解进一步去除。

（2）零价铁与无机污染物的反应机理。

关于 Fe - PRB 技术用于去除无机污染物，最成熟的是对 Cr、U 和 Tc 等重金属的去除。主要反应是还原沉淀，此外还有吸附和共沉淀过程。Fe^0 在水中会逐渐发生腐蚀反应，生成多种形式的铁的氧化物或氢氧化合物，这些新生成的沉淀具有高度反应活性，并具有巨大的表面积，可以吸附和截留水中的重金属离子。

以 CrO_4^{2-} 为例，还有生成的 $Cr(III)$ 与铁离子形成氢氧化物共沉淀。活性反应如下：

$$CrO_4^{2-} + Fe + 8H^+ \longrightarrow Fe^{3+} + Cr^{3+} + 4H_2O$$

$$(1-x)Fe^{3+} + xCr^{3+} + 2H_2O \longrightarrow Fe_{1-x}Cr_xOOH + 3H^x \quad (x < 1)$$

从热力学角度出发，Fe^0 对重金属的去除还应包括还原沉积途径，如 Cu^{2+} 可与 Fe^0 发生如下反应：

$$Cu^{2+} + Fe \longrightarrow Fe^{2+} + Cu$$

原则上说，氧化还原电位比 Fe^{2+}/Fe^0 大的金属都可以通过此途径去除。

（3）地下水的化学反应。

地下水流经 Fe - PRB 后会导致一系列的水化学的变化，例如，Fe^0 会和 H^+ 反应而消耗氢离子，导致水体 pH 升高，同时地下水中原来存在的 Ca^{2+} 就容易和 HCO_3^- 反应生成 $CaCO_3$ 沉淀，对 pH 的改变起到一定的缓冲作用。

（4）Fe - PRB 技术存在的问题及解决方法。

虽然 Fe - PRB 技术在原位处理污染物时显现出强大的优势，但仍然有很多问题有待于进一步的研究。例如：

①大量沉淀的生成容易造成格栅的堵塞，降低格栅的寿命。

②大量的铁氧化物包覆在铁表面，减少了活性位点，降低了反应活性。

③金属铁对某些氯化物反应性较低，降解不完全，生成毒性更大的含氯产物。

针对以上问题，学者们做了大量的研究，希望可以采用有效的措施来改善 Fe^0 的反应活性，使其可以在 PRBs 的实际应用中更具有稳定性和有效性。近年来的研究工作还涉及如下两方面:①纳米级 Fe^0 的研制及应用;②双金属体系的开发。即在 Fe^0 表面镀上适当比例的另外一种还原电位较高的金属,如镍、铜、钯等,形成二元金属系统,可增加铁表面的活性吸附点,从而大大提高 Fe^0 对氯代烃的脱氯速率。

思考题与习题

1. 污染控制中常用的物理化学技术有哪些? 简述其原理。

2. 试述化学混凝的基本原理。

3. 臭氧氧化的机理有哪两种?

4. 试述 Fenton 氧化技术的影响因素及其相应的改进技术。

5. 从哪些方面可以提高二氧化钛的光催化活性?

6. 试述电 Fenton 技术的原理,与 Fenton 技术相比有哪些优点?

7. 环境污染的化学修复技术主要有哪些? 简述其原理?

8. 什么是 Fe – PRB 技术,它的原理、优势及面临的挑战是什么?

9. 简述表面活性剂促进污染物移动的原理。

第7章 绿色化学的基本原理与应用

7.1 绿色化学概况

人类正面临有史以来最严重的环境危机,环保问题成为影响经济与社会发展的重要问题之一。发达国家对环境的治理,已开始从治标,即从末端治理污染转向治本,即开发清洁工业技术,消减污染源头,生产环境友好产品。"绿色技术"已成为21世纪化工技术与化学研究的热点和重要科技前沿。

7.1.1 绿色化学定义

目前人类正面临着严重的环境危机,20世纪90年代初随着对化学与环境、化学与资源关系的不断反思和总结,化学家们提出了"绿色化学"的新对策。绿色化学又称环境无害化学(environmentally benign chemistry)、环境友好化学(environmentally friendly chemistry)、清洁化学(clean chemistry)。绿色化学是指用化学的技术和方法去减少或消灭那些对人类健康、生态环境有害的原料、催化剂、溶剂和试剂、产物、副产物等的使用和产生的化学。绿色化学是涉及化学的有机合成、催化、生物化学、分析化学等学科,是当今国际化学科学研究的前沿,它的理想在于不再使用有毒、有害的物质,不再产生废物,不再处理废物,是一门从源头上阻止污染的化学。

传统的化学虽然可以得到人类需要的新物质,但是在许多场合中却既未有效地利用资源,又产生了大量排放物,造成严重的环境污染。绿色化学则是更高层次的化学,它的主要特点是"原子经济性",即在获得物质的转化过程中充分利用每个原料原子,实现"零排放",因此既可以充分利用资源,又不产生污染。传统化学向绿色化学的转变可以看作是化学从"粗放型"向"集约型"的转变,绿色化学可以变废为宝,使经济效益大幅度提高。

7.1.2 绿色化学的诞生及发展

从1960年化学农药的污染问题被提出来开始,人们开始注意到人口的急剧增加、工业的高度发达、资源的极度消耗、污染的日益严重,使人类不得不面对严重的环境危机。这些问题不但影响一个国家的经济发展,而且对环境造成的危害将对人类自身的健康甚至是生存都造成了严重的威胁。解决问题的办法,初期主要以治理为主,但这些办法效果有限、费用昂贵。在积累了30年治理污染的经验后,人们提出了污染预防这一新的概念,最后美国环保局提出了"绿色化学"这一"新化学婴儿"。它涉及有机合成、催化、生物化学、分析化学等学科,内容广泛。绿色化学的最大特点是在初始端就采用预防污染的科学手段,因而过程和末端均为零排放或零污染。世界上很多国家已把"化学的绿色化"作为新世纪化学进展的主要方向之一。

1990年,美国颁布污染防治法案,并确立其为国策,推动了绿色化学在美国的迅速兴起和发展。1996年,美国政府设立的"总统绿色化学挑战奖",旨在奖励利用化学原理从根本上减少化学污染方面的成就。1997年,美国国家实验室、大学和企业联合成立了绿色化学院,美国化学会成立了"绿色化学研究所"。同时日本制定了环境无害制造技术等以绿色化学为内容的"新阳光计划",欧洲、拉美地区也纷纷制定了与绿色化学相关的科研计划。有关绿色化学的国际学术会议不断增加,展示了绿色化学的最新研究成果,受到学术界的高度重视,如美国每年有以绿色化学为主题的哥登会议。美国化学学会于2004年9月在纽约召开了"绿色化学:应用于解决全球环境问题的多学科的科学和工程"专题会议。Elsa Reichmanis指出:能源、气候变化、人类健康和生物多样性相互深层次地交织在一起,而且与重大的经济、政治和社会问题相关联。2005年,绿色化学的"哥登会议"在英国牛津召开,同时出版了《绿色化学:理论与应用》专集,同年英国皇家化学会创办了《绿色化学》国际性化学期刊,旋即在欧洲掀起了绿色化学的浪潮。总之,绿色化学已经成为世界各国政府、企业和学术界所关注的重要研究与发展方向。

7.1.3 绿色化学的核心及其研究内容

杜绝污染源是绿色化学的核心。绿色化学的倡导者美国科学家Anastas和Waner提出绿色化学的12条原则,其中第1条就是"防止废物的生成比在其生成后处理更好",也即防止污染最好的方法就是一开始就不要产生有毒物质和形成有害废弃物。然而没有一种化学元素的物质是绝对良性的,多少都可能有些负面影响,但每一个化学工作者都应该以绿色化学为己任,将它作为一种理想、一种目标、一种追求。绿色化学的内容蕴藏在一般环境工程或化学过程的基本要素中,即目标分子或最终产品,原材料或起始物,转换反应和试剂以及反应条件。

绿色化学的研究是围绕化学反应、催化剂、溶剂和产品的绿色化展开的。绿色化学研究没有或尽可能小的环境副作用,并在技术上、经济上可行的化学品和化学过程。它是实现污染预防的基本和重要的科学手段。绿色化学研究的内容显然要包括化学反应(化工生产)过程的三个基本要素:一是研究、变换、设计、选择对人类健康和环境友好的原材料或起始物;二是研究最好的转换反应和催化剂;三是设计或重新设计对人类健康和环境更安全的目标化合物(产品)。目前绿色化学的研究重点是:①设计或重新设计对人类健康和环境更安全的化合物,这是绿色化学的关键部分。②探求新的、更安全的、对环境更友好的化学合成路线和生产工艺,这可从研究、变换基本原料和起始化合物以及引入新试剂入手。③改善化学反应条件,降低对人类健康和环境的危害,减少废弃物的产生和排放。

绿色化学研究的关键重点内容是设计或重新探寻对人类健康和生存环境更安全的

目标物质。这是它的关键部分,也就是利用化学构效关系和分子改性以达到效能和毒性之间的最佳平衡。绿色化学的"更安全"概念不仅是对人类健康的影响,还包括化合物整个生命周期中对生态环境、动物、水生生物和植物的直接或间接的影响。绿色化学不仅重视新化合物的设计,同时要求对多种现代化工产品重新评价和研究。例如联苯胺是个很重要的染料中间体,但因强致癌作用而被国家禁用,当将其分子结构改造后,既保持了染料的功能,又消除了致癌性。绿色化学的第 2 个研究重点是着眼于基本原料的改变。例如生产尼龙的原料己酸,一直是使用有致癌作用的苯为起始物制备,在生产过程中还产生氮氧化合物,造成环境污染。在 1999 年,科学家采用遗传工程获得的微生物为催化剂,以葡萄糖为起始物成功合成了己二酸,这个新技术废除了大量有毒的苯,且在技术上、经济上都完全可行,是绿色化学的一个范例。

7.1.4 绿色化学的基本原理

美国的总统科技顾问 P. T. Anastas 博士和马萨诸塞大学的 J. C. Waner 教授通过大量的研究工作,提出了绿色化学的 12 条原则。这些原则目前已成为世界范围内公认的指导绿色化学发展的基本原则,为绿色化学的进一步发展奠定了理论基础:

①防止污染优于污染治理。
②提高原子经济性。
③尽量减少化学合成中的有毒原料、产物。
④设计安全的化学品。
⑤使用无毒无害的溶剂和助剂。
⑥合理使用和节省能源。
⑦利用可再生资源代替消耗性资源合成化学品。
⑧减少不必要的衍生步骤。
⑨采用高选择性催化剂优于使用化学计量助剂。
⑩产物的易降解性。
⑪发展分析方法,对污染物实行在线监测和控制。
⑫减少使用易燃易爆物质,降低事故隐患。

7.1.5 绿色化学在我国的发展概况

我国绿色化学研究稍晚于欧美,我国对绿色化学这一新兴学科的研究也十分重视。1995 年,中国科学院化学部确定了"绿色化学与技术——推动化工生产可持续发展的途径"的院士咨询课题;1997 年,国家自然科学基金委员会与中国石油化工集团公司联合资助了"环境友好石油化工催化化学与化学反应工程"重大基础研究项目。自 1998 年开始举办的国际绿色化学高级研讨会,推动了我国绿色化学的发展。以后每年举行 1 次,至今已成功举办了 9 届(举办地点分别是合肥、成都、广州、济南、合肥、成都、珠海、北京、合肥),推动了我国绿色化学的发展。

进入 21 世纪后,绿色化学作为未来化学工业发展的方向和基础,在我国政府、企业以及学术界也逐步受到重视,并在 2000 年提出"绿色可持续发展化学(GSC)"的概念,即通过包括产品设计、原料选择、制造方法、使用方法及循环利用等技术革命,保证人与环境的健康与安全及能源和资源节省。最近10年,经过我国科研人员的不懈努力,绿色化学发展迅猛,并已取得了较为突出的成绩,研究出了一系列的绿色化学产品。在国家大力提倡节能减排、可持续发展的大背景下,绿色化学将进入化学工业发展的新阶段,将有力地推动化学科学的发展。

7.2 绿色化学的研究及应用

20世纪40~90年代,世界各国在吃尽了粗放型经济高速发展的苦头以后,悟出了"可持续发展"才是正确的战略。工业的可持续发展意味着通过不断创新和应用清洁工艺以降低污染水平和资源消耗。对化学和化学工程界来说,是要设计降低或消除有害物质的使用或产生,生产可循环利用的或可生物降解的化学产品。这种不仅从分子和产品的水平上,而且从过程和系统的水平上降低产品对环境的冲击,改善工业可持续性需求。

绿色化学所追求的目标是:淘汰有毒原材料,探求新的合成路线,采用无污染的反应途径和工艺,能最大限度地减少"三废",并实行"原材料遴选—产品生成—产品使用—循环再利用"全过程控制。绿色化学技术的发展和应用不但能提高生产效率和优化产品,而且能提高资源和能源的利用率,减轻污染负荷,从而大幅度提高生产的社会和经济效益。因此,绿色化学与技术的推广应用使环境—经济性(而不再仅是经济性)成为技术创新的主要推动力。近十多年来,绿色化学在生物质的利用、原子经济性工艺设计等诸多领域取得了一系列研究成果。

7.2.1 绿色化学的研究

1.原料的绿色化

实现原料的绿色化是绿色化学研究的一个很重要内容,原料是化学反应的基础和必备要素,如果能够合理地选择化工产业的反应原料,真正实现化学反应原料的绿色化的目的,我们就基本上迈出了从源头消除和治理化学污染的第一步,这无疑是一个良好的开端。在此需要对绿色化学原料给出一个明确的定义,所谓的原料的绿色化就是指利用可再生资源作为原料或者利用低毒无害的原料替代高毒原料。当前,有机化学品及化学工业主要是不可再生的化石燃料石油,石油工业的基础很好并且效率很高,相对,可再生资源作为原料的工艺基础还没有建立,并且效率相对较低。但是,如果从可持续发展的角度考虑,寻找另外一种可再生资源替代化石燃料是一件非常迫切的事情。当前研究比较热门的资源有生物质和二氧化碳等等具有广泛来源的物质。利用低毒或无毒无害原料是原料绿色化的另一个内容。当前使用的化工原料一般都带有剧毒性,严重的危害了人们的身体健康和环境安全,因此需要选择无毒无害或低毒低害的原料代替这些有毒原料。例如,DMC在替代剧毒光气做原料生产有机化工原料方面起到了非常重要的作用。Monsanto公司开发了安全生产氨基二乙酸钠的工艺,从而改变了过去以氨、氢氰酸、甲醛为原料的合成路线。

我国现阶段所应用的能源主要以石油为主,但是石油的世界储备量以及我国石油的储备量都在不断地减少,而且石油这种能源会产生一些有害的化学物质,污染环境,因此,从环境与社会的协调可持续发展来说,建构原料绿色化就显得尤为必要。目前,针对原料绿色化的研究已经成为一项热门的课题。绿色原料以及可再生原料来源广泛,而且无毒无害,对于环境有着一定的保护作用。例如在化工生产中,所采用的原料基本上都会带有一定的有害物质,严重影响到工作人员的身体健康,所以,为了能够保障工作人员的身体健康,使得化工生产的能源耗损降低,就需要合理的利用原料绿色化,将有害的原料进行替换,进而有效的保障周围的环境。

2. 绿色催化剂

人类在化学工业上利用使用催化剂进行化学反应从而生产了大量的各类有机产品时,大部分是采用了催化氧化的手段得到的,所以这种方法生产的产品占了相当大的比例,而很少采用烃类催化氧化的方式进行。这类方式的选择性较低的主要原因之一是因为烃类的烷基化反应大都使用诸如 H_2SO_4 溶液、$AlCl$ 溶液等作为催化剂,但是这样的催化剂存在着很大的缺点,即在使用中会对设备产生腐蚀,并且还会危害人类的身体健康及安全等,反应所产生的工业三废(废水、废渣、废气)还会对人类的居住环境产生大量的十分严重的污染。所以,"绿色化学"所追求的最终的目标就是利用对人类及生态环境无毒害的"绿色催化剂"得到所需的产品。为了达到这个目标,研究如何应用催化转化并开发新的催化剂越来越受到科学家们的重视,而且也研究出了很多新的科研成果。

催化剂的种类繁多,选择适当的催化剂,不仅能够加快反应历程,同时能够改善化学反应的选择性,从而提高转化效率和产品质量,并且能够在一定程度上降低反应成本,从根本上减少甚至消除副产物,从而降低对环境的污染,最大限度地利用各种资源。例如,分子筛是一种具有均一微孔结构,常被用作选择性反应的固体吸附剂或催化剂。分子筛作为催化剂具有高活性、高选择性、高稳定性和强抗毒能力等优点,因此有着十分广泛的应用。杂多酸是一种由中心原子和配位原子按一定的空间结构借助氧原子桥连形成的含氧多元酸。杂多酸有类似溶液的拟液相,具有很高的催化活性,既能够在表面发生催化反应,还能够在液相中发生催化反应。固体超强酸催化剂是一类酸性极强的酸,具有很好的催化性能,并且能够反复使用,在工业上有着很广泛的应用。K. Wilson 等人采用磺酸功能化的氧化硅作为固体酸催化剂代替浓硫酸,进行醇的酯化和醛、酮缩合反应。用无毒、无害的液体取代挥发性的有机溶剂,也是绿色化学研究的重点之一。

3. 溶剂的绿色化

溶剂是开展化学反应分离和洗涤的一个重要的中间物质,它会对环境造成非常不利的影响,当前所使用的溶剂大部分都是具有挥发性质的化学物质,所以,在应用的过程中会对环境造成十分不利的影响,所以必须要对这种溶剂的使用量予以严格的控制,选择那些对环境污染相对较小的溶剂,同时还要对以往的溶剂进行有效的改善,这也是绿色化学发展过程中非常重要的一项内容。在当前的发展当中,对超临界流体的研究相对较多,很低的温度和压力变化就会使得临界流体密度出现非常显著的转变,同时还会使得其介电常数和离子积也产生非常重大的变化,在这样的情况下出现了超临界二氧化碳流体,它也成为当前最为安全应用也最为广泛,成本投入最低的一种介质。离子液体在反应的过程中提供了一个相对更加安全健康的溶剂,使用离子液体作为反应溶剂,一方面可以给设计合成提供多项便利,在这一过程中只需要对阴阳离子进行适当的调整,同时还不会对环境构成非常不利的影响,杂质的含量也非常少,所以在应用的过程中也体现出了非常好的效果。现在人类除了在化工生产中采用"超临界溶剂"外,还在研究以水或"近临界水"作为溶剂。"近临界水"对有机物的溶解性能相当于丙酮或乙醇,介电常数介于常态水和超临界水之间。采用水作为溶剂虽然能避免有机溶剂的使用,但是由于物质在水中的溶解度具有一定的限度,大大限制了水在化工生产的大量利用。并且在利用水作溶剂时还要注意废水对生态环境造成的污染。

4. 绿色合成方法及产品绿色化

绿色化学研究的内容有很多,绿色合成方法是其中重要的一项。绿色合成方法可以实现化学反应,与此同时还可以使得副产物含量降低,另外,也能够保护生产者的生命安全。20 世纪 90 年代,美国著名有机化学家提出了原子经济性理念,这实际上正是绿色合成方法的典型代表。原子经济性观点认为,要想让物质实现零排放,就必须让物质进行高效合成,高效的有机合成应该是最大限度的利用原料物质中的每一个原子,与目标分子进行有机融合,最终实现副产物的零排放,这就实现了环境零污染,从而也就避免了对环境的污染与危害。

绿色产品已经成为人们熟知的理念,但是一直以来绿色产品都未真正的完全地走入人们的生活。现如今,伴随着经济的发展和绿色化学的研究越加的深入,产品安全意识已经深入到人们的意识当中,化工产品的绿色化是势在必行性趋势,合成产品绿色化已经成为可能。化学合成产品在绿色化学理念的应用下,终究会实现绿色化。当前有些化学合成产品实现了绿色化,比如乙醇无铅汽油,可降解塑料,低残留农药,环保涂料等,未来会有更多这样的绿色合成产品问世。

7.2.2 绿色化学的应用

1. 利用可再生的资源合成化学品

地球上的植物通过光合作用每年生产 2 000 亿 t 的生物质,其中被人类利用的仅占 3% ~4%。生物质的利用对可持续发展和降低全球温室效应起着重要的作用。它的两个主要的开发领域是:

①生物质直接或间接地用作能源。

②生物质用作化学品、材料或产品的资源。

对化学工业来说,目前集中在三个研究、开发领域:

①取代石化原料用作可再生的原料。

②生物过程取代传统的化学过程制备有机物和其他化学品。

③开发新的生物产品。以生物质为原料、酶为催化剂,生产有机化合物,因其条件温和、设备简单、选择性好、无污染,已成为绿色化学研究的重点之一。目前,可再生资源的

应用主要表现在以可再生资源为原料生产可降解产品和常规化学原料。Cargill 和 Dow 共同开发的合成聚乳酸(PLA)新工艺,采用可再生的淀粉质原料,通过变性或发酵制取聚乳酸(PLA),它具有生物兼容性、降解性、耐热性和舒适性,可以用于制造医疗器材、服装和非服装织物。在生物聚合物领域,PLA 是第一个由可再生资源生产的合成聚合物。

作为地球上最丰富的可再生资源之一,木质素是一种广泛存在于高等植物体细胞壁中的多聚酚类,以它代替三醛胶作木材胶粘剂,不仅可以减少对人体健康的损害,还可以节省石油资源。在能源方面,美国用纤维废料制取乙醇,以此作为可再生能源战略的重要组成。由植物糖类生产的生物乙醇及其衍生物 ETBE 以及从木质纤维素生产的生物甲醇及其衍生物 MTBE,都可以作为可再生的燃料,还可以对废弃生物质进行回收再利用,并且其所占比重逐年增加。生物柴油,即脂肪酸甲酯,在欧洲已有几个工厂投产。在美国,生物乙醇掺和的汽油已占所有汽车燃料的 12%。

在大宗化工原料方面,每年 190 万 t 的己二酸原来主要从石油馏分苯氧化开环而生产,且造成 NO_x 等污染,Michigan State University 开发了由葡萄糖经微生物转化成己二烯酸,再经加氢成己二酸的技术路线,即可采用可更新的生物质原料,又避免了污染物的产生。利用碳水化合物为起始原料包括淀粉、农业纤维水解液以及葡萄糖,用 *Klebsiella Oxytoca* 菌发酵,使葡萄糖转化得 2,3 – 丁二醇,除去菌体后加入 5% 的硫酸进行热处理 45 min,2,3 – 丁二醇顺利转化成甲乙酮,转化率 100%。最后将硫酸处理过的发酵液经蒸馏获得 99% 的商品甲乙酮。美国环境保护局的 P. Anastas,M. Kirchhoff 和 T, Williamson 开发的 Biofine Process 以农作物、农业残余物、纸厂沉淀物、废纸、废木、城市固体废弃物等生物质为原料,采用高温、稀酸水解过程使纤维素生物质转化成乙酰丙酸及其衍生物,再分别经催化加氢等步骤制成燃料添加剂、农药、除莠剂、涂料等有实用价值的化学品,开辟了利用废弃生物质生产有用化学品的新途径,获 1999 年美国总统"绿色化学奖"。Misubishi Rayon 公司首先用酶工程技术生产丙烯酰胺,酶转化是在釜式反应器中,维持 5 ℃以防止聚合,转化率和选择性大于 99.99%,收率约 2 kg/(L·d)。Draths 和 Frost 已经研制出另一种基因修饰的大肠杆菌,可抑制 DHS(一种抗氧化剂 BHT 的潜在替代物)和邻苯二酚的进一步反应,故可将这些化合物作为产品分离出来。因此,从葡萄糖出发通过生物合成 DHS 和邻苯二酚的合成路线与传统合成方法相比,不仅可利用再生资源,而且可以避免有毒的苯及其加工过程中生成的 N_2O 等造成的环境影响和对人体健康的危害。

2. 原子经济性反应

绿色化学是更高层次的化学,它的主要特点是"原子经济性","原子经济性"概念是由化学家 Trost 教授 1991 年提出的,是指参与化学反应的所有原料的原子都被结合到目标产物的分子中,这是原子经济反应的核心理念,也是绿色化学的追求。他认为高效的有机合成应最大限度地利用原料分子的每一个原子,使之结合到目标分子中,达到零排放。实现原子经济性的程度可以用原子利用率来衡量。采用催化工艺过程可以简化合成步骤,实现原子经济反应。例如由乙烯制环氧乙烷的过程,乙烯与氧气以 2:1 的物质的量比投料,Ag 做催化剂,原子利用率可达 100%(实达产率 99%)。以往制备抗帕金森病药物 Lazabemide 是从 2 – 乙基吡啶出发 8 步反应合成,总产率仅 8%,而采用 Pd 催化剂可一步完成,且原子利用率可达 100%,已进行规模生产。

己二腈的生产,以往由丁二烯经氯化、腈化、加氢,产率仅为 54%;而 DuPont 公司由丁二烯和氢氰酸在 Ni 复合催化剂的作用下制备己二腈,原子利用率达 100%。孟山都(Monsanto)由甲醇和一氧化碳在催化剂作用下制乙酸的流程,因采用廉价原料和原子经济性取代沿用已久的 Wacker 流程赢得了世界市场。Sumitomo Chemicals 和 Enichem 公司联合建立的 7 000 t 己内酰胺工厂采用两个催化工艺过程,取代了生成有毒且有腐蚀性的硫酸羟胺路线,并避免了 SO_2 和 NO_x 的排出。但是现在已经应用于工业上的一些技术——"原子经济性反应",仍然还需要进一步从环保、技术、经济等方面进行研究及相关的改进。人们在化学反应中想要实现高原子经济性,还需要开发新的途径或者用催化反应来替代化学计量反应等方式来实现。1997 年的新合成路线奖的获得者 BCH 公司的工作即是一个很好的例证。该公司开发了一种合成布洛芬的新工艺,传统生产工艺包括 6 步化学计量反应,原子的有效利用率低于 40.1%,新工艺采用 3 步催化反应,原子的有效利用率达 77.4%,如果再考虑副产物乙酸的回收利用,则原子利用率达到 99%。

我国于 2007 年首次实现了原子经济反应工业化生产,这是一种高效抗旱保水剂,它的原理是用玉米淀粉或玉米粉作主要原料,在引发剂的作用下,首先在淀粉天然高分子的骨架上产生游离基,然后用乙烯或丙烯单体在游离基上接枝共聚,最后接枝共聚物靠爆聚放热自交联,从而生产出具有三维空间的网络结构,不溶于水但同时能吸水保水、吸肥保肥,且能缓慢释放水、肥的高效抗旱保水剂。磁化学技术利用微观的磁场了解物质的化学结构,然后通过控制反应的路径,有选择地获取所需的产物,大大提高产品的纯度,使反应达到原子经济性。我国石油化工科学院采用空心结构的 HTS 型钛硅分子筛催化剂和"单釜连续淤浆床反应器——无机膜过滤"新工艺,由环己酮一步合成环己酮肟,实现了原子经济反应。山东鲁北化工厂堪称全国实施绿色化学、清洁生产的典范,例如,该厂由磷矿石与硫酸反应制成磷酸和硫酸钙,磷酸与氨反应制成磷酸氢铵复合肥,而硫酸钙经加热分解成二氧化硫和氧化钙,前者经催化氧化、水合制成硫酸,后者与采用劣质煤的发电厂产生的炉渣混合制成水泥,现已形成 30 万 t/a 复合肥、40 万 t/a 硫酸(厂内自用)、60 万 t/a 水泥的产能,原材料中的每种元素都得到合理利用,除电厂排出的 CO_2 外,再无废渣废气排放。

3. 采用无毒、无害的原料

工业化的发展为人类提供了许多新型的物料,这些新物料大大改善了人们的物质生活水平,同时也给人类造成了十分严重的污染,仅大量的生活废弃物一项就使我们的生活环境变得不断地而且越来越迅速地恶化。为了既不降低人类的生活水平,又不破坏环境,我们必须研制并采用对环境无毒无害又可循环使用的新物料。

使用对人类和生态环境无毒、无害的原材料获得目的产物是绿色化学追求的又一目标。

为使制得的中间体具有进一步转化所需的官能团和反应性,在现有化工生产中仍使用剧毒的光气和氢氰酸等作为原料。为了人类健康和社区安全,需要用无毒无害的原料代替它们来生产所需的化工产品。例如,异氰酸甲酯的制备可用催化法避免光气(剧毒,且产物 HCl 严重腐蚀设备)的使用。生产聚氨酯的传统工艺是以胺和光气为原料合成异氰酸酯：

$$RNH_2 + COCl_2 \longrightarrow RNCO + 2HCl$$

再用 RNCO 与 R'OH 反应生成聚氨酯：

$$RNCO + R'OH \longrightarrow RNHCOOR'$$

这一工艺不仅要使用剧毒的光气为原料,而且产生有害的副产物氯化氢。美国 Monsanto 公司开发的新工艺为

$$RNH_2 + CO_2 \longrightarrow RNCO + H_2O$$

$$RNCO + R'OH \longrightarrow RNHCOOR'$$

彻底解决了传统工艺的两大问题。

现在在化学工业上,已二酸和邻苯二酚是以苯为原料制造的。苯是石油生产的产品,消耗的是不可再生的资源,另外,苯是一种易挥发的有机物,室温下容易汽化,长期吸入苯可以导致白血病和癌症。而且在合成己二酸的过程中,最后一步是利用硝酸氧化环己酮和环己醇,这一反应的副产物 N_2O 以每年 10% 的水平增长,并且还会破坏臭氧层。N_2O 同时也是一种温室效应气体,会导致气候异常。密执安州立大学的 J. W. Frost 和 K. M Draths 经研究将葡萄糖转化为顺 - 己二烯二酸,然后经氧化形成己二酸。

用无毒、无害的溶剂取代挥发性的有机溶剂也是绿色化学的重要研究方向。目前,广泛使用的挥发性有机溶剂不仅会污染水源,还会引起地面臭氧的形成。用超临界流体(SCF),特别是超临界二氧化碳来代替有机溶剂,其最大的优点是无毒、不可燃、价钱便宜。在电子行业的单晶硅芯片加工厂,每天要产生 115 万 t 废水,且用大量乙醇作为干燥剂。SCORR Process 采用超临界 CO_2 取代湿式处理以除去芯片上的污物,且 CO_2 还可回收,循环利用。美国 Los Alamos 国家实验室已验证,在超临界溶剂中进行的非对称催化反应,特别是加氢和氢转移反应,其选择性都相当于或超过在常规有机溶剂中的结果。在高分子聚合反应、酶转化和均相催化等许多场合中,超临界 CO_2 也都已证明是可以使用的、性能超群的溶剂。S. C. E. Tsang 等人在超临界 CO_2 溶剂中进行的醇的氧化脱氢反应,采用疏水处理过的活性炭担载的贵金属催化剂,显著提高了催化剂的活性和选择性。Li 曾因在水中实现有机合成反应而获得美国总统"绿色化学奖"。Burgess 等人曾发现在水介质中用硫酸锰和碳酸钠作催化剂,H_2O_2 做氧化剂可以进行烯烃环氧化反应制备环氧化合物。T H Chan 则改在离子液体中用硫酸锰和碳酸氢四甲胺为催化剂,H_2O_2 做氧化剂进行烯烃环氧化反应制备环氧化合物,取得了转化率和收率≥99% 的反应结果。经分离后的离子液体可以反复使用 10 次,这属于清洁的、可循环的、环境友好的催化反应。称为"绿色溶剂"的离子液体因其易于循环利用从而减少对环境的污染,近年来在作为环境友好的溶剂方面有很大的潜力,可用于分离过程、化学反应,特别是催他反应以及电化学等方面。另外,采用无溶剂的固相反应也是避免使用挥发性有机溶剂的一个研究动向,如用微波来促进固 - 固相有机反应。

4. 环境友好或可循环使用的新材料

环境友好产品指无污染或低污染的技术、工艺和产品。日本研制成功固态聚合法生产聚酯,它分三步进行：

①通过原料双酚 - A 和二苯基酯在熔融状态下进行预聚合,得到无定形的聚合物。

②把无定形的聚合物转化为结晶态的预聚物。

③结晶态的预聚物经过固态聚合方法生产不含氯分子杂质的聚酯,成为环境友好产品,避免了光气的危害。

传统墨粉和纸张之间的吸引力过大,纸张和墨粉都难以回收再利用。美国博泰尔(Battelle)公司研发了一种生物基墨粉,这种墨粉的印刷质量和普通墨粉一样,但却很容易从纸张上去除,墨粉和纸张都可以回收重复利用,这种新技术以大豆油、蛋白质和从谷物里提取出来的碳水化合物为原料,通过博泰尔公司创新的合成方法可以制成生物基墨粉,而且易于降解。这种新技术不仅可以节约大量能源,而且还能减少二氧化碳排放。据估算,到2010年,新技术每年可以节约 9.76×10^{13} J,减少二氧化碳排放36万t。因此该公司被美国政府授予了2008年的绿色合成路线奖。

近年来中国包装用塑料已超过400万t。为解决"塑料垃圾",治理"白色污染",中科院利用化学合成法合成脂肪族聚酯,该技术采用脂肪族二元醇酸为原料,通过缩合聚合法制备聚丁二酸丁二醇酯(PBS),具有如下特点:

①采用高效催化体系,分步进行控制,直接合成高相对分子质量的脂肪族二元醇酸聚酯。

②缩短了反应时间、简化了合成工艺,降低了成本。

③利用聚酯与淀粉及无机粉体的复合技术,使复合材料具有良好的加工性能。

④性能完全达到通用塑料水平,而且可以完全生物降解。

环境意识材料(environmental conscious materials)也是绿色化学重要的研究内容。所谓"环境意识材料"是指在生产材料产品时不仅考虑产品的生产、运输、使用直至其"生命"结束过程中对环境的影响,而且还要考虑其"生命"结束后循环再利用的问题,一则减少对环境的压力,二则是资源的合理利用。德国政府已规定卫生纸只能用回收废纸制造,日本汽车材料的回收利用率也在逐年提高。绿色化学不仅局限绿色合成,而是扩展到整个生命循环过程。

5. 能源工业中的绿色化学

20世纪90年代初,为了保护环境,美国等发达国家以法律形式强制推行"环境友好"的新配方汽油和柴油,迫使石油炼制工业技术改造或更新,以满足环境友好要求,并从中获利。

(1)环保新汽油。

为实现新汽油的限制要求。在炼油技术中要做以下工艺改进和更新:催化裂化由单一生产高辛烷值汽油,转向既生产高辛烷值汽油,又生产异丁烯、异戊烯等醚化原料。催化裂化汽油是我国催化裂化领域生产规模最大的燃料油品,在我国成品油市场占80%以上。催化裂化汽油烯烃含量一般为40%~50%,加工石蜡基油和掺炼渣油比例高的装置,烯烃含量超过60%,远远超过质量指标。为了提高我国汽油质量,一要降低汽油的烯烃含量,二是确保汽油原有的辛烷值不降低。为此较好的方法是将汽油中的直链烯烃转化为异构烷烃和部分芳烃,以弥补大量降低烯烃引起的辛烷值损失,增加汽油稳定性。降烯烃目前主要有两个发展方向,一是催化裂化生产中开发降烯烃技术,但由于受催化裂化反应本质的限制,虽然取得了一定效果,但不能从根本上解决问题;二是催化裂化汽油降烯烃改质技术。探索低烯烃催化裂化汽油生产技术与催化裂化汽油降烯烃改质技术成为炼油企业可持续发展的关键。大连理工大学王祥生等用新合成方法合成的20~50 nm的 ZSM-5 分子筛为活性组分,采用水热处理、负载金属活性组分改性的组合改性方法制备的催化汽油改质催化剂使催化汽油的烯烃降低到20%左右,除少量的烯烃裂解为 C2、C3 外,大部分烯烃通过异构化、芳构化以及烷基化等反应途径转化为高辛烷值的汽油组分,催化剂同时具有降烯、除苯和部分脱硫的综合性能,有效地改善了催化汽油的品质。

(2)柴油超深度脱硫。

为达到环境友好柴油的硫含量指标,一是要开发性能优异的加氢脱硫催化剂,二是要开发芳烃饱和工艺及其所用的抗硫加氢催化剂。由合成气通过催化合成生产优质柴油也将是今后生产清洁燃料的重要方向。柴油的超深度脱硫是目前迫切需要解决的世界性课题。目前,正在开发的非传统脱硫技术有:沉积、吸附、萃取、氧化与吸附组合、氧化和萃取组合、加氢和吸附组合以及生物脱硫方法等。美国 Sulphco 等公司采用氧化和萃取工艺组合实现超深度脱硫。美国 Phillips 石油公司开发的工艺则将加氢反应和吸附进行了组合,脱硫效率有所提高。但加工成本仍然较高,柴油中的二苯并噻吩及其衍生物仍很难脱除。最近,美国宾夕法尼亚大学 Ma 和 Vellu 研究小组开发了一种除去航空燃料油中噻吩类化合物的新的吸附脱硫技术,在硅胶和 Y 型分子筛上负载过渡金属和稀土金属制备吸附剂,脱硫效果较好,但吸附剂吸附容量较低。采用纳米粒度分子筛有望解决现存的问题。

6. 造纸工业中的绿色化学

造纸工业是我国污染最严重的产业之一,每年有害废水排放量高达50亿吨,约占全国废水的1/6,其中主要是制浆黑液和漂白废水,总负荷占 90% 以上。开发无污染的制浆技术是解决制浆黑液污染的关键,其中包括生化法、催化氧化降解法和机械制浆法。生化法制浆是从众多的微生物中筛选出能高效、专一地分解纤维的菌种,经生物技术处理使之适应大规模生产,目前尚在实验阶段,缺点是占地面积较大。催化氧化降解法受美国能源部、农业部和国家基金资助已进行中试。该法用杂多酸盐($Na_6[SiV_2W_{10}O_{40}]$)作为催化剂在厌氧下将木质素解聚、降解,保留的纤维素经分离造纸,液体部分经湿式氧化,生成 CO_2 和 H_2O,催化剂可循环使用。这种无污染制浆工艺可得高质量的(不含木质素)纤维素材料,从而制得高品质纸张。机械制浆法也可避免造纸黑液,但易损伤纤维素结构;化学热机械制浆有较好发展前景。

7. 农业中的绿色化学

对于我国的经济发展来说,农业的发展所占的比重非常大。在这种大的经济发展背景下,我国在农业上如何提高农作物的产量成为亟待解决的问题,同时农产品的质量也被广为关注。农业是国民经济的基础产业,农业生产不仅肩负着生态环境保护与建设的重任,而且维系着城乡居民的生存与生活,其主要功能充分体现在生产清洁度高、安全性好、营养丰富、口感佳的绿色食品上。而开发绿色食品的前提首先是在重点加强农业的生态环境建设中发展绿色农业。要实现绿色农业生产就应该运用生态经济学原理,以绿色化学技术进步为基础,集节约能源、杜绝化学污染源、保护与改善农业生态环境、发展农业经济于一体,进行各种农业资源的可持续性开发与保护,并在开发中保持和实现农业生态系统的良性循环,在农业生态系统良性循环的基础上实现农业资源的可持续利用。绿色农业催生了绿色化学,绿色化学主体思想是采用无毒、无害的原料和溶剂,新化学反应得到选择性高、生产环境友好的产品,并且经济合理。绿色化学是与生态环境协调发展的、更高境界的化学,它要求化学家重新考虑化学问题,从源头上消除任何污染。

绿色化学在很多领域都进行了探索和尝试,取得了很好的效果,但是依然很难实现大规模的工业化,因此目前绿色化学给环境带来的改观还是十分有限的。由于环境友好的特征,绿色化学必将成为未来化学的发展方向,但是还会面临很多巨大的挑战,这就要求科研工作者不断对原有化学技术进行改良,并对新的化学工艺进行积极探索,如努力尝试合成新型的高效催化剂,真正实现化学的绿色化。

思考题与习题

1. 绿色化学 12 条原理的实质核心是什么？如何理解各条原理的相互关系？
2. 举例说明绿色化学技术在某个领域的新进展。

第 8 章　环境化学其他专题

8.1　室内环境的污染

8.1.1　室内环境污染问题的提出

通常,人们较为关注室外环境污染问题,而室内环境污染问题则长期被人们所忽视。事实上,室内环境污染的危害程度并不比室外低,有时甚至比室外更高。人们一直在追求那种装有空调设施、装修豪华并配备现代化办公设备的环境,但研究发现,如果对这种室内环境中的污染源不加控制和防范,其对人的危害程度要远远高于一间普通的办公室。

现代成年人 70% ~80% 的时间是在室内度过,老弱病残者在室内的时间更高,可达 90% 以上,每天要吸入 $10 \sim 13 \ m^3$ 的空气,长时间停留在室内并大量吸入含多种污染物且浓度严重超标的空气,会引起“建筑综合症”(sick building syndrome,SBS),包括头痛,眼、鼻和喉部不适,干咳、皮肤干燥发痒、头晕恶心、注意力难以集中、对气味敏感等。根据美国的一项调查,室内空气中可检出 500 多种挥发性有机化合物。加拿大健康部的调查表明,当前人们 68% 的疾病都与室内空气污染有关。从 20 世纪 80 年代开始,西方发达国家纷纷开展了室内环境污染问题的系统研究,并逐渐成为环境研究领域中的一个活跃的研究分支,室内环境与健康问题也成为公众瞩目的新热点。现已证明,室内环境污染除能引起 SBS 症状外,长期接触室内污染物还有可能导致“三致”:致癌、致畸、致突变。

影响室内环境的因素主要是建筑物的结构和材料、通风换气状况、能源使用情况以及生活起居方式等。总体上讲,当室内与室外无相同污染源时,空气污染物进入室内后浓度则大幅度衰减,而室内外有相同污染源时,室内浓度一般高于室外。

目前,室内空气污染已经成为对大众健康危害最大的五种环境因素之一。有专家认为,在经历了 18 世纪工业革命带来的“煤烟型污染”和 19 世纪石油和汽车工业带来的“光化学烟雾污染”之后,现代人正经历以“室内空气污染”为标志的第三污染时期。

8.1.2　室内环境的主要污染物及其危害

室内环境的研究对象为所有全封闭或半封闭的空间,特别是内部具有某种或某几种特殊污染源的空间。例如,车间、办公室、居室、公共设施(包括学校、车站、宾馆、饭店、电影院、歌舞厅、美发厅、博物馆、图书馆、证券交易厅)以及特殊用途空间(温室、潜艇、坑道、载人航天器)等。

室内环境污染研究的主要内容是室内环境污染物对人的健康危害以及如何防止这些危害等。按污染物的性质可将室内空气污染分为化学污染、生物污染、物理污染和放射性污染四大类型,以化学性污染最为严重。化学污染物主要来源于建筑材料、装饰材料、日用化学品、人体排放物、香烟烟雾、燃烧产物如二氧化硫、一氧化碳、氨、甲醛、挥发性有机物等。生物污染物包括细菌、真菌、病菌、花粉、尘螨等,可能来自于室内生活垃圾、室内植物花卉、家中宠物、室内装饰与摆设。物理污染指的是噪声、电磁辐射、光线等。放射性污染主要来源于地基、建材、室内装饰石材、瓷砖、陶瓷洁具。室内环境的典型污染物介绍如下。

1. 甲醛

甲醛在室温时是无色、易溶、易挥发、有刺激性气味的气体。用于涂料、树脂或建筑材料的黏合剂。有多种甲醛树脂混合物,主要有酚醛树脂(PP)、三聚氰胺甲醛树脂(MF)和脲醛树脂(UF)。脲醛树脂因为其水溶性,成为室内空气污染中贡献最大的混合物。

室内甲醛主要的污染源是吸烟、炊事燃气、油漆、化纤地毯、复合木制品如中密度纤维板(MDF)和碎料板等。MDF 是家具、橱柜、棚架生产中最常用的材料,含有 2~4 倍标准碎料板中脲醛树脂的量,存在于这些建筑木料中的甲醛可保持连续释放达 15 a。

当室内空气中甲醛质量浓度为 0.1 mg/m³ 时,就会有异味和不适感,会刺激眼睛引起流泪;浓度再高时,将引起咽喉不适、恶心、呕吐、咳嗽和肺气肿;当空气中甲醛含量达到 30 mg/m³ 时,便能致人死亡。人们长期低剂量吸入,会引起慢性呼吸道疾病,还会使妇女月经紊乱,影响生育并引起新生儿体质下降和染色体异常,甚至可诱发鼻咽癌。醛还可能损害人的中枢神经,导致神经行为异常。1987 年,美国环保局已将它列为可致癌的有机物之一。

最有效的控制方法是尽量避免在室内建筑材料中使用含有脲醛树脂的材料,或使用良好的通风设备以控制甲醛的积累。

2. 挥发性有机物

挥发性有机化合物(volatile organic compounds,VOCs)是指沸点在 50~260 ℃ 之间、室温下饱和蒸气压超过 1 mmHg 的易挥发性化合物。其主要成分为烃类、氧烃类、含卤烃类、氮烃及硫烃类、低沸点的多环芳烃类等,是室内外空气中普遍存在且组成复杂的一类有机污染物。它主要产生于各种化工原料加工及木材、烟草等有机物不完全燃烧过程;汽车尾气及植物的自然排放物也会产生 VOCs。VOCs 广泛存在于建筑涂料、地面覆盖材料、墙面装饰材料、空调管道衬套材料及胶粘剂中,在施工过程中大量挥发,在使用过程中缓慢释放,是室内挥发性有机物的主要来源之一。已经确定了 400 多种不同的 VOCs,其中地毯中就有 250 多种。这些物质品种、类别很多,对人体的危害随品种、接触程度而异。

许多 VOCs 具有神经毒性、肾毒性、肝毒性或致癌作用,还可能损害血液成分和心血管系统,引起胃肠道紊乱。最常见的症状包括头痛、瞌睡、眼睛刺激、皮疹、呼吸疾病、鼻窦充血等。急性高浓度苯可引起中枢神经抑制和发育不全性白血病,已有研究表明,儿童白血病患者与家庭豪华装修有一定相关性。甲苯、乙苯、二甲苯对眼睛和上呼吸道黏膜有刺激作用,并能引起疲乏、头痛、意识模糊、中枢神经抑制,高浓度时可造成脑萎缩。甲苯的急性毒作用为神经毒性和肝毒性,二甲苯的急性毒作用为肾毒性、神经毒性和胚胎毒性。

通过认真选择室内装饰材料可减少VOCs的排放。如限制化学地毯的使用,尽可能使用羊毛或棉花垫子和没有橡胶底的地毯;尽量少使用黏合剂,使用水溶性涂料和密封剂;尽可能使用天然材质家具,如果是用复合材料做的,把所有暴露面用水溶性或低毒的密封剂密封;使用良好的通风设备。还有一个降低VOCs排放的方法就是加热。在房屋建好、重新粉刷或重新装修后,加热房屋到一定温度(一般38 ℃),全部窗户打开,持续通风2~3 d。其原理是高温下挥发性物质挥发速率加快,使得常态下需要几月几年时间释放的物质在短时间内释放出来。

由于VOCs的成分复杂,其所表现出的毒性、刺激性、致癌作用和具有的特殊气味对人体健康造成较大的影响。因此,研究环境中VOCs的存在、来源、分布规律、迁移转化及其对人体健康的影响一直受到人们的重视,并成为国内外研究的焦点。

3. 重金属铅等

室内铅的主要来源是涂料、污染的灰尘和水管。铅盐及镉、铬氧化物、铅黄、铅白、红丹等是颜料、油漆涂料的主要成分。在大城市,交通工具排放的铅可能污染城市并附着在人的衣物上,从而引入室内。治水系统使用铅衬可能向饮用水引入铅,即使不用铅衬,使用钢管的系统其接头的焊料含铅也会渗入水中。这种情况一般只在前一两年有问题,之后会生成覆盖层隔绝铅和水的接触。打开水龙头后先放流几分钟,饮用冷却的沸水等都是简单地避免大量接触铅的方法。

铅的毒性对神经系统、造血系统、心血管系统、生殖系统均有明显的影响。婴幼儿由于血脑屏障发育未完善,对铅的毒性更敏感。如美国波士顿对某幼儿园进行追踪调查结果表明,3 岁儿童若血中铅质量浓度超过 30 mg/L,到 7 岁时将会呈现明显的智力及行为缺陷。据英国某室内卫生组织的调查发现,住宅内尘埃平均含铅量可达 1 300 mg/L(质量浓度),比公园土壤高出 1 倍。这对经常在室内地上活动的幼童威胁很大。由于铅的毒性,一些国家的绿色建材中标明不得含有铅及其化合物。

4. 一氧化碳

一氧化碳主要来自燃料的不完全燃烧过程。室内源包括燃气加热装置、煤气炉、通风不好的煤油炉、吸烟等。

CO 与血液运送氧分子的血红素结合的能力远高于氧气(220 倍),因此,一氧化碳一旦吸入就会和血红素结合为羧基血红素,抑制向全身各组织输送氧气,症状为头痛,恶心,注意力、反应能力和视力减弱,瞌睡。在高浓度引起昏迷,甚至死亡。室内一氧化碳的平均质量浓度在 0.5~5 mg/L,如果有通风不好的炉子可能达到 100 mg/L,在浓度为 500 mg/L 时可能引起死亡。研究表明,孕妇吸烟会导致后代阅读能力和数学能力发展滞后。

5. 氮氧化物

氮氧化物包括一氧化氮和二氧化氮。这两种气体的室内源包括未通风的燃料燃烧设备(燃气炉、煤油炉等)、反向气流加热装置和吸烟。两种气体都高度刺激皮肤、眼睛和黏膜,在高浓度时可刺激喉咙,引起严重的咳嗽,甚至致癌。一氧化氮也可与血红蛋白结合,在高浓度时引发的症状与一氧化碳相似,引起缺氧、中枢神经麻痹。二氧化氮的毒性是一氧化氮的 $4\sim5$ 倍,可引起神经衰弱,肺部纤维化,心、肝、肾及造血系统的生理机能破坏。

6. 二氧化硫

二氧化硫是无色、有刺激性气味的气体,本身毒性不大。二氧化硫来自含硫燃料的燃烧,进入空气中后吸水可转化为亚硫酸或被氧化为三氧化硫,进一步生成硫酸和硫酸盐颗粒物,对生物体和各种表面造成损害。二氧化硫的室内源主要是炊事、供暖用燃煤和燃油。

二氧化硫对上呼吸道黏膜有强烈的刺激作用,损害纤毛,使呼吸系统功能减退,引起支气管哮喘、肺气肿等。此外,形成的酸性物质对家具、水管、墙壁等有腐蚀作用。控制室内二氧化硫的根本方法是采用低硫煤或以燃气代替。

7. 臭氧

臭氧是蓝色、强刺激性气味的气体,因为高活性和不稳定性,臭氧的半衰期在 $6\sim8\ h$ 之间。在室内,臭氧可以因为使用高压或紫外光的任何设备生成,比如电动摩托、高压办公设备,如复印机、激光打印机等。虽然臭氧在室内外都可以生成,但是许多研究表明,室外的臭氧浓度对室内的臭氧浓度起着相当大的决定作用。存在空气污染物和光化学烟雾问题的大城市通常会有地面臭氧生成,可能导致产生高浓度的室内臭氧。要尽可能地控制室内的臭氧源,购买和使用利用臭氧净化空气和水的设备,在通风系统上安装过滤装置,通常使用活性炭或木炭,通过化学手段将臭氧转变为氧气。

臭氧在相当低的浓度就可以影响人体健康。臭氧可以刺激眼睛和呼吸道,包括鼻子、喉咙和气管,引起咳嗽和胸部发紧。在较高浓度时,臭氧会削弱肺功能;长期在高浓度臭氧存在的环境中生活,可能发生细菌感染、肺组织增厚和中枢神经系统病变等症状。

8. 多环芳烃

多环芳烃(PAHs)是有机化合物,大多数不挥发,在含碳和氢的物质燃烧时产生,已经确定了 100 多种化合物,是室内空气中最重要的致癌物和致突变物。PAHs 的主要室内源包括吸烟、烧柴、食物的燃烧和焦化。苯并芘是多环芳烃污染物中的一种,也是测定最多的一种,常用来表征混合 PAHs 的存在,长期暴露其中可能导致癌症的生成。

多环芳烃的室内源很容易去除或很好地控制,例如,使烧柴的设备燃烧良好、通风良好,不吸烟,尽量不要食用烧焦的食物,保持室内通风良好。

9. 石棉

石棉是一系列有用的、纤维状的硅酸盐材料的统称,呈化学惰性。从陶器到建筑,石棉已经使用了几个世纪。石棉是不可燃烧并且是热的不良导体,因此,用来生产消防员的救生衣和绝热产品。石棉也用于很多其他产品的生产,比如建筑材料、沥青、纺织品、导弹、喷气机部件、涂料、防渗漏剂、刹车衬面等。与室内污染问题相关的是石棉绝热材料的使用。

石棉绝热材料可以向空气中释放微小的纤维,有的比人体细胞还要小。这些纤维不能被生物降解,被吸入肺部后永久地停留下来。吸入这些粒子和石棉尘会导致石棉沉着病(一种慢性的肺炎),石棉病患者的临床特征是支气管内膜炎和肺气肿。在经过 30 年或更久的潜伏期后转化为严重的癌症,特别是肺癌和间皮瘤(胸部和腹部内侧的不宜手术的癌症),还可能导致其他部位的癌症,如胃、肠、喉、食管。据统计,我国在死于石棉沉着病人中,患各种癌症的死者占 37.8%。

10. 尘螨

尘螨属于节肢动物,在温暖潮湿的环境下繁育兴旺,靠分解有机物生存,如人和动物的皮屑。室内的地毯、床、毛毯和家具等都给尘螨创造了条件。粉尘螨和屋尘螨属于麦食螨科,它们不仅是储藏物螨类,而且是重要的医学螨类。粉尘螨和屋尘螨不仅危害各种储藏的粮食和其他储藏物品,也是居室的害虫。尘螨很小,肉眼不易见,但其分布几乎遍及全世界。尘螨是人类过敏性哮喘病的一种过敏源,尘螨变态反应已被国际公认为全球的保健问题之一。日本调查证实,哮喘病患者约占日本人口的 1%。美国旧金山市华人居住区的居室调查结果发现,在老的建筑物中有较多的尘螨,影响了人们的健康。

尘螨需要高湿度、暖和以及食物条件才能存活,可通过降低湿度(理想的室内相对湿度是 35%,尘螨需要相对湿度 60% 或更高才能生存)、减少尘量(勤换洗毛毯、窗帘、枕头,勤清扫床脚,勤打扫房间,保持整洁)等方法来控制尘螨的数量以减少空气中尘螨粪的量。

11. 霉菌

霉菌是某些类型的真菌在有机物上生长形成的。霉菌有很多种,颜色各不相同,有黑色、红色、绿色、蓝色、白色,都需要高湿度才能生长。霉菌可以释放孢子到空气中并长期停留。夏季因为温度和湿度比冬季高,有利于霉菌生长。室内温度和湿度比较高而光线较弱的地方霉菌也可以生长,这样的环境包括卫生间、地板下、阁楼、地窖、保养不当的加湿器和空调、潮湿的衣物和毛毯等。

霉菌释放到空气中的孢子是影响健康的严重问题,可导致过敏和哮喘反应,还有发热、头痛、抑郁、疲乏等。对霉菌过敏的人最好避免接触源自真菌的产品。如烘焙产品(酵母)、蘑菇、干酪、熏肉、酸奶酪、剩菜等。要保持室内湿度在 35%~45%,因为霉菌生长一般要求湿度在 50% 以上。如果发现霉菌的生长,可使用漂白剂和水清除,并且要弄清楚来源。

12. 氡气

氡气是土壤及岩石中的铀、镭、钍等放射性元素的衰变产物,是一种无色、无味、具有放射性的气体。某些含铀系元素高的建筑材料,如砖、花岗岩、混凝土中含有氡气,它会不知不觉地从房屋的地基、土壤、墙壁和天花板中溢出,并在室内积累。世界卫生组织、国际辐射防护委员会、联合国原子能辐射效应科学委员会等国际学术团体一致公认,长期在氡浓度高的环境中生活,会导致肺癌发病率增加,以及其他病症的产生。据科学家统计,在英国每年约有1.4万人死于氡气导致的肺癌,其死亡率在各种危害因素中仅次于车祸,占第二位;在瑞典,每年约有1 100人死于因氡气导致的肺癌,占瑞典肺癌死亡人数的30%。世界卫生组织已将氡气列为使人致癌的19种物质之一。

8.1.3　国内外室内环境研究现状及进展

在西方发达国家,由于呈SBS症状的人数急剧增加,政府与民间组织、大公司等众多机构都投入了大量的人力和财力来从事室内环境问题的研究和开发工作。由于室内污染物的多样性、微量性和累积性,许多研究机构投巨资建立了专门用于室内环境研究的受控环境舱,如美国劳伦斯·伯克利实验室的室内环境系、丹麦理工大学的室内环境和能源国际中心等,因而占据着此领域的领先地位。据大量文献显示,目前国外所从事的室内环境领域的研究开发工作多集中在病态建筑物综合症(SBS)的成因及预防、氡(Rn)辐射的控制、室内环境污染与人类健康等方面。总之,许多国家已经初步建立了室内空气质量标准、检测标准和分析标准,发明了一些专用的痕量气体检测器和分析仪器,其便携产品已经上市,室内环境健康咨询、室内环境监测等相关产业也悄然兴起,室内环境污染已经得到了一定程度的控制。但从总体来看,仍是理论研究较多,真正做到对室内环境污染的有效控制还有漫长的过程。

我国室内环境的研究才刚刚起步,目前,国内只有少数几家科研单位和大专院校做了一些有关室内环境方面的研究工作,主要集中在对燃料燃烧、吸烟等以及不同场合的VOCs的排放、室内装修及家具带来的污染、室内环境污染的治理与对人体的健康效应以及对氡的检测等几个方面的研究上。与国外相比,在研究手段、研究广度和深度上及研究的系统性差距较大。

今后室内环境污染研究的发展趋势是加强有关非居住室内环境的污染状况的调查及研究;加强研究敏感人群对室内空气污染物的反应;加强挥发性有机物的研究;进一步改进收集及监测污染物的仪器和方法;进一步研究各种污染物引起健康效应的机理。

8.1.4　室内空气质量控制

室内空气质量的控制方法主要有以下几点:

1. 保障通风良好

开窗通风是解决大多数室内空气污染问题的简单而有效的方法,大多数污染物可以通过改善通风而降低室内集聚的可能性。对于使用空调的房间,如果有充足的室外空气进入,循环使用空气达到70%就不会造成健康影响。从人的感官讲,同样温度、湿度的自然风的舒适度等方面显著优于人造风。

2. 控制污染源

保持室内清洁,经常清理换洗被褥、衣物等可防止或减少生物性污染;采用污染小的能源,比如用燃气代替燃煤、使用电能等,可减少气态和颗粒污染物的排放;减少或禁止吸烟,是减少致癌性和潜在致癌性物质排放的重要手段;安装排风装置、改变烹调习惯、使用绿色的建筑和装饰材料。是从根本上杜绝污染物排放的方法。

3. 植物净化

某些类型的植物除了作为观赏性装饰品外,还可以净化空气、除尘、杀菌。需要注意的是,某些植物的释放物对人体是有害的,因此要慎重选择室内观赏植物。

4. 化学去除法

通过化学的方法将挥发性化学污染物转化为固体或者无害的或者低毒的气态或固体物质而除去,包括从源头建筑材料的制造中杜绝各种有害物质和在室内通过普通化学反应、催化氧化和生物化学方法将毒物降解、分解或氧化。目前在市场上有用上述原理制造的各种产品销售。如有用活性炭、硅胶或其他如分子筛等为吸附剂用于排风机制造的吸附式空气净化器、有用能与室内毒气发生氧化反应或配位化学反应的化学试剂的溶液制成的喷雾剂、有利用光催化原理设计制造的光催化空气净化器等。至于市场上出售的各种喷雾剂目前主要是针对甲醛污染。它是能与甲醛发生氧化和配位缩合作用的一些非挥发性化学试剂水溶液,当它喷洒在室内空间或家具的表面,可与甲醛反应生成非挥发和有一定热稳定性的化合物。最近,这些产品市场上很多,且不论其效果如何,单就经常使用造成室内物品的潮湿腐蚀这一点而言,有一定的弊端,所以自推出以来尚未被消费者完全接受。由于上述的几种化学污染物主要释放于墙壁或家具,是一个非常缓慢的过程,经验表明,一个装修并入住几年的房间仍然具有"装修气味"。因此,解决室内污染不能采用"权宜之计",必须寻找一种既能彻底地将它们转变成无声的物质,又使用方便、性能持久、价格低廉的净化方法。光催化氧化技术目前被认为是较为理想的一种。

光催化是20世纪70年代以来逐步发展起来的一门新兴研究领域。发现某些半导体氧化物材料,如TiO_2,在光照下表面能受激活化可产生空穴和电子,这些光生电子和空穴能与吸附在表面的氧分子作用生成具高活泼和强氧化还原能力的羟基自由基和超氧阴离子自由基,从而可氧化分解有机物和某些无机物。半导体氧化物在这个过程中并不消耗,光照结束后会恢复原态,它起催化剂的作用。显然,光催化就是在催化剂存在下的光化学过程。有数百种主要的有机或无机污染物可在光催化下被完全氧化。目前市场上见到的光催化空气净化器就是按照上述原理设计的,其核心部件包括一个由光催化剂载件和紫外光源组成的净化单元和吸排风机。工作时带有污染物的气体被风机吸入机内穿过催化剂单元,空气中的毒气分子由被光照的催化剂单元氧化分解成无毒物,流出的无污染物的空气再从净化器里排放到室内,房间的空气经过如此反复分批循环处理将得到净化。为了使机器的性能能长久稳定、催化剂能长期使用,不少此类净化器在设计时常附有空气过滤单元和高压静电单元(用于除烟去尘)、负离子发生单元(使空气清新)和臭氧发生装置等。近年来,还研制出了光催化自清洁瓷砖,即将光催化剂溶胶覆着在建筑瓷砖的表面,再经过焙烧使之在瓷砖表面形成一层坚固的光催化剂膜。这种光催化瓷砖具有分解油污、杀菌灭菌等功能,可以用于厨房、卫生间的墙面,它对于室内的有害有机气体还具有一定的氧化分解作用。

随着我国的生产方式由粗放型向技术集约型转变以及第三产业的迅猛发展,室内从业人员的比例将大大上升,人们在室内生活的时间将越来越长,受到各种室内污染的概率将会大大增加。为此,从人们健康的长远角度出发,室内环境污染的治理已成为必须高度重视的研究领域。

8.2　恶臭的污染

在城市,被污染的河流、垃圾堆场不断散发一些恶心的腐烂性气味,一些环保设施如污水、污泥、垃圾的处理设施也给周围环境带来新的臭气污染。因而,一些发达国家较早开始该方面的研究,对恶臭进行专项立法,把臭气污染作为世界上七大环境公害之一(大气污染、水污染、土壤污染、噪声、震动、土地下沉、恶臭)我国环保监督部门近几年来也越来越重视对恶臭的控制与治理。

8.2.1　恶臭的产生与种类

恶臭污染是指能引起人们嗅觉器官多种多样臭感的物质对环境的污染,危害着人们的身体健康和生活的安宁与舒适。迄今为止,凭人嗅觉感知的恶臭物质有 4 000 多种。恶臭的天然来源包括在不流动的湖泊沼泽中,各种水草、藻类分解代谢产生的甲基硫、甲基硫醇等,动物尸体与植物残骸等腐败分解常放出的硫化氢、氨等腐败性臭气。恶臭物质的主要来源及异臭味性质见表8.1。

表8.1　恶臭物质的主要来源及异臭味性质

物质名称	主要来源	臭味性质
硫化氢	牛皮纸浆、炼油、炼焦、石化、煤气、粪便、硫化碳的生产或加工、生活垃圾	腐蛋臭
硫醇类	牛皮纸浆、炼油、煤气、制药、农药、合成树脂、合成纤维、橡胶、生活垃圾	烂洋葱臭
硫醚类	牛皮纸浆、炼油、农药、生活垃圾、生活行水下水道、氨氮肥、硝酸、炼焦、粪便、肉类加工、家畜饲养	尿臭、刺激臭
胺类	水产加工、畜产加工、皮革、骨胶、油脂化工、生活垃圾	粪臭
吲哚类	粪便、生活污水、炼焦、肉类腐烂、屠宰牲畜	刺激臭
硝基化合物	染料、炸药	刺激臭
烃类	炼油、炼焦、石油化工、电石、化肥、内燃机排气、油漆、油墨、印刷	刺激臭
醛类	炼油、石油化工、医药、内燃机排气、生活垃圾、铸造	刺激臭
脂肪酸类	石油化工、油脂加工、皮革制造、合成洗涤剂、酿造、制药、粪便	
醇类	石油化工、油脂加工、皮革制造、肥皂、合成材料、酿造、林产加工	刺激臭

续表 8.1

物质名称	主要来源	臭味性质
酚类	溶剂、涂料、油脂工业、石油化工、合成材料、照相软片	刺激臭
脂类	合成纤维、合成树脂、涂料、黏合剂	香水臭、刺激臭
含卤素化合物	合成树脂、合成橡胶、溶剂灭火器材、制冷剂	刺激臭

生活垃圾类物质的恶臭成分主要是蛋白质、脂肪与碳水化合物等在厌氧或好氧过程的产物或不完全产物,其中大多数恶臭气体是经由厌氧过程产生的。厌氧状态下,氧气转移到生活垃圾堆中的过程受到限制,存在于垃圾中的微生物难以得到呼吸所需的溶解氧。此时硫酸盐还原菌得以繁殖,它们就利用硫酸根作为氧源进行呼吸,该过程副产物就是 H_2S。由于 H_2S 在污水中的溶解性较低,绝大部分释放到周围环境中(例如下水道等)。当然,该过程中也有其他典型的致臭化合物,如硫醇(Mercaptans)、胺(Amines)等。而好氧过程则主要产生作为降解中间产物的低级醇、醛、脂肪酸等恶臭物质。我国恶臭污染物排放标准(GBl4554—93)中,规定了 8 种恶臭污染物(氨、三甲胺、硫化氢、甲硫醇、甲硫醚、二甲二硫、二硫化碳、苯乙烯)的排放浓度限制和复合恶臭物质的复合浓度限制等。

8.2.2 恶臭物质的危害

恶臭对人体的危害主要表现在以下几个方面:

1.危害神经系统

长期受到一种或几种低浓度的恶臭物质刺激,首先使嗅觉失灵,继而导致大脑皮层兴奋与抑制过程的调节功能失调。有的恶臭物质,如硫化氢不仅有异臭作用,同时也对神经系统产生毒性。

2.危害呼吸系统

当人们嗅到臭气时,会反射性地抑制吸气,妨碍正常呼吸功能。

3.危害循环系统

如氨等刺激性臭气,会使血压出现先下降后上升,脉搏先减慢后加快的变化。硫化氢还能阻碍氧的输送,而造成体内缺氧。

4.危害消化系统

经常接触恶臭物质,使人食欲不振与恶心,进而发展成为消化功能减退。

5.其他危害

恶臭会使内分泌系统的分泌功能紊乱,而影响机体的代谢活动。氨和醛类对眼睛有刺激作用,常引起流泪、疼痛、结膜炎、角膜浮肿。长期受到恶臭的持续作用会使人烦躁、忧郁、失眠、注意力不集中、记忆减退,从而使学习和工作效率降低。

硫化氢是一种无色、有毒、有腐蛋臭感的气体,其质量浓度达到 0.07 mg/L 时,将影响人眼对光的反射。高于 10 mg/L 的质量浓度水平会刺激人的眼睛,可发生暂时性支气管收缩。更为危险的是硫化氢可以造成暂时性脑肿胀,并往往遗留下连续数年的头痛、发烧、智力欠佳、痴呆、脑膜炎或肺炎等。硫化氢质量浓度达到 800 ~ 1 000 mg/L 时,30 min 内能使人死亡,浓度再高则会立即死亡,比氰化物的致死作用还迅速。此外,由于硫化氢麻痹呼吸系统与嗅觉神经,因此更具有危险性。以硫化氢为主的恶臭气体还会产生严重的腐蚀问题。

若人在氨气质量浓度为 17 mg/L 的环境中暴露 7 ~ 8 h,则尿中的 NH_3 量增加,氧的消耗量降低,呼吸频率下降。如暴露在高浓度三甲胺气体下,会刺激眼睛、催泪并患结膜炎等。

此外,恶臭气体引起令人不快的环境条件,使工作人员工作效率降低,进而影响受污染地区的经济建设、商业销售额、旅游事业,使经济效益受到影响。

8.2.3 恶臭污染的控制技术

恶臭的控制难度较大,这是由于:恶臭物质不仅成分复杂,而且嗅阈值极低。由于人的嗅觉对臭味很敏感,嗅阈值极低,所以,恶臭给人的感觉量与恶臭物质对人嗅觉刺激量(恶臭物质浓度)的对数成正比。即使将恶臭物质去除了90%,人的嗅觉也只能感觉到臭气浓度减少了一半左右,因此恶臭气体治理难度比较大。对于生活垃圾转运站、垃圾填埋场、被污染了的河流等来说,臭气的扩散面大,收集困难。恶臭治理设施不但要处理效果好,而且要求运行简单可靠,同时,投资和运行费用均不能太高。

恶臭物质一般为多组分低浓度的混合气体。除臭过程也就是将这些恶臭分子隐蔽、破坏或者降解的过程,可以分为物理、化学和生物处理过程。物理处理过程并不改变恶臭物质的化学性质,而是用一种物质将恶臭化合物的臭味掩蔽、稀释或者将恶臭物质由气相转移至液相或者固相。常见的方法有掩蔽法、稀释法、中和法和吸附法等。化学处理是通过氧化恶臭化合物,改变恶臭物质的化学结构,使之转变为无臭物质或者臭味强度较低的物质。常见的方法有热分解法、催化燃烧法、化学氧化法、臭氧氧化法和氯化等。生物脱臭过程是以微生物为恶臭物质治理的执行者,通过提供适宜生长繁殖的环境条件,例如温度、载体等使得恶臭物质得以控制。工业生产中大量采用的是吸收法、吸附法、氧化法,而在污水收集与处理系统中应用最多的应属生物脱臭法。

1. 掩蔽法

掩蔽法系指通过在恶臭气体中施加某些药剂来掩蔽恶臭的感官气味或进行气味调和来改变恶臭的不愉快感官气味。掩蔽法因每个人的嗅觉感觉程度各异而效果不尽相同,它与其他治理方法相比较,仅在价格便宜时才可考虑使用。

2. 吸附法

吸附法就是依据多孔固体吸附剂的化学特性(除官能团作用外)和物理特性(微孔容量、比表面积、微孔构造),达到积聚或凝缩在其表面上而达到分离目的的一种脱臭方法。有不可再生的吸附剂吸附和可再生的吸附剂吸附,目前国内外最广泛应用的吸附剂是活性炭。这主要是因为活性炭有很高的比表面积,对恶臭物质有较大的平衡吸附量。当待处理气体的相对湿度超过50%时,气体中的水分将大大降低活性炭对恶臭气体的吸附能力。而且由于有竞争性吸附现象,对混合臭气的吸附效果不能彻底。

活性炭吸附法的特点是对进气流量和浓度的变化适应性强,设备简单,维护管理方便,尤其适用于低浓度恶臭气体的处理,一般多用于复合恶臭的末级净化。对于一些只是间断运行的排气源的恶臭气体,活性炭可以用来提高过滤器的缓冲能力,从而在设计上大大地降低填料的容积需求。但是由于活性炭的价格昂贵,处理成本就成为限制其应用的主要因素,而且它还有不适宜于处理高浓度臭气、每隔一段时间需要进行吸附剂再生的缺点。

3. 吸收法

吸收法也叫湿式气体洗涤法,本质上也是一个分离过程,是指通过恶臭气体与液体溶剂(水或酸碱等)接触而达到使污染物从气相转移到液相的一种操作。可用来处理任何具有水溶性的恶臭物质。处理恶臭气体常用的吸收剂见表8.2。

表8.2 处理恶臭气体常用的吸收剂

气体	吸收液
NH_3	水或稀硫酸
胺类	水或乙醛水溶液
H_2S	氢氧化钠或次氯酸钠混合液
甲硫醇	氢氧化钠或次氯酸钠混合液
酚	水或碱液
丙烯醛	氢氧化钠或次氯酸钠混合液

据吸收原理的不同,可将吸收法分为物理吸收和化学吸收两种。物理吸收中常用的吸收液为甲醇、丙烯碳酸酯、聚乙二醇二甲醚、N-甲基吡咯烷酮等。化学吸收中常用的吸收液一般为弱碱水溶液。由于化学溶剂一般吸收容量大,安全程度高,因而获得广泛的应用。

吸收法处理恶臭的效率通常可以达到95%~98%,常用来处理大体积含中低浓度的恶臭物质的气体。在设计、操作合理的情况下具有良好的脱臭效果,但对设备及运行管理的要求较高,操作费用与运行成本均较高。另外,吸收法只是将污染物质由气态转入或转变为液态,并没有真正地被去除,还会带来二次污染,该工艺也存在吸收液的再生和处理处置等问题。而且,它不适宜于处理低浓度臭气,往往需要同吸附法等配合使用。在设计和运行中的最大难题是如何将化学物质的使用量降至最小,以及在实现完全、灵活与可靠的处理时,考虑怎样将运行费用降至最低。

4. 氧化法

氧化法除臭主要有以下几种:

(1)干法。

干法包括空气氧化(如直接燃烧、催化燃烧、界面燃烧)、化学氧化(如氯、臭氧等氧化剂的氧化)及光催化氧化。

（2）湿法（氧化吸收）。

采用过氧化氢、漂白粉氧化剂、高锰酸钾氧化剂来破坏恶臭分子。

其中直接燃烧法是在有氧条件下，将具有可燃性的恶臭物质燃烧分解成水和二氧化碳等的过程。燃烧法适用性广，脱臭效率高，但是设备易腐蚀，消耗燃料，成本高，并且焚烧过程中产生氮氧化物、硫氧化物等二次污染物质。当恶臭气体以高浓度有机物为主，且足以提供绝大部分能量时，采用直接燃烧或氧化法是有效的。否则要在燃烧过程中为持续燃烧而增加能量。

催化燃烧法是利用催化剂在低温下实现对恶臭气体分子的完全氧化。催化燃烧的净化效率高，工作温度低，能量消耗少，操作简便。处理系统中，恶臭气体首先经过预处理除去粉尘或某些催化毒物，加热至起燃温度以后，送入催化床反应。此法处理低浓度恶臭气流时运行费用很高。而且由于有氧氧化法的运行温度高，有产生氮氧化物与二噁英的可能。

臭氧氧化法是用 O_3 作为氧化剂。在条件适宜以及与待处理气体迅速混合均匀时，臭氧与硫化氢的反应速度极快，只需 1 s。但臭氧发生装置性能不稳定，臭氧的净化效率不高（对有机恶臭成分更是如此），很难跟踪控制臭氧的投加剂量。

光催化氧化法消除恶臭是利用紫外光和活性氧来破坏气态恶臭物质的。为达到最好的处理效果，实际应用时需要根据待处理物质的类型来选择合适的波长，并且保证气体在紫外氧化区停留足够的时间，此法费用较高。

湿法氧化是用氧化剂与污水中的溶解性硫离子发生化学反应，将其转化为硫酸根或单质硫。除了溶解性硫离子以外，还有许多致臭化合物经由氧化剂而得到处理。一些不含致臭因子的化合物也在此过程中被氧化，因此，药品施加率要比理论预测量高许多。

5. 生物法

生物脱臭是利用固相和固液相反应器中微生物的生命活动降解气流中所携带的恶臭气体，将其转化成臭味强度比较低或者无臭的简单无机物（例如 CO_2、水、无机盐）和生物质等。生物脱臭系统与自然过程较为相似，通常是在常温常压下进行，运行时仅仅需要消耗使恶臭物质与微生物相接触的动力费用和少量的调整营养环境的药剂费用，尤其适合于处理气量大于 17 000 m^3/h，恶臭气体质量浓度小于 1 000 mg/L 的场合。在气量较大的情况下，其投资费用通常要低于现有的其他类型的处理设施。而运行费用低则是该类设备最突出的优点之一。生物法的缺点主要是所能承载的污染物质的负荷不能太高，因而一般占地较大。

自 1957 年美国报道利用土壤脱臭法处理硫化氢的专利以来，生物脱臭法就在生物过滤法（生物固着态）和生物洗涤法（生物悬浮态）两种类型上发展，20 世纪 80 年代后期才出现了介于两者之间的生物滴滤器，现已经成为脱臭法的主流。但是从微生物所处的状态上看，它还应归入生物过滤法。与污水生物处理中的定义有所不同，恶臭气体的生物净化设施按照微生物的存在方式和水分、营养添加方式的差异可以分为 3 类：生物过滤器、生物滴滤器、生物洗涤器，其中生物过滤器和生物滴滤器都属于生物过滤法中的净化装置。

（1）生物过滤器。

生物过滤器为微生物固着在适宜填料上的填料床。恶臭气体预处理后经过气体分布器进入生物过滤系统。在停留时间充分的条件下，由气相主体而被转移吸收到具有生物活性的湿式薄层（生物膜）内，并包围在过滤颗粒四周，发生目标污染物的好氧降解。系统要为细菌提供适宜的环境条件（氧气含量、温度、营养和 pH）。为了达到最佳脱臭效果，生物脱臭系统的进气往往需要经过预处理。对特定类型的排放物，可能需要进行热交换以冷却较热的排放气体，或者需要去除对脱臭过程不利的颗粒物。

生物过滤器中恶臭物质的生物降解是经由填料上生长的生物膜来达成的。欧洲最近所使用的过滤基材通常是堆肥（由城市固体废弃物好氧堆制而成）、木屑、皮或树叶，有的也使用泥炭和石楠花的混合物。生物过滤器的矿化过程会导致填料压实，伴随着整体压降增加。通常在敞开式过滤器中，两年后要翻转填料以增加其渗透性，再过一两年后需要更换新物料。

生物过滤法是目前研究最多、工艺也较为成熟的恶臭控制技术。具体应用范围包括控制和去除城市污水处理设施中的臭味、化工过程中的生产废气。在处理含有低浓度易生物降解污染物的排气中，生物过滤相对于其他的脱臭技术而言，具有较低的运行费用，从而拥有重要的经济上的优势。含水率和 pH 控制不好；无机盐积累是使生物过滤器功能降低的主要原因。

（2）生物滴滤器。

生物滴滤器也称固定膜生物洗涤器。其结构与生物过滤器相似，不同之处在于顶部设有喷淋装置，不断喷淋下的液体通过多孔填料的表面向下滴。喷淋液中往往含有生物生长所需的营养物质，并且由此来控制设备内的湿度和 pH。设置储水容器和陶瓷、木炭、颗粒活性炭等，这为延长设备寿命，以及减少压降提供了可能。

生物滴滤器已成为目前生物脱臭的研究重点之一，这是因为：

①相对较短的气体停留时间，易于控制的运行操作条件，以及对低溶性气体的高去除率。

②微生物的数量大，因而可以承受比生物过滤池更大的污染负荷。

③避免产生生物过滤器中填料压实、短流以及混合微生物群消耗填料有机质等现象。

④营养物和 pH 缓冲溶液可以方便而精确地通过循环液投加并控制。

⑤微生物代谢产物也可以通过更换回流液体而去除。

⑥对于处理硫化氢、氨和含卤化合物等会产生酸或碱性代谢物的恶臭气体时，生物滴滤器更容易调整 pH，因此，比生物过滤反应器能更有效地处理这些恶臭物质。

⑦若填料具有吸附能力，则更加有利于保持膜内较高的污染物浓度，生化反应效率更高。

生物滴滤器运行一段时间后，有可能出现因生物生长过剩而引起填料堵塞的现象。生物滴滤器的研究动向主要集中在完善操作系统，提高滴滤器内微生物的数量，以及选择好的填料以使恶臭物质向滤料表面的传质效果更好，从而使生物滴滤器具有更高的降解效果及更完善的运作方式，但在装备复杂程度上，生物滴滤器要比生物过滤器有所增加,故投资费用和运行费用也有所提高。因此,生物滴滤器更适合用在那些因污染物浓度集中而导致过滤困难,以及对 pH 控制较为严格或场地受到限制的场合。

（3）生物洗涤法（也称生物吸收法）。

生物洗涤器有鼓泡式和喷淋式之分。喷淋式洗涤器与生物滴滤器的结构相仿,区别在于洗涤器中的微生物主要存在于液相中,而滴滤器中的微生物主要存在于填料的表面。鼓泡式的生物吸收装置则由吸收和废水处理两个互连的反应器构成。臭气首先进入吸收单元,将气体通过鼓泡的方式与富含微生物的生物悬浊液相逆流接触,恶臭气体中的污染物由气相转移到液相而得到净化,净化后的废气从吸收器顶部排除。后序单元为生物处理。

以上方法有各自不同的优点以及适用范围和局限性。对某种恶臭气体净化方法的选择主要基于运行费用、运行可靠性、环境影响、空间需求等因素来考虑。目前,在恶臭控制应用中,生物滴滤器被认为是最好的脱臭设备。

8.2.4　生物脱臭机理

1. 生物脱臭一般原理

与废水和固体废物的生物处理原理相似,气态污染物的生物净化过程是人类对自然过程的强化与工程控制,也同样是利用微生物的生命活动将废气中的污染物转化为二氧化碳、水和细胞等物质,但是与废水、废物处理的重大区别在于气态污染物首先要经历由气相转移到液相或者固相表面液膜的传质过程,然后才能在液相或者固相表面被微生物吸收降解。生物脱臭过程示意图如图 8.1 所示。

生物除臭滤池工艺流程为:

①收集后的恶臭气体引入生物滤池内,其内的致臭成分不断溶解于附着在填料上生长的生物膜表面的水中。

②填料表面的微生物对水中致臭成分进行吸附、吸收和生物降解转化。

③去除致臭成分的水又不断溶解吸收致臭成分,依次循环。

④在实际运行中以上各个过程相互协调,共同作用。

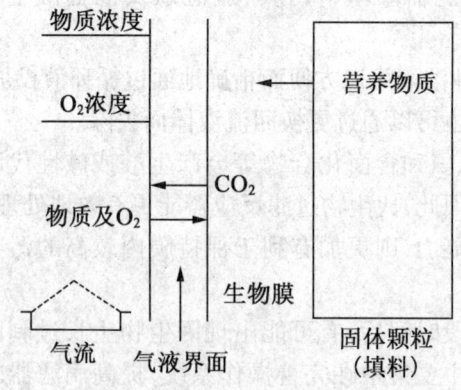

图 8.1　生物脱臭过程示意图

2. 参与降解硫化物生化反应的微生物

根据对各种含碳化合物同化能力的不同,将可降解气态污染物的微生物分成自养菌、兼养菌、异养菌三类。自养菌有完备的酶系统,可在氧化 S、H_2S、CH_3SH、NH_3、Fe 等物质的过程中获得生长所需的能量,适于进行无机物转化,生物负荷低。而异养菌则是通过有机物的氧化来获得营养物和能量,适合进行有机物的转化。在适当的营养条件、温度、酸碱度和有氧条件下,此类微生物能较快地完成污染物的降解。

自养菌根据获取能量方式的不同,又可分为光合硫氧化菌和化能硫氧化菌。光合硫氧化菌包括紫色硫细菌和绿色硫细菌。在光照和厌氧条件下,能把无机硫化合物如硫化氢氧化形成元素硫,元素硫也可以进一步氧化成硫酸盐,但产生单位质量的细胞质所氧化的硫化物较少,污泥产生量大。

化能硫氧化菌包含硫化细菌和硫黄细菌两类。硫黄细菌能将硫化氢氧化成为硫黄颗粒并储存在细胞内。当环境中缺乏硫化氢时,细胞内的硫黄颗粒被继续氧化为最终产物硫酸。硫化细菌归属于硫杆菌属,为革兰阴性菌,在氧化 H_2S、S、$S_2O_3^-$、SO_3^{2-} 等物质的过程中获取能量,也会形成单质硫,但是与硫黄细菌不同的是,形成的单质硫只是积留在细胞体外。常见的硫杆菌有排硫硫杆菌、氧化硫硫杆菌、氧化亚铁硫杆菌等几类,都是严格好氧的微生物,在酸性环境下也能很好地生长。表 8.3 列出了各类硫杆菌生长的适宜pH 范围。

表 8.3　各类硫杆菌生长适宜的 pH 范围

名称	排硫硫杆菌	那不勒斯硫杆菌	新型硫杆菌	中间硫杆菌	代谢不全硫杆菌	氧化硫硫杆菌	氧化亚铁硫杆菌
pH	4.4~7.8	3.0~7.8	5.0~9.2	1.9~7.2	2.8~6.8	0.4~6.0	1.4~6.0

综上所述,由于恶臭污染会对人体产生不容忽视的危害,因而其治理技术的发展也愈发显示出其迫切性与重要性,而生物脱臭技术凭借着不可比拟的优越性也逐渐在恶臭治理领域中蓬勃地发展起来。广泛寻找自然界中现存的高效脱臭细菌菌株或采用遗传工程方法选育出更高效的代谢恶臭物质的细菌菌株,可望使恶臭的治理技术尤其是生物治理技术出现新的突破。

8.3　沙尘暴的成因及防治

8.3.1　沙尘暴的发生及危害

1. 沙尘暴的发生

沙尘暴(sandstorm)是指在大风、干旱的气候条件下,风挟带大量沙尘而使空气混浊、天色昏黄的现象。相比于臭氧层空洞、酸雨、温室效应来说，沙尘暴并不是三大全球环境问题，但其发生的频率和造成的灾害在全球范围内也很明显，因此在这一节中介绍。出现沙尘暴时，水平能见度小于 1 000 m。气象专家还把风速大于 20 m/s、能见度小于 200 m 者定为强沙尘暴。把风速大于 25 m/s、能见度小于 50 m 者定为特强沙尘暴。

沙尘暴一般发生在干旱和半干旱地区，我国是沙尘暴多发国家，受冷高压路径、下垫面性质、地形等因素的控制，呈现出显著的区域特点，从整体上看，我国沙尘暴主要分布区在西北、华北西部，尤其西北地区沙尘暴分布范围广。从季节变化上，沙尘暴主要发生在春季，其中我国西北部主要发生在 4 ~ 5 月。从沙尘暴日变化上看，每日 13 ~ 16 时是沙尘暴天气发生高发期，而南疆地区多形成在 20 ~ 23 时。

2. 主要危害

（1）袭击。

与沙尘暴相伴的大风本身就具有强大的致灾力量，沙尘暴发生时的风速往往超过 30 m/s，破坏力巨大的风沙可以袭击各种工农业设施，摧毁建筑物及公用设施、树木和花果，伤害人和畜禽，吹翻火车，刮断、折倒通讯和电力线、杆等。1993 年 5 月 5 日发生在我国西北地区的特大沙尘暴（以下简称"5.5"特大沙尘暴），使新疆、甘肃、内蒙古、宁夏四省共死亡 85 人，伤 264 人，失踪 31 人，死亡丢失牲畜 12 万头，农田受灾面积 37 × 10^4 km²，受灾果树面积 2 × 10^4 km²，刮断电线杆 6 021 根，铁路因埋沙中断运输，间接经济损失 7.25 亿元。据统计，甘肃河西的金昌、武威、民勤、古浪等市县的扬沙尘量为 17 亿 t，对生态的破坏及社会影响难以估计。

（2）沙埋。

沙尘暴来临时，在狂风的驱动下，以排山倒海之势向前移动，当它碰上障碍物或风力减弱时，大量沙尘落下，造成农田、渠道、村舍、公路、铁路、草场被流沙大量掩埋，加剧土地沙化。

（3）土壤风蚀。

尘源区和影响区都会受到不同程度风蚀危害，风蚀土壤深度可达 10 ~ 50 cm，使农作物根系外露或连苗刮走，使肥沃的土壤变得贫瘠粗化，农作物及各种设施遭到损害。据统计，我国每年由沙尘暴产生的土壤细粒物质流失高达 10.6 ~ 10.7 t。土地平均风蚀量近 3.15 × 10^4 m³/km²，对农田与草场的土地生产能力造成严重破坏；同时，大风卷起的沙子、泥土还会割打庄稼禾苗，使禾苗伤亡。

（4）次生灾害。

沙尘暴还会引发众多次生灾害，如附着在农作物叶面上的尘土直接减弱植物的光合作用和呼吸作用，严重阻碍作物的生长；浮尘对于精密机械、精密化工以及航空等交通设施，也有着严重的破坏性影响；电力线、杆和变压器台被刮断、倒塌，继而可能引发火灾；强沙尘暴天气能见度过低，可造成飞机停飞，可能引起各种交通事故的发生；沙尘暴削弱地段有时会有降雪和霜降等冻灾，导致农作物大幅度减产，甚至绝收等。

（5）大气污染。

在沙尘暴源和影响区，大气可吸入颗粒增加，大气污染加重，以"5.5"特大沙尘暴为例，甘肃省金昌市室外空气总悬浮颗粒物（TSP）达 1 016 mg/m³，室内达 80 mg/m³，超过国家标准40倍。2000年3～4月,北京地区受沙尘暴影响空气污染指数达4级以上达10 d,同时影响到我国东部许多城市,3月24～30日,包括杭州、南京等18个城市日污染指数超过4级。

8.3.2 沙尘暴形成的原因

沙尘暴的形成原因主要分为自然因素与人为因素:

1. 自然因素

沙尘暴形成的自然因素主要有三个:一是大风;二是地面上裸露的沙尘物质;三是不稳定的空气,即气压差造成空气上下对流,将沙尘卷入高空,是非常重要的热力条件。

大风是产生沙尘暴的动力。沙尘暴经常发生的地方,一般都处在地表沙漠、戈壁滩,地面几乎无植被覆盖,地表对日光的反射强,在强烈的日光照射下,易形成以当地为中心的高温低压区。如果与来自西伯利亚的冷气团(低温高压区)相遇,由于两个气团间存在着明显的气压梯度(气压差),就会形成剧烈的空气扰动,出现大风天气,气压差越大,则风力越大。裸露的沙漠或戈壁滩表层的沙、尘易被上升气流卷入空中,在西风气流推动下形成南侵的沙尘暴。

沙尘是产生沙尘暴的物质基础。西北地区深处亚欧大陆腹地,远离海洋,周围又有高山、高原阻挡,特别是青藏高原的隆起,成为夏季风难以逾越的屏障,海洋上暖湿水气难以到达,夏季降水稀少;冬季因北方地形较开阔,来自蒙古西伯利亚高压区的强大干冷气流长驱直入,造成异常干燥寒冷气候,是我国也是世界上最严重的干旱区之一。我国西北区降水稀少已不稳定,年季变化和季节变化大,干旱期可达7～10个月,尤其春旱特别严重,降水少,且蒸发强烈。长期干燥的气候,使该区形成大面积的沙漠,是产生沙尘暴的物质基础。目前,我国荒漠化土地面积达 $264 \times 10^4 \ km^2$,占国土面积的1/4。

2. 人为因素

沙尘暴的形成与人类活动有一定关系,如毁林造田、开垦草地、翻动地面土壤改变土层结构和工业废弃物堆放等都不同程度地破坏了地表植被,为沙尘暴的形成提供了丰富的物质来源。

森林植被破坏严重。我国西北干旱、半干旱地区,由于人口的急剧增加,生活燃料缺乏,再加上对森林资源的管理不善,滥伐乱挖极其严重,使防风固沙林、固沙植被遭到严重破坏。

盲目开垦草地。历史上汉、唐、清三个开垦时期均有西北地区开垦草原、破坏植被的记载,新中国成立以来,又进行过三次开荒,使草原面积逐年减小,草地质量逐渐下降,大面积草原变为沙化土地。同样是在7～12级风力的情况下,土地翻耕后的风蚀量为翻耕前的14.8倍。

工业废弃物的露天无序堆放。冶金工业选矿所形成的尾矿砂中,细粒和极细粒占90%以上,如果不妥善处理,不仅刮风时扬沙,而且可能成为沙尘暴的直接沙源。如金昌市金川有色金属公司多年来形成的 $9 \ km^2$ 尾矿砂,成为"5.5"特大沙尘暴主要沙源地之一,被卷入空中的黑灰达到 $16.6 \times 10^4 \ m^3$,内含铜、镍、钴等金属元素,在一些地方造成高浓度的矿尘污染,对人体、牲畜和植物等都产生了公害。

沙漠化速度加快,沙源面积扩大。新中国成立以来,我国沙漠化土地面积逐年扩大,20世纪50~70年代,我国沙漠化面积由13.7×10^4 km²增加到17.6×10^4 km²,平均每年增加1 556 km²,20世纪80年代平均每年增加2 100 km²,90年代平均每年增加2 460 km²,而且,受荒漠化影响的区域仍以每年20×10^4 km²的速度扩大,受荒漠化影响的人口近4亿,因荒漠化造成的损失每年高达540多亿元。水文状况日趋恶化。西北地区水文状况日趋恶化,湖泊萎缩、冰川后退、河流径流量减小等现象仍在继续。如历史上记载罗布泊面积为3 000 km²,20世纪50年代缩小为2 006 km²,80年代已干涸。

8.3.3　沙尘暴防治对策

防御沙尘暴有两个原则,一是减少直接作用于土粒的风力;二是改善土壤表面状况,提高土壤抵御风蚀能力或限制土壤颗粒运动。据此原理,防御沙尘暴的措施主要有以下几点:

1. 推广免耕法

免耕法是最大限度地减少土壤翻耕,将作物残茬留于地表的一种耕作体系,是一种改良的、集约的、防御水蚀和风蚀的耕作方法。免耕法耕作体系取消了许多传统的耕作作业,如耕翻、耙糖、平地等。作物残留物覆盖能有效地减少大风引起的沙尘颗粒运动。一方面它可以吸收一部分风力,减少风对土壤的作用力;另一方面,由于把作物的残茬留在土壤表面,把根茬留在土壤内部,它们都能保护土壤颗粒,不被风力移动。土壤化学改良,用土壤稳定剂,形成不易风蚀的团聚体、限制土壤颗粒移动也有一定的效果。

2. 种植牧草,限制牲畜养殖数量

土壤置于天然植被下是控制风蚀最好的办法。在裸露的沙地和退化的天然草原,种植牧草是防治沙尘暴的有效方法。可采取飞播种草、围栏封育、草原补种牧草等方法。为了减少牲畜对种草沙地和草原的破坏,解决草原退化问题,要严格控制载畜量,减轻土地压力。牧区完全可以像农区一样,采取措施"养育"草场,改良草场,建立围栏,减少放养。特别是在春天和秋天有必要实行短期休牧。有条件的牧区可以有计划放牧,在冬、夏储存饲草。以科技为先导,以生物技术为保证,大力发展优质高效人工草场。加强草场的管理保护,结合畜群承包责任制,进行草场划管,固定草场使用权,使用、保护、建设三结合。对退化严重的草场要加强封育,待草场恢复后再进行放牧,要做到"以草定畜"。严禁乱砍、滥挖沙地植被。草原生态系统的次级生产也要优化结构,提高转化效率。只有当人类充分依靠科技,建立起高效的草原畜牧生态系统时,草原退化沙化的被动局面才能改变。

3. 扩大冬小麦面积

冬小麦是防治春季沙尘暴的生态作物,北方地区应给予高度重视。首先,不应过多减少冬小麦种植面积;同时,要积极推行冬麦北移计划,在春季风沙严重的地区,利用冬小麦保护土壤的作用,既增加粮食产量,又保护自然生态。

4. 建立风障

垂直风向的障碍物可以改变风向和风速,减少土壤颗粒远距离位移,增加沉积作用。地表风障包括林带、灌木丛、谷物、杂草以及对准风向的田间带状作物等。

5. 控制人口规模和耕地面积

人口增长过快将给环境带来很大压力,许多问题如对草原掠夺式开发、乱开滥垦、过度采伐等皆源于此。另外,传统的通过扩大土地面积提高粮食产量的方法极不可取。今后,应严格控制耕地面积,未经科学的论证,决不能盲目开垦。在已开垦为耕地的地方,要根据坡度和环境的具体情况,适当退耕还林,退耕还草。重视新垦区的农田防护,在开发初期就要及时建设好农田防风沙林带和护田林网体系,不能只顾挖渠种粮而疏忽防风治沙。

6. 加强水资源管理,提高水资源利用效率

水是干旱地区最宝贵的自然资源,但目前水资源的利用率很低,传统的大水漫灌的灌溉方式渗水严重,进入田间的水量不及渠道首入水量的一半,不仅浪费了宝贵的水资源,同时,还加速了土地的盐渍化过程。因此,加强水资源的科学管理,优化水资源的分配方案,通过采用先进的喷灌、低灌等新兴节水灌溉技术,提高水资源的利用率;同时,还要在徘水不畅的地方建设有效的排水设施,这样,既可获得经济效益,也可得到生态效益。

7. 重视林、灌、草配合的生态效应

森林在防风固沙、涵养水源、保持水土、调节气候等许多方面的生态效益都十分突出,对防治沙尘暴的作用最大。森林覆盖率已成为衡量一个国家环境标准的重要指标,但我国的森林覆盖率很低,仅占国土面积的12%,离30%的理想覆盖率相距甚远,且分布极不平衡,西北地区森林覆盖率更低。加强天然林的保护工作,加强防护林建设工作是当务之急的工作。

但大量的实践表明,在450 mm降水的山坡,种植乔木可以成活,但不能成林,在50 mm降水的山坡造林可以成林,但不能成材。因此,在500～600 mm降水的地区大规模推进造林工程时,应贯彻“林跟水走”的原则,把乔木配置在阴坡和集水的沟道里,阳坡种草或灌木。在降水500 mm以下的地区,最适宜的是种草和灌木,灌木在半干旱地区有很强的生命力和适应性。

8. 加强防治沙尘暴的科学技术研究

利用气象卫星、雷达等现代化遥感监测技术,对沙尘暴的形成、发展和输送进行跟踪观测,形成一个综合性的监测网络系统,做好沙尘暴的预报工作,防患于未然,可减少沙尘暴造成的损失。

总之,对沙尘暴的防治是一项长期艰巨的系统工程。根据沙尘暴灾害的观测资料表明,近几十年来,我国北方地区气候有明显干暖化趋势,地表湿润指数与土壤湿度明显减小,这为沙尘暴的形成提供了气候背景;在全球气候增暖的影响下,北半球中纬度内陆地区降水量变化不大,但温度显著升高,地表蒸发加大,土壤进一步变干,有利于沙尘暴发

生发展的大尺度背景,加之人口压力与沙区经济活动逐年加强,尤其是土地利用不合理的格局,不可能在短期内得到根本性调整,沙尘暴灾害可能进一步加剧,尤其是强沙尘暴会在巨大空间上发生,沙尘暴灾害的加剧应引起足够重视,同时要投入一定资金,在各级政府的大力支持下,在广大人民群众的共同努力下,不断改善生态环境,使沙尘暴的危害不断减小。

8.4　水土流失

水土流失是指在水流作用下,土壤被侵蚀、搬运和沉淀的整个过程。在自然状态下,纯粹由自然因素引起的地表侵蚀过程非常缓慢,常与上壤形成过程处于相对平衡状态,因此坡地还能保持完整。在人类活动影响下,特别是人类严重地破坏了坡地植被后,由自然因素引起的地表土壤破坏和流失过程加速,即发生水土流失。

8.4.1　水土流失的原因

水土流失是自然现象,其产生的原因既有自然因素,也有人为因素,我们要解决的主要是人为造成的水土流失。

1. 自然因素

主要有地形、降雨、土壤(地面物质组成)和植被四个方面。

(1)地形。

地面坡度越陡,地表径流的流速越快,对土壤的冲刷侵蚀力就越强。坡面越长,汇集地表径流量越多,冲刷力也越强。黄土丘陵区地面坡度大部分在15以上,有的达30,坡长一般100~200 m甚至更长,每年每亩流失5~10 t,甚至15 t以上。

(2)降雨。

产生水土流失的降雨一般是强度较大的暴雨,降雨强度超过土壤入渗强度才会产生地表(超渗)径流,造成对地表的冲刷侵蚀。

(3)地面物质组成。

质地松软,遇水易蚀,抗蚀力很低的土壤,如黄土、粉砂土壤等易产生水土流失现象。

(4)植被。

达到一定郁闭度的林草植被有保护土壤不被侵蚀的作用。郁闭度越高,保持水土的能力越强。黄河中上游黄土高原地区的植被稀少,上壤疏松,暴雨较多,地形破碎,产生了强烈的土壤侵蚀。

2. 人为因素

人类对土地不合理的利用,破坏了地面植被和稳定的地形,以致造成严重的水土流失,最主要的有两个方面:

①毁林毁草、陡坡开荒,破坏了地面植被。

②开矿、修路等基本建设不注意水土保持,破坏了地面植被和稳定的地形,同时,将废土弃石随意向河沟倾倒,造成大量新的水土流失。

8.4.2 水土流失的危害

水土流失广泛分布于我国各省、自治区、直辖市。严重的水土流失导致耕地减少,土地退化,洪涝灾害加剧,生态环境恶化,给国民经济发展和人民群众生产、生活带来严重危害,成为我国头号生态环境问题。

1. 耕地减少,土地退化严重

近50年来,我国因水土流失毁掉的耕地达4 000多万亩,平均每年近667 km²。因水土流失造成退化、沙化、碱化草地约100万km²,占我国草原总面积的50%。进入20世纪90年代,沙化土地每年扩展2 460 km²。

2. 泥砂淤积,加剧洪涝灾害

水土流失产生大量泥砂,淤积在江河、湖、库,降低了水利设施调蓄功能和天然河道泄洪能力,加剧了下游的洪涝灾害。黄河流域黄土高原地区年均输入黄河泥砂16亿t中,约4亿t淤积在下游河床,致使河床每年抬高8~10 cm,形成"地上悬河",对周围地区构成严重威胁。1998年长江发生全流域性的特大洪水,其主要原因之一就是中上游地区水土流失严重,加速了暴雨径流的汇集过程,降低了水库的调洪和河道的行洪能力。

3. 影响水资源的综合开发和有效利用,加剧干旱的发展

我国多年农田受旱面积196 000 km²,多数发生在水土流失严重的山丘地区。西北地区水资源相对匮乏,总量仅占全国1/8,但为了减轻泥砂淤积造成的库容损失,部分黄河干支流水库不得不采用蓄清排浑的运行方式,使大量宝贵的水资源随着泥砂排入黄河。而在下游,平均每年需舍弃200亿~300亿m³的水资源,用于冲砂入海,降低河床。

4. 生态环境恶化,加剧贫困

水土流失是我国生态环境恶化的主要特征,是贫困的根源。尤其是在水土流失严重地区,地力下降,产量下降,形成"越穷越垦,越垦越穷"的恶性循环。目前全国农村贫困人口90%以上都生活在生态环境比较恶劣的水土流失地区。

我国是世界上水土流失最严重的国家之一,因此开展水土保持具有悠久的历史,积累了丰富的经验。经过长期不懈的努力,我国水土保持生态建设取得了巨大成就。2002年以来,水土流失面积不断减少,水土流失治理取得新成绩。最新调查监测结果表明,全国水土流失面积在11年间已由过去的367万km²下降到356万km²,减少11万km²。水土流失强度也正在开始减轻,2003年全国11条主要江河流域土壤流失量大幅度减少,其中长江和淮河减少50%左右。

8.5 新型脱氮除磷技术

8.5.1 硝化反硝化技术

脱氮是污水处理的一个重要目标,生物法脱氮以其经济性好、处理效率高等优点成为污水处理厂最常用的脱氮工艺。传统的生物脱氮工艺为好氧硝化和厌氧反硝化相结合(A/O 工艺),即氨态氮在好氧条件下被自养的亚硝化菌和硝化菌转化为硝酸盐,再在厌氧条件下被异养的反硝化菌转化为 N_2O 和 N_2 等气态产物,实现废水中氮的去除。

然而,传统的 A/O 脱氮工艺具有较多的局限之处。首先,硝化和反硝化由于生境不同,需分别在不同的反应器内进行,因此反应器建设成本较高;其次,硝化过程受有机物负荷影响较大,当进水有机物浓度较高时,会严重影响硝化菌的活性和脱氮效果;第三,传统脱氮微生物生长速率较慢,活性较低,在低温、高盐等特殊条件下脱氮效果会大幅降低。

近年来,一些新型高效的生物脱氮工艺逐步引起关注。好氧反硝化作为一种新兴的脱氮技术,相比传统生物脱氮工艺,大部分的好氧反硝化菌同时具有异养硝化的能力,可同时实现废水中有机物和氮的去除。因此无须另建厌氧反应器,运行和维护的费用较低,且在处理过程中基本没有硝酸盐和亚硝酸盐的积累。此外,好氧反硝化菌生长快、活性高,具有良好的应用前景。

1. 好氧反硝化现象的发现

长期以来,反硝化一直被认为是一个严格的厌氧过程,因为反硝化细菌作为兼性菌优先使用溶解氧呼吸,甚至在 DO 质量浓度低于 0.1 mg/L 时也是如此,这样就阻止了利用硝酸盐和亚硝酸盐作为最终电子受体,而使得电子流向氧。同时在反硝化作用过程中,O_2 被认为可抑制反硝化还原酶。对好氧反硝化菌的研究始于 20 世纪 80 年代,最早给出好氧反硝化反应科学确证的是 Kmll 和 Meibcrg。Robertson 最早在除硫和反硝化处理系统出水中首次分离出好氧反硝菌后,国内外的不少研究也证明了反硝化可以发生在有氧条件下,即存在好氧反硝化现象。

从国内外的研究现状可见,具有好氧反硝化能力的细菌是常规存在的而不是偶然的,不同菌属中都有可能存在好氧反硝化菌。自然界蕴藏着丰富的好氧反硝化细菌,只要方法得当,可从不同的环境包括灌渠、池塘、土壤以及水体中分离。好氧反硝化菌在自然环境中广泛存在,其生长速度快、耐氧适应性强,可利用碳源范围广,培养投资少,适合治理大面积氮污染水域。综上所述,好氧反硝化菌的出现是传统生物脱氮理论的新突破,它是对传统生物脱氮理论有力的补充,为生物脱氮提供了一条全新的途径,具有广泛的应用前景。

2. 机理初探

Robertson 等人认为,在好氧反硝化中协同呼吸是一个很重要的机理,协同呼吸意味着氧和硝酸盐可以同时作为电子受体。细胞色素 c 和细胞色素 aa3 之间的电子传输链中的"瓶颈"现象可以被克服,因而允许电子流同时传输给反硝化酶以及氧气,故反硝化反应就可能在好氧环境中发生。郑平等认为好氧反硝化菌的反硝化作用过程包括 4 个还原步骤,分别由硝酸盐还原酶、亚硝酸盐还原酶、一氧化氮还原酶、一氧化二氮还原酶催化完成。

在好氧反硝化菌 *Thiosphaera pantotropha* 体内,存在着两种不同的硝酸盐还原酶(NAR),即膜内硝酸盐还原酶和周质硝酸盐还原酶。菌体的好氧生长和厌氧生长分别揭示了好氧条件下和厌氧条件下这两种酶的活性。在缺氧条件下,膜内硝酸盐还原酶具有活性,而这种酶在好氧条件下完整的细胞里是不起作用的。在好氧条件下,周质硝酸盐还原酶被表达,这种酶即使在很高的氧浓度下仍然可以起作用。这两种 NARs 的催化特征是明显的不同的。周质硝酸盐还原酶是不能够使用氯酸盐作为可选择的电子受体,而且对叠氮化物也不敏感。仅仅只有膜内硝酸盐还原酶能够同 NADH 脱氢酶相结合。*Thiosphaera pantotropha* 的周质硝酸盐还原酶的好氧表达不会依赖于是否存在硝酸盐,但是会极大地被所使用的碳源种类影响。还原性的碳源(丁酸盐或己酸盐)越多,周质硝酸盐还原酶的活性越强。这证实了它在好氧生长过程中可能起着氧化还原阈值的作用。周质硝酸盐还原酶很有可能参与了好氧反硝化,因为在周质中硝酸盐的还原反应对于透过细胞质膜进行硝酸盐转运时的氧气的抑制不是很敏感。而细胞质膜可以通过膜内硝酸盐还原酶来阻止这种还原反应。

目前提出好氧反硝化菌的假想呼吸途径中,NO_3^-、O_2 均可作为电子最终受体:即电子可从被还原的有机物基质传递给 O_2,也可传递给 NO_3^-、NO_2^- 和 N_2O,并分别将它们还原,如图 8.2 所示。

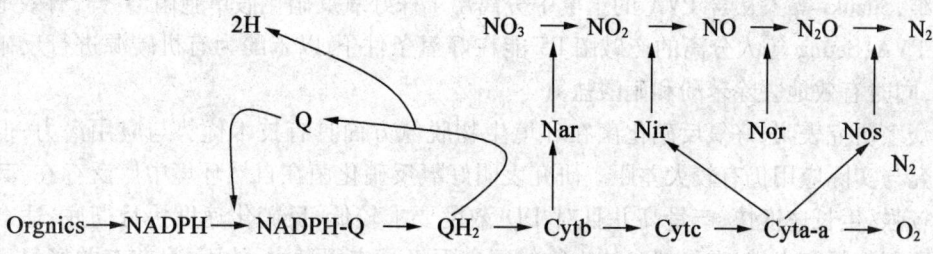

图 8.2　好氧反硝化菌的假想呼吸途径

由于好氧反硝化菌的发现,同步硝化反硝化在生物学角度已经给出了人们比较满意的解释。20 世纪 80 年代中期以来,人们在各种不同的环境下诸如土壤,沟渠,池塘,活性污泥,沉积物等分离出了一些好氧反硝化细菌。已知的好氧反硝化菌有 *Thiosphaera Pantotropha*,*Pseudmonas SPP*,*Alcaligenes faecalis*,*Pseudomonas nautical*,*Thauera Mechernichensis*,*Alcaligenes sp. Microvirgula aerodenitrificans* 等。有些好氧反硝化菌同时也是异养硝化菌,因此能直接把氨转化为最终气态产物逸出,这也使得在同一反应器内同时完成硝化反硝化成为可能。

与传统的细菌厌氧反硝化相比,作为生物脱氮新技术之一的细菌好氧反硝化更具有独特优势:

①好氧反硝化菌能在有氧条件下进行反硝化,使得同步硝化/反硝化成为可能,硝化反应的产物可直接成为反硝化反应的底物,避免了培养过程亚硝酸盐和硝酸盐的积累对硝化反应的抑制,加速了硝化—反硝化进程。同时,反硝化作用补偿硝化反应消耗的碱度,维持了反应系统中 pH 的稳定,降低了操作难度和运行成本。

②大部分好氧反硝化菌适应性较强,生长速度快,产量高并且溶解氧浓度要求较低,反硝化速度快且彻底,适合治理大面积氮氮素染水域。

3. 好氧反硝化菌的应用及发展前景

好氧反硝化的提出,使得硝化和反硝化可以真正同步进行,一些新型的除氮新技术也相应产生。目前,好氧反硝化菌主要应用于废水生物处理、养殖水体净化等领域。Pai 等人将筛选到的好氧反硝化菌种与活性污泥混合后处理污水,取得了很好的强化效果,李丛娜等人利用 SBR 反应器在 DO > 8 mg/L,C/N 为 7.9 的情况下,经过 5 h 曝气除氮率为 45.3%。于爱茸等人将好氧反硝化菌 *Bacillus sp.* W2 用于水产养殖废水处理,发现 0.067 hm^2 鱼塘投入 1 kg 该菌液即可实现养殖水体完全脱氮。好氧反硝化菌在去除氮的同时,利用有机碳,实现了有机污染物的去除。Pamreau 等人发明了生物膜反应器(RBC),可在好氧环境下高效去除氮和有机物。马放等人利用好氧反硝化菌群强化生物陶粒反应器处理高浓度含硝氮废水,系统稳定运行后硝氮平均去除率可达 93% 以上,COD 的平均去除率稳定在 98%。

同时,不少研究表明好氧反硝化菌具有难降解有机物分解能力。可能由于能够在有氧气存在的条件下有利于生物降解有机物,好氧反硝化菌进行反硝化作用,表现出可以去除有毒或难降解污染物的潜能。聚乙烯醇(PVA)曾被认为是一种无法生物降解的合成纤维,Suzuki 等人从含 PVA 的土壤中分离出 1 株好氧反硝化假单胞菌 O-3,有效地降解了 PVA;Seung 等人分离的产碱菌 P5 能在好氧条件下 以苯酚为有机碳源进行反硝化作用,同时有效地去除苯酚和硝酸盐氮。

众多研究表明,好氧反硝化菌在环境生物脱氮方面具有技术优势与应用潜力,但现有研究与实际应用仍有较大差距。研究表明好氧反硝化菌在自然环境中广泛存在,其适应性较强、生长速度快、产量高并且对 DO 浓度要求较低,反硝化速度快且彻底,适合治理大面积氮污染水域,在自然水体生物修复方面极具应用潜力;然而,目前有关好氧反硝化菌的研究主要集中于高浓度废水生物处理系统,有必要进一步开展好氧反硝化菌对受污染自然水体修复等研究。

利用固定化技术强化生物脱氮过程是近十多年来生物脱氮领域研究的热点之一。利用分层包埋或混合包埋技术将硝化菌等好氧微生物包埋在外层,将反硝化菌等厌氧菌包埋在内层,为硝化和反硝化都提供了适宜的条件。一方面,避免了好氧条件下反硝化菌与硝化菌争夺溶解氧,另一方面,也避免了反硝化菌在大量有机碳源存在情况下过度繁殖。

8.5.2 厌氧氨氧化技术

1977 年 Broda 指出,化能自养细菌能以 NO_3^-、CO_2 和 NO_2^- 作为氧化剂把 NH_4^+ 氧化

为 N_2。推测自然界可能存在以 NO_2^- 为电子受体的厌氧氨氧化反应。后来有研究发现氨氧化菌 *Nitrosomonas europaea* 和 *Nitrosomonas eutropha* 能同时硝化与反硝化,利用 NH_2OH 还原 NO_2^- 或 NO_2,或者在缺氧条件下利用 NH_4^+ 作为电子供体,把 NH_4^+ 转化为 N_2。在利用 NO_2^- 为电子受体时,其厌氧氨氧化的最大速率(以单位蛋白质计)约为 2 nmol/(min·mg)。然而在反硝化的小试实验中发现了一种特殊自养菌的优势微生物群体,它以 NO_2^- 为电子受体,最大比氨氧化速率(以单位蛋白质计)为 55 nmol/(min·mg)。此反应比 Nitrosomonas 快 25 倍,把这种细菌称为厌氧氨氧化菌。在无分子氧环境中,同时存在 NH_4^+ 和 NO_2^- 时,NH_4^+ 作为反硝化的无机电子供体,NO_2^- 作为电子受体,生成氮气,这一过程称为厌氧氨氧化。近年来,在厌氧氨氧化菌生理生化特性的理论研究领域和废水生物脱氮的应用研究领域都有了许多新的发现,这对于全面认识厌氧氨氧化菌的性质、开发新的废水脱氮技术都具有重要意义。

　　厌氧氨氧化(anaerobic ammonium oxidation)工艺是由荷兰 Delft 技术大学提出的新型生物脱氮工艺。它是指在厌氧条件下,以亚硝酸盐为电子受体将氨氧化为氮气的生物反应。早在 1977 年,奥地利理论化学家 Broda 就从化学反应热力学角度预言了厌氧氨氧化反应的存在。自从 Mulde 等人 1995 年首次在三级脱氮流化床反应器中发现厌氧氨氧化反应以来,厌氧氨氧化工艺以其独特的高效经济性获得了环保工作者的关注和青睐。

1. 厌氧氨氧化反应机理

　　长期以来。人们都认为 NH_4^+ 是化学惰性的,需在好氧条件下经多功能氧化酶的作用才能氧化。1977 年,Broda 预测自然界存在能以亚硝态氮为电子受体进行氨氧化反应的微生物。1995 年,荷兰学者 Mulder 在反硝化流化床反应器中发现氨氮在随着硝态氮的消失同时有氮气生成的现象,并将其命为"ANAMMOX",随后 Van de Graaf 等人通过大量的实验证明 ANAMMOX 一个生物学过程,并用 15N 标记的氮化合物证明 NO_2^- 才是 ANAMMOX 的关键电子受体,而不是之前认为的 NO_3^-,并提出了厌氧氨氧化可能的代谢途径如图 8.3 所示。因此 ANAMMOX 是厌氧氨氧化细菌在厌氧条件下以 NO_2^- 为电子受体,将氨氮氧化为氮气的生物学过程。羟氨(NH_2OH)和联氨(N_2H_4)是厌氧氨氧化过程的中间产物,其中羟氨为最可能的电子受体。羟氨由 NO_2^- 还原产生,这一还原过程又为联氨转化为氮气提供所需要的等量电子。

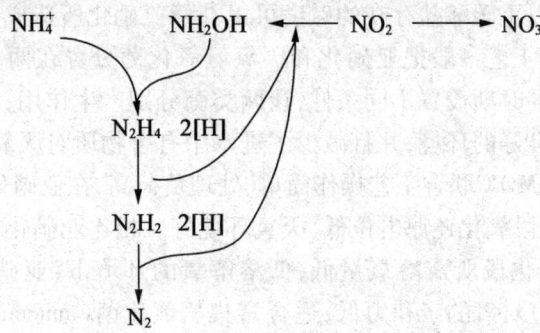

图 8.3　厌氧氨氧化可能的代谢途径

Strous 等人在利用 SBR 反应器富集厌氧氨氧化细菌的过程中,根据化学计量和物料衡算提出了厌氧氨氧化反应可能的总反应方程式:

$$1NH_4^+ + 1.32NO_2^- + 0.066HCO_3^- + 0.13H^+ \longrightarrow 1.02N_2 + 0.26NO_3^- +$$
$$0.066CH_2O_{0.5}N_{0.15} + 2.03H_2O$$

2. 厌氧氨氧化工艺

目前基于厌氧氨氧化原理开发的工艺有 OLAND 工艺,SHARON – ANAMMOX 工艺,CANON。

(1)OLAND 工艺。

1998 年 OLAND 工艺由比利时 Gent 大学微生物生态实验室开发研制,是限氧亚硝化与厌氧氨氧化相耦联的生物脱氮反应系统。该工艺在限氧的条件下。使硝化过程仅进行到 NH_4^+ 氧化为 NO_2^- 阶段。继而由 NO_2^- 氧化未反应的 NH_4^+ 形成 N_2。Wyffels 等人成功利用 OLAND 工艺处理污泥消化液;Windey 等人的研究结果表明 OLAND 工艺处理高盐废水具有一定的可行性。

(2)SHARON – ANAMMOX 工艺。

SHARON – ANAMMOX 工艺是荷兰 Delft 大学 2001 年开发的一种新型脱氮工艺。基本原理是在 2 个反应器内,在第 1 个反应器内,氨氧化细菌在有氧条件下将氨氧化生成 NO_2^-,使出水的 $NH_4^+:NO_2^- = 1:1$ 左右;然后在第 2 个反应器内,厌氧氨氧化细菌在厌氧条件下以 NO_2^- 为电子受体将 NH_4^+ 氧化生成 N_2。SHARON 是一种理想的 $NO_2^- - N$ 生成装置,与传统的硝化 – 反硝化过程相,SHARON – ANAMMOX 过程可使运行费用减少 90%,CO_2 排放量减少 88%,不产生 N_2O 有害气体,无需有机物,不产生剩余污泥,节省占地,具有显著的可持续性与经济效益。世界上第一个厌氧氨氧化工艺工程化规模装置已在荷兰鹿特丹的 Dokhaven 废水处理厂建成,采用的即是 SHARON – ANAMMOX 工艺。

①工艺原理与控制参数。SHARON – ANAMMOX 工艺是现在应用最为广泛的厌氧氨氧化工艺,它主要分为两步,第一步 SHARON 段,50% ~ 60% 的氨氮被氧化成亚硝态氮,第二步 ANAMMOX 段,剩余的氨氮与新生成的亚硝态氮进行厌氧氨氧化反应生成氮气,并生成部分硝态氮,两段反应分别在不同的反应器中完成,过程如图 8.4 所示。SHARON 和 ANAMMOX 工艺联用,仅需将 50% 的氨氮转化为亚硝态氮,后续无需外加亚硝氮,且大多数厌氧出水含有以重碳酸盐存在的碱度可以补偿亚硝化所造成的碱度消耗,实现工艺碱度自平衡。同时,工艺一般把亚硝化和厌氧氨氧化菌分置在两个不同反应器内,或者在一个反应器在不同时期设置不同条件,让两类菌分别产生作用,实现了分相处理,为功能菌的生长提供了良好的环境,并且减少了进水中有害物质对厌氧氨氧化菌的抑制效应。SHARON – ANAMMOX 联合工艺操作简单、处理负荷高,在亚硝化段需氧量低,pH 要求范围宽,厌氧氨氧化段氧化还原电位低,厌氧环境好。相比亚硝化 – 反硝化工艺,曝气量大大降低,造成亚硝化段所需溶氧量低,低溶解氧的环境下,亚硝酸盐氧化菌(nitrite oxidizing bacteria,NOB)对氧的亲和力低,适合富集氨氧化菌(ammonia oxidizing bacteria,AOB)的生长,为亚硝化反应提供了适宜的环境;而且该联合工艺还大大降低了 NO 和 N_2O 等温室气体的排放,NO 和 N_2O 仅占氮负荷的 0.203% 和 2.3%。

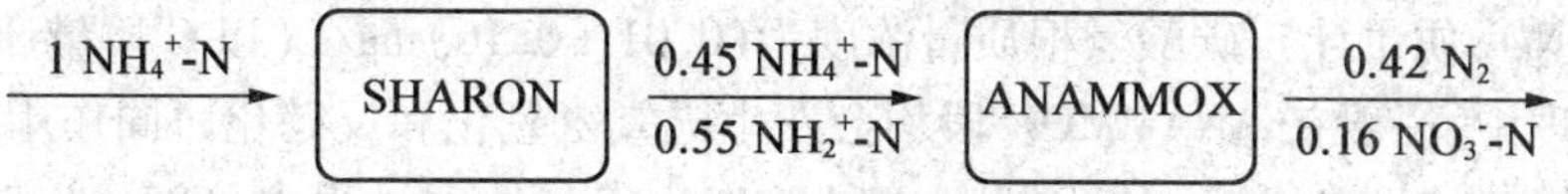

$$1 \text{ NH}_4^+\text{-N} \longrightarrow \boxed{\text{SHARON}} \begin{array}{l} 0.45 \text{ NH}_4^+\text{-N} \\ \hline 0.55 \text{ NH}_2^+\text{-N} \end{array} \longrightarrow \boxed{\text{ANAMMOX}} \begin{array}{l} 0.42 \text{ N}_2 \\ \hline 0.16 \text{ NO}_3^-\text{-N} \end{array}$$

图 8.4   SHARON – ANAMMOX 工艺的流程图

要保证 SHARON – ANAMMOX 工艺的顺利进行,首先要保证 SHARON 段的出水能稳定达到后续 ANAMMOX 段的要求,出水亚硝态氮和氨氮的比例在 1 ~ 1.3 之间。因此,如何保证 SHARON 段的出水要求是近年来学者们研究的热点。JETTEN 等人认为 SHARON 段适合在摇动床反应器中进行,无污泥持留,水力停留时间为 1 d,适宜水温 30 ~ 40 ℃,pH 6.6 ~ 7.0。SHARON 反应主要以 AOB 为主导,一般为革兰阴性菌,严格好氧,无机化能自养,倍增时间跨度较大,在 8 h 到几天之间。亚硝化菌拥有 5 个属:亚硝化单胞菌属(*Nitrosomonas*)、亚硝化螺菌属(*Nitrosospira*)、亚硝化球菌属(*Nitrosococcus*)、亚硝化弧菌属(*Nitrosovibrio*)和亚硝化叶菌属(*Nitrosolobus*),共计 15 个种。而 Anammox 菌属化能自养的专性厌氧菌,生长缓慢,倍增时间长(约 11 d),适宜生长温度为 20 ~ 43 ℃,最佳生长温度为 40 ℃,pH 范围为 6.7 ~ 8.3,最佳为 8.0。Anammox 菌为革兰氏阴性球菌,直径约 800 ~ 1 100 nm,属于浮霉菌目,Anammox 菌科(Anammoxiceae),Anammox 菌主要有 5 个属,即"*Candidatus Kuenenia*""*Candidatus Brocadia*""*Candidatus Anammoxoglobus*""*Candidatus Scalindua*"和"*Candidatus Jettenia*"。SHARON 段和 ANAMMOX 段的功能菌群的生理特征和生存环境存在显著差异,而该工艺把两种功能菌设置在不同环境中,为发挥各自的优势提供了良好的保障。

②工艺应用。20 世纪末,荷兰代尔夫特理工大学大学将 SHARON – ANAMMOX 串联工艺应用于荷兰 Dokhaven 城镇生活污水处理厂实际污水处理中,开创了该工艺应用的先河,后续该工艺也在欧洲多个污水处理厂中得到成功应用。但高浓度有机碳源将对 Anammox 菌产生抑制作用,因此,SHARON – ANAMMOX 串联工艺目前主要用于低碳氮比废水的处理,主要应用于垃圾渗滤液、养殖废水、城镇污水处理厂厌氧消化液、味精加工废水等的处理,均取得了优异的效果。

垃圾渗滤液因含有高浓度氨氮、有机碳源不足的问题,造成达标处理难,是城镇生活垃圾填埋方式面临的最大挑战。而 SHARON – ANAMMOX 工艺可用来处理垃圾渗滤液,Liang 和 Liu 采用固定床生物膜反应器实现 SHARON 和 ANAMMOX 串联,当温度为(30 ± 1)℃,垃圾渗滤液氨氮负荷为 0.27 ~ 1.2 kg/(m³·d),DO 为 0.8 ~ 2.3 mg/L,Sharon 段能稳定实现出水亚硝态氮和氨氮比例为 1.0 ~ 1.3 之间,适宜后续 ANAMMOX 处理,Anammox 段温度控制为(30 ± 1)℃,进水氨氮负荷为 0.06 ~ 0.11 kg/(m³·d),该段有 60% 的氨氮和 64% 的亚硝态氮被去除,整个工艺对氨氮、总氮和 COD 的去除率分别达 97%、87% 和 89%。Akgul 等人采用经 UASB 和 MBR 处理后的垃圾渗滤液,经 SHARON – ANAMMOX 工艺处理,整个过程 90% 以上的 COD 和总凯氏氮(TNK)得到去除。Colprim 等人采用 SBR 反应器实现垃圾渗滤液的部分硝化,作为厌氧氨氧化的预处理液,研究认为 pH 是影响亚硝化的重要因素,氨氮氧化实现半抑制的条件是游离氨质量浓度为(605.48 ± 87.18)mg/L(以 N – NH₃ 的质量计),游离亚硝酸质量浓度为(0.49 ± 0.09)mg/L

(以 N – HNO$_2$ 质量计),碳酸氢根质量浓度为(0.01 ±0.16)mg/L(以 C 质量计)。在垃圾渗滤液处理中,一般在 ANAMMOX 段均会发生厌氧氨氧化和反硝化协同作用,Ruscalleda 等人发现城镇垃圾渗滤液 SHARON – ANAMMOX 工艺处理过程中,(85.1 ±5.6)%的氨氮通过厌氧氨氧化去除,而(14.9 ±5.6)%的氨氮通过异氧反硝化途径得以去除。而 Chien – Ju 等人在 SBR 反应器中处理垃圾渗滤液,发现通过 SHARON – ANAMMOX 工艺和反硝化去除的总氮分别为 85% ~87% 和 7% ~9%。

除了垃圾渗滤液和猪场养殖废水之外,SHARON – ANAMMOX 工艺成功应用于味精加工业废水、污泥脱水液和厌氧消化液等低碳氮比废水的处理,均获得了较好的效果。陈旭良等人采用 ANAMMOX 处理混合味精废水经生物除碳和 SHARON 处理的出水,反应器总氮容积去除负荷可达 457 mg/(L·d),高于传统硝化 – 反硝化工艺,可成为传统硝化/反硝化工艺的替代技术,ANAMMOX 菌对亚硝氮的耐受范围为 96.5 ~ 129 mg/L。马富国等人以污泥脱水液为研究对象,采用缺氧滤床 + 好氧悬浮填料生物膜连续流工艺,在 15 ~29 ℃、DO = 6 ~9 mg/L 条件下实现脱水液亚硝化,当进水氨氮平均质量浓度为 315.8 mg/L,平均进水氨氮负荷为 0.43 kg/(m^3·d),进水碱度/氨氮为 5.25 时,出水亚硝氮/氨氮为 1.25 左右,适合后续 ANAMMOX 处理;稳定后 ANAMMOX 反应器对氨氮和亚硝氮的容积去除负荷分别为 0.526 kg/(m^3·d)和 0.536 kg/(m^3·d),氮去除率达到 83.8%,从而实现全程自养生物脱氮,达到高效生物脱氮目的。Dongen 等人采用 SHARON – ANAMMOX 工艺处理荷兰 Dokhaven 污水处理厂的污泥脱水液,首先在亚硝化阶段 53% 的氨氮转化成亚硝态氮,采用颗粒污泥启动 SBR 厌氧氨氧化反应器,在进水负荷为 1.2 kg/(m^3·d)(以 N 的质量计)的条件下,80% 的氮素转化成氮气。Fux 等人采用体积为 2 m^3 的反应器实现污泥脱水液的部分亚硝化,亚硝化率为 58%,在 30 ℃,最大稀释速率为 0.85 d^{-1} 条件下,亚硝态氮的产率可达 0.35 kg/(m^3·d)(以 NO_2 – N 质量计);ANAMMOX 在体积为 1.6 m^3 的 SBR 反应器中进行, 对氮素去除率可达 2.4 kg/(m^3·d)(以 N 质量计),整个过程对氮的去除率在 90% 以上。

(3)CANON 工艺。

CANON 工艺是荷兰 Delft 大学在 SHARON – ANAMMOX 基础上发展起来的一种全新的工艺。其原理是亚硝化菌在有氧条件下把氨氧化成亚硝酸盐,厌氧氨氧化菌则在无氧条件下把氨和亚硝酸盐转化成氮气,即利用亚硝化菌和厌氧氨氧化菌的协同作用,在同一个反应器中完成亚硝化和厌氧氨氧化。该工艺所涉及的菌群均为化能自养型微生物,适用于处理高氨氮低有机物的废水,如垃圾渗滤液。首先由亚硝酸细菌以及相关细菌将氨氧化为亚硝酸氮,使反应器中的 DO 低于对厌氧氨氧化细菌的抑制浓度,然后由厌氧氨氧化细菌以 NH_4^+ 为电子供体,对产生的 NO_2^- – N 进行还原,生成 N_2。Vazquez – Padin 等人以厌氧消化污泥作为进水在脉冲充氧的条件下,启动了 CANON 工艺。付昆明等人研究了好氧条件下 CANON 工艺的启动,经过 210 d 的运行,TN 去除负荷达到 1.22 kg/(m^3·d),去除率维持在 70%。

①工艺原理与控制参数。CANON 工艺是指在同一构筑物内,通过控制溶解氧实现亚硝化和厌氧氨氧化,全程由自养菌完成由氨氮至氮气的转化过程。在微好氧环境下,亚硝化细菌将氨氮部分氧化成亚硝氮,消耗氧化创造厌氧氨氧化过程所需的厌氧环境;

产生的亚硝氮与部分剩余的氨氮发生厌氧氨氧化反应生成氮气,过程如图 8.5 所示。由于亚硝酸细菌和厌氧氨氧化细菌都是自养型细菌,因此 CANON 反应无须添加外源有机物,全程都是在无机自养环境下进行。CANON 工艺易受到硝酸菌干扰,与厌氧氨氧化菌竞争底物,因此控制硝酸菌的生长是保证 CANON 工艺稳定运行的条件,一般通过控制氧气或者亚硝酸盐来实现。

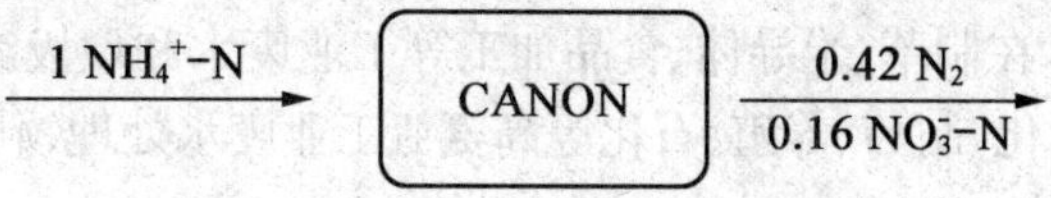

$$1\ NH_4^+-N \longrightarrow \boxed{CANON} \longrightarrow \frac{0.42\ N_2}{0.16\ NO_3^--N}$$

图 8.5　CANON 工艺的流程图

②工艺应用。因其全程自养,CANON 工艺在实验室废水处理研究和实际废水处理中应用广泛。Sliekers 等人采用 SBR 反应器研究了 CANON 工艺,通过控制曝气量为 7.9 mL/min,水力停留时间为 1 d,反应温度为 30 ℃,pH 控制在 7.8,一个运行周期包括进水 11.5 h、沉淀 0.25 h、出水 0.25 h,实验结果表明 85% 的氨氮转化成氮气,15% 氨氮转化成硝态氮,氧化亚氮的生成量可以忽略(小于 0.1%);FISH 技术表明,亚硝酸细菌和 Anammox 菌分别占 45% ±15% 和 40% ±15%。Sliekers 等人进一步采用气升式生物膜反应器(BAS)研究了 CANON 工艺,发现反应器对氮素的去除 1.5 kg/(m³·d)(以 N 的质量计),反应器中主要以 Anammox 菌为主,可能是以富集的厌氧氨氧化污泥驯化的缘故。

ANAMMOX 工艺、CANON 工艺和传统的硝化/反硝化工艺相比,在氮素去除负荷、投资和操作成本等方面具有很多优势,具体见表 8.4。特别是针对一些氨氮含量很高,但有机碳源明显不足的废水,以厌氧氨氧化为主体的污水处理工艺均具有显著性优势,可以大大降低运行成本,但在过程调控和 Anammox 菌快速培养方面依然面临巨大挑战。

表 8.4　厌氧氨氧化工艺与传统脱氮工艺参数比较

参数	硝化/反硝化	ANAMMOX	CANON
好氧氨氧细菌	许多	有	无
亚硝酸菌	许多	无	有
工艺	生物膜法、悬浮污泥法均可	生物膜法较优	生物膜法较优
氨氮负荷/(kg·m⁻³·d⁻¹)	2~8	10~20	2~3
氮去除率/%	95	90	90
过程复杂度	好氧、缺氧分开运行,同时需投加甲醇补充甲醇补充碳源	之前需要安置亚硝化工艺	需严格控制曝气量
实际工程运行情况	稳定运行	初步运行	初步运行
投资成本	一般	低	一般
操作成本	高	很低	低

3. 厌氧氨氧化工艺及技术应用

随着厌氧氨氧化工程的普及,到2016年末,全球范围内的厌氧氨氧化工程超过了100座。其中大部分工程坐落于欧洲,也正日益风靡亚洲和南美洲。

目前,厌氧氨氧化生物脱氮技术已经成功应用于处理多种实际废水,包括高氨氮、低碳氮比的污泥液、厕所水、垃圾渗滤液等。其中,应用最多的无疑是污泥消化液和污泥压滤液的处理,而该技术在制革、半导体、食品加工等工业废水和垃圾渗滤液处理方面的推广也逐步展开,但针对焦化、制药、养殖、石化等高氨氮工业废水处理领域应用仍相对较少。

(1)污泥液处理。

污泥消化液和污泥压滤液是典型的低碳氮比废水,且pH一般为7.0~8.5,温度一般为30~37℃,基本处于厌氧氨氧化细菌(AnAOB)生长的最佳温度范围内。van Dongen等人首先在实验室中探究了短程硝化-厌氧氨氧化工艺处理荷兰Dokhaven污水处理厂消化污泥上清液的可行性,取得了显著的脱氮效果,有超过80%氨氮被转化为氮气。后来瑞士Fux等人又利用来自于两个不同市政污水处理厂的消化液对短程硝化-厌氧氨氧化工艺进行了中试研究,采用1 600 L的序批式反应器(sequencing batch reactor,SBR)、进水氨氮620~650 mg/L、pH值为7.3~7.5、温度为26℃~28℃时,氮容积负荷率(nitrogen loading rate,NLR)最高可达0.65 kg/(m^3·d),总氮去除率(nitrogen removal efficiency,NRE)达92%,同时污泥产量也较低。在此基础上,2002年,研究人员直接将反应器放大,建成了世界上第一套生产性的短程硝化-厌氧氨氧化组合反应器,该工艺已经在Dokhaven污水处理厂正式运行,厌氧氨氧化反应器容积70 m^3,处理量为750 kg/d。此后,采用厌氧氨氧化工艺处理污泥液的工程开始风靡欧洲。

污泥液因其水温高、水量小、高氨氮、低碳氮比的水质特点成为厌氧氨氧化工艺最初的处理对象。到目前为止,全球约75%的厌氧氨氧化工程装置是用于处理污泥液的,厌氧氨氧化工艺在该领域已发展成熟且工程经验丰富,但仍存在一些迫切需要解决的技术难题,如厌氧消化出水中硫化物对厌氧氨氧化反应系统的影响、氮氧化物的产生环节和减排措施等。

(2)垃圾渗滤液处理。

垃圾渗滤液是一种成分复杂的废水,具有有机物浓度高、重金属等有毒物质含量高、水质变化大、氨氮含量高、可生化性差等特点。其氨氮浓度一般小于3 000 mg/L,在成熟的垃圾填埋场则为500~2 000 mg/L,而且随着堆放时间的增加,浓度会越来越高,甚至超过10 000 mg/L。而厌氧氨缺失的现象早期也是在处理废物填埋场渗滤液的生物转盘中发现的,这使得厌氧氨氧化应用于垃圾渗滤液的处理成为了可能。

(3)畜禽养殖废水处理。

畜禽养殖废水成分复杂、水质水量波动大、COD浓度较高且存在部分有机氮,传统硝化-反硝化处理这类高氨氮养殖废水时,存在着能耗高、脱氮效果差、需要补充碳源、投加碱等缺点,而厌氧氨氧化工艺有望成为养殖废水脱氮的备选工艺。

现阶段应用厌氧氨氧化工艺处理猪场废水厌氧消化液的研究,普遍存在着NRR偏低、运行不稳定等问题,而且废水中的有机物、重金属、抗生素等成分可能会对AnAOB产生抑制,因此应侧重于工艺优化改造方面的研究,寻求抑制障碍消除对策。

(4)味精废水处理。

味精废水具有悬浮物浓度高、COD 高、生化需氧量(biochemical oxygen demand,BOD)高、NH_4^+ – N 高、SO_4^{2-} 高、pH 低(2 左右)等特点,处理难度大、成本高,是难以治理的工业废水之一。

陈旭良等研究了厌氧氨氧化工艺处理味精废水的可行性,经过 71 d 的运行成功启动了厌氧氨氧化反应器,最高 NRR 达到 0.457 kg/($m^3 \cdot$ d),但当进水浓度相对较高时,反应器去除效果波动较大。Shen 等人研究了不同污泥源富集 AnAOB 对启动味精工业废水处理系统的影响,接种污泥取自垃圾渗滤液处理厂、市政污水处理厂和味精废水处理厂,经过 360 d 运行,最大比厌氧氨氧化活性分别为 0.11、0.09 和 0.16 kg/(kgV SS · d),证明了活性污泥经长期驯化可启动厌氧氨氧化工艺来处理味精废水。目前,通辽梅花味精废水 I 期工程厌氧氨氧化反应器容积高达 6 600 m^3,是迄今世界上规模最大的厌氧氨氧化工程。但是味精废水中高浓度硫酸盐(5 000 ~ 5 500 mg/L)产生强大的渗透压会大大降低污水处理单元中微生物的活性,而且硫酸盐经硫酸盐还原菌作用还会转化为硫化氢,其 AnAOB 存在显著的抑制,所以一般不采用厌氧氨氧化直接处理,只是用于后续处理(例如反硝化 + 短程硝化 – 厌氧氨氧化或厌氧消化 + 短程硝化 – 厌氧氨氧化等)。因此,这些污染物在整个联合工艺中的变化及对后续厌氧氨氧化工艺的影响还有待研究。

(5)焦化废水处理。

焦化废水含有大量的氨氮、有机物、酚、氰、硫氰化物、焦油及多环芳烃等污染物,毒性大,可生化性差。Toh 等人率先研究了厌氧氨氧化工艺应用于焦化废水脱氮的可行性,虽然一开始从实际焦化废水中富集 AnAOB 并未成功,但是接种市政污泥后取得了成功。苯酚浓度从 50 mg/L 逐步升至 500 mg/L,经过 15 个月的驯化和富集,最大 NRR 为 0.062 kg/($m^3 \cdot$ d),是驯化前反应器 NRR 的 1.5 倍。试验表明,经驯化后的 AnAOB 在苯酚浓度 320 ~ 330 mg/L 时(焦化废水苯酚浓度的平均水平),厌氧氨氧化活性仍然存在,反应器 NRR 约为 0.12 kg/($m^3 \cdot$ d)。因此,厌氧氨氧化工艺处理焦化废水潜力巨大,但是焦化废水中含有的酚、氰化物、硫化物、硫氰化物、难以生物降解的焦油、嘧啶等杂环化合物以及联苯、萘等多环芳香化合物对厌氧氨氧化工艺的作用还有待进一步探索。

(6)城市生活污水处理。

目前能源和成本效益以及可持续发展逐渐演变为污水处理行业的标杆,随着我国城镇化步伐的不断推进,城市生活污水的再生利用和能源回收日益成为研究焦点。城市生活污水所蕴藏的能量主要来自有机碳、氮氮、磷酸盐,据估计其能量每人分别约为 23 W、6 W 和 0.8 W,而自养型厌氧氨氧化工艺的应用有望使城市污水厂实现能源自给。

对于非热带和亚热带地区的市政污水来说,较低的水温(8 ~ 15 ℃)对于厌氧氨氧化工艺的运行仍是一个巨大的挑战。Hu 等人采用一体式短程硝化 – 厌氧氨氧化工艺,原先 25 ℃下运行的 SBR(5L)只用了 10 d 就适应了 12 ℃的低温环境,并在该温度条件下稳定运行超 300 d,没有亚硝酸盐积累且 NRE 超过 90%。同时,该研究还证明,高负荷反应器的污泥可作为低温低氨氮市政污水厌氧氨氧化反应器的接种污泥。有研究表明,实验室规模 35 ℃下运行的厌氧氨氧化反应器,可通过逐步降温驯化、菌种流加或添加低温保护剂(甜菜碱)等方法使得反应器在 9.1 ℃时的 NRR 高达 6.61 kg/(m³·d)。近来，Lotti 等人研究证明颗粒污泥形态的 AnAOB 能在市政主流污水条件下(10~20 ℃)生长，而且能形成新的颗粒污泥，有效持留在污泥流化床反应器中。目前，常温和低温下厌氧氨氧化工艺已有一定的研究基础，中试(4 m³,19 ℃±1 ℃)研究也已取得阶段性的成功，有望使污水处理厂实现能量自给。但是实际工程中如何在低温和低基质浓度条件下维持氨氧化菌(ammonia-oxidizing bacteria,AOB)和 AnAOB 对亚硝酸盐氧化菌(nitrite-oxidizing bacteria,NOB)的竞争优势、提高低温下的菌体活性、实现低基质浓度下的菌体扩增、高流速下的菌体持留等问题仍是有待突破的瓶颈。

(7)粪便污水的处理。

粪便污水为城市生活污水贡献了近一半的有机物和大部分的氮磷营养物负荷。Vlaeminck 等人采用生物转盘探究了 OLAND 工艺处理厌氧消化后的粪便污水的可行性，经过 2.5 个月的适应期(模拟废水逐步被粪便污水替换)后，氨氮容积去除率稳定在 0.7 kg/(m³·d),NRE 可达 76%。Sliekers 等人采用 CANON 工艺处理尿液并取得一定的进展，在限氧条件下在 SBR 中以模拟含氨废水为基质连续富集培养 AOB 和 AnAOB，当基质变为尿素时，能够实现自养脱氮，该研究还通过批次试验证明了 AnAOB 不能直接利用尿素，需要依靠 AOB 分解尿素为厌氧氨氧化提供基质。Liu 等人的研究也表明尿素分解菌能和 AnAOB 较好地共存。因此，短程硝化 - 厌氧氨氧化工艺处理源分离粪便污水具有巨大的优势，而且城市污水源分离是未来的一个趋势，但是目前大规模实现粪便污水分离收集的工程化还需要一定的时日。

(8)含盐废水处理。

一些工业废水，比如海产品加工、纺织印染、医药和石油化工、制革以及养殖和垃圾渗滤液等含有大量的氨氮和盐。Dapena - Mora 等人采用 SHARON - 厌氧氨氧化工艺处理鱼肉罐头加工废水的研究中，进水氨氮浓度 700~1 000 mg/L,盐分 NaCl 8 000~10 000 mg/L,平均 NLR 为 0.5 kg/(m³·d),平均氨氮去除率达到 68%。面对 SHARON 反应器出水水质波动，厌氧氨氧化反应系统表现出较强的稳定性，$NO_2^- - N/NH_4^+ - N$ 比低于 1 时未见不利影响，但是当该比值高于 1 时，出水亚硝氮浓度升高，而且活性未能恢复。该研究还表明，NaCl 10 g/L 左右的盐度对厌氧氨氧化活性和污泥特性没有长期的不利影响。有研究表明，NaCl 30 g/L 的冲击负荷是厌氧氨氧化反应器稳定运行所能耐受的阈值。虽然目前关于厌氧氨氧化系统所能耐受的盐度负荷阈值不一(30~75 g/L),但是通过长期驯化、添加相容性溶质等措施，应用厌氧氨氧化工艺处理高氨氮高盐度工业废水潜力巨大。

(9)其他类型废水的处理。

在其他废水处理方面，厌氧氨氧化也体现了广泛的适用性。Tang 等人开发出了一种菌种流加 - 厌氧氨氧化工艺用来处理制药废水(硫酸黏杆菌素和吉他霉素生产废水)。当出水亚硝氮浓度高于 10 mg/L 时,5~10 mL 的厌氧氨氧化颗粒(0.3~0.6 g VSS)加入反应器中来阻止反应器性能的恶化。在菌种流加速率保持在 0.025 g VSS/(L·d)时，NRR 达到 9.4 kg/(m³·d),出水氨氮浓度低至 50 mg/L。

Chen 等人采用厌氧氨氧化工艺处理温室甲鱼养殖废水，通过新型低温竹炭填料的添加快速启动厌氧氨氧化反应器,研究中考察了有机物浓度对厌氧氨氧化处理效果的影响,当进水 COD 浓度在 194~577.8 mg/L 时,NRE 大于 85%,COD 去除率在 56.6% 左右。该研究对于氮磷含量较高的集约化水产养殖废水的深度脱氮具有重要的现实意义。

4. 厌氧氨氧化技术展望

实际废水成分复杂,禽畜养殖废水中含有重金属离子和抗生素,垃圾渗滤液中重金属含量高,焦化和石化废水中含有氰化物、硫氰化物、焦油、酚类等,制革废水中含有大量有机氮和重金属离子,制药废水特别是抗生素生产废水含有生物抑制剂,海产品加工、制革、炼油、造纸、酒精发酵废水中还含有硫化物,养殖废水、粪便污水、市政、化肥、制药废水中含有浓度不等的磷酸盐。上述这些障碍因子是制约厌氧氨氧化技术应用在高浓度氨氮工业废水处理领域的关键因素。虽然目前的研究涉及基质(亚硝酸盐和氨)、有机物(包括致毒性和非致毒性)、盐度、重金属、磷酸盐及硫化物等所致抑制,但是因为菌种或实验条件等不同,抑制剂的抑制阈值不一,是否可逆也存在争议,联合作用影响尚未探明,相关调控策略的研究十分匮乏。而且目前针对不同水质的废水,一体式和分体式工艺类型的选择在理论上的探讨还未有定论,在实践上的证明还缺乏运营数据支撑。应该结合工业废水的实际情况进行工艺改造,并在实验室研究成果的基础上积极推进中试,以促进厌氧氨氧化工艺的实用化和工业化。另外,厌氧氨氧化作为新型生物脱氮工艺并不意味着是传统工艺的终结,而应该是作为现有工艺的补充和新型工艺开发的桥梁枢纽。由于厌氧氨氧化严格的反应条件,应深度研究不同水质障碍因子的影响和调控策略,提高厌氧氨氧化的工程价值。建议今后在以下几个方面开展深入的研究:

①基于厌氧氨氧化的多菌群耦合工艺的开发。

②不同工业废水水质障碍因子对厌氧氨氧化的长期、短期、复合影响。

③一体式和分体式工艺中氮氧化物的产生机理和减排措施。

④厌氧消化出水中溶解性甲烷的去除或利用。

⑤现场应用规模 Anammox 反应器快速启动与影响机制。

⑥现场应用环境温度变化,特别是中低温环境对 Anammox 菌活性的影响机制。

⑦实际废水中有机碳源对 Anammox 菌的抑制效应,以及 Anammox 与反硝化协同脱氮除碳作用研究。

8.5.3 反硝化除磷技术

1. 基本理论与研究进展

自 20 世纪 70 年代以来,反硝化除磷渐渐引起人们的注意,并得到迅速发展。1977 年 Osborn 和 Nieholls 在反硝化过程中首次观测到磷快速吸收现象;Comeau 于 1986 年发现一些聚磷菌在缺氧状态下具有利用硝酸盐作为电子受体吸磷的功能,同时完成反硝化脱氮,随后,Vlekked 采用厌氧/缺氧 SBR,证明了硝酸盐可以作为电子受体吸磷;1992 年,Wanner 利用反硝化除磷特性开发的 N、P 去除新工艺,证实了缺氧条件下一些除磷菌具有反硝化能力;1993 年,Kuba 等人也发现在厌氧/缺氧交替运行条件下,易富集一类兼性厌氧微生物,以硝酸盐为电子受体,在缺氧环境下同时进行反硝化和吸磷。Smolders 和

Kuba等人又在 1995 到 1996 年证实了在中试规模的脱氮除磷系统中除磷菌的反硝化功能。在大规模的 UCT 污水处理除磷脱氮系统中,Kuba 和 Stgaard 等人也分别证实了缺氧区除磷菌反硝化现象的存在。

Dae Sung Lee 等人于 2001 年首先证明了 NO_2^- 可以像 NO_3^- 一样作为电子受体进行反硝化除磷。随后,Saito 和王爱杰等人亦提出可利用 NO_2^- 为电子受体完成反硝化除磷,并可联合 SHARON 工艺,实现短程硝化反硝化除磷。

由反硝化聚磷菌(DPB)脱氮除磷的原理可知,DPB 将反硝化和除磷这两个过程合二为一,PHB 既是反硝化除磷菌的碳源,又是能量储存物质,一碳两用,达到节省碳源的目的。此外,反硝化除磷技术还具有曝气量省、污泥产量低等优点。表 8.5 为反硝化除磷与好氧除磷的比较。

表 8.5　反硝化除磷与好氧除磷的比较

类型	电子受体	$n(C)/n(P)$	单位 NADH$_2$ 产生的 ATP/mol	消耗单位 PHB 所吸收的磷/mg	耗氧量 /(mg O$_2$ · mg P^{-1})	吸磷速率 /(mg P · g MLVSS^{-1} · h^{-1})	污泥产量 /(g · mgP^{-1})
好氧除磷	O$_2$	30~40	1.85	0.83	14.2	10~15	7.13
反硝化除磷	NO$_x^-$-N	15~20	1	0.63	0	5~12	3.35

由表 8.5 可知,反硝化除磷可以节约碳源 50%,减少污泥产量 50%,除磷过程只需硝化曝气量,总体曝气量可减少 30% 左右。但由于单位还原辅酶 I(NADH$_2$)产生的三磷酸腺苷(ATP)比好氧时少 40%,因此需要消耗更多的 PHB,导致吸磷速率比好氧时低40% 左右。

2. 反硝化除磷机理

反硝化除磷机理利用厌氧 – 缺氧间歇式反应器(A^2SBR)所富集的兼具反硝化能力和除磷能力的兼性厌氧微生物,此类微生物称为反硝化聚磷菌(DPAO)。反硝化除磷机理与传统的厌氧/好氧除磷机理基本相似,在厌氧段,DPAOs 利用来自于糖原和聚磷水解的能量,将污水中的挥发性有机酸(VFAs)转化为内碳源物质聚羟基脂肪酸酯(PHA)储存起来,同时将磷酸盐释放到水中;好氧段,DPAOs 利用硝酸盐(NO$_3^-$)代替氧气作为电子受体,氧化内碳源物质 PHA,为自身的细胞生长、磷酸盐吸收、糖原的补充提供能量,完成同时缺氧吸磷并将 NO$_3^-$ 反硝化,在缺氧段实现了碳源同时脱氮和除磷的目的,即"一碳两用"。

在缺氧段,反硝化聚磷菌(DPB)通过降解胞内的 PHA 产生能量,这些能量一部分供给自身细胞以维持生命活动,另一部分则用于对水中的无机磷酸盐进行摄取,并以将其以聚磷的形式进行储存,与此同时,NO$_3^-$-N 被还原成 N$_2$。Vlekke 等人分别利用厌氧/缺氧 SBR 系统和固定生物膜反应器进行了相关的可行性试验研究。试验结果表明:NO$_3^-$-N 和 O$_2$ 作为氧化剂在除磷系统中起着一样的作用;而且通过制造厌氧/缺氧交替运行的环境确实可以筛选出以 NO$_3^-$-N 作为电子受体的 PAOs 优势菌属即 DPB。但是,一些试验结果证明:相对于好氧吸磷,以 NO_3^-N 作为电子受体的吸磷工艺,其除磷效率降低了 24% 左右。哈尔滨工业大学李勇智等采用 SBR 工艺研究以 $NO_3^- - N$ 作为电子受体的反硝化除磷试验结果也发现,DPB 存在于传统的 EBPR 体系中,并且通过厌氧/缺氧的交替运行方式,DPB 在 PAOs 中的比例从 13.3% 上升到 69.4%。稳定运行状况下的厌氧/缺氧 SBR 工艺在缺氧结束时混合液中 $PO_4^{3-} - P$ 质量浓度低于 1 mg/L,去除率大于 89%。

3. 反硝化除磷工艺

传统的生物脱氮除磷工艺存在着自身难以解决的矛盾:聚磷菌和反硝化菌对碳源的竞争始终存在;聚磷菌、硝化菌和反硝化菌世代周期不同,菌群的混合会相互制约,系统很难达到最佳的处理效果。反硝化聚磷菌 DPB(denitrification phosphorus removal bacteria)的发现使脱氮除磷工艺有了更为广阔的发展前景。最初,研究人员不能肯定在实际的污水处理工艺中,反硝化和聚磷是否可在同一缺氧反应器中进行,或者还是与传统工艺一样,必须将反硝化与聚磷分段设计。但是,许多研究者意识到,一旦在污水处理工艺当中引入这类具有反硝化功能的 PAOs,将会对生物除磷的技术革新产生十分重要的意义。目前,在兼性厌氧反硝化聚磷菌的特性研究为基础的前提下,开展了以生物体内储存的聚羟基烷酸(PHA)为碳源的新工艺及反硝化聚磷菌与硝化菌相分离的双污泥系统的研究,这些研究越来越受到学者的重视。

反硝化除磷脱氮工艺主要分为两类,即单污泥和双污泥系统。单污泥系统典型的工艺有 UCT(university of cape town)工艺和 BCFS(biologische chemische fosfaat stikstof verwijdering)工艺。双污泥系统最典型的工艺为 Dephanox 工艺和 A^2N(anaerobic-anoxic-nitrification)工艺。

(1)UCT 工艺。

UCT 工艺是由南非开普敦大学基于厌氧—缺氧—好氧生物脱氮除磷工艺(A^2/O 工艺)基础上,通过改变污泥回流方式,避免硝酸盐对厌氧释磷的影响,从而强化生物除磷效果。其工艺流程如图 8.6 所示。UCT 工艺的设计并不是基于反硝化除磷原理,而这种工艺流程无意间强化了厌氧缺氧交替的环境,为 DPAOs 的生长提供了有利条件。UCT 工艺缺点在于反硝化聚磷菌、硝化细菌和普通的反硝化异养菌共存,共同经历厌氧、缺氧和好氧交替环境,反硝化聚磷菌与其他脱氮除磷功能菌都存在着不同程度的竞争。

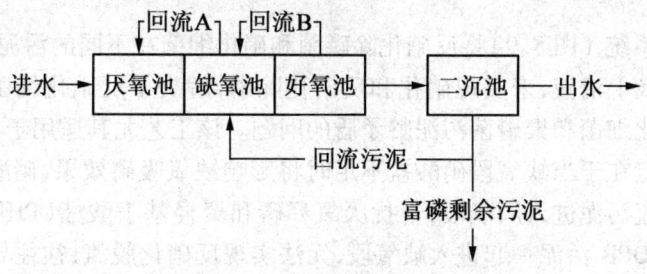

图 8.6　UCT 工艺流程图

(2)BCFS 工艺。

BCFS 工艺将 Carrousel 氧化沟与 UCT 工艺有机结合,从工艺角度本身出发最大限度地提供 DPB 富集条件的一种变形 UCT 工艺。BCFS 工艺流程如图 8.7 所示,BCFS 工艺由 5 个功能独立的反应池和 3 个循环系统组成。该工艺在设计上摒除了回流污泥携带硝酸盐对厌氧释磷的影响,缺氧选择器的设置可吸附厌氧残留的化学需氧量(COD),同时迅速反硝化来自污泥回流中的硝酸盐,因此具有抑制污泥膨胀的作用。BCFS 工艺的缺点在于其缺氧、好氧混合池(氧化沟)单元占整个系统的 1/3 体积,占地面积较大。

(3) Dephanox 工艺。

Dephanox 双污泥反硝化除磷脱氮工艺工艺流程如图 8.8 所示。Dephanox 工艺的最显著特点在于好氧硝化细菌附着在生物膜上生长,不暴露在缺氧环境下,可解决聚磷菌和硝化细菌在污泥龄上的矛盾。缺点在于进水氮磷比经常不能满足缺氧吸磷的要求,限制了 Dephanox 工艺反硝化除磷在工程上的应用。Dephanox 工艺可用于处理 C/N 较低的城市污水,当进水 COD 浓度很高时,缺氧池无法实现完全除磷,此时可通过好氧池进一步去除剩余的磷。

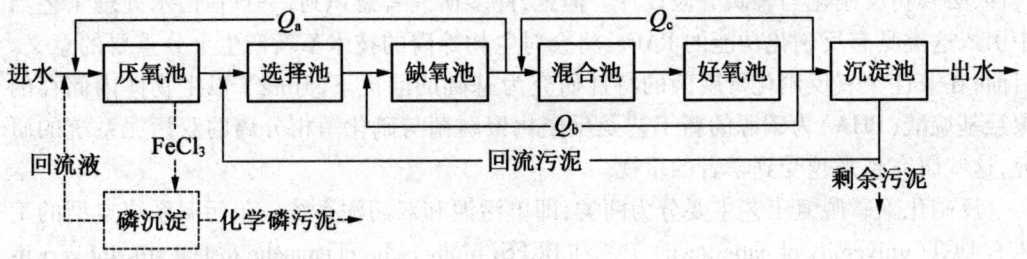

图 8.7 BCFS 工艺流程图

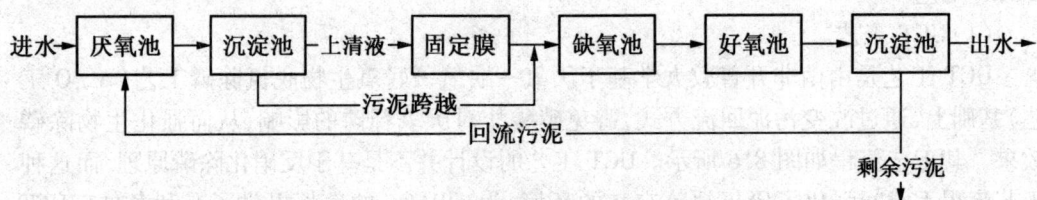

图 8.8 Dephanox 双污泥反硝化除磷脱氮工艺流程图

(4) A^2N 工艺。

A^2N 双污泥系统 (图 8.9)将反硝化除磷菌和硝化细菌在不同的污泥系统中培养,各自沉淀之后只交换上清液,来实现硝化和反硝化除磷,解决了反硝化细菌和聚磷菌对基质的竞争以及硝化细菌和聚磷菌污泥龄矛盾的问题。该工艺尤其适用于低 C/N 比的水质。该工艺的缺点在于当缺氧段硝酸盐不足时将影响缺氧吸磷效果,硝酸盐过量又使得剩余硝酸盐随回流污泥进入厌氧段,干扰厌氧释磷和聚羟基丁酸酯(PHB)的合成;未经硝化过程直接和 DPB 污泥一起进入缺氧段,无法实现反硝化脱氮,往往导致出水的氨氮浓度较高。

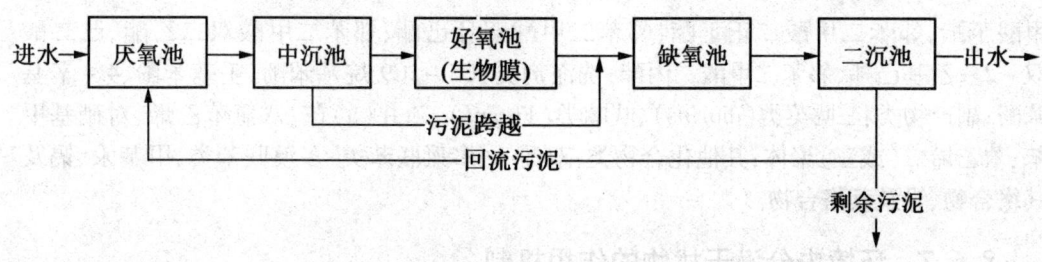

图 8.9　A²N 工艺流程图

8.6　环境内分泌干扰物

环境内分泌干扰物(environmental endocrine disrupting chemicals,EDCs)是指可通过干扰生物或人体内保持自身平衡和调节发育过程天然激素的合成、分泌、运输、结合、反应和代谢等,从而对生物或人体的生殖、神经和免疫系统等的功能产生影响的外源性化学物质。它们主要是人类生产和生活活动排放到环境中的有机污染物。越来越多的证据表明,人类、家畜和野生物种暴露于 EDCs 后,将遭受不利的健康影响,主要表现为:性激素分泌量及活性下降、精子数量减少、生殖器官异常、癌症发病率增加、隐睾症、尿道下裂、不育症、性别比例失调、女性青春期提前、胎儿及哺乳期婴儿疾患、免疫功能下降、智商降低,甚至有致癌作用等。因此内分泌干扰物的污染已经威胁到野生生物和人类的健康生存和持续繁衍。目前已经发现,烷基酚、双酚 A 等许多种类环境污染物,在不同程度上具有雌激素活性或抗激素活性。美国环保署已经将内分泌干扰物列为高度优先研究和控制的污染物,并于 1999 年开始实施内分泌干扰物筛选行动计划,组织筛选环境中具有雌激素活性或能阻断雌激素活性的化学物质。英国环保部将内分泌干扰类物质的生产和排放加以控制,如禁止壬基酚、聚氧乙烯醚类表面活性剂的使用等,并于 2000 年实施内分泌干扰物的研究行动计划。我国对环境内分泌干扰物的研究正处于起步阶段。

8.6.1　环境内分泌干扰物的种类和来源

环境内分泌干扰物主要包括天然激素、人工合成的激素化合物和具有内分泌活性或抗内分泌活性的化合物。自然界中天然激素很少,主要来自植物、真菌的合成和动植物体内的类固醇物质的排放。人工合成的激素化合物来源于人类的生活和生产。目前已发现约有 70 种(类)可疑的环境内分泌干扰物,可分为 8 大类。除草剂类:2,4,5 - 三氯联苯氧基乙酸、2,4 - 二氯联苯氧基乙酸、杀草强、荞去津、甲草胺、除草醚、草克净;杀虫剂类:六六六、对硫磷、甲萘威(西维因)、氯丹、羟基氯丹、超九氯、滴滴.滴滴涕、滴滴伊、三氯杀螨剂、狄氏剂、硫丹、七氯、环氧七氯、马拉硫磷、甲氧滴涕、毒杀芬、灭多威(万灵);杀菌剂类:六氯苯、代森锰锌、代森锰、代森联、代森锌、乙烯菌核利、福美锌、苯菌灵;防腐剂类:五氯酚、三丁基锡、三苯基锡;塑料增塑剂类:邻苯三甲酸双(2 - 乙基)己酯、邻苯二甲酸苄酯、邻苯二甲酸二正丁酯、邻苯二甲酸双环己酯、邻苯二甲酸双二乙酯、己二酸双－2－乙基己酯、邻苯二甲酸二丙酯;洗涤剂类:C5－C9烷基苯酚、壬基苯酚、4－辛基苯酚;副产物类:二噁英类(dioxins)、呋喃类(Furans)、苯并(a)芘、八氯苯乙烯、对硝基甲苯、苯乙烯二(或三)聚体;其他化合物类:双酚A、多氯联苯类、多溴联苯类、甲基汞、镉及其络合物、铅及其络合物。

8.6.2　环境内分泌干扰物的作用机制

1. 与受体结合

环境雌激素模仿天然雌激素,与雌激素受体结合,形成配体－受体复合物,配体－受体复合物再结合在DNA结合域的雌激素反应元件上,诱导或抑制靶基因的转录,启动一系列雌激素依赖性生理生化过程。有机氯化合物、羟化有机氯对甲状腺素受体有一定的亲和力,PCBs能与人类糖皮质激素受体结合。

2. 抑制微管聚合

人们认为内分泌干扰物与某些癌症尤其是乳腺癌有关。如环境中某些有机氯化合物通过雌激素受体或其他机制致癌。PCBs为动物致癌物,氯的位置在其致癌作用中起着决定性的作用。双酚A能明显地抑制微管聚合,诱导微核和非整倍体。这可能是环境内分泌干扰物诱变作用的机制之一。

3. 对神经和生殖发育系统产生毒性影响

环境内分泌干扰物能影响神经系统发育和干扰神经内分泌功能。但尚未明确内分泌干扰物暴露效应与人类危险的关系。然而,这方面的研究对评价干扰物是否通过内分泌干扰机制呈现特殊的神经毒作用是有意义的。此外。大量报道证实了内分泌干扰物对哺乳动物、鱼类、鸟类、爬行类动物的生殖与发育毒性。研究表明。多氯代二苯并二噁英(TCDDs)暴露降低了大鼠生殖能力(排卵率),并增加了猴子宫内膜异位的发病率。此外,TCDDs可诱导细胞凋亡。关于环境化学物质的发育和生殖毒性机制还不清楚。

4. 环境内分泌干扰物间的协同作用

对环境化学物质的相互作用还了解不多。但对单个环境内分泌干扰物的实验研究表明,它对生物系统的影响很小。但当机体暴露于两种雌激素活性很弱的环境物质时,其作用会得到明显加强,甚至可达到单独作用时的1 000倍以上。环境混合物的这种协同作用可能有着重要的意义。由此可见,某种方法测定的环境化学物质的内分泌干扰活性不一定能代表它在实际环境中对机体产生的真正的干扰效应。

8.6.3　环境内分泌干扰物的迁移转化与降解

EDCs在环境中的迁移转化主要取决于其本身的性质以及环境的条件。如前所述,EDCs包括天然雌激素及有机污染物等,它们可以通过吸附作用、挥发作用、水解作用、光解作用、生物富集和生物降解作用等过程进行迁移转化。研究环境雌激素在这些方面的迁移转化过程,有助于阐明环境雌激素的归趋和可能产生的危害。

环境雌激素在生态系统中的循环、转移主要有3条途径:土壤途径、水体途径及空气途径。土壤途径主要通过杀虫剂的喷洒以及含雌激素垃圾的淋溶进入土壤,再由作物及牧草进入家畜及人体。水体途径主要通过水生植物及动物对土壤径流、稻田农药及工业废水中的雌激素的富集再转移给鸟类、鱼类及人。空气途径主要通过呼吸被污染了的空气,或通过牧草及作物表面的粉尘沉降再转移给家畜及人。环境雌激素通常借助大气环流及洋流由低纬度地区转移到高纬度及极地生态系统。生物迁徙是另一种更有效的迁移途径,例如,鲑鱼可以通过洄游将海洋中的环境雌激素转移到阿拉斯加淡水湖泊,从而使环境雌激素浓度高出其他湖泊 2 倍。考虑到食物链对鲑鱼体内激素的富集作用,这种由生物迁徙造成的环境雌激素的再分配与大气环流及洋流相比具有重要的生态学意义。

由于环境雌激素不容易被生物降解,因此极易通过食物链在生态系统内进行生物富集。环境中不易测出的微量或痕量雌激素经过 3 ~ 4 个营养级的富集即可达到惊人的浓度。多数的 EDCs 为脂溶性的,均不易在环境中降解,并且在人体内也没有特定的代谢系统,因此容易在人体内蓄积,脂肪组织是 EDCs 蓄积的主要场所。环境雌激素对动物及人体的影响因其代谢途径不同而不同。例如,目前已知植物激素进入动物体内有 3 种可能去向:排出体外、被身体吸收和被降解成其他化合物。植物雌激素与人工合成雌激素的一个显著区别在于,植物雌激素很容易被肝脏内的酶分解,不会在动物组织内积累,在体内停留时间仅为几分钟到几小时。

人体分泌的雌激素主要是雌二醇、雌酮和雌三醇,后两者是前者的代谢产物,它们的活性比例是 100:100:3,前者是最有效的。这些物质含量极低(约 0.1 ng/L),但具有很大的生物效应。据 Vader 等研究,妇女分泌并排出的天然雌激素中,有 17β – 雌二醇和雌酮在污水处理厂排水中通过 GC – MS 检测到。作为人工合成的雌激素药物,如乙炔雌二醇,在体内的稳定性仍高于雌二醇等天然雌激素,但低于杀虫剂等人工合成雌激素。Desbrow 等人和 Belfroid 等人也相继发现了服用避孕药妇女的排泄物中含有合成激素炔雌醇(EE2)。荷兰污水处理厂排水中 EE2 浓度范围为未检出至 7 ng/L。

多数 EEDs 在体内的半衰期都很长。对意大利 Seveso 附近地区一次四氯二苯对二噁英(TCDD)泄漏事故 20 年后的随访调查表明,受污染地区居民体内的 TCDD 含量仍显著高于非污染区。例如,PCBs 的平均半衰期可达 142 年,多溴化联苯(PBB)为 135 年,二氯二苯二氯乙烯(DDE)为 100 年。

普通的水处理方法不能很有效地去除水中的雌激素。目前采取的环境雌激素对策是除了停止生产或减小使用含有扰乱内分泌作用的化学物质外,还需要采用各种方法来分解和消除环境内分泌干扰物(环境雌激素)。目前各国正在研究开发的方法主要有:高温熔解、光催化、光化学分解法、超临界流体法、微生物分解法、机械化学法、电解法等。这些方法各有优缺点,尚待完善。催化降解(如催化光解等)EDCs 已成为当今一重要的研究课题,这也都是现在和未来研究的方向

8.6.4　EDCs 的研究展望

综上所述,在 EDCs 的研究上已经取得了一定的成果,但也还存在一些不足,在今后的研究中可以往如下方面发展:

①确定 EDCs 的具体名单,准确确定要研究其危害性及做出防治措施的内分泌干扰

物的范围。

②加紧对 EDCs 降解方法的研究,因为到现在有关降解方法的研究报道得很少,生物降解方面还没有培养出有效的降解菌。当前的生物降解方法速度比较缓慢,吸附处理也只能实现污染物的转移,对后续处理要求高,比较有前景的是光催化氧化,今后可以往这方面继续发展,研制出高效的催化剂,提高降解的速率并尽可能地降低 EDCs 的毒性。

③对于 EDCs 的毒性研究,目前关注比较多的是 EDCs 的作用机理,而对 EDCs 的流行病学研究,暴露及效应关系的研究比较少。这不利于对 EDCs 风险进行科学评价及科学防治,今后应当往这方面深入研究。

④加强各国研究成果的沟通,包括在毒理性和控制方面,避免资源的重复浪费。发展中国家要借鉴发达国家已有的科研成果,在工业发展过程中防患于未然。

⑤在我国,存在的问题比发达国家更多,EDCs 污染问题近年来才逐渐得到关注,基础研究较薄弱,现有的调查及监测数据很有限,仅涉及渤海、长江、珠江、黑龙江、松花江、福建、北京等部分地区。在今后的研究中要弥补这一缺陷,进行更全面而深入的基础研究。

8.7 垃圾焚烧与二噁英

目前,我国正处于工业化和城镇化并行发展的阶段,经济的快速发展以及城市化进程的加快,产生的生活以及医疗垃圾的数量急速增加。我国已成为世界上处理垃圾包袱最大的国家之一。为了处理这些数量庞大的垃圾,最直接有效的方法就是垃圾焚烧法,因此城市以及垃圾焚烧工厂在我国逐步兴起。城市垃圾和医疗垃圾的焚烧会产生一类微量但剧毒的持续性有机污染物二噁英。二噁英具有极强的化学稳定性和热稳定性,在生物体内很难被降解排出而长期在生物体内停留,人类处于食物链的顶端,这样就很容易通过食物链中的逐步集聚作用最终影响到人类的健康,并有可能产生致畸、致癌和致突变的"三致"效应。

二噁英的主要来源除了城市垃圾和医疗垃圾的焚烧以外,金属的冶炼及提纯、化学加工、生物和光化学过程都能产生二噁英。为了有效降低二噁英的排放,应该了解在垃圾焚烧过程和工业生产过程中二噁英的生成机理,从而设计出更先进的焚烧技术和过程控制方法,使二噁英的排放达到国家法定的排放要求。

8.7.1 二噁英的危害

1. 结构及理化性质

二噁英是多氯代二苯并 – 对 – 二噁英(polychlornateddibenzo dioxin,PCDDs)和多氯代二苯并呋喃(poly-chlornateddibenzo furan,PCDFs)两类近似平面状芳香族杂环化合物的统称,二噁英的分子结构如图 8.10 所示。CDDs/PCDFs 具有 8 类同系物,每类同系物又随着氯原子取代位置的不同而存在众多异构体,总共有 210 种同类异构体。二噁英在标准

状态下一般呈针状晶体,无色无味;化学性质稳定,熔点约为 303～305 ℃,当温度达到
705 ℃以上时开始分解;难溶于水,易溶于有机溶剂和脂肪。此外,二噁英的蒸气压很低,
一般随取代氯原子数目的增加而降低,在大气环境中超过 80% 的二噁英分布在大气颗粒
物中。大部分的二噁英在生物体内不易被代谢,具有生物蓄积与生物放大作用。

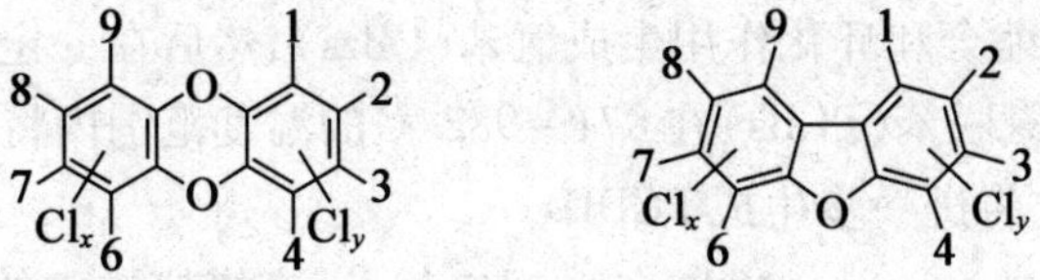

(a)多氯代二苯并-对-二噁英   (b)多氯代二苯并呋喃

图 8.10   二噁英结构示意图

2. 二噁英的毒性

二噁英对环境的污染以及对人体健康的影响已受到公众的极大关注,其毒性具有:毒
性大,非直接性,稳定性,世代遗传性等多种特性。

(1)毒性大。

二噁英已被称为"地球上毒性最强的毒物",其毒性相当于氰化钾的 100 倍以上、马
钱子碱的 500 倍以上。20 世纪中叶,美军在越战中使用了含微量二噁英的脱叶剂,结果
在美军喷洒过脱叶剂的地方,不仅出现了动物的生态学异常,当地居民在以后的几年中
检测出大量的癌症患者、先天性疾病的婴幼儿,流产的比例也大幅上升。世界卫生组织
将其从二级致癌毒物提升到一级致癌毒物。二噁英具有强烈的致癌、致畸作用外,同时还
具有生殖毒性、免疫毒性和内分泌毒性。研究表明,二噁英进入人体后会导致子宫内膜异
位症、影响神经系统行发育效应、影响生殖系统发育效应以及免疫毒性效应。

(2)非直接性。

虽然二噁英的毒性很大,但因二噁英中毒直接死亡的报道几乎没有。对齿类动物的
研究结果也可以看出,每天服用定量的 $2,3,7,8-pCDD$(以动物质量计),可增加肿瘤的
发病率。但它是一种非直接基因毒剂,也就是说它不与 DNA 以共价键相连而形成 DNA
加合物;它只是一种诱导剂,起促进癌变的作用;当其浓度在体内达到一定数值时,能够
促进肿瘤的生长,提高肿瘤的发病率。

(3)稳定性。

二噁英易在人体中滞留,微量摄入人体不会立即引起病变,但由于其稳定性极强,一
旦摄入则不易排出,使得环境中的二噁英易通过生物链的逐级浓缩而富集在人体组织中,
如长期食用含二噁英的食品,毒性成分就会越积越多,很难降解或排出体外,其半衰期长
达 30 年,完全降解和排泄则可能要 100 年。

(4)世代遗传性。

二噁英可以实现代际遗传,有数据表明,母体血液中二噁英遗传给胎儿的转移率为
90%。所以孕妇一定要注意饮食的健康和生活环境的健康,远离一些容易产生二噁英的
场所。

8.7.2 垃圾焚烧二噁英生成机理的研究进展

目前已被证明的在垃圾焚烧过程中 PCDD/Fs 的生成机理主要有3种：

①高温气相机理（high temperature gas-phase mechanism），结构相对简单的短链氯化碳氢化合物首先通过缩合和环化作用生成氯苯（CBzs），然后在一定条件下氯苯转化为多氯联苯（PCBs），而多氯联苯（PCBs）在 871～982 ℃ 的温度范围内将进一步转化成 PCDFs，而部分生成的 PCDFs 将进一步生成 PCDDs。

②前体合成机理（precursor synthesis mechanism），在燃烧炉内的不完全燃烧以及燃烧后区域内的飞灰表面的异相催化反应可形成多种有机前体，比如多氯代苯和多氯苯酚，然后这些前体经过在催化媒介的缩合反应中生成 PCDD/Fs。

③从头合成机理（denovo synthesis mechanism），在燃烧后区域内的飞灰中，含有一些没有完全燃烧的残碳，其中可能包括无机碳源（活性炭和炭黑）、有机碳源（脂肪族和芳香族的化合物片段）、羰基和羧基等，飞灰中还含有氯源，其中可能包括无机氯源[氯化氢（HCl）和氯气（Cl_2）]、有机氯源（氯化的脂肪族和芳香族的化合物片段），其中还可能包含有氯化铜（$CuCl_2$）和氯化铁（$FeCl_3$）及相应的金属氧化物，这些组分可能在 200～400 ℃ 的范围内通过异相催化反应生成 PCDD/Fs。

1. 高温气相生成机理

Ballschmiter 等人研究发现，在燃烧的过程中存在大量的氢自由基（·H）、氢氧根自由基（·OH）、氧自由基（·O）以及过氧自由基（·O_2H）容易取代芳香环上面的氢原子，从而生成更多的多氯代苯（PCBzs）和多氯苯酚（PCPs），在 500 ℃ 的温度以上，这些多氯代苯和多氯苯酚通过气相的缩合反应生成 PCDD/Fs，而且还根据不同的空间位阻所引起的产物分布的差别和不同的前体提出了 4 种主要的反应途径：①多氯联苯的环化；②多氯二苯醚的环化；③二苯并呋喃的氯化；④OCDF 的脱氯。Weber 等人在 340 ℃ 以上热解氯酚（CPs）的过程中发现，氧气的加入能促进氯酚（CPs）向 PCDDs 和 PCDFs 的转化，他们推断反应的第一步是苯氧自由基的形成，然后通过两个苯氧自由基在氢取代的邻位碳的二聚作用，生成了中间产物邻苯氧基苯（ortho-phenoxyphenyl）和二羟基联苯（dihydroxy-biphenyls），进一步反应能分别形成 PCDDs 和 PCDFs。

直到目前，垃圾焚烧过程中气相生成 PCDD/Fs 的机理还在不断地发展和完善中。从目前的研究结果来看，在没有足够氧气的燃烧情况下，能大量产生不完全燃烧产物，并通过一系列复杂的反应生成 PCDD/Fs 的前体，前体的量达到一定限度，将对 PCDD/Fs 的生成起主导作用，而在氧气充足的情况下，生成 PCDD/Fs 的前体反应受到极大的抑制，气相生成 PCDD/Fs 对总的 PCDF/Fs 的产生量就可以忽略不计了。

2. 前体合成机理

前体催化合成反应生成 PCDD/Fs 已经有了深入的研究，并被认为是形成 PCDD/Fs 的主要催化反应，前体分子如多氯酚（PCPs）、多氯苯（PCBzs）、多氯联苯（PCBs），被认为在有飞灰和热源存在且在温度范围为 300～600 ℃ 的条件下，将会很容易催化生成 PCDD/Fs。Cains 等人用多氯酚（PCPs）作为前体催化合成 PCDD/Fs，结果发现催化合成的产物中只含有 PCDDs 而不含 PCDFs,他们因此断定 PCDFs 的形成首先是通过无取代的苯酚分子的缩合反应,其次才是二聚体的氯化反应。Hell 等人采用 2,4,6 – 三氯苯酚(2,4,6 – TCP)和 2,3,4,6 – 四氯苯酚(2,3,4,6 – TeCP)作为催化反应的前体,并以气态的方式分别通过城市固态垃圾焚烧后的飞灰和模拟的飞灰,保持的温度范围为 250 ~ 400 ℃,发现主要的产物为 CO 和 CO_2,而且还有一系列的氯化有机物生成,如多氯代苯(PCBzs),其中就包括 PCDD/Fs,PCDDs 在温度为 300 ℃ 时生成量达到最大值,而 PCDFs 的生成量最大值的温度为 350 ℃,并且 PCDFs 的最大生成量远远小于 PCDDs,因此可以推断前体催化合成更倾向于生成 PCDDs 而非 PCDFs。

3. 从头合成机理

从头合成机理(denovo synthesis mechanism)最早是由 Stieglitz 等人提出来的,他们认为从头合成反应是垃圾焚烧燃后区中生成 PCDD/Fs 的重要途径,是指碳、氢、氧和氯等元素在 200 ~ 400 ℃ 的范围内通过化学键的结合、环化、芳香化、氧化和氯化而形成的。Gullett 等人通过改变 O_2、HCl、Cl_2 的浓度以及温度、冷却率、停留时间对 PCDD/Fs 生成量的影响,发现 PCDD/Fs 的生成率和运行的垃圾焚烧工厂的生成率是同一级别的。由此看来,垃圾焚烧工厂在 200 ~ 400 ℃ 的温度范围内主要是通过从头合成机理合成 PCDD/Fs 的;在没有气态 HCl 和 Cl_2 的情况下,仍然有大量的 PCDD/Fs 生成,表明飞灰中的活性氯元素参与了 CDD/Fs 的生成,并且 PCDD/Fs 的成分中 80% 为 PCDFs;而反应中的不同含氧量对总的 PCDD/Fs 的影响不大,但是对 PCDD/Fs 的同系物的分布有较大的影响。

可以看出,从头合成更倾向于生成 PCDFs,而且 $CuCl_2$ 作为垃圾焚烧厂飞灰中的主要成分,在催化合成 PCDD/Fs 中具有很高的反应活性,而且当 $CuCl_2$ 质量分数达到5.0%时,其生成的 PCDD/Fs 同系物分布很接近垃圾焚烧厂飞灰中的 PCDD/Fs 同系物。

8.7.3 生活垃圾焚烧发电中二噁英控制技术

垃圾焚烧作为无害化最彻底、减容化最显著、可资源化利用程度最高的一种处理技术已经成为当今国际社会生活垃圾处理的重要技术。截止到 2010 年 6 月份,中国已建的垃圾焚烧厂有 109 座,在建和拟建的垃圾焚烧发电项目已达 180 座。2015 年全国城市生活垃圾资源化利用比例已达 30%,这将进一步推动垃圾焚烧事业的蓬勃发展。然而在生活垃圾焚烧易带来的二次污染中,由于二噁英被称为“地球上毒性最强的毒物”而引起社会公众的广泛关注,使得某些地方垃圾焚烧厂的建立遭到了民众的强烈反对,成为影响社会和谐稳定的因素。2010 年的《生活垃圾焚烧污染控制标准》(征求意见稿)讨论新建生活垃圾焚烧设施二噁英排放限值由原 1.0 ng TEQ/m^3 改为 0.1 ng TEQ/m^3,这在规范控制烟气中二噁英排放的同时,对二噁英控制技术提出更严格的要求。本节从五个方面综述并总结二噁英控制技术研究进展,并提出了垃圾焚烧厂今后采用的二噁英控制技术的研究方向。

1. 垃圾预处理对二噁英的控制

李建新等人通过模拟垃圾成分燃烧试验,证实了烟气中含有的大量氯化物是合成二噁英的主要氯源。Buekens 等人指出,对原生垃圾进行分类加工处理,减少垃圾中含氯有机物和重金属含量,将原生垃圾制成垃圾衍生燃料,能够降低二噁英的生成概率。王永生在太仓协鑫垃圾焚烧发电项目二噁英控制实例中,也提出对入厂的工业废料进行严格控制,减少含氯有机物的量,可以从源头上减少垃圾焚烧二噁英生成所需氯的来源。

所以,利用垃圾焚烧预处理设备,对原生垃圾进行搅拌预处理,剔除部分水分,并利用破碎机、磁力分选器或人工分拣将垃圾中的铁、铝、铜、玻璃、大块建筑垃圾分离出来,减少不可燃份,再经过打碎、压缩,制成具有品质均一、比表面积大、金属含量低、燃烧快速及充分等特点的垃圾衍生燃料,在能提高垃圾燃烧的稳定性的同时减少了二噁英的生成。

2. 炉内燃烧对二噁英的控制

(1)燃烧参数的控制。

美国 EPA 提出良好的燃烧条件 GCP(good combustion practice)是控制二噁英排放的措施之一,《生活垃圾焚烧污染控制标准》(征求意见稿)进一步明确了生活垃圾焚烧炉技术性能指标应满足国际上通用的"3T + 1E"原则:即炉膛(二次燃烧室)内任意点温度不小于 850 ℃;停留时间不少于 2.0 s;保持充分的气固湍动程度;以及过量的空气量,使烟气中 O_2 的浓度处于 6% ~ 11%。垃圾在炉膛的充分燃烧,有效分解了垃圾中原存在的二噁英,避免了未完全燃烧产生的有机碳和 CO 为二噁英的再合成提供的碳源。同时,利用计算机自动控制手段,全厂采用 DCS 和上位机集散控制系统,焚烧炉的焚烧过程由 ACC 软件包进行实时自动控制,能够使燃烧参数得到保证,充分实现"3T + 1E"技术。

(2)炉膛结构的区别。

中国已运行的垃圾焚烧厂主要采用的炉膛结构为循环流化床和炉排炉。李晓东、陈彤、杨志军等人报道了炉排炉飞灰中二噁英含量要高于流化床焚烧炉。浙江锦江集团联合浙江大学热能工程研究所研究表明,在国内十几个城市生活垃圾焚烧发电厂得到运用的采用煤与生活垃圾(20:80)混合流化床燃烧技术,其产生的二噁英排放浓度远低于国内排放标准。北京中科通用能源环保有限责任公司监测嘉兴、东莞两个项目在循环流化床稳定运行时,烟气中各项污染物指标均能达到国家标准,并且烟气中二噁英类的监测值甚至优于欧盟标准。而日本等国家已有采用的气化熔融焚烧技术,在焚烧温度高于 1 300 ℃的条件下,不仅能分解二噁英及其前驱物,还能将绝大部分飞灰熔融固化下来,杜绝在下游设备上由氯化有机物、金属氯盐($CuCl_2$)催化剂、氧气和水分子在低温区域(250 ~ 400 ℃)下重新再合成二噁英。所以,刘峰等人认为随着对二噁英控制要求越来越高,垃圾焚烧技术也应由炉排炉、回转窑和流化床的传统垃圾焚烧技术,发展为二噁英"零排放化"的气化熔融焚烧技术。

(3)炉内抑制剂的投加。

在垃圾焚烧炉内,理论上能对二噁英的产生具有抑制作用的药剂主要有三类,第一类是能够减少 Cl_2 形成、使重金属催化剂中毒及磺化酚类前驱物的硫及硫化物。第二类是 SNCR 脱硝反应衍生功能的氮化物,氮能同时控制 HCl 和 NO_x,使参与反应的氯源减少而抑制二噁英合成,而翁志华认为 NH_3 能通过改变飞灰表面的酸性来阻止二噁英的生成,胺通过形成亚硝酸盐使 Cu 表面活性降低,从而抑制了二噁英的合成。第三类是用来控制燃烧烟气酸性气体排放,改变飞灰表面酸度的同时,能显著抑制炉内二噁英排放的碱性化合物。在这三类抑制剂中,Samaras 等人研究表明,含硫化合物降解二噁英的能力大于

98%,明显高于降解能力为 28% 的含氮化合物。故目前大多数研究都集中于含硫化合物对二噁英的抑制。

3. 竖井烟道对二噁英的控制

(1)竖井烟道的快速降温。

Buekens 研究证明二噁英的"从头合成"在焚烧炉的燃后区 300～325 ℃之间达到最大。故实施冷却烟气技术缩短烟气在这温度段的停留时间,二噁英的产生量应会降低。王伟、李永华等人认为从工艺上进行改进,把出锅炉的 500 ℃ 烟气立即送入以喷水的方式与烟气进行快速热量交换的速冷塔,理论上能够使烟气在 0. 22 s 以内,从 500 ℃ 降至 200 ℃ 以下,从而抑制二噁英的二次合成。诸冠华在昆山垃圾焚烧发电厂运行工艺中,把余热锅炉尾部烟道烟气空预器 + 省煤器结构形式改为全部采用省煤器,使烟气流速达到 3. 9 m/s 以上,烟气温度由 450 ℃ 快速降温到 195 ℃。检测表明二噁英排放基本可控制在 0. 1 ng TEQ/m³ 以下。

(2)换热器表面的清灰。

竖井烟道中锅炉热交换器、管道及换热面表面的飞灰中含二噁英,也含有合成二噁英所需要的主要碳源、氯源及催化剂。Cunliffe 等人模拟研究了实际烟气条件下管道积灰中的二噁英迁移转化规律,表明管道积灰不仅能够释放出本身含有的二噁英,且能为二噁英的新合成提供场所。因此,定期清除掉竖井烟道中的积灰,也是减少燃烧后区域合成二噁英的重要控制手段。

4. 烟气净化对二噁英的控制

通过合适的控制技术将存在于烟气中的二噁英消除掉,来阻止其向周围环境进一步扩散。

(1)活性炭。

活性炭具有巨大表面积及良好吸附性,能同时吸附固态和气态二噁英组分。宋薇等人认为目前国内大型生活垃圾焚烧厂基本上是采用半干法 + 活性炭喷射 + 布袋除尘组合工艺,即利用在半干式喷淋塔后喷入的活性炭,与烟气进行强烈混合,来吸附其中的二噁英等污染物质,再经布袋除尘器的继续吸附与捕集分离后,通过定时对布袋除尘器清灰,使烟气中的二噁英脱除率达到 99%,但只是将二噁英吸附聚集而并未分解破坏,因此还必须对高浓度富含二噁英的飞灰进行后续处理。

(2)高效布袋。

布袋除尘是国家规定的在垃圾焚烧发电厂烟气净化中必须使用的除尘方式,国内外很多布袋生产厂商,广泛开展布袋在除尘的同时,对烟气中二噁英的脱除效果的研究。宋薇等人报道在韩国某垃圾焚烧厂(处理烟气量为 2 000 m³),采用两级布袋活性炭吸附工艺,活性炭的喷射在一级布袋除尘之后,在第二级布袋除尘器被收集下来之后,可以通过气力输送重新喷入管道中,能使烟气中二噁英的排放浓度低于 0. 05 ng TEQ/m³,同时又提高了活性炭利用率。

美国戈尔公司报道其开发了一种全新脱除二噁英的专利技术——Remedia 催化过滤系统,该系统集"表面过滤"与"催化过滤"两种技术于一体,首先利用表面高精度的 E - PTFE

微孔薄膜,最大限度出去烟气中的亚微粉尘,确保内置二噁英去除催化剂的活性,其次,烟气经布袋内置中特殊的重金属复合催化在 180～260 ℃ 将二噁英催化氧化成 CO_2、H_2O 和 HCl 而除掉。该系统能确保粉尘排放稳定在 10 mg/m^3 以下及二噁英稳定达标排放。

（3）脱酸塔。

Vicard 等人采用两阶段湿式洗涤塔,其中第一阶段喷入石灰 CaO 脱除酸性气体,第二阶段喷入苏打碳和专用添加剂用来破坏二噁英,这种装置对原气中的二噁英的脱除率能达到 98% 以上,不过这种技术还不成熟需要进一步的研究。

（4）催化还原。

20 世纪 80 年代末,发现用于燃煤发电厂脱除 NO_x 的 SCR 装置也可以用来脱除垃圾焚烧厂中的二噁英,但通常安装在洗涤塔和布袋除尘器之后。SCR 催化剂多由 Ti、V 和 W 的氧化物组成,该催化剂能在 300～400 ℃ 的温度条件下,把二噁英氧化成 CO_2、H_2O 和 HCl。而布袋后的烟气温度通常低于 150 ℃,在此温度下二噁英难以被催化降解,所以存在对烟气进行再次加热的问题。近年来,不断有研究者开发出新的低温催化技术,Weber 等人利用经过特殊处理过的 $V_2O_5/WO_3 - TiO_2$ 催化过滤剂研究在管式炉温二噁英的去除率大于 99%。

（5）其他。

在紫外光催化氧化降解二噁英技术方面,陈彤分别研究了紫外光（UV）和紫外光与臭氧协同（UV/O_3）对管式炉中模拟烟气二噁英照射的影响。结果表明,紫外光与臭氧协同比直接用紫外光氧化技术对气态中的二噁英降解更有效。为了提高光降解反应效率,日本研究人员试验在烟气管道中,引入覆膜于透明球体上的 TiO_2 光催化剂,此时,紫外光对二噁英的去除率可以达到 98.6%。谷月玲曾对二噁英光降解技术进行过综述,认为光解以及光催化降解方法以其高效、节能、清洁无毒等优点对去除二噁英有着不可忽视的潜力,但是至今为止,采用紫外光降解二噁英还不成熟,只停留在实验阶段,离实际运行还有一定距离。

在等离子体放电降解二噁英技术方面,Hirota 等人利用电子束低温等离子体能使 1 000 m^3/h 的实际垃圾焚烧厂烟气中二噁英降解率达 90%。电子束在降解二噁英的同时,也能够脱硫脱硝及降解烟气中 VOCs 等有机气体。严建华等人利用滑动弧反应器来降解模拟烟气中的二噁英,结果表明二噁英的毒性当量降解率与总浓度降解率均在 60% 左右。但等离子放电技术均存在设备费用及运行费用高,核心设备易损坏等不足。

5. 飞灰中二噁英控制技术

目前在垃圾焚烧厂广泛采用的飞灰稳定化主要针对处理重金属和溶解盐,而对二噁英无破坏作用。

（1）高温熔融法。

熔融处理利用高温环境对飞灰中的二噁英进行彻底分解破坏,而达到消减二噁英的目的。Tadashi 在 1996 年通过熔融实验表明的二噁英的分解率高达 98.4% 以上。李润东等人在小型熔融试验台上研究了温度、气氛条件对飞灰熔融过程的分解特性,表明二噁英在氧化气氛及高温条件下分解率较高。

（2）低温热处理法。

Hagenmaier 等人于 1987 年发现在 300 ℃ 贫氧气氛中，飞灰中的 Cu、Rh、Pt 等金属成分对二噁英的加氢/脱氯和分解反应具有极为重要的催化作用而开发了"Hagenmaier 工艺"。Ishida 等人研究了日本一家垃圾焚烧厂采用 Hagenmaier 工艺在 350 ℃、氮气氛围下处理飞灰二噁英 1 h，飞灰中二噁英去除率超过 99%。

（3）超临界水与热液降解。

Weber 等人利用超临界水（温度大于 374 ℃，压力大于 22.1 MPa）对二噁英进行降解研究，发现反应温度高于 450 ℃ 时，才能有效降解二噁英，然而超临界水对金属的腐蚀性也大幅提高。

（4）等离子体法。

潘新潮研究了用双阳极反应器这种新型高温等离子体反应器对飞灰中二噁英的降解效果，结果表明对飞灰中二噁英平均降解率在 99.9% 以上。

（5）生物降解法。

二噁英的微生物降解主要有细菌好氧降解、厌氧细菌还原脱氯和白腐真菌降解等。其中白腐真菌对二噁英的降解能力较强。Nam 等人首先对真菌和细菌组成的混合菌种在加入了呋喃的环境中培养驯化，使得该菌种能够以呋喃作为食物源，然后经过增殖，提取能够食用二噁英的菌种与飞灰混合，在 30 ℃ 下保持 21 d，飞灰中二噁英的总量和毒性当量去除率分别达到 63.4% 和 66.8%。

8.7.4　研究展望

综上所述，国内外在对垃圾焚烧发电中二噁英的控制技术作了大量的研究工作，并且已经形成了目前中国常用的工业化应用模式 – 半干法（或干法）＋活性炭喷射＋布袋除尘，虽然控制活性炭的喷射量，能够使排放的烟气中二噁英达标，但二噁英并没有彻底消除。因此，在未来的研究方向中，应该在以下几个方向进行深入。

（1）加大能够从源头上消除二噁英产生的预处理、炉内燃烧及尾部烟道控制技术的研究：开发性能优越的垃圾预处理设备分选出二噁英形成所需要的氯源及重金属催化剂；在满足"3T＋1E"燃烧参数的基础上，探讨气化熔融焚烧技术在中国未来垃圾焚烧方面的技术及经济可行性；在炉内脱硝技术（SNCR）的基础上，研发具有能够协同脱硝的二噁英生成抑制药剂；在尾部烟气余热利用方面，设计采用能够迅速冷却烟气余热利用工艺。

（2）进一步研究混煤燃烧的循环流化床对二噁英的控制技术。现阶段，混煤燃烧在中国某些煤资源丰富且生活垃圾热值低不易燃烧的西北部地区，具有现实可行性，并且是控制垃圾焚烧向环境中排放二噁英的有效手段。

（3）重点开发对烟气中有害物质具有综合降解效率的烟气净化设备，如研发具有良好降解二噁英的同时，能够脱氮的新型除尘布袋，研发安装在引风机之后，具有长期稳定性能的低温催化降解二噁英、氮氧化物的设备。

（4）培养能够规模运用的飞灰介质中二噁英的处理技术：高温熔融技术在分解飞灰中二噁英的同时，固化了所含重金属，具有优异的处理效果，但降低该技术高能耗、高设备费用是难点；低温热处理技术，因其设备投资和运行费用较低，对飞灰二噁英一般具有

90%以上降解率,且在日本、德国的部分垃圾焚烧厂已投入工业应用,对中国未来飞灰二噁英处理具有借鉴作用。

　　另外,处在实验室研究阶段的紫外光催化降解、等离子体技术及超临界水氧化法因对二噁英、VOCs有机气体、脱硫脱硝表现出同步降解性能,在未来是值得深入研究的探索方向。

思考题与习题

1. 室内环境有哪些主要污染物?
2. 简要回答恶臭污染的控制技术?
3. 试述沙尘暴的成因及防治对策。
4. 厌氧氨氧化技术在污水处理行业应用现状?
5. 通过查阅文献回答内分泌污染物的检测方法以及研究进展?
6. 二噁英的控制策略?

中英文关键词对照表

中文	英文
CO	carbon monoxide
CO_2	carbon dioxide
H_2S	hydrogen sulfide
$HO \cdot$	hydroxyl radical
$HO_2 \cdot$	hydroperoxyl radical
Nernst 方程	Nenst equation
NO	nitrogen monoxide
NO_2	nitrogen dioxide
R	alkyl
$RO \cdot$	alkoxyl
$RO_2 \cdot$	alkylperoxyl radical
SO_2	sulfur dioxide
阿特拉津	atrazine
氨化	ammoniation
氨基酸	amino acid
肠肝循环	enterohcpatic cycle
超临界流体	supercritical fluids, SCF
沉淀－溶解作用	prccipitation-dissolution
沉积物	sediment
沉积物中重金属的释放	release of heavy metals in scdiment
持久性残留	persistent residue
持久性有毒污染物	persistent toxic substance, PTS
持久性有机污染物	persisitent organic pollutants, POPs
臭氧层	ozone layer
臭氧耗损	ozone depletion
臭氧空洞	ozone blow hole
垂直递减率	vertical lapse rate
次级过程	secondary process
大气颗粒物	particulate matter

大气圈	atmosphere
大气湍流	atmosphere turbulence
大气稳定度	atmosphere stability
单加氧酶	oXygenase
胆汁排泄	biliary excretion
蛋白质	protcin
氮	nitrogen
氮体系	nitrogen system
低层大气	lower atmosphere
滴滴涕	dichlorodiphenyl trichloroethane, DDT
底物	substrate
电动力学修复	electrokinetic remediation
电离层	ionosphere
电渗析	electrodialysis
烟雾箱	smog chamber
电子传递	electtron transfer
电子活度	electron acticity
动力学	dynamics
毒(性)作用	toxic action
毒物	toxicant
毒物的联合作用	complex-action of toxicant
毒性	toxicity
独立作用	independent effect
堆肥法	composting
对流层	troposphere
对流作用	advection
对硫磷	parathion
多环芳烃	polycyclic aromatic hydrocarbons, PAHs
多介质环境	multimedia enviroment
多氯联苯	polychlorinated biphenyls, PCBs
二噁英	dioxin
二氧化碳酸度	CO_2 acidity
反硫化	desulfurization
反硝化	denittrification
芳香烃	aromaric hydrocarbon
非甲烷烃	unmethane series
分布	distribution
分解区	decomposition zone

分配理论	partition theory
分配作用	partition
分子大小	molecular size
封闭体系	closed system for the atmosphere
辐射度	irradiance
辐射逆温层	radiation inversiton layer
辅酶	conenzyme
辅酶 A	coenzyme A
富营养化	eutrophication
干沉降	dry deposition
肝	liver
高层大气	upper atmosphere
高能磷酸键	energy-rich phosphate bond
镉	cadmium
铬	chromium
根际	rhizosphere
工程化的生物修复	engineered bioremediation
工业生态学	industrial ecology
汞	mercury
共代谢	cometabolism
共溶解	co-solvent
骨骼	skeleton
固氮	nitrogen fixation
固态燃烧源	fix combustion source
光化学反应	photochemical reaction
光化学烟雾	photochemical reaction
光解速率	photolysis rate
光解速率常数	photochemical reaction constants
光解作用	photolysis
海拔高度	altitude above sealevel
好氧微生物	aerobe
耗氧有机污染物	oxygen consuming organic pollutant
合成酶	ligase
痕量组分	trace component
呼吸道	respiratory tract
初级过程	primary process
化学致癌物	chenical carcinogen
还原脱氯酶	dechlorination reducease

环境内分泌干扰物	environmental endocrine disrupting chemicals, EDCs
恢复区	recovery zone
挥发速率	volatilization rate
挥发速率常数	volatilization rate constant
挥发作用	volatilization
活性酸度	active acidity
基因突变	gene mutation
急性毒性	acute toxicity
加成反应	addition
甲基汞	methylmercury
甲基钴氨素	methylcobalamin
甲基化	methylation
甲烷	methane
甲烷发酵	methane fermentation
间接光解	indirect photolysis
兼性厌氧微生物	facultative anaerobe
碱度	alkalinity
降尘	dust fall
降解	degradation
胶体	colloid
拮抗作用	antagonism
结合	conjugation
界面	interface
金属水合氧化物	hydrous metal oxides
金属形态	metal species
聚苯乙烯	polystyrene
聚乙烯	polythen
聚丙烯	polypropylene
开放体系	open system for the atmosphere
颗粒物	particlc
颗粒物的吸附作用	adsorption of particle
可持续性的化学	sustainable chemistry
可持续性发展	sustainable dcvclopment
可吸入粒子	inhalabale particles
空燃比	air/fuel ratio
矿物微粒	mincral particle
扩散	diffusion
离子交换吸附	ion exchange adsorption

离子液体	ionicliquids，ILs
粒径	particle diametter
链长	chain length
链分支	chain branching
硫	sulfur
硫化	sulfurization
硫化物	sulfide
六六六	hexachloro-cyclohexane
六氯苯	hexacehlorobenzen，HCB
卤代烃	halogenated hydrocarbon
卤代脂肪烃类	halogenated-aliphatic hydrocarbons
绿色化学	green chemistry
酶	enzyme
慢性毒性	chronic toxicity
酶促反应	enzymatic reaction
酶活性	enzyme activity
醚类	ethers
模拟曲线	simulate grouph
膜孔过滤	filtration through pores
摩擦层	friction layer
萘	naphthalene
尼龙	nylon
镍	nickel
凝聚	coagulation
农药	pesticides
浓缩系数	concentration factor，CF
黏土矿物	clay mincral
排泄	cxcretion
配合物	complex
配合作用	complexation
铍	beryllium
皮肤	skin
飘尘	dust
平衡常数	equilibrium constant
平流层	stratosphere
葡萄糖醛酸	glucuronic acid
气溶胶	aerosol
气相氧化	gas phase oxidation

迁移过程	transport processes
铅	lead
前致癌物	per-carcinogen
潜性酸度	potential acidity
强化生物修复	enhanced bioremediation
羟基配合物	hydroxyl complexes
亲和力	affinity
氢传递	hydrogen transfer
清洁区	clean zone
清洁生产	clean production
硫基	mercapto-
取代反应	substitution
染色体畸变	chromosomal aberration
热层	thermosphere
人类活动圈	anthrosphere
人为来源	manmade source
溶度积	solubility product
溶解度	solubility
溶解氧	dissolved oxygen
三磷酸腺苷	adenosine triphopate, ATP
三羧酸循环	tricarboxylic acid cycle
砷	arsenic
高级氧化技术	advance oxidation progress, AOD
肾	kidney
生产率	productivity
生长代谢	growth metabolism
生物刺激	biostimulation
生物地球化学循环	biogeochemical cycles
生物反应器处理	biorecation
生物放大	biomaginfication
生物富集	biological concentration
生物化学机制	biochemical mechanism
生物积累	bioaccumulation
生物降解速率	biodegradation rate
生物降解作用	biodegradation
生物累积过程	bioaccumulation process
生物膜	biological membrance
生物强化	bioaugmentation

生物圈	biosphere
生物氧化	biochemical oxidiation
湿沉降	wet deposition
食物链	food chains
手性	chirality
受氢体	hydrogen acceptor
双膜理论	two film theory
水的硬度	hardness of water
水解酶	hydrolases
水解速率	hydrolysis rate
水解速率常数	hydrolysis rate constant
水解作用	hydrolysis
水溶性	aquatic solubility
水生生物	aquatic organism
水俣病事件	minamata discase event
水质模型	water quality momdel
水中颗粒物的聚集	aggregation of particles in water
水中有机物的氧化作用	oxidation of organic matter in water
死亡率	mortality rate
酸性降水	acid precipitation
铊	thallium
胎盘屏障	placenta barrier
肽	peptide
碳氢化合物	hydrocarbom
碳酸平衡	carbonic acid equilibrium
碳酸盐	carbonates
糖类	carbohydrate
逃逸层	exosphere
天然来源	natural source
天然水的 pE	pE in natural awaters
天然水的性质	properties of natural waters
天然水的主要离子	major ions in natural waters
天然水的组成	composition of natural waters
天然水体的缓冲能力	buffering capability of natural water bodices
天然水体的配体	ligands in natural waters
铁	iron
烃类	hydrocarbons
通气层	vadose zone

通透性	permeability
同向絮凝	orthokinetic
铜	copper
痛痛病事件	itai-itai disease event
土壤	soil
土壤的缓冲性	buffer action of soil
土壤的酸碱度	acidity-alkalinity of soil
土壤的吸附性	soil adsorption
土壤的氧化还原性	oxidation and reduction of soil
土壤肥力	soil fetility
土壤胶体	soil colloid
土壤矿物质	minerals in soil
土壤粒级分组	size classification of soil
土壤圈	pedosphere
土壤污染化学	soil pollution chemistry
土壤修复	soil remediation
土壤有机质	organix matter in soil
土壤 – 植物体系	soil-plant system
土壤质地	soil structure
土壤中农药的迁移	transportation of pesticde in soil
土著微生物	indigenous miroorganism
脱氮	deamination
脱氢酶	dehydrogenase
脱羧	decarboxylation
外源微生物	exogenous microorganism
烷基化	alkylation
烷烃	alkane
微生物降解	microbial degradation
胃	stomach
温室气体	green house gas
温室效应	green house effect
稳定常数	stability constants
污染预防法	stability prevention act
无机配体	inorganic ligands
无机酸度	mineral acidity
无机污染物的迁移转化	transport and transformation of inorganic pollutions
无氧氧化	anaerobic oxidation
物理吸附	physical adsorption

吸附等温线	adsorption isotherms
吸收	absorption
烯烃	alkene
硒	selenium
细胞色素	cytochrome
细胞色素 p450	cytochrome p450
酰胺酶	amidase
相对湿度	reative humidity, RH
消除	elimination
消除反应	elimination
消化管	digestive tract
硝化	nitrification
小肠	small intestine
协同作用	synergism
辛醇－水分配系数 K_{ow}	octanol-water partition cocddicient
锌	zine
絮凝	flocculation
蓄积	accumulation
悬浮物	suspended matter
血浆蛋白	plasma protein
血脑屏障	bolood-brain barricer
血液	blood
循环经济	circular economy
岩石圈	geosphere or lithosphere
衍生物	derivatives
厌氧微生物	anaerobe
阳离子交换量	cation exchange capacity, CEC
氧化还原反应	redox reaction
氧化还原酶	oxido-reductase
氧化还原转化	trasformation of redox
氧化还原作用	oxidation and reduction
氧化酶	oxidizing enzyme
氧化物和氢氧化合物	oxides and hydroxides
氧气	oxygen
液膜传质系数	mass transfer coefficient of liquid-film
液膜控制	liquid-film control
液相转化	liquid phase oxidation
一级反应	first order rection

遗传学的	genetic
乙烯	ethene
乙酰胆碱	acethl choline
异构酶	isomerase
异位生物修复	ex-situ bioremediation
异养生物	heterotrohpic organisms
抑制剂	inhibitor
营养级	trophic level
营养物	nutrients
营养元素	nutrient elements
优先污染物	priority pollutants
有毒有机污染物	toxic chenicals
有机磷农药	toxic organic pollutants
有机卤代物	organohalogenated compounds
有机氯农药	organochlorine pesticcide
有机配体	organic ligands
有机污染物	organic material
有机污染物的迁移转化	transport and transformation of organic pollutants
有机物	organic material
雨除	rain off
预防	prevention
阈剂量(浓度)	threshold dose
元素的循环	elemental cycles
原位化学氧化技术	in situ chemical oxidation,ISCO
原位生物修复	in situ bioremediation
原子经济性	atom econimy
藻	algae
症状	symptom
脂肪	fat
脂肪酸	fatty acid
脂肪组织	adipose tissue
脂溶性	lipid solubility
直接光解	direcr photolysis
植被	vegetation
植物修复	phytoremediation
致癌作用	carcinogenesis
致畸变	teratogenic
致癌变	carcinogenic

致畸作用	teratogensis
致突变	mutagenic
致突变作用	mutagensis
滞留性污染物	persistent pollutants
中间层	mesosphere
终致癌物	ultimate carcinogen
重金属	heavy metals
主动转运	active transport
专属吸附	specialistic adsorption
转化	transformation
转化过程	transformation processes
转化迁移	transformtion and transportation
转移酶	transferases
转运	tansport
自养生物	autotrophic organisms
自由基	free radical
自由能	free energy
自由能变化	free energy change
总毒性当量	toxicity equivlency quantity, TEQ
总悬浮颗粒物	total suspended particulates
阻燃剂	retardant
组织	tisssues
最大速率	maximum velocity
最高允许剂量（浓度）	maximum permissible dose（concentration）

参考文献

[1] 何燧源,金云云,何方. 环境化学[M]. 3 版. 上海:华东理工大学出版社,2000.

[2] 唐孝炎. 大气环境化学[M]. 北京:高等教育出版社,1990.

[3] 方精云. 全球生态学气候变化与生态响应[M]. 北京:高等教育出版社,2000.

[4] 王晓蓉. 环境化学[M]. 南京:南京大学出版社,1993.

[5] 戴树桂. 环境化学[M]. 2 版. 北京:高等教育出版社,2006.

[6] 岳贵春. 环境化学[M]. 长春:吉林大学出版社,1991.

[7] 孙红文. 环境化学[M]. 北京:高等教育出版社,2013.

[8] BOURNE A, BARNES K, TAYLOR B A, et al. Analysis of the relationship between H_2S removal capacity and surface properties of unimpregnated activated carbons[J]. Environmental Science & Technology,2000,34(4):686 – 693.

[9] 赵美萍, 邵敏. 环境化学[M]. 北京:北京大学出版社,2004.

[10] 夏立江. 环境化学[M]. 北京:中国环境科学出版社,2003.

[11] 任仁, 张敦信, 于志辉, 等. 化学与环境[M]. 北京:化学工业出版社,2005.

[12] 大卫·E. 牛顿. 环境化学[M]. 上海:上海科学技术文献出版社,2011.

[13] 周文敏,傅德黔,孙崇光. 水中优先控制污染物黑名单[J]. 中国环境监测,1990,6(4):1 – 3.

[14] 朱利中. 环境化学[M]. 北京:高等教育出版社,2011.

[15] 汪群慧,王遂,苏荣军,等. 环境化学[M]. 2 版. 哈尔滨:哈尔滨工业大学出版社,2008.

[16] 刘兆荣,谢曙光,王雪松. 环境化学教程[M]. 2 版. 北京:化学工业出版社,2010.

[17] 刘琦. 环境化学[M]. 北京:化学工业出版社,2004.

[18] 赵睿新. 环境污染化学[M]. 北京:化学工业出版社,2004.

[19] 李学垣. 土壤化学[M]. 北京:高等教育出版社,2001.

[20] 叶常明,王春霞,金龙珠. 21 世纪的环境化学[M]. 北京:科学出版社,2003.

[21] 陈景文,全燮. 环境化学[M]. 大连:大连理工大学出版社,2009.

[22] 任南琪,马放,杨基先,等. 污染控制微生物学[M]. 4 版. 哈尔滨:哈尔滨工业大学,2011.

[23] 任南琪,马放. 污染控制微生物学原理与应用[M]. 北京:化学工业出版社,2003.

[24] 陶映初,陶举洲. 环境电化学[M]. 北京:化学工业出版社,2003.

[25] 赵素红. 电化学技术在环境保护中的应用[J]. 电力科技与环保,2013,29(6):

11 – 13.

[26] 余红霞,李攀. 绿色化学的研究进展[J]. 湖南理工学院学报(自然科学版),2009,22(4):77 – 81.

[27] 毕慧传,高晓明. 我国绿色化学的研究进展[J]. 苏盐科技,2013(4):8 – 11.

[28] 郑东生. 绿色化学及其研究进展[J]. 现代农业科技,2011(15):31 – 32.

[29] 李双. 绿色化学研究进展及前景[J]. 科技创业家,2014(04下):227.

[30] 关蒙恩. 绿色化学的进展[J]. 黑龙江科技信息,2015(32):102.

[31] 尤珊妮. 绿色化学新进展[J]. 大众科技,2009(9):104 – 105.

[32] 裴晴. 浅析绿色化学的最新研究进展[J]. 中国包装工业,2013(10):11.

[33] 刘晓红,周定国. 室内环境污染研究现状与展望[J]. 木材工业,2003,17(2):8 – 11.

[34] 袁中山,张金昌,吴迪镛等. 室内环境污染研究进展[J]. 环境污染治理技术与设备,2001,12(2):9 – 16.

[35] 袁志文. 固定化微生物法处理含甲硫醇恶臭其他的工艺研究[D]. 上海:同济大学,1999.

[36] 孙永平,徐利. 沙尘暴的成因及防治对策研究[J]. 沈阳师范学院学报(自然科学版),2002,20(1):62 – 67.

[37] 路明. 我国沙尘暴发生成因及其防御策略[J]. 中国农业科学,2002,35(4):440 – 446.

[38] 郭焱,张召基,陈少华. 好氧反硝化微生物学机理与应用研究进展[J]. 微生物学通报,2016,43(11):2480 – 2487.

[39] 郭琳. 水源水库中好氧反硝化菌的筛选及脱氮性能研究[D]. 西安:西安建筑科技大学,2015.

[40] 陈重军,王建芳,张海芹,等. 厌氧氨氧化污水处理工艺及其实际应用研究进展[J]. 生态环境学报,2014,23(3):521 – 527.

[41] 张正哲,金仁村,程雅菲,等. 厌氧氨氧化工艺的应用进展[J]. 化工进展,2015,34(5):1444 – 1452.

[42] 廖小兵,许玫英,罗慧东,等. 厌氧氨氧化在污水处理中的研究进展[J]. 微生物学通报,2010,37(11):1679 – 1684.

[43] 王军一,李伟光. 反硝化除磷工艺研究进展[J]. 山东建筑大学学报,2015,30(3):271 – 276.

[44] 姜鸣,张静慧,宫飞蓬,等. 生物反硝化除磷技术研究进展[J]. 净水技术,2011,30(6):11 – 15.

[45] 厉巍,李静,杜文旭. 二噁英的研究进展[J]. 北方环境,2011,23(7):70 – 71.

[46] 罗阿群,刘少光,林文松,等. 二噁英生成机理及减排方法研究进展[J]. 化工进展,2016,35(3):910 – 916.

[47] 陈宋璇,黎小保. 生活垃圾焚烧发电中二噁英控制技术研究进展[J]. 环境科学与管理,2012,37(5):89 – 93.

[48] 刘先利,刘彬,邓南圣. 环境内分泌干扰物研究进展[J]. 上海环境科学,2003,22
　　　(1):57－62.

[49] 谢观体,张臣,刘辉. 环境内分泌干扰物的研究进展[J]. 广东化工,2007,34(10):
　　　69－72.

[50] 李纯茂,张勇,俞宁. 环境内分泌干扰物研究进展[J]. 新乡医学院学报,2006,23
　　　(6):642－643.